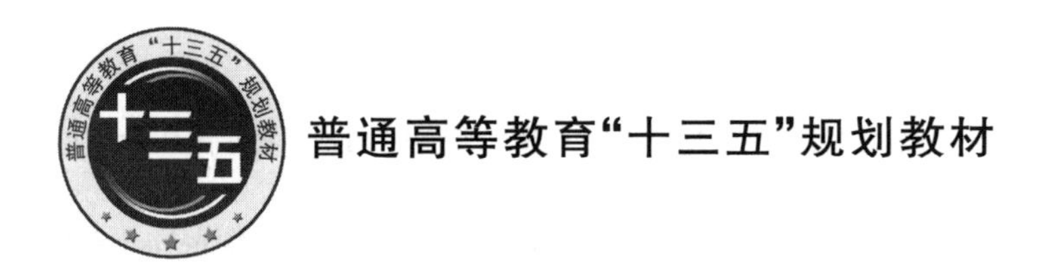

普通高等教育"十三五"规划教材

高等数学

（第2版）（上）

北京邮电大学数学系　编

北京邮电大学出版社
www.buptpress.com

内 容 提 要

本书根据高等数学课程教学基本要求，结合“将数学建模思想融入数学课程中”的基本思想及作者多年的教学实践编写而成。

本书在内容取材上兼顾与高中新课标数学课程的衔接，注重数学思想和方法，增加了 Mathematica 数学软件的介绍。在例题和习题中尽可能地反映数学建模的思想。本书分上、下两册，上册包括函数与极限、导数与微分、微分中值定理与导数的应用、不定积分、定积分及其应用、微分方程，书末附有几种常见曲线、积分表、习题答案与提示等。

本书可作为高等院校理工科非数学专业的高等数学教材或教学参考书。

图书在版编目(CIP)数据

高等数学. 上 / 北京邮电大学数学系编. -- 2 版. -- 北京 ：北京邮电大学出版社，2017.9(2023.8 重印)
ISBN 978-7-5635-5265-8

Ⅰ. ①高… Ⅱ. ①北… Ⅲ. ①高等数学—高等学校—教材 Ⅳ. ①O13

中国版本图书馆 CIP 数据核字(2017)第 214380 号

书　　名：高等数学(第 2 版)(上)
作　　者：北京邮电大学数学系
责任编辑：刘　佳
出版发行：北京邮电大学出版社
社　　址：北京市海淀区西土城路 10 号(邮编：100876)
发 行 部：电话：010-62282185　传真：010-62283578
E-mail：publish@bupt.edu.cn
经　　销：各地新华书店
印　　刷：保定市中画美凯印刷有限公司
开　　本：787 mm×960 mm　1/16
印　　张：19
字　　数：411 千字
版　　次：2012 年 7 月第 1 版　2017 年 9 月第 2 版　2023 年 8 月第 6 次印刷

ISBN 978-7-5635-5265-8　　定　价：42.00 元

· 如有印装质量问题，请与北京邮电大学出版社发行部联系 ·

前　言

“高等数学”是高等工科院校最重要的基础课程之一，它最主要的任务除了使学生具备学习后续数学课程所需要的基本数学知识外，还有提高学生应用数学工具解决实际问题的能力。目前，北京市乃至全国各高校都在积极参与“将数学建模思想融入数学课程中”的课题研究，我们在此方面也做了大量的工作，学校给予了极大的支持。

由于高中新课标的实行，如何将“高等数学”教学和高中数学内容较好地衔接起来，也是各高校重点考虑的内容。基于以上考虑，我们编写的这套《高等数学》教材具有以下特点：

1. 注重数学建模思想，减少理论性太强的内容；

2. 结合高中内容，增加了极坐标等内容，减弱了导数、极限的简单计算；

3. 选配应用性的例题与习题，注重与后续课程的衔接；

4. 增加了“数学实验”内容，介绍数学软件的应用，使学生对函数的图像、近似计算等在直观上有初步了解，帮助理解一些概念和性质。

参加本书编写的有丁金扣（第一、二章）、马利文（第三、四、五章）、李鹤（第六、七章）、刘宝生（第八、九、十、十一章）。单文锐、李亚杰、鞠红杰、江彦等参与了全书内容编排与审阅。在本书的编写过程中，北京邮电大学数学系老师给予了无私帮助并提出了宝贵意见，北京邮电大学教务处也对本书的编写给予了大力支持，在此我们表示衷心的感谢。

编　者

目　　录

第一章　函数与极限

预 备 知 识

1. 常用的数学符号

(1) “$\exists$”表示“存在”;

(2) “$\forall$”表示“任意”;

(3) “$\in$”表示“属于”;

(4) “$\notin$”表示“不属于”;

(5) “$A \Rightarrow B$”表示“如果命题 A 成立,则命题 B 成立”,或称“A 是 B 的充分条件”;

(6) “$A \Leftarrow B$”表示“如果命题 B 成立,则命题 A 成立”,或称“A 是 B 的必要条件”;

(7) “$A \Leftrightarrow B$”表示“A 是 B 的充分必要条件”,或称“A 与 B 等价”;

(8) $\sum\limits_{i=1}^{n} u_i = u_1 + u_2 + \cdots + u_n$,即 n 个数 $u_i(i=1,2,\cdots,n)$求和;

(9) $\prod\limits_{i=1}^{n} u_i = u_1 u_2 \cdots u_n$,即 n 个数 $u_i(i=1,2,\cdots,n)$求积.

2. 区间和邻域

高等数学中常用的数集是区间.它包括以下几种:

(1) $[a,b]=\{x \mid a \leqslant x \leqslant b\}$,$(a,b)=\{x \mid a<x<b\}$;

(2) $[a,b)=\{x \mid a \leqslant x<b\}$,$(a,b]=\{x \mid a<x \leqslant b\}$;

(3) $[a,+\infty)=\{x \mid x \geqslant a\}$,$(a,+\infty)=\{x \mid x>a\}$;

(4) $(-\infty,b]=\{x \mid x \leqslant b\}$,$(-\infty,b)=\{x \mid x<b\}$;

(5) $(-\infty,+\infty)=\{x \mid x$ 为任意实数$\}$.

邻域也是集合的一种形式,数轴(x 轴)上点 x_0 的 $\delta(\delta>0)$邻域定义为 $U(x_0,\delta)=\{x \mid x_0-\delta<x<x_0+\delta\}$;点 x_0 的 δ 去心邻域定义为$\mathring{U}(x_0,\delta)=\{x \mid 0<|x-x_0|<\delta\}$.其中,$x_0$ 称为邻域中心,δ 称为邻域半径,如图 1-1 所示.

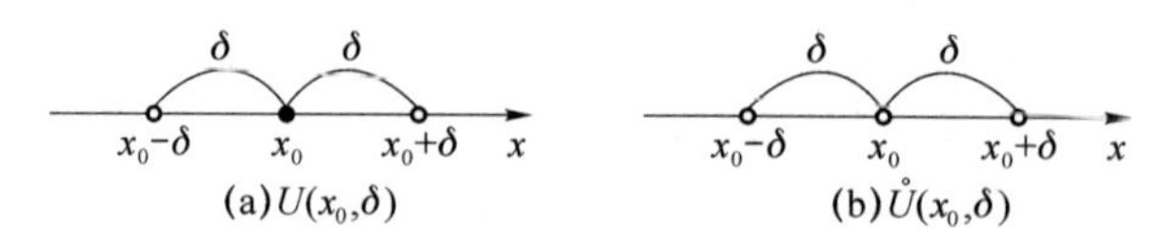

图 1-1

3. 常用的不等式

(1) 绝对值不等式:$-|a|\leqslant a\leqslant |a|$;

(2) 三角不等式:$|a+b|\leqslant |a|+|b|$,$|a-b|\geqslant \big||a|-|b|\big|$;

(3) 平均值不等式:设 $a_i\geqslant 0\ (i=1,2,\cdots,n)$,则有 $\sqrt[n]{a_1a_2\cdots a_n}\leqslant \dfrac{a_1+a_2+\cdots+a_n}{n}$,当 $n=2$ 时,有 $\sqrt{a_1a_2}\leqslant \dfrac{a_1+a_2}{2}$;

(4) 柯西-施瓦兹(Cauchy-Schwartz)不等式:对任意实数 $a_i,b_i\ (i=1,2,\cdots,n)$,有

$$\left(\sum_{i=1}^{n}a_ib_i\right)^2\leqslant \sum_{i=1}^{n}a_i^2\sum_{i=1}^{n}b_i^2.$$

4. 极坐标表示

中学数学讲到了平面直角坐标系,在该坐标系中,平面上任意一点 P 可用直角坐标 (x,y) 唯一表示;反之,任一有序数对 (x,y) 可以唯一地确定平面上的一点,也就是平面上的一点可由两个参数唯一确定. 记点 P 到坐标原点的距离为 ρ,线段 OP 与 x 轴正向夹角为 θ,则有

$$\rho=|OP|=\sqrt{x^2+y^2},\quad \theta=\arctan\frac{y}{x}.$$

如图 1-2 所示,平面上点 P 与有序数组 $(\rho,\theta)\ (\rho\geqslant 0,0\leqslant\theta<2\pi)$ 一一对应,称 (ρ,θ) 为点 P 的极坐标.

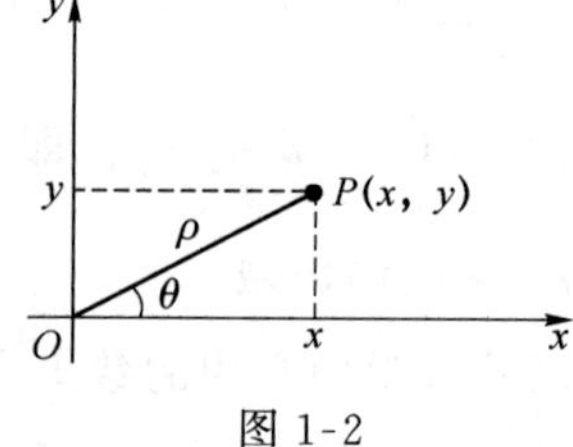

图 1-2

显然,$\rho=a$ 表示的是半径为 a 的圆:$x^2+y^2=a^2$;$\theta=\dfrac{\pi}{2}$ 表示以原点为始点的沿 y 轴正轴方向的射线. 直角坐标与极坐标之间的转换关系为

$$\begin{cases}x=\rho\cos\theta,\\ y=\rho\sin\theta.\end{cases}$$

第一节　函　数

一、函数的概念

定义 1　设 D 是一个给定的数集,如果对于每个数 $x\in D$,按照一定法则 f 总有确定的

数值 y 与之对应，则称 y 是 x 的函数，记作 $y=f(x)$. 数集 D 称为这个函数的定义域，x 称为自变量，y 称为因变量.

当 x 取数值 $x_0\in D$ 时，与 x_0 对应的 y 的数值称为函数 $y=f(x)$ 在点 x_0 处的函数值，记作 $f(x_0)$；当 x 取遍数集 D 的每个数值时，对应的函数值全体组成的数集 $R=\{y\,|\,y=f(x),x\in D\}$ 称为函数的值域.

函数 $y=f(x)$ 中表示对应关系的记号 f 也可以改用其他字母表示，如 φ,g,F 等. 这时，函数就相应地记为 $y=\varphi(x),y=g(x),y=F(x)$ 等.

在实际问题中，函数的定义域根据问题的实际意义而确定. 在数学研究中，有时不考虑函数的实际意义，而抽象地用算式表达函数. 这时约定：函数的定义域就是自变量所能取得的使算式有意义的一切实数。例如，函数 $y=\sqrt{1-x^2}$ 的定义域是闭区间 $[-1,1]$；函数 $y=\dfrac{1}{\sqrt{1-x^2}}$ 的定义域是开区间 $(-1,1)$.

如果自变量在定义域内任取一个数值时对应的函数值总是只有一个，这种函数称为单值函数，否则称为多值函数.

本书凡没有特别说明，本书中的函数总是指单值函数.

函数的表示方法主要有三种形式：解析法（用公式表示）、表格法、图形法. 图形法是表现函数特性最直观的方法，用直角坐标平面上的点集

$$\{P(x,y)\,|\,y=f(x),x\in D\}$$

表示函数 $y=f(x),x\in D$ 的图形（见图 1-3）.

下面举例说明.

例 1　函数 $y=|x|=\begin{cases}x, & x\geqslant 0,\\ -x, & x\leqslant 0,\end{cases}$ 的定义域 $D=(-\infty,+\infty)$，值域 $R=[0,+\infty)$，图形如图 1-4 所示.

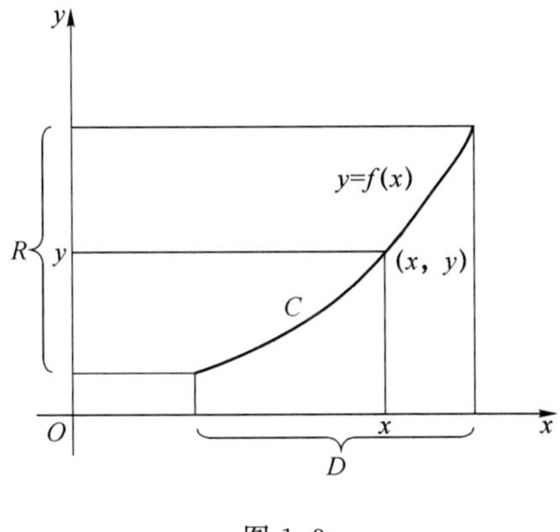

图 1-3

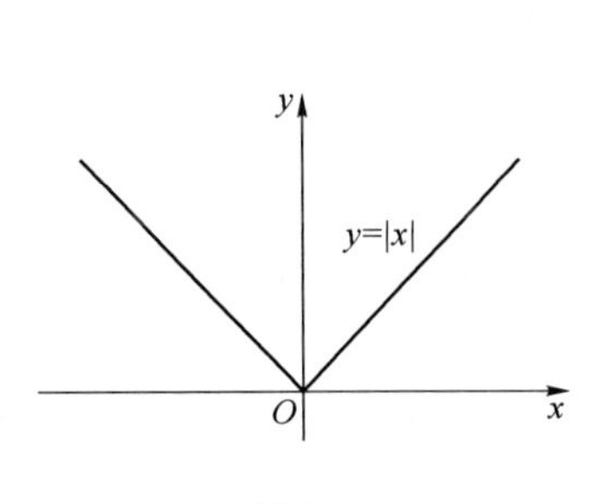

图 1-4

例 2 函数

$$y=\operatorname{sgn} x=\begin{cases}1, & x>0,\\ 0, & x=0,\\ -1, & x<0,\end{cases}$$

称为符号函数.这种分区间表示的函数称为分段函数.它的定义域 $D=(-\infty,+\infty)$,值域 $R=\{-1,0,1\}$,图形如图1-5所示.对于任何实数 x,关系式 $x=\operatorname{sgn} x\cdot|x|$ 成立.

例 3 设 x 为任一实数,不超过 x 的最大整数记为 $[x]$.函数 $y=[x]$ 的定义域 $D=(-\infty,+\infty)$,值域 $R=\mathbf{Z}$ 为所有整数,图形如图1-6所示.这个函数又称为取整函数.

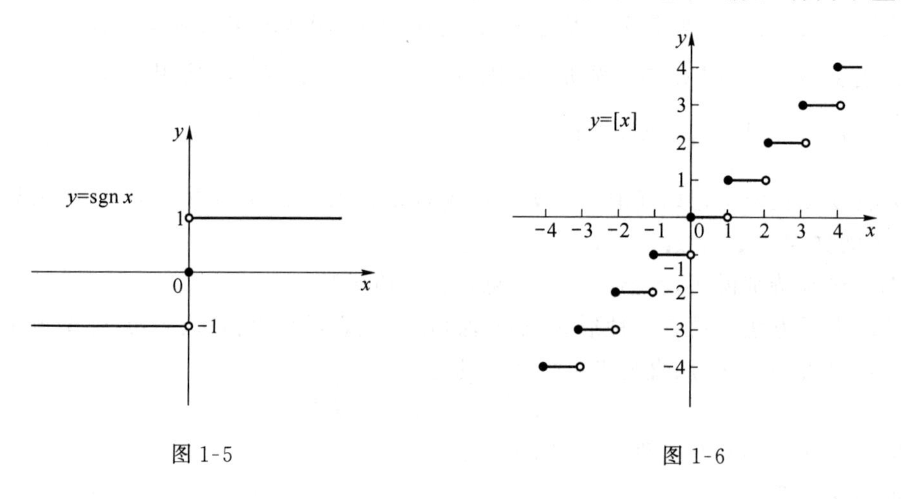

图 1-5　　　　图 1-6

例 4 设 $f(x)=\dfrac{1}{x}$,求 $f(x+\Delta x)-f(x)$.

解 $f(x+\Delta x)-f(x)=\dfrac{1}{x+\Delta x}-\dfrac{1}{x}=\dfrac{-\Delta x}{x(x+\Delta x)}$.

二、函数的初等性态

1. 奇偶性

设 $y=f(x)$ 的定义域 D 关于原点对称.如果

$$f(-x)=f(x),\quad \forall x\in D,$$

则称 $f(x)$ 为偶函数,函数图像关于 y 轴对称;如果

$$f(-x)=-f(x),\quad \forall x\in D,$$

则称 $f(x)$ 为奇函数,函数图像关于坐标原点中心对称.

例如,定义域为 $(-\infty,+\infty)$ 的函数 $f(x)=\sin x$ 是奇函数,$g(x)=\cos x$ 是偶函数,而函数 $h(x)=\sin x+\cos x$ 既非奇函数又非偶函数.

2. 周期性

设函数 $f(x)$ 在 $D=(-\infty,+\infty)$ 上有定义，若 $\exists\, T>0$，使得对 $\forall\, x\in D$ 有

$$f(x+T)=f(x)$$

成立，则称 $f(x)$ 是以 T 为周期的周期函数. 满足上述关系的最小正数 T 称为函数 $f(x)$ 的最小正周期. 通常说的周期指最小正周期(如果存在).

例如，函数 $f(x)=\sin x$，$g(x)=\cos x$ 都是周期函数，2π、4π 等都是它们的周期，2π 是其最小正周期.

3. 单调性

设 $f(x)$ 的定义域为 D，区间 $I\subset D$，如果 $\forall\, x_1,x_2\in I$，当 $x_1<x_2$ 时，总有

$$f(x_1)\leqslant f(x_2)\quad (\text{或 } f(x_1)\geqslant f(x_2))$$

成立，则称函数 $f(x)$ 在区间 I 上单调递增(或单调递减)；如果等号不成立，则称函数 $f(x)$ 在区间 I 上严格单调递增(或严格单调递减)，如图 1-7 所示. 单调递增的函数和单调递减的函数统称为单调函数.

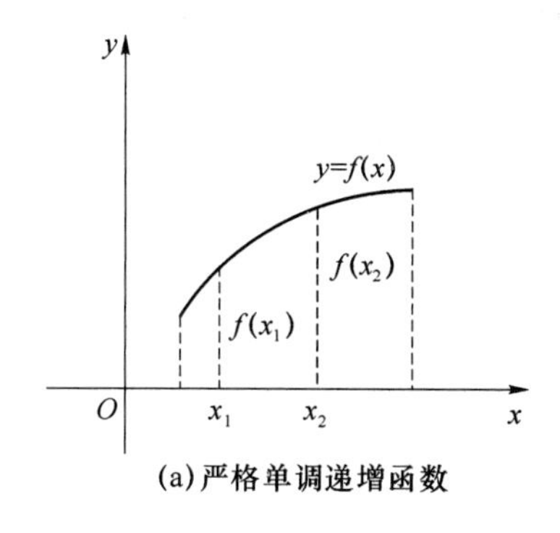

(a) 严格单调递增函数

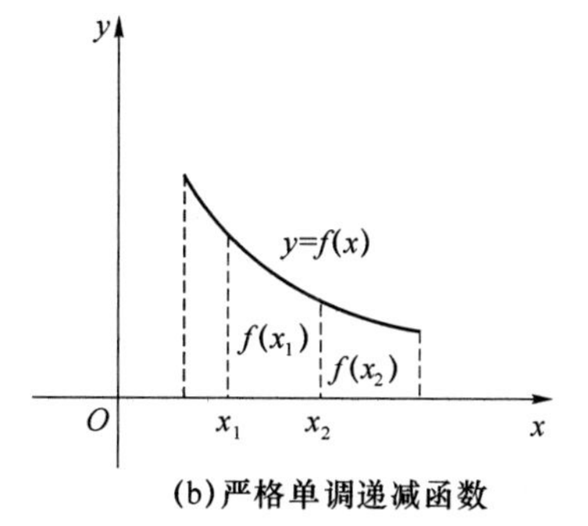

(b) 严格单调递减函数

图 1-7

例如，$f(x)=[x]$ 在 $(-\infty,+\infty)$ 上单调递增，但不是严格单调递增；$y=x^2$ 在 $(-\infty,0]$ 上严格单调递减，在 $[0,+\infty)$ 上严格单调递增. 此时，称 $f(x)$ 在 $(-\infty,+\infty)$ 上分段单调.

4. 有界性

设 $f(x)$ 的定义域为 D，数集 $A\subset D$. 如果 $\exists\, M>0$(M 为常数)，使得对 $\forall\, x\in A$，

$$|f(x)|\leqslant M$$

总成立，则称 $f(x)$ 在 A 上有界，或称 $f(x)$ 是 A 上的有界函数. 若对 $\forall\, M>0$，总 $\exists\, x_0\in A\subset D$，使得 $|f(x_0)|>M$，则称 $f(x)$ 在 A 上无界.

例如，$y=\sin x$ 在 $(-\infty,+\infty)$ 上有界，因为存在常数 $M=1$，使得对 $\forall\, x\in(-\infty,+\infty)$ 都有 $|f(x)|\leqslant 1$.

对某个函数 $f(x)$，定义域为 D，可能出现下面情况：它在子集 $A\subset D$ 上有界，而在另一子集 $B\subset D$ 上无界. 例如，$y=\dfrac{1}{x}$ 在定义域 $D=(-\infty,0)\cup(0,+\infty)$ 上无界，但对 $\forall\,\delta>0$，它

在子集$(-\infty,-\delta]$和$[\delta,+\infty)$上有界.

设 $f(x)$ 的定义域为 D,$A\subset D$,如果存在常数 M,使得对 $\forall x\in A$,都有 $f(x)\leqslant M$,则称$f(x)$在 A 上有上界 M;若存在常数 m,使得对 $\forall x\in A$,都有 $f(x)\geqslant m$,则称$f(x)$在 A 上有下界 m.

函数 $f(x)$ 在 A 上既有上界又有下界的充分必要条件是 $f(x)$ 在 A 上有界.

三、函数的运算

函数之间的加、减、乘、除运算称为函数的四则运算,除此之外,还可以对函数进行复合运算、反函数运算,由此可以产生更多的函数.

1. 复合函数

定义 2 设 $y=f(u)$ 的定义域为 D_f,值域为 R_f;另一函数 $u=\varphi(x)$ 的定义域为 D_φ,值域为 R_φ. 如果 $R_\varphi\subset D_f$,对 $\forall x\in D_\varphi$ 都有唯一的 $u\in R_\varphi\subset D_f$,从而有唯一的 $y\in R_f$ 与 u 相对应,因而对 $\forall x\in D\varphi$,都有唯一的 $y\in R_f$ 与之对应. 这样就定义了一个由 D_φ 到 R_f 的函数,记作

$$y=f[\varphi(x)],$$

称此函数是由 $y=f(u)$ 与 $u=\varphi(x)$ 复合而成的复合函数,u 称为中间变量.

例 5 设 $f(x)=\sin x$,$\varphi(x)=\ln x$,求 $f[\varphi(x)]$,$\varphi[f(x)]$.

解 (1)因为 $D_f=(-\infty,+\infty)$,$R_\varphi=(-\infty,+\infty)$,满足函数复合的条件 $R_\varphi\subset D_f$,所以复合函数为

$$f[\varphi(x)]=\sin\ln x,$$

定义域为 $D_\varphi=(0,+\infty)$.

(2) 因为 $D_\varphi=(0,+\infty)$,$R_f=[-1,1]$,不满足复合条件 $R_f\subset D_\varphi$,但此时有 $D_\varphi\cap R_f=(0,+\infty)\cap[-1,1]=(0,1]$,因此复合函数 $\varphi[f(x)]=\ln\sin x$ 的定义域只能是开区间 $(2n\pi,(2n+1)\pi)$ $(n=0,\pm1,\pm2,\cdots)$.

注意 并非任何两个函数都可以复合成一个复合函数. 例如,$f(u)=\arcsin u$ 与 $u=x^2+2$ 不能复合成一个复合函数,因为 $R_\varphi\cap D_f=\varnothing$.

求两个函数的复合函数称为函数的复合运算.

例 6 设 $f(x)=\begin{cases}x, & x>1,\\ \dfrac{1}{x}, & 0<x\leqslant1,\end{cases}$ $g(x)=e^x$,求复合函数 $f[g(x)]$,$g[f(x)]$.

解 函数 $f(x)$,$g(x)$ 符合函数复合条件,所以有

$$f[g(x)]=\begin{cases}g(x), & g(x)>1,\\ \dfrac{1}{g(x)}, & 0<g(x)\leqslant1,\end{cases}=\begin{cases}e^x, & x>0,\\ e^{-x}, & -\infty<x\leqslant0,\end{cases}$$

$$g[f(x)]=e^{f(x)}=\begin{cases}e^x, & x>1,\\ e^{\frac{1}{x}}, & 0<x\leqslant1.\end{cases}$$

2. 反函数

设 $f(x)$ 的定义域为 D,值域为 R,由 $y=f(x)$ 所确定的 x 关于 y 的函数称为已知函数

$y=f(x)$(直接函数)的反函数,记为 $x=f^{-1}(y)$ 或 $x=\varphi(y)$.

反函数与直接函数的定义域与值域正好相反,即反函数 $x=f^{-1}(y)$ 的定义域为 R,值域为 D.

注意 这里"反函数"的"反"表示 $y=f(x)$ 与 $x=f^{-1}(y)$ 的对应法则相反.从几何图形上看,$y=f(x)$ 与 $x=f^{-1}(y)$ 的图像在同一坐标系下为同一条曲线.例如,$y=x$ 与其反函数 $x=y$ 的图像为同一条直线(Ⅰ,Ⅲ象限的角平分线).x 表示自变量,y 表示因变量,所以经常把函数 $y=f(x)$ 的反函数 $x=f^{-1}(y)$ 记作 $y=f^{-1}(x)$.因此,直接函数 $y=f(x)$ 与其反函数 $y=f^{-1}(x)$ 在同一坐标系下的图像就不是同一条曲线了,它们关于直线 $y=x$ 对称(见图 1-8).

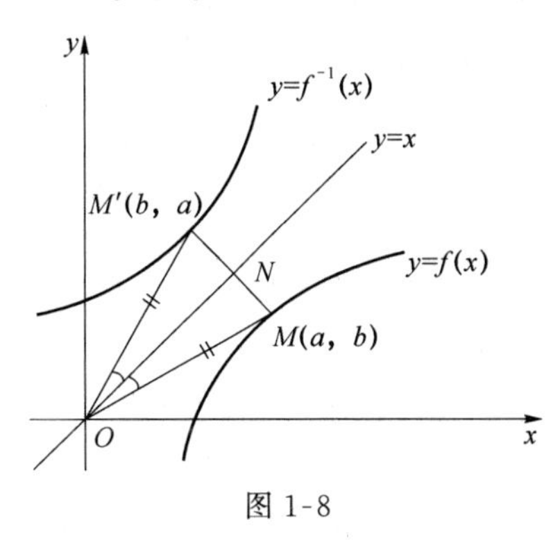

图 1-8

四、初等函数

1. 基本初等函数

在初等数学中,常数函数、幂函数、指数函数、对数函数、三角函数、反三角函数统称为基本初等函数.它们分别是:

(1) 常数函数 $y=C, D=(-\infty,+\infty)$;

(2) 幂函数 $y=x^{\alpha}$,α 是常数,$D=(0,+\infty)$;

(3) 指数函数 $y=a^{x}, a>0, a\neq 1, D=(-\infty,+\infty)$,($a=\mathrm{e}$ 时,$y=\mathrm{e}^{x}$);

(4) 对数函数 $y=\log_a x, a>0, a\neq 1, D=(0,+\infty)$,($a=\mathrm{e}$ 时,$y=\ln x$);

(5) 三角函数

正弦函数 $y=\sin x, D=(-\infty,+\infty)$,

余弦函数 $y=\cos x, D=(-\infty,+\infty)$,

正切函数 $y=\tan x, D=\left\{x \,\middle|\, x\in(-\infty,+\infty), x\neq n\pi+\dfrac{\pi}{2}, n=0,\pm 1,\pm 2,\cdots\right\}$,

余切函数 $y=\cot x, D=\{x \mid x\in(-\infty,+\infty), x\neq n\pi, n=0,\pm 1,\pm 2,\cdots\}$,

正割函数 $y=\sec x, D=\left\{x \,\middle|\, x\in(-\infty,+\infty), x\neq n\pi+\dfrac{\pi}{2}, n=0,\pm 1,\pm 2,\cdots\right\}$,

余割函数 $y=\csc x, D=\{x \mid x\in(-\infty,+\infty), x\neq n\pi, n=0,\pm 1,\pm 2,\cdots\}$;

(6) 反三角函数

反正弦函数 $y=\arcsin x, D=[-1,1]$,

反余弦函数 $y=\arccos x, D=[-1,1]$,

反正切函数 $y=\arctan x, D=(-\infty,+\infty)$,

反余切函数 $y=\mathrm{arccot}\, x, D=(-\infty,+\infty)$.

2. 初等函数

初等函数指由基本初等函数经过有限次的四则运算和有限次复合运算而产生并可用一个数学式表达的函数.

例如,$y=\ln\tan\frac{x}{2}$,$y=\frac{e^{x^2-1}}{\sqrt{1-x^2}}$,…都是初等函数.分段表示函数一般不是初等函数.例如,$y=\operatorname{sgn} x$,$y=[x]$都不是初等函数.

工程技术中经常要用到一类函数——双曲函数,它们是由指数函数 $y=e^x$ 与 $y=e^{-x}$生成的初等函数,定义如下:

双曲正弦函数$\operatorname{sh} x=\frac{e^x-e^{-x}}{2}$,$D=(-\infty,+\infty)$(见图 1-9(a));

双曲余弦函数$\operatorname{ch} x=\frac{e^x+e^{-x}}{2}$,$D=(-\infty,+\infty)$(见图 1-9(b));

双曲正切函数$\operatorname{th} x=\frac{\operatorname{sh} x}{\operatorname{ch} x}=\frac{e^x-e^{-x}}{e^x+e^{-x}}$,$D=(-\infty,+\infty)$(见图 1-9(c));

双曲余切函数$\operatorname{cth} x=\frac{\operatorname{ch} x}{\operatorname{sh} x}=\frac{e^x+e^{-x}}{e^x-e^{-x}}$,$D=(-\infty,+\infty)$(见图 1-9(d)).

其中,$\operatorname{sh} x$,$\operatorname{th} x$,$\operatorname{cth} x$ 是奇函数,$\operatorname{ch} x$ 是偶函数.

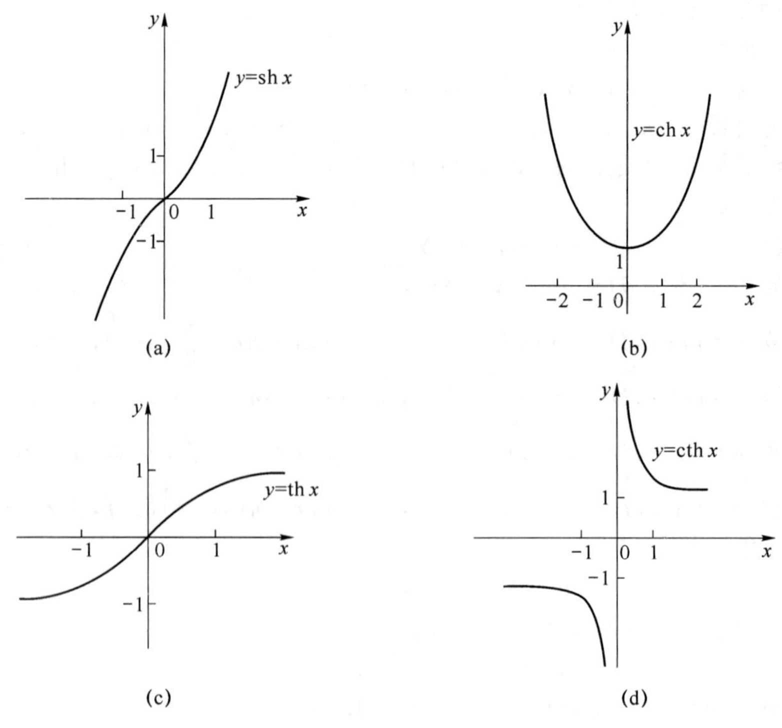

图 1-9

类似于三角函数,双曲函数也具有恒等式,如

$\mathrm{ch}^2 x-\mathrm{sh}^2 x=1$;

$\mathrm{sh}\, 2x=2\mathrm{sh}\, x\mathrm{ch}\, x$;

$\mathrm{ch}\, 2x=\mathrm{ch}^2 x+\mathrm{sh}^2 x$;

$\mathrm{sh}(x\pm y)=\mathrm{sh}\, x\mathrm{ch}\, y\pm \mathrm{ch}\, x\mathrm{sh}\, y$;

$\mathrm{ch}(x\pm y)=\mathrm{ch}\, x\mathrm{ch}\, y\pm \mathrm{sh}\, x\mathrm{sh}\, y$.

双曲函数的反函数称为反双曲函数,它们分别为

反双曲正弦 $y=\mathrm{arcsh}\, x=\ln(x+\sqrt{x^2+1}),D=(-\infty,+\infty)$;

反双曲余弦 $y=\mathrm{arcch}\, x=\ln(x+\sqrt{x^2-1}),D=[1,+\infty)$;

反双曲正切 $y=\mathrm{arcth}\, x=\dfrac{1}{2}\ln\dfrac{1+x}{1-x},D=(-1,1)$.

习题 1-1

1. 求下列函数的定义域.

(1) $y=\sqrt{\log_a\left(\dfrac{5x-x^2}{4}\right)}$;　　(2) $y=\sqrt{x}+\sqrt{\dfrac{1}{x-2}}-\ln(2x-3)$;

(3) $y=\sqrt{\dfrac{x-2}{x+2}}+\sqrt{\dfrac{1-x}{\sqrt{1+x}}}$;　　(4) $y=\sqrt{3-x}+\arcsin\dfrac{3-2x}{5}$.

2. 已知 $f(x-1)=\begin{cases}x^2, & |x|\leqslant 2,\\ 0, & |x|>2,\end{cases}$ 求 $f(x)$.

3. 设 $af(x)+bf\left(\dfrac{1}{x}\right)=\dfrac{c}{x},a^2\neq b^2$,求 $f(x)$.

4. 设 $f(x)$在$(-l,l)$上有意义,试证明:

(1) $f(x)+f(-x)$为偶函数,$f(x)-f(-x)$为奇函数;

(2) $f(x)$可表示为一个偶函数与一个奇函数之和.

5. 电压在某电路上等速下降.实验开始时电压为 12 V,经过 8 s 后电压降为 7.2 V,试把电压 V 表示成时间 t 的函数.

6. 脉冲发生器产生一个如图 1-10 所示的矩形脉冲,试写出函数式 $u=u(t)$.

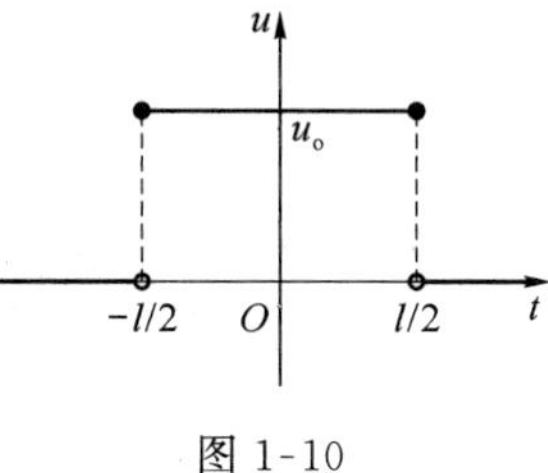

图 1-10

7. 试证明 $f(x)=x\sin x$ 在$(0,+\infty)$无界.

8. 求出函数 $f(x)=\begin{cases}\ln(x+1), & x>0,\\ 2x, & x\leqslant 0,\end{cases}$ 的反函数.

9. 已知 $f(x)=\begin{cases}1, & x>0,\\ 0, & x=0,\\ -1, & x<0,\end{cases}$ $\varphi(x)=\ln x$,求 $f[\varphi(x)]$,$\varphi[f(x)]$.

10. 已知 $f(x)=\dfrac{1}{1+x}$,求 $f[f(x)]$,$f\left[\dfrac{1}{f(x)}\right]$.

11. 已知 $f(x)$是以2为周期的周期函数,且

$$f(x)=\begin{cases}x+1, & -1\leqslant x<0,\\ 0, & 0\leqslant x<1.\end{cases}$$

画出 $f(x)$在$(-\infty,+\infty)$的图形.

12. 作出下列参数方程的图形:

(1) $\begin{cases}x=x_0+R\cos\varphi,\\ y=y_0+R\sin\varphi,\end{cases}$ $0\leqslant\varphi\leqslant 2\pi, R>0$;

(2) $\begin{cases}x=t,\\ y=1+t^2,\end{cases}$ $-\infty<t<+\infty$.

13. 作出下列极坐标方程的图形(其中 $a>0$):

(1) $\rho=2a\cos\theta$;　(2) $\rho=a\sin 3\theta$;

(3) $\rho^2=a^2\cos 2\theta$;　(4) $\rho=a(1+\cos\theta)$;

(5) $\rho=a\theta$;　(6) $\rho=e^{a\theta}$.

第二节　数列的极限

众所周知,半径为1的单位圆的面积为π,即圆周率,这个结果得之不易.我国古代数学家刘徽于公元263年创立了“割圆术”,该方法是借助于圆的一系列内接正多边形的面积去逼近圆的面积.这是极限思想最早在几何上的体现,同时这也使人们认识到极限方法是在解决实际问题中逐渐形成的.

一、数列极限的定义

如果按某个规则把无穷多个数按一定次序排成一列,即

$$x_1, x_2, \cdots, x_n, \cdots,$$

则称这一列数为无穷数列,简称为数列,记作$\{x_n\}$(有时也记为 x_n),数列中的每一个数称为数列的一个项,带有下标 n 的第 n 项 x_n 称为数列的一般项或通项.例如,

(1) $\left\{\dfrac{n}{n+1}\right\}$: $\dfrac{1}{2},\dfrac{2}{3},\dfrac{3}{4},\cdots,\dfrac{n}{n+1},\cdots$,通项为$\dfrac{n}{n+1}$;

(2) $\left\{\frac{(-1)^{n-1}}{n}\right\}$:$1,-\frac{1}{2},\frac{1}{3},\cdots,\frac{(-1)^{n-1}}{n},\cdots$,通项为$\frac{(-1)^{n-1}}{n}$;

(3) $\{(-1)^{n-1}\}$:$1,-1,1,-1,\cdots,(-1)^{n-1},\cdots$,通项为$(-1)^{n-1}$;

(4) $\left\{n\sin\frac{1}{n}\right\}$:$\sin 1,2\sin\frac{1}{2},3\sin\frac{1}{3},\cdots,n\sin\frac{1}{n},\cdots$,通项为 $n\sin\frac{1}{n}$;

(5) $\{2^n\}$:$2,2^2,\cdots,2^n,\cdots$,通项为 2^n.

仔细观察可以发现:随着 n 的增大,有的数列无限增大,有的数列跳跃不定,有的数列无限接近于一个常数 a.这种无限接近于一个常数 a 的数列称为有极限的数列,a 称为此数列的极限.如随着 n 的增大,数列$\left\{\frac{n}{n+1}\right\}$无限接近于常数 1,即$\frac{n}{n+1}$与 1 的差的绝对值越来越小.又如,随着 n 的增大,数列$\left\{\frac{(-1)^{n-1}}{n}\right\}$无限接近于常数 0,$\frac{(-1)^{n-1}}{n}$与 0 的差的绝对值$\left|\frac{(-1)^{n-1}}{n}-0\right|$越来越小.此处的"越来越小"为:不论给定多么小的正数 ε,总可以取充分大的 n,使得$\left|\frac{(-1)^{n-1}}{n}-0\right|<\varepsilon$ 成立.

定义 1　设$\{x_n\}$为一数列,a 为常数,如果对任意给定的 $\varepsilon>0$,总存在一个正整数 N,当 $n>N$时,不等式

$$|x_n-a|<\varepsilon$$

恒成立,则称数列$\{x_n\}$的极限存在,并称常数 a 为数列$\{x_n\}$的极限,记作

$$\lim_{n\to\infty} x_n=a \quad 或 \quad x_n\to a\ (n\to\infty),$$

此时也称数列$\{x_n\}$收敛.不收敛的数列称为发散数列,或数列发散.

由数列极限的定义知:去掉或改变数列$\{x_n\}$的有限项,不改变其收敛性或发散性.

数列极限的定义常用逻辑符号表述为:$\forall\varepsilon>0$,$\exists N>0$,当 $n>N$ 时,恒有

$$|x_n-a|<\varepsilon$$

成立.

数列极限的几何意义:将常数 a 及数列 $x_1,x_2,\cdots,x_n,\cdots$ 在数轴上用它们的对应点表示出来,再在数轴上作以 a 为中心且以 ε 为半径的邻域$(a-\varepsilon,a+\varepsilon)$,当 $n>N$ 时,所有的点 x_n 都落在该邻域内,如图 1-11 所示.

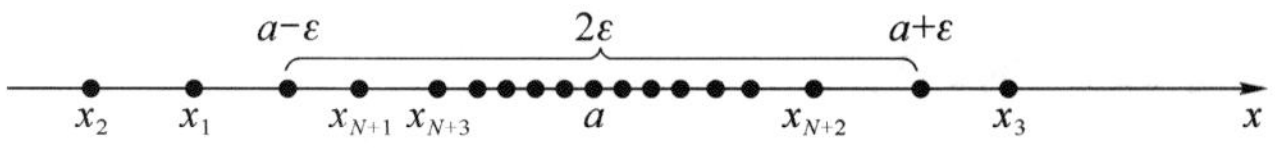

图 1-11

例 1　用定义证明$\lim\limits_{n\to\infty}\frac{2n+1}{n+1}=2$.

证　对$\forall\varepsilon>0$,要使

$$|x_n-2|=\left|\frac{2n+1}{n+1}-2\right|=\frac{1}{n+1}<\varepsilon,$$

只要

$$n>\frac{1}{\varepsilon}-1.$$

取 $N=\left[\frac{1}{\varepsilon}-1\right]$,则当 $n>N$ 时,不等式

$$\left|\frac{2n+1}{n+1}-2\right|<\varepsilon$$

恒成立,由定义知

$$\lim_{n\to\infty}\frac{2n+1}{n+1}=2.$$

例 2 证明 $\lim\limits_{n\to\infty} q^n=0(0<q<1)$.

证 对于 $\forall\varepsilon>0$,要使

$$|q^n-0|<\varepsilon,$$

只要

$$n\ln q<\ln\varepsilon,$$

即

$$n>\frac{\ln\varepsilon}{\ln q}.$$

取 $N=\left[\frac{\ln\varepsilon}{\ln q}\right]$,则当 $n>N$ 时,有

$$|q^n|<\varepsilon,$$

即

$$\lim_{n\to\infty} q^n=0.$$

例 3 证明 $\lim\limits_{n\to\infty}\frac{a^n}{n!}=0(a>1)$.

证 因为

$$\frac{a^n}{n!}=\frac{a}{1}\ \frac{a}{2}\cdots\frac{a}{[a]+1}\cdots\frac{a}{n}<\frac{a^{[a]}}{[a]!}\ \frac{a}{n},$$

记 $c=\frac{a^{[a]}}{[a]!}$(显然,c 是一常数),此时要使 $\left|\frac{a^n}{n!}-0\right|<\varepsilon$,只要 $\left|\frac{a^n}{n!}\right|<c\ \frac{a}{n}<\varepsilon$,即

$$n>\frac{ca}{\varepsilon}.$$

取 $N=\left[\frac{ca}{\varepsilon}\right]$,则当 $n>N$ 时,有

$$\left|\frac{a^n}{n!}-0\right|<\varepsilon,$$

即

$$\lim_{n\to\infty}\frac{a^n}{n!}=0.$$

注意 在极限的定义中关心的不是 N 的具体值,而是 N 是否存在.所以,实际证明的过程不必精确地求出 N,通过适当地放大不等式,可以更容易地说明 N 存在.

二、数列极限的性质

在讨论数列极限的性质之前，先介绍相关的定义.

定义 2　对于数列$\{x_n\}$，若存在两个常数A,B，使得$A\leqslant x_n\leqslant B$ $(n=1,2,\cdots)$，则称$\{x_n\}$为有界数列，其中A,B分别为x_n的下界和上界，否则称$\{x_n\}$为无界数列(简称x_n无界).

有界数列还有如下的等价定义.

如果$\exists M>0$，对于$\forall n$，都有$|x_n|\leqslant M$，则称$\{x_n\}$为有界数列，M称为数列$\{x_n\}$的界.

显然，若数列$\{x_n\}$有界，它的界不唯一.

定义 3　对于数列$\{x_n\}$，若$x_n\leqslant x_{n+1}$ $(n=1,2,\cdots)$，则称$\{x_n\}$为单调递增数列；反之，若$x_n\geqslant x_{n+1}$ $(n=1,2,\cdots)$，则称$\{x_n\}$为单调递减数列.

例如，$\{2^n\}$为单调递增数列，$\left\{\frac{1}{2^n}\right\}$为单调递减数列，$\{(-1)^{n-1}\}$是非单调数列.

定义 4　从数列$\{x_n\}$中任意选出无穷多项，保持原来的顺序，排列为

$$x_{n_1},x_{n_2},\cdots,x_{n_k},\cdots,$$

由此无穷多个数构成的新数列称为原数列$\{x_n\}$的子数列，简称为子列，记为$\{x_{n_k}\}$ $(k=1,2,\cdots)$. 此处，k表示x_{n_k}是子列中的第k项，n_k表示x_{n_k}是数列$\{x_n\}$中的第n_k项. 显然有，$n_k\geqslant k$.

特别地，数列$\{x_n\}$也可看成是自身的一个子列.

例如，数列$1,1,\cdots,1,\cdots$是数列$\{(-1)^{n-1}\}$的一个子列.

下面介绍收敛数列的性质.

1. 极限的唯一性

定理 1　若数列$\{x_n\}$收敛，则它的极限唯一.

证　反证法. 设数列$\{x_n\}$的极限不唯一，则至少存在两个不同的极限值. 设

$$\lim_{n\to\infty}x_n=a,\quad \lim_{n\to\infty}x_n=b\ (a\neq b),$$

不妨设$a<b$，取$\varepsilon=\frac{b-a}{2}>0$，由数列极限的定义知，$\exists N_1$，当$n>N_1$时，有

$$|x_n-a|<\varepsilon,$$

即

$$x_n<a+\varepsilon=\frac{a+b}{2}. \tag{1}$$

又因$\lim\limits_{n\to\infty}x_n=b$，则$\exists N_2$，当$n>N_2$时，有

$$|x_n-b|<\varepsilon,$$

即

$$x_n>b-\varepsilon=\frac{a+b}{2}. \tag{2}$$

取 $N=\max\{N_1,N_2\}$,则当 $n>N$ 时,式(1)和式(2)同时成立. 显然矛盾. 故原假设错误,即数列的极限唯一.

2. 收敛数列的有界性

定理 2 若数列 $\{x_n\}$ 收敛,则 $\{x_n\}$ 有界.

证 设 $\lim\limits_{n\to\infty} x_n=a$,由极限定义,取 $\varepsilon=1$,则 $\exists N$,当 $n>N$ 时,有

$$|x_n-a|<\varepsilon=1,$$

即

$$a-1=a-\varepsilon<x_n<a+\varepsilon=a+1.$$

取 $M=\max\{|x_1|,\cdots,|x_N|,|a-1|,|a+1|\}$,则对 $\forall n$,有 $|x_n|\leqslant M$. 所以数列 $\{x_n\}$ 有界.

3. 收敛数列的保序性

定理 3 设有数列 $\{x_n\}$,$\{y_n\}$,$\lim\limits_{n\to\infty} x_n=a$,$\lim\limits_{n\to\infty} y_n=b$,且自某一项起,有 $x_n\leqslant y_n$,则 $a\leqslant b$.

证 反证法. 假设 $a>b$,取 $\varepsilon=\dfrac{a-b}{2}>0$,则 $\exists N_1$,当 $n>N_1$ 时,有

$$|x_n-a|<\varepsilon,$$

即

$$x_n>a-\varepsilon=\frac{a+b}{2}.$$

同时,$\exists N_2$,当 $n>N_2$ 时,有

$$|y_n-b|<\varepsilon,$$

即

$$y_n<b+\varepsilon=\frac{a+b}{2}.$$

取 $N=\max\{N_1,N_2\}$,则当 $n>N$ 时,

$$x_n>\frac{a+b}{2}>y_n$$

与已知条件 $x_n\leqslant y_n$ 矛盾. 所以,原假设错误,即 $a\leqslant b$ 成立.

4. 子列的收敛性

定理 4 数列 $\{x_n\}$ 收敛于 a 的充分必要条件是 $\{x_n\}$ 的任一子列都收敛,且都收敛于 a.

证 充分性:因为 $\{x_n\}$ 可看作是自身的一个子列,所以结论成立.

必要性:因为 $\lim\limits_{n\to\infty} x_n=a$,故 $\forall\varepsilon>0$,$\exists N>0$,当 $n>N$ 时,恒有

$$|x_n-a|<\varepsilon.$$

对 $\{x_n\}$ 的任一子列 $\{x_{n_k}\}$,取 $K=N$,则当 $k>K$ 时,有 $n_k>n_K\geqslant N$,此时满足

$$|x_{n_k}-a|<\varepsilon,$$

即
$$\lim_{k\to\infty} x_{n_k}=a.$$

此结论可用来判断数列极限的不存在性,如数列$\{(-1)^{n-1}\}$,它的一个子列$\{(-1)^{2k-1}\}$:$-1,-1,\cdots,-1,\cdots$收敛于-1,而另一个子列$\{(-1)^{2(k-1)}\}$:$1,1,\cdots,1,\cdots$收敛于1.它们收敛于不同的极限值,由定理4知,数列$\{(-1)^{n-1}\}$的极限不存在.

习题 1-2

1. 写出下列数列的前五项,观察哪些数列有极限,极限值是多少?哪些数列没有极限?

(1) $x_n=(-1)^n\dfrac{1}{n}$;　　(2) $x_n=\dfrac{n}{n+1}$;

(3) $x_n=\dfrac{1}{3^n}$;　　(4) $x_n=(-1)^n+\dfrac{1}{2^n}$;

(5) $x_n=\dfrac{1}{n}\cos\dfrac{\pi}{n}$;　　(6) $x_n=\sin\dfrac{n\pi}{2}$.

2. 用数列极限的定义证明.

(1) $\lim\limits_{n\to\infty}\dfrac{n+1}{n}=1$;　　(2) $\lim\limits_{n\to\infty}\dfrac{(-1)^n}{(n+1)^2}=0$;

(3) $\lim\limits_{n\to\infty}\dfrac{n^2+n}{2n^2-1}=\dfrac{1}{2}$;　　(4) $\lim\limits_{n\to\infty}\dfrac{1}{n}\sin\dfrac{1}{n}=0$;

(5) $\lim\limits_{n\to\infty}\dfrac{\sqrt{n^2+a^2}}{n}=1$;　　(6) $\lim\limits_{n\to\infty}0.\underbrace{00\cdots0}_{n个}\times1=0$.

3. 设$x_n=\dfrac{n-1}{n+1}$,证明$\lim\limits_{n\to\infty}x_n=1$,并求$n$应从何值开始,才使得$|x_n-1|<10^{-4}$.

4. 下列数列哪些单调?哪些有界?它们是否有极限?

(1) $x_n=\dfrac{1}{2n+1}$;　　(2) $x_n=\sqrt{2n}+1$;

(3) $x_n=n\sin\dfrac{n\pi}{2}$;　　(4) $x_n=\dfrac{n+(-1)^n}{n}$;

(5) $x_n=\cos\dfrac{n\pi}{2}$.

5. 对于数列$\{x_n\}$,若$\lim\limits_{n\to\infty}x_{2n}=a$,$\lim\limits_{n\to\infty}x_{2n+1}=a$,证明$\lim\limits_{n\to\infty}x_n=a$.

6. 庄子曰:一尺之椎,日取其半,万世不竭.试用数列的概念表达其思想,并考察此数列的极限.

第三节　函数的极限

第二节讨论了数列的极限,也就是自变量是整数时的极限,这只是一类特殊类型的函数极限问题.下面就一般情况的函数极限问题分两种情形进行讨论.

一、自变量趋于有限值时函数的极限

1. 函数极限的定义

首先研究当自变量 $x\to x_0$ 时函数 $f(x)$的变化趋向.

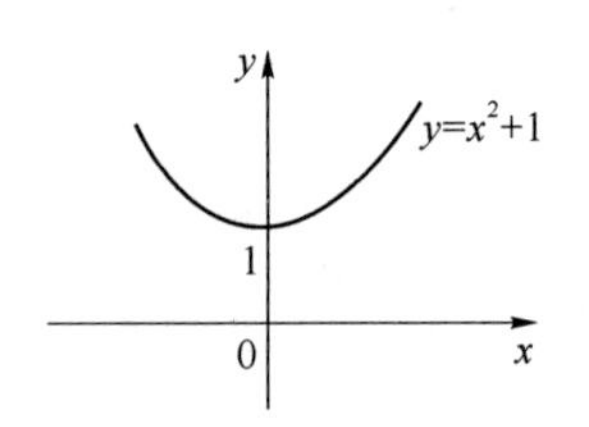

图 1-12

考察函数 $f(x)=x^2+1$(见图 1-12),由图可知,不论变量 x 从左侧还是右侧趋向于 0 时,函数值总是趋向于 1.换言之,当 x 无限接近于 0 时,对应的函数值 $f(x)$和常数 1 的差可以任意小.

类似于数列极限的定义,有如下定义.

定义 1　设 $f(x)$在点 x_0 的某个去心邻域内有定义,如果对于任意给定的数 $\varepsilon>0$,总 $\exists\delta>0$,使得对满足不等式$0<|x-x_0|<\delta$的所有 x,其对应的函数值 $f(x)$都满足

$$|f(x)-A|<\varepsilon,$$

则称常数 A 为函数 $f(x)$当 x 趋向于 x_0 时的极限,记作

$$\lim_{x\to x_0} f(x)=A \quad 或 \quad f(x)\to A\ (x\to x_0).$$

函数极限的几何意义:对于任意给定的 $\varepsilon>0$,都存在 x_0 的一个去心邻域$\mathring{U}(x_0,\delta)=\{x\,|\,0<|x-x_0|<\delta\}$,当 $x\in\mathring{U}(x_0,\delta)$时,曲线 $y=f(x)$上的点都位于两直线 $y=A+\varepsilon$ 和 $y=A-\varepsilon$之间(见图 1-13).

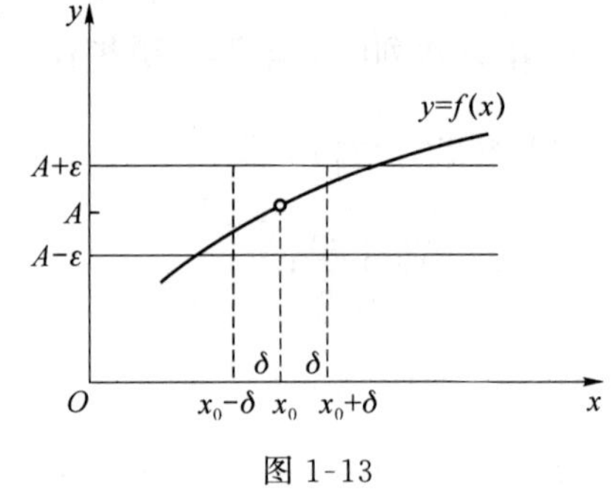

图 1-13

注意　根据定义,函数在点 x_0 的极限存在与否与函数在该点的函数值无关.另外,定义中的 δ 随 ε 而改变,对于同样的 ε,由于 x_0 不同,δ 也会有变化.实际上,δ 与 x_0 和 ε 都有关,即 $\delta=\delta(x_0,\varepsilon)$.

例 1　用定义证明 $\lim\limits_{x\to 1}\dfrac{x^2-1}{x-1}=2$.

证　函数 $f(x)=\dfrac{x^2-1}{x-1}$在点 $x_0=1$ 无意义,但在 $x_0=1$ 的任何去心邻域内有定义.

对 $\forall \varepsilon>0$,要使 $|f(x)-A|=\left|\frac{x^2-1}{x-1}-2\right|=|x-1|<\varepsilon$.

只要取 $\delta=\varepsilon$,则当 $0<|x-1|<\delta$ 时,$|f(x)-A|=|x-1|<\varepsilon$ 成立.

所以,$\lim\limits_{x\to 1}\frac{x^2-1}{x-1}=2$.

例 2 证明 $\lim\limits_{x\to 1}x^2=1$.

证 函数 $f(x)=x^2$ 在点 $x_0=1$ 的任意邻域内有定义,不妨取 $x_0=1$ 的邻域为 $|x-1|<1$,从而有 $0<x<2$,即有 $1<x+1<3$.

对 $\forall \varepsilon>0$,要使

$$|f(x)-A|=|x^2-1|=|(x+1)||x-1|<3|x-1|<\varepsilon,$$

只要 $|x-1|<\frac{\varepsilon}{3}$ 成立.

所以,对于 $\forall \varepsilon>0$,$\exists \delta=\min\left\{1,\frac{\varepsilon}{3}\right\}$,当 $0<|x-1|<\delta$ 时,$|x^2-1|<\varepsilon$ 成立.

从而有 $\lim\limits_{x\to 1}x^2=1$.

例 3 证明 $\lim\limits_{x\to 0}x\sin\frac{1}{x}=0$.

证 函数 $f(x)=x\sin\frac{1}{x}$ 在点 $x_0=0$ 无定义,但在 $x_0=0$ 的任何去心邻域内有定义.

对 $\forall \varepsilon>0$,要使 $|f(x)-A|=\left|x\sin\frac{1}{x}-0\right|=\left|x\sin\frac{1}{x}\right|<|x|<\varepsilon$ 成立.

取 $\delta=\varepsilon$,则当 $0<|x|<\delta$ 时,$\left|x\sin\frac{1}{x}-0\right|<\varepsilon$ 成立.

从而有 $\lim\limits_{x\to 0}x\sin\frac{1}{x}=0$.

2. 函数极限的性质

函数极限与数列极限的性质类似,证明方法也相似,下面的定理由读者自行证明.

定理 1 (极限的唯一性)若 $\lim\limits_{x\to x_0}f(x)$ 存在,则极限唯一.

定理 2 (函数的局部有界性)若 $\lim\limits_{x\to x_0}f(x)$ 存在,则在 x_0 的某一去心邻域内函数 $f(x)$ 有界.

定理 3 (函数的局部保序性)设 $\lim\limits_{x\to x_0}f(x)=A$,$\lim\limits_{x\to x_0}g(x)=B$,若存在 $\delta>0$,当 $x\in\mathring{U}(x_0,\delta)$ 时,恒有 $f(x)\leqslant g(x)$,则有 $A\leqslant B$.

推论 (函数的局部保号性)设 $\lim\limits_{x\to x_0}f(x)=A$,若存在 $\delta>0$,当 $x\in\mathring{U}(x_0,\delta)$ 时,恒有 $f(x)\leqslant 0$,则有 $A\leqslant 0$.

定理 4 (函数极限与数列极限的关系)设 $f(x)$ 在 $\mathring{U}(x_0,\delta)$ 上有定义,则 $\lim\limits_{x\to x_0}f(x)=A$ 的充分必要条件是对于任一收敛于 x_0 的数列 $\{x_n\}$ $(x_n\neq x_0)$,恒有 $\lim\limits_{n\to\infty}f(x_n)=A$.

证 必要性:因为$\lim\limits_{x\to x_0} f(x)=A$,则对任意 $\varepsilon>0$,总$\exists\delta>0$,当 $0<|x-x_0|<\delta$ 时有

$$|f(x)-A|<\varepsilon,$$

又因为$\lim\limits_{n\to\infty} x_n=x_0$,所以对上述的 $\delta>0$,$\exists N$,当 $n>N$ 时有

$$|x_n-x_0|<\delta,$$

又已知 $x_n\neq x_0$,故有

$$0<|x_n-x_0|<\delta,$$

对满足此不等式的所有 x_n 所对应的函数值 $f(x_n)$,应有

$$|f(x_n)-A|<\varepsilon,$$

由数列极限的定义知$\lim\limits_{n\to\infty} f(x_n)=A$.

充分性:反证法.若$\lim\limits_{x\to x_0} f(x)\neq A$,则存在某个 $\varepsilon_0>0$,对于$\forall\delta>0$,总$\exists x'\in\mathring{U}(x_0,\delta)$,使得

$$|f(x')-A|\geqslant\varepsilon_0,$$

特别取 $\delta=1,\frac{1}{2},\frac{1}{3},\cdots$,则存在 $x_1,x_2,x_3,\cdots$,使得当

$$0<|x_1-x_0|<1\text{ 时},|f(x_1)-A|\geqslant\varepsilon_0,$$

$$0<|x_2-x_0|<\frac{1}{2}\text{时},|f(x_2)-A|\geqslant\varepsilon_0,$$

$$0<|x_3-x_0|<\frac{1}{3}\text{时},|f(x_3)-A|\geqslant\varepsilon_0,$$

$$\vdots$$

对上述 $x_n\in\mathring{U}(x_0,\delta)$形成的数列$\{x_n\}$,显然有$\lim\limits_{n\to\infty} x_n=x_0(x_n\neq x_0)$,且$|f(x_n)-A|\geqslant\varepsilon_0$,即数列$\{f(x_n)\}$不以 A 为极限,与假设矛盾.充分性得证.

该定理通常用来证明某些函数的极限不存在.

例 4 证明当 $x\to0$ 时,$\sin\frac{1}{x}$的极限不存在(见图 1-14).

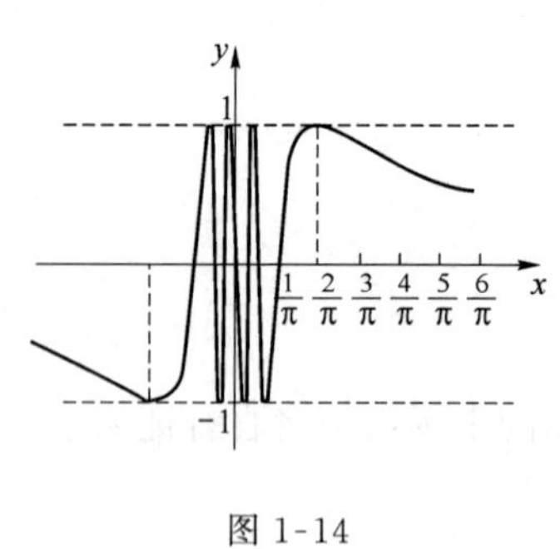

图 1-14

证 取数列 $x_n=\frac{1}{n\pi}(x_n\neq0)$,则有$\lim\limits_{n\to\infty} x_n=0$,且 $f(x_n)=0$,即$\lim\limits_{n\to\infty} f(x_n)=0$.

再取数列 $x_n'=\frac{1}{2n\pi+\frac{\pi}{2}}(x_n'\neq0)$,显然$\lim\limits_{n\to\infty} x_n'=0$,但是 $f(x_n')=1$,即$\lim\limits_{n\to\infty} f(x_n')=1$.

对于同时收敛于 0 的两个不同数列,其对应的函数值数列收敛于不同的值.由定理 4 的充分性知,极限$\lim\limits_{x\to0}\sin\frac{1}{x}$不存在.

3. 单侧极限

在考察 $x\to x_0$ 时函数 $f(x)$ 的极限时，有时只需考察 x 从大于 x_0（即 x_0 的右侧）的方向趋于 x_0 时的极限，有时考察 x 从小于 x_0（即 x_0 的左侧）的方向趋于 x_0 时的极限，即函数 $f(x)$ 在 x_0 的左、右极限.

定义 2　若函数 $f(x)$ 在 $\mathring{U}(x_0,\delta)$ 上有定义，且对于 $\forall\varepsilon>0$，总 $\exists\delta>0$，使得对满足不等式 $0<x-x_0<\delta$（即 $x_0<x<x_0+\delta$）的所有 x，其对应的函数值 $f(x)$ 都满足

$$|f(x)-A|<\varepsilon,$$

则称常数 A 为函数 $f(x)$ 当 x 趋向于 x_0 时的右极限，记作

$$\lim_{x\to 0^+} f(x)=A \quad 或 \quad f(x_0^+)=A.$$

可类似定义函数 $f(x)$ 当 x 趋向于 x_0 时的左极限，只需把不等式 $0<x-x_0<\delta$ 换成 $-\delta<x-x_0<0$（即 $x_0-\delta<x<x_0$），记作

$$\lim_{x\to 0^-} f(x)=A \quad 或 \quad f(x_0^-)=A.$$

函数的左极限和右极限统称为单侧极限.

由函数极限的定义可得如下的结论.

定理 5　函数 $f(x)$ 在点 x_0 存在极限的充分必要条件是：$f(x)$ 在 x_0 的左、右极限都存在且相等. 即 $\lim\limits_{x\to x_0} f(x)=A \Leftrightarrow \lim\limits_{x\to x_0^-} f(x)=\lim\limits_{x\to x_0^+} f(x)=A$.

例 5　设 $f(x)=\begin{cases} x^2, & x<1 \\ x-1, & x>1 \end{cases}$（见图 1-15），求 $\lim\limits_{x\to 1} f(x)$.

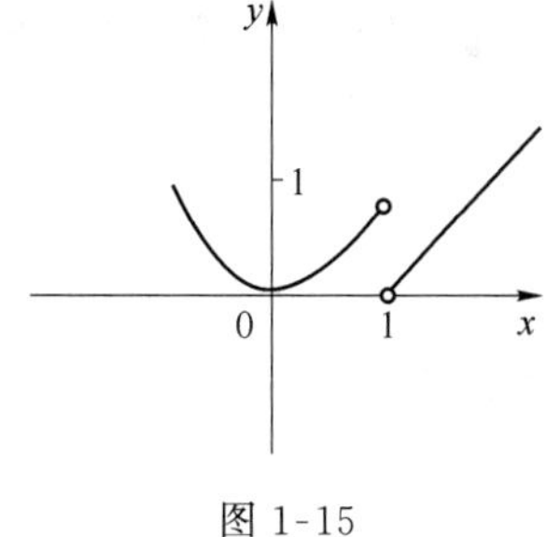

图 1-15

解　$f(x)$ 在 $x=1$ 的左极限：$\lim\limits_{x\to 1^-} f(x)=\lim\limits_{x\to 1^-} x^2=1$. $f(x)$ 在 $x=1$ 的右极限：$\lim\limits_{x\to 1^+} f(x)=\lim\limits_{x\to 1^+}(x-1)=0$. 左、右极限存在但不相等，所以 $\lim\limits_{x\to 1} f(x)$ 不存在.

二、自变量趋于无穷大时函数的极限

如果在自变量 $x\to\infty$ 的过程中，对应的函数值 $f(x)$ 无限接近于某确定的常数 A，那么称 A 为函数 $f(x)$ 当 $x\to\infty$ 时的极限. 精确定义如下：

定义 3　设函数 $f(x)$ 在 $|x|$ 大于某一正数时有定义. 如果对 $\forall\varepsilon>0$，$\exists X>0$，当 $|x|>X$ 时，恒有

$$|f(x)-A|<\varepsilon$$

成立，则称常数 A 为函数 $f(x)$ 当 $x\to\infty$ 时的极限，记作

$$\lim_{x\to\infty} f(x)=A \quad 或 \quad f(x)\to A(x\to\infty).$$

此外,可类似定义 $\lim\limits_{x\to+\infty} f(x)=A$, $\lim\limits_{x\to-\infty} f(x)=A$(由读者自行给出精确定义).

$\lim\limits_{x\to\infty} f(x)=A$ 的几何意义:对于任意给定的 $\varepsilon>0$,总存在 $X>0$,当 $x>X$ 或 $x<-X$ 时,曲线 $y=f(x)$ 位于两直线 $y=A+\varepsilon$ 与 $y=A-\varepsilon$ 之间(见图 1-16).

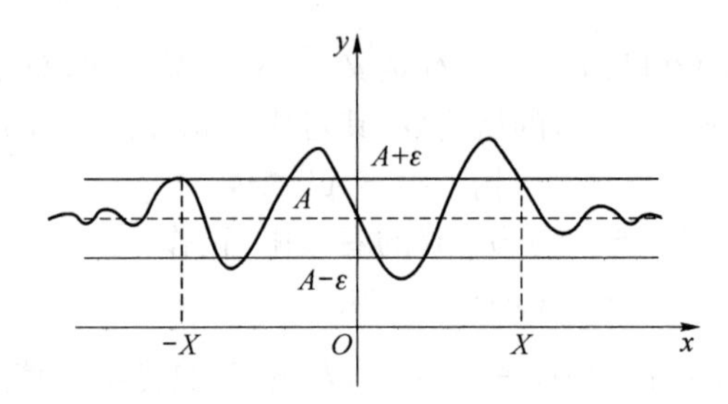

图 1-16

$\lim\limits_{x\to\infty} f(x)=A$ 表示曲线 $y=f(x)$ 有水平渐近线 $y=A$.

函数极限的性质对 $x\to\infty$, $x\to+\infty$, $x\to-\infty$ 同样成立,不再一一赘述.

例 6 证明 $\lim\limits_{x\to-\infty} e^x=0$.

证 因为 ε 是任意小的正数,不妨设 $0<\varepsilon<1$,要使得

$$|e^x-0|=e^x<\varepsilon$$

成立,只需

$$x<\ln\varepsilon,$$

所以,对于每一个 $0<\varepsilon<1$, $\exists X=-\ln\varepsilon>0$,当 $x<-X$ 时,有 $|e^x-0|<\varepsilon$,即 $\lim\limits_{x\to-\infty} e^x=0$.

习题 1-3

1. 下列说法是否正确.

(1) $\forall\varepsilon>0$, $\exists\delta>0$,当 $0<|x-x_0|<\delta$ 时, $|f(x)-A|<2\varepsilon$,则 $\lim\limits_{x\to x_0} f(x)=A$;

(2) $\forall\varepsilon>0$, $\exists$ 自然数 n,当 $0<|x-x_0|<\dfrac{1}{n}$ 时, $|f(x)-A|<\varepsilon$,则 $\lim\limits_{x\to x_0} f(x)=A$;

(3) $\forall n$, $\exists\delta>0$,当 $0<|x-x_0|<\delta$ 时, $|f(x)-A|<\dfrac{1}{n}$,则 $\lim\limits_{x\to x_0} f(x)=A$.

2. 写出下列极限的定义,并说明几何意义.

(1) $\lim\limits_{x\to+\infty} f(x)=A$;　　(2) $\lim\limits_{x\to-\infty} f(x)=A$.

3. 用极限定义证明.

(1) $\lim\limits_{x\to 2}\dfrac{x^2-4}{x-2}=4$；　(2) $\lim\limits_{x\to \frac{1}{2}}\dfrac{x}{x-1}=-1$；

(3) $\lim\limits_{x\to 2}x^2=4$；　(4) $\lim\limits_{x\to 4}\sqrt{x}=2$；

(5) $\lim\limits_{x\to 0}\mathrm{e}^x=1$；　(6) $\lim\limits_{x\to \infty}\dfrac{x}{x+1}=1$；

(7) $\lim\limits_{x\to +\infty}\dfrac{\sin x}{\sqrt{x}}=0$；　(8) $\lim\limits_{x\to \infty}\dfrac{2x+1}{x-1}=2$；

(9) $\lim\limits_{x\to 0}\dfrac{2x+1}{x-1}=-1$；　(10) $\lim\limits_{x\to \infty}\dfrac{3}{x-1}=0$；

(11) $\lim\limits_{x\to 0}\dfrac{3x}{x-1}=0$.

4. 设 $f(x)=\dfrac{|x|}{x}$，求 $f(x)$ 在 $x\to 0$ 时的左、右极限.

5. 设 $f(x)=\begin{cases} 2x, & 0\leqslant x\leqslant 1 \\ -\dfrac{2}{3}x+\dfrac{7}{3}, & 1<x\leqslant 4 \end{cases}$，求 $f(x)$ 在 $x\to 1$ 时的左、右极限. 说明 $\lim\limits_{x\to 1}f(x)$ 是否存在.

6. 当 $x\to\infty$ 时，$y=\dfrac{x^2-1}{x^2+1}\to 1$，问 X 等于多少，使当 $|x|>X$ 时，$|y-1|<0.02$？

7. 如图 1-17 所示，电流的欧姆定律为 $V=RI$，在这个方程中，V 是常电压，I 是电流，R 是电阻. 试求电路中的电阻，其中 $V=120$ V. 问 R 应在什么区间能使电流在其目标值 $I_0=5$ A 的 0.1 A 的误差内(保留 2 位小数)？

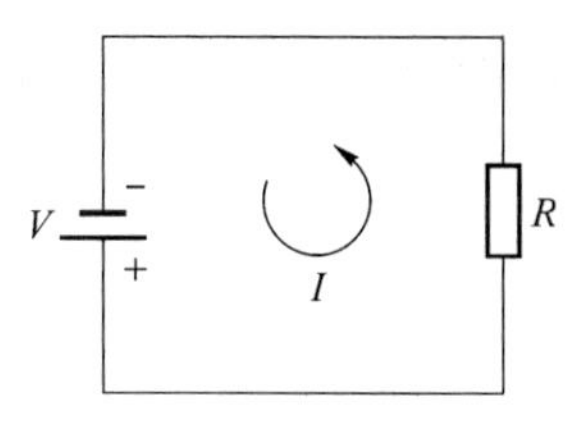

图 1-17

第四节 无穷小量与无穷大量

一、无穷小量的概念

1. 无穷小量的概念

定义1 设函数 $f(x)$在点 x_0 的某个邻域内有定义,如果对任意给定 $\varepsilon>0$,$\exists\delta>0$,当 $0<|x-x_0|<\delta$时,有 $|f(x)|<\varepsilon$,则称函数 $f(x)$是当 $x\to x_0$ 时的无穷小量,记作

$$\lim_{x\to x_0} f(x)=0.$$

此外,可类似定义在 x 的其他趋向下的无穷小量.

例1 因为$\lim\limits_{x\to 0}x=0$,所以函数 $f(x)=x$ 是当 $x\to 0$ 时的无穷小量;又如$\lim\limits_{x\to\infty}\frac{1}{x}=0$,所以函数 $f(x)=\frac{1}{x}$是当 $x\to\infty$时的无穷小量;极限 $\lim\limits_{x\to-\infty}e^x=0$,所以函数 $f(x)=e^x$ 是当 $x\to-\infty$ 时的无穷小量.

对于无穷小量的概念,需要注意:

(1) 无穷小量是描述函数当自变量在某一变化过程中函数值的绝对值越来越小的术语.因此,无穷小量是一变量,不是绝对值很小的数.零是作为无穷小量的唯一的一个常数.

(2) 一个变量是否为无穷小量与自变量的变化趋向有关.如 $f(x)=x$ 是当 $x\to 0$ 时的无穷小量;当 $x\to 1$ 时,它的极限是“1”而不是“0”,也就是当 $x\to 1$ 时,$f(x)=x$ 不是无穷小量.

无穷小量和一般函数极限之间有什么关系呢?

定理1 在自变量的某一变化过程中,设 $f(x)=A+\alpha(x)$,A 是不为零的常数.若 $\lim f(x)=A$,则 $\lim\alpha(x)=0$;反之亦然.

证 不妨设$\lim\limits_{x\to x_0} f(x)=A$,则由函数极限的定义知:对 $\forall\varepsilon>0$,$\exists\delta>0$,当 $0<|x-x_0|<\delta$ 时有

$$|\alpha(x)|=|f(x)-A|<\varepsilon,$$

即

$$\lim_{x\to x_0}\alpha(x)=0.$$

反之,若$\lim\limits_{x\to x_0}\alpha(x)=0$,由于 $f(x)=A+\alpha(x)$,所以对 $\forall\varepsilon>0$,$\exists\delta>0$,当 $0<|x-x_0|<\delta$ 时有

$$|f(x)-A|=|\alpha(x)|<\varepsilon,$$

故有

$$\lim_{x\to x_0} f(x)=A.$$

由定理1可知:若在某种趋向下函数 $f(x)$ 有极限 A,则该函数 $f(x)$ 必可写成极限值 A 与该趋向下的一个无穷小量 $\alpha(x)$ 的和.

例 2 设 $f(x)=\dfrac{2x+1}{x-1}$,当 $x\to\infty$ 时和 $x\to 0$ 时,分别把 $f(x)$ 写成 $f(x)=A+\alpha(x)$ 的形式.

解 (1) 因为 $\lim\limits_{x\to\infty} f(x)=2$,所以

$$\alpha(x)=f(x)-A=\frac{2x+1}{x-1}-2=\frac{3}{x-1},$$

且

$$\lim_{x\to\infty}\alpha(x)=\lim_{x\to\infty}\frac{3}{x-1}=0,$$

故有

$$f(x)=2+\frac{3}{x-1}.$$

(2) $\lim\limits_{x\to 0} f(x)=\lim\limits_{x\to 0}\dfrac{2x+1}{x-1}=-1$,所以

$$\alpha(x)=f(x)+1=\frac{2x+1}{x-1}+1=\frac{3x}{x-1},$$

且

$$\lim_{x\to 0}\alpha(x)=\lim_{x\to 0}\frac{3x}{x-1}=0,$$

故有

$$f(x)=-1+\frac{3x}{x-1}.$$

2. 无穷大的概念

如果自变量趋向于某个值时,函数 $f(x)$ 的绝对值 $|f(x)|$ 无限增大,则称 $f(x)$ 是该趋向下的无穷大量.

定义 2 若对 $\forall M>0$,总 $\exists\delta>0$,当 $0<|x-x_0|<\delta$ 时,恒有

$$|f(x)|>M$$

成立,则称函数 $f(x)$ 是当 $x\to x_0$ 时的无穷大量,记作

$$\lim_{x\to x_0} f(x)=\infty.$$

注意 当 $x\to x_0$ 时函数 $f(x)$ 是无穷大量,此时 $f(x)$ 的极限不存在,它只是极限不存在的一种特殊情形.

无穷大量又分为正无穷大量和负无穷大量,其精确定义可类似给出.

$\lim\limits_{x\to+\infty} f(x)=+\infty$:$\forall M>0$,$\exists X>0$,当 $x>X$ 时,$f(x)>M$;

$\lim\limits_{x\to x_0^-} f(x)=-\infty$:$\forall M>0$,$\exists\delta>0$,当 $x_0-\delta<x<x_0$ 时,$f(x)<-M$.

例 3 用定义证明 $\lim\limits_{x\to\infty} x^n=\infty$,$n$ 为正整数.

证 对于 $\forall M>0$(不妨取 $M>1$),要使

$$|f(x)|=|x^n|=|x|^n>M,$$

只要

$$\ln|x|>\frac{1}{n}\ln M=\ln\sqrt[n]{M}.$$

取 $X=\sqrt[n]{M}$,则当 $|x|>X$ 时,有 $|f(x)|>M$,即

$$\lim_{x\to\infty}x^n=\infty.$$

例 4 用定义证明 $\lim\limits_{x\to 1}\dfrac{2x+1}{x-1}=\infty$.

证 因为要考虑函数在 $x=1$ 的邻域内的变化情况,不妨设 $0<|x-1|<1$,即 $0<x<2$ $(x\neq 1)$,此时

$$|f(x)|=\left|\frac{2x+1}{x-1}\right|=\frac{|2x+1|}{|x-1|}>\frac{1}{|x-1|}.$$

对于 $\forall M>0$,要使 $|f(x)|>M$,只要

$$|f(x)|>\frac{1}{|x-1|}>M,$$

即

$$|x-1|<\frac{1}{M}.$$

取 $\delta=\min\left\{1,\dfrac{1}{M}\right\}$,则当 $0<|x-1|<\delta$ 时,恒有 $|f(x)|>M$ 成立.

即
$$\lim_{x\to 1}\frac{2x+1}{x-1}=\infty.$$

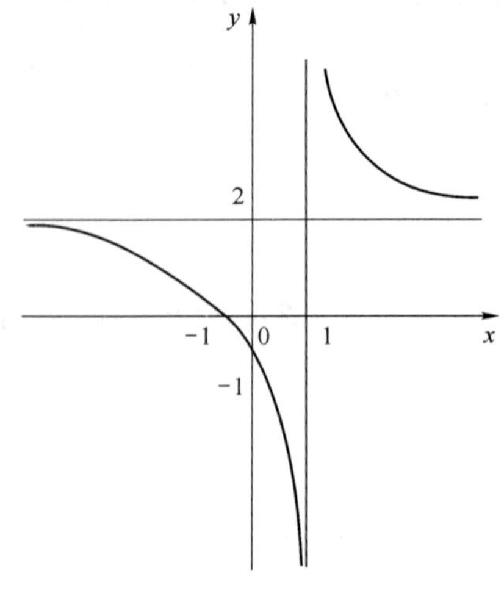

图 1-18

由图 1-18 可知,当 $x\to 1^-$ 时,$\dfrac{2x+1}{x-1}$ 是负无穷大量;当 $x\to 1^+$ 时,$\dfrac{2x+1}{x-1}$ 是正无穷大量.

注意无穷大量与无界函数的区别,如函数 $f(x)=x\sin x$ 在 $(0,+\infty)$ 上无界,但当 $x\to+\infty$ 时,$f(x)=x\sin x$ 不是无穷大量.

注意 此处关于无穷小量、无穷大量讨论的结论对数列同样成立.

定理 2 在自变量的同一变化趋向下,若函数 $f(x)$ 为无穷大量,则 $\dfrac{1}{f(x)}$ 为无穷小量;反之,若 $f(x)$ 为无穷小量,且 $f(x)\neq 0$,则 $\dfrac{1}{f(x)}$ 为无

穷大量.

证　设$\lim\limits_{x\to x_0} f(x)=\infty$,对于$\forall\,\varepsilon>0$,取$M=\dfrac{1}{\varepsilon}$,则$\exists\,\delta>0$,当$0<|x-x_0|<\delta$时,有$|f(x)|>M$,此时$\left|\dfrac{1}{f(x)}\right|=\dfrac{1}{|f(x)|}<\dfrac{1}{M}=\varepsilon$,即有$\lim\limits_{x\to x_0}\dfrac{1}{f(x)}=0$.

证明的另一部分请读者自行完成.

下面是几个常用的无穷小量与无穷大量:

由$\lim\limits_{x\to\infty} x^n=\infty$,得$\lim\limits_{x\to\infty}\dfrac{1}{x^n}=0$;

由$\lim\limits_{x\to+\infty}\mathrm{e}^x=+\infty$,得$\lim\limits_{x\to+\infty}\dfrac{1}{\mathrm{e}^x}=\lim\limits_{x\to+\infty}\mathrm{e}^{-x}=0$;

由$\lim\limits_{x\to0^+}\mathrm{e}^{\frac{1}{x}}=+\infty$,得$\lim\limits_{x\to0^+}\dfrac{1}{\mathrm{e}^{\frac{1}{x}}}=\lim\limits_{x\to0^+}\mathrm{e}^{-\frac{1}{x}}=0$.

二、无穷小量的性质

为叙述方便,下面的定理中只证明$x\to x_0$的情形.定理结论对自变量的其他趋向同样成立.

定理3　有限个无穷小量的和仍为无穷小量.

证　只考虑两个无穷小量的情形.设$\lim\limits_{x\to x_0}\alpha(x)=0$,$\lim\limits_{x\to x_0}\beta(x)=0$,即:

对$\forall\,\varepsilon>0$,$\exists\,\delta_1>0$,当$0<|x-x_0|<\delta_1$时,有$|\alpha(x)|<\dfrac{\varepsilon}{2}$;

对上述$\varepsilon>0$,$\exists\,\delta_2>0$,当$0<|x-x_0|<\delta_2$时,有$|\beta(x)|<\dfrac{\varepsilon}{2}$.

取$\delta=\min\{\delta_1,\delta_2\}$,则当$0<|x-x_0|<\delta$时,

$$|\alpha(x)+\beta(x)|\leqslant|\alpha(x)|+|\beta(x)|<\frac{\varepsilon}{2}+\frac{\varepsilon}{2}=\varepsilon,$$

即

$$\lim_{x\to x_0}[\alpha(x)+\beta(x)]=0.$$

注意　无穷多个无穷小量的和未必是无穷小量,如$\lim\limits_{n\to\infty}\dfrac{1}{n}=0$,但是

$$\lim_{n\to\infty}\left(\frac{1}{n}+\frac{1}{n}+\cdots+\frac{1}{n}\right)=1,$$

此处无穷多个无穷小量的和却等于1.

定理4　有界变量与无穷小量的乘积仍为无穷小量.

证　设$f(x)$在某个$\mathring{U}(x_0,\delta_0)$中有界,即当$x\in\mathring{U}(x_0,\delta_0)$时,$|f(x)|<M$;又

$$\lim_{x\to x_0}\alpha(x)=0,$$

故对$\forall\,\varepsilon>0$,$\exists\,\delta_1>0$,当$0<|x-x_0|<\delta_1$时有

$$|\alpha(x)|<\frac{\varepsilon}{M}.$$

取 $\delta=\min\{\delta_0,\delta_1\}$,则当 $0<|x-x_0|<\delta$ 时,

$$|\alpha(x)f(x)|<M|\alpha(x)|<\varepsilon,$$

即

$$\lim_{x\to x_0}\alpha(x)f(x)=0.$$

例 5 证明$\lim\limits_{x\to 0}x\sin\dfrac{1}{x}=0$.

证 因为$\lim\limits_{x\to 0}x=0$,而$\left|\sin\dfrac{1}{x}\right|\leqslant 1$,由定理 4 知,原极限为零.

推论 1 常数与无穷小量的乘积仍为无穷小量.

推论 2 有限个无穷小量的乘积仍为无穷小量.

习题 1-4

1. 举例说明下列叙述是否成立.

(1) 无穷多个无穷小量的和是无穷小量;

(2) 两个无穷大量的和、差是无穷大量;

(3) 两个无穷小量的商是无穷小量,两个无穷大量的商是无穷大量;

(4) 无穷大量一定是无界变量,无界变量一定是无穷大量.

2. 下列变量哪些是无穷小量,哪些是无穷大量,哪些既非无穷小量又非无穷大量?

(1) $\dfrac{1+x}{x}$ ($x\to 0$ 时); (2) $\dfrac{x^2-1}{x-1}$ ($x\to 1$ 时);

(3) $2^{\frac{1}{x}}$ ($x\to 0$ 时); (4) 2^x ($x\to+\infty$ 时);

(5) $\sin x$ ($x\to 0$ 时); (6) $\ln(1+x)$ ($x\to 0$ 时).

3. 用定义证明:

(1) 函数 $y=\dfrac{x^2-x-6}{x+2}$ 是当 $x\to 3$ 时的无穷小量;

(2) 函数 $y=3^x$ 是当 $x\to+\infty$ 时的无穷大量.

4. 把下列函数表示成一个常数与一个无穷小量的和.

(1) $y=\dfrac{x+1}{x-1}$ ($x\to\infty$); (2) $y=\dfrac{x^2-1}{x-1}$ ($x\to 1$);

(3) $y=x^2+1$ ($x\to 2$); (4) $y=\dfrac{x}{2x-1}$ ($x\to\infty$).

第五节　极限运算法则

一、极限的四则运算

定理 1　设在 x 的某种趋向下，$\lim f(x)=A$，$\lim g(x)=B$，则有

(1) $\lim[f(x)\pm g(x)]=\lim f(x)\pm\lim g(x)=A\pm B$；

(2) $\lim[f(x)g(x)]=\lim f(x)\lim g(x)=AB$；

(3) $\lim\left[\dfrac{f(x)}{g(x)}\right]=\dfrac{\lim f(x)}{\lim g(x)}=\dfrac{A}{B}$，其中 $B\neq 0$.

证　因为 $\lim f(x)=A$，$\lim g(x)=B$，所以

$$f(x)=A+\alpha(x),\quad g(x)=B+\beta(x),$$

其中，$\lim\alpha(x)=\lim\beta(x)=0$.

(1) 因为 $f(x)\pm g(x)=(A\pm B)+[\alpha(x)\pm\beta(x)]$.

由无穷小量的性质知 $\qquad\lim[\alpha(x)\pm\beta(x)]=0$，

所以

$$\lim[f(x)\pm g(x)]=A\pm B=\lim f(x)\pm\lim g(x).$$

(2) 因为

$$f(x)g(x)=[A+\alpha(x)][B+\beta(x)]=AB+B\alpha(x)+A\beta(x)+\alpha(x)\beta(x).$$

由于

$$\lim[B\alpha(x)+A\beta(x)+\alpha(x)\beta(x)]=0,$$

所以

$$\lim[f(x)g(x)]=AB=\lim f(x)\lim g(x).$$

(3) 因为 $\dfrac{f(x)}{g(x)}=\dfrac{f(x)+\alpha(x)}{g(x)+\beta(x)}=\dfrac{A}{B}+\dfrac{B\alpha(x)-A\beta(x)}{B[B+\beta(x)]}$.

由于 $\lim\beta(x)=0$，所以存在 x 的某个邻域，使得在此邻域内 $|\beta(x)|\leqslant\dfrac{|B|}{2}$，故有

$$|B+\beta(x)|\geqslant|B|-|\beta(x)|>|B|-\frac{|B|}{2}=\frac{|B|}{2},$$

所以

$$\left|\frac{1}{B[B+\beta(x)]}\right|<\frac{1}{|B|}\frac{1}{\frac{|B|}{2}}=\frac{2}{|B|^2},$$

而

$$\lim[B\alpha(x)-A\beta(x)]=0,$$

所以

$$\lim\frac{B\alpha(x)-A\beta(x)}{B[B+\beta(x)]}=0,$$

即有 $\lim\left[\dfrac{f(x)}{g(x)}\right]=\dfrac{A}{B}=\dfrac{\lim f(x)}{\lim g(x)}$，其中 $B\neq 0$.

推论 1 若 $\lim f(x)=A$,C 为任意常数,则 $\lim[Cf(x)]=C\lim f(x)=CA$.

推论 2 若 $\lim f(x)=A$,n 是正整数,则 $\lim f^n(x)=[\lim f(x)]^n=A^n$.

推论 3 若 $f(x)\geqslant 0$,且 $\lim f(x)=A\geqslant 0$,n 为正整数,则 $\lim\sqrt[n]{f(x)}=\sqrt[n]{\lim f(x)}=\sqrt[n]{A}$.

证 因为 $A=\lim f(x)=\lim\left[\sqrt[n]{f(x)}\right]^n=\left[\lim\sqrt[n]{f(x)}\right]^n$,所以 $\lim\sqrt[n]{f(x)}=\sqrt[n]{A}$.

数列也有类似的结论.

定理 2 设有数列 $\{x_n\}$,$\{y_n\}$,且有 $\lim\limits_{n\to\infty}x_n=A$,$\lim\limits_{n\to\infty}y_n=B$,则有

(1) $\lim\limits_{n\to\infty}(x_n\pm y_n)=\lim\limits_{n\to\infty}x_n\pm\lim\limits_{n\to\infty}y_n=A\pm B$;

(2) $\lim\limits_{n\to\infty}(x_ny_n)=\lim\limits_{n\to\infty}x_n\lim\limits_{n\to\infty}y_n=AB$;

(3) $\lim\limits_{n\to\infty}\dfrac{x_n}{y_n}=\dfrac{\lim\limits_{n\to\infty}x_n}{\lim\limits_{n\to\infty}y_n}=\dfrac{A}{B}$,其中 $B\neq 0$,且 $y_n\neq 0(n=1,2,\cdots)$.

证明从略.

定理 3 若在 x 的某变化区间内有 $f(x)>g(x)$,且 $\lim f(x)=A$,$\lim g(x)=B$,则有 $A\geqslant B$.

证 因为在 x 的某变化区间内有 $f(x)>g(x)$,此时 $f(x)-g(x)>0$.

由函数极限的性质知 $0\leqslant\lim[f(x)-g(x)]=\lim f(x)-\lim g(x)=A-B$,所以 $A\geqslant B$.

例 1 求 $\lim\limits_{x\to -1}(x^2-5x+2)$.

解 $\lim\limits_{x\to -1}(x^2-5x+2)=\lim\limits_{x\to -1}x^2-5\lim\limits_{x\to -1}x+\lim\limits_{x\to -1}2=(-1)^2-5(-1)+2=8$.

例 2 求 $\lim\limits_{x\to 0}\dfrac{x-3}{x^2-5x+6}$.

解 函数分子、分母的极限都存在,且分母的极限不为零,所以

$$\lim_{x\to 0}\frac{x-3}{x^2-5x+6}=\frac{\lim\limits_{x\to 0}(x-3)}{\lim\limits_{x\to 0}(x^2-5x+6)}=\frac{-3}{6}=-\frac{1}{2}.$$

例 3 $\lim\limits_{x\to 3}\dfrac{x-3}{x^2-5x+6}$.

解 当 $x\to 3$ 时,分子分母的极限都为零,不能直接应用极限的四则运算法则. 此时考虑先对函数进行化简,

$$\lim_{x\to 3}\frac{x-3}{x^2-5x+6}=\lim_{x\to 3}\frac{x-3}{(x-3)(x-2)}=\lim_{x\to 3}\frac{1}{(x-2)}=\frac{1}{3-2}=1.$$

例 4 求 $\lim\limits_{x\to\infty}(a_0x^n+a_1x^{n-1}+\cdots+a_{n-1}x+a_n)$,其中 $a_0\neq 0$.

解 不满足每一项的极限都存在的条件,所以不能直接用四则运算法则. 考虑多项式函数的倒函数的极限,即

$$\lim_{x\to\infty}\frac{1}{a_0x^n+a_1x^{n-1}+\cdots+a_{n-1}x+a_n}$$

$$=\lim_{x\to\infty}\frac{1}{x^n}\frac{1}{a_0+\frac{a_1}{x}+\cdots+\frac{a_{n-1}}{x^{n-1}}+\frac{a_n}{x^n}}$$

$$=\lim_{x\to\infty}\frac{1}{x^n}\lim_{x\to\infty}\frac{1}{a_0+\frac{a_1}{x}+\cdots+\frac{a_{n-1}}{x^{n-1}}+\frac{a_n}{x^n}}=0\cdot\frac{1}{a_0}=0.$$

由于无穷小量的倒函数的极限为无穷大量，所以

$$\lim_{x\to\infty}(a_0x^n+a_1x^{n-1}+\cdots+a_{n-1}x+a_n)=\infty.$$

例 5　求$\lim\limits_{x\to\infty}\frac{2x^2+x+3}{3x^2-x+2}$.

解　由例 4 知，$\lim\limits_{x\to\infty}(2x^2+x+3)=\infty$，$\lim\limits_{x\to\infty}(3x^2-x+2)=\infty$.

函数分子分母的极限都不存在，但可以考虑把分子分母同除以 x 的最高次幂 x^2，然后再求极限.

$$\lim_{x\to\infty}\frac{2x^2+x+3}{3x^2-x+2}=\lim_{x\to\infty}\frac{2+\frac{1}{x}+\frac{3}{x^2}}{3-\frac{1}{x}+\frac{2}{x^2}}=\frac{2}{3}.$$

例 6　求$\lim\limits_{x\to+\infty}x(\sqrt{x^2+1}-\sqrt{x^2-1})$.

解　先对函数进行分子有理化，再求极限，即

$$\lim_{x\to+\infty}x(\sqrt{x^2+1}-\sqrt{x^2-1})=\lim_{x\to+\infty}x\frac{(\sqrt{x^2+1}-\sqrt{x^2-1})(\sqrt{x^2+1}+\sqrt{x^2-1})}{(\sqrt{x^2+1}+\sqrt{x^2-1})}$$

$$=\lim_{x\to+\infty}\frac{2x}{\sqrt{x^2+1}+\sqrt{x^2-1}}$$

$$=\lim_{x\to+\infty}\frac{2x}{x\left(\sqrt{1+\frac{1}{x^2}}+\sqrt{1-\frac{1}{x^2}}\right)}$$

$$=1.$$

例 7　求$\lim\limits_{n\to\infty}\left(\frac{1+2+\cdots+n}{n+2}-\frac{n}{2}\right)$.

解　因为 $1+2+\cdots+n=\frac{n(n+1)}{2}$，所以

$$\frac{1+2+\cdots+n}{n+2}-\frac{n}{2}=\frac{n}{2}\left(\frac{n+1}{n+2}-1\right)=-\frac{n}{2n+4},$$

从而有

$$\lim_{n\to\infty}\left(\frac{1+2+\cdots+n}{n+2}-\frac{n}{2}\right)=\lim_{n\to\infty}\left(-\frac{n}{2n+4}\right)=-\frac{1}{2}.$$

二、复合函数的极限运算法则

定理 4 设 $y=f(u)$,$u=\varphi(x)$.若 $\lim\limits_{x\to x_0}\varphi(x)=a$(在 x_0 的某去心邻域内 $\varphi(x)\neq a$),且 $\lim\limits_{u\to a}f(u)=A$,则复合函数 $f[\varphi(x)]$ 在点 x_0 的极限存在,且

$$\lim_{x\to x_0}f[\varphi(x)]=\lim_{u\to a}f(u)=A.$$

证 因为 $\lim\limits_{u\to a}f(u)=A$,所以对 $\forall\varepsilon>0$,$\exists\eta>0$,当 $0<|u-a|<\eta$ 时,有

$$|f(u)-A|=|f[\varphi(x)]-A|<\varepsilon.$$

设当 $x\in\mathring{U}(x_0,\delta_0)$ 时 $\varphi(x)\neq a$,又因为 $\lim\limits_{x\to x_0}\varphi(x)=a$,对上述 $\eta>0$,$\exists\delta_1>0$,当 $0<|x-x_0|<\delta_1$ 时,有

$$|\varphi(x)-a|=|u-a|<\eta.$$

综上所述,$\forall\varepsilon>0$,$\exists\delta=\min\{\delta_0,\delta_1\}>0$,当 $0<|x-x_0|<\delta$ 时,

$$|f[\varphi(x)]-A|<\varepsilon,$$

即

$$\lim_{x\to x_0}f[\varphi(x)]=A=\lim_{u\to a}f(u).$$

例 8 求 $\lim\limits_{x\to 1}\left(\ln x\sin\dfrac{1}{\ln x}\right)$.

解 设 $u=\ln x$,则 $\lim\limits_{x\to 1}u=\lim\limits_{x\to 1}\ln x=0$,而 $\ln x\sin\dfrac{1}{\ln x}=f(u)=u\sin\dfrac{1}{u}$.

由复合函数极限运算法则知

$$\lim_{x\to 1}\left(\ln x\sin\frac{1}{\ln x}\right)=\lim_{u\to 0}f(u)=\lim_{u\to 0}u\sin\frac{1}{u}=0.$$

习题 1-5

1. 求下列极限.

(1) $\lim\limits_{x\to 2}\dfrac{x^2-2}{x-1}$;

(2) $\lim\limits_{x\to 1}\dfrac{x^2+2x-3}{x^2-x}$;

(3) $\lim\limits_{x\to\infty}\dfrac{x^2+2x}{3x^2+5}$;

(4) $\lim\limits_{x\to 1}\left(\dfrac{1}{1-x}-\dfrac{3}{1-x^3}\right)$;

(5) $\lim\limits_{x\to 0}\dfrac{4x^3-2x^2+x}{3x^2+2x}$;

(6) $\lim\limits_{x\to\infty}\dfrac{x^2-5x+1}{3x+7}$;

(7) $\lim\limits_{n\to\infty}\dfrac{n^2+3}{2n^2+1}$;

(8) $\lim\limits_{n\to\infty}\dfrac{1+2+3+\cdots+(n-1)}{n^2}$;

(9) $\lim\limits_{n\to\infty}(\sqrt{n+1}-\sqrt{n})$;

(10) $\lim\limits_{x\to\infty}\left(1+\dfrac{1}{x}\right)\left(2-\dfrac{1}{x^2}\right)$;

(11) $\lim\limits_{x\to 0}\dfrac{\sqrt[3]{1+x}-1}{x}$；

(12) $\lim\limits_{x\to 1}\dfrac{\sqrt{3-x}-\sqrt{1+x}}{x^2-1}$；

(13) $\lim\limits_{x\to\infty}(x+\sqrt[3]{1-x^3})$；

(14) $\lim\limits_{x\to\infty}\dfrac{\arctan x}{x}$；

(15) $\lim\limits_{x\to 0}x\sin\dfrac{1}{x}$；

(16) $\lim\limits_{x\to\infty}(3x^3+2x^2-1)$；

(17) $\lim\limits_{n\to\infty}\left(1+\dfrac{1}{2}+\dfrac{1}{4}+\cdots+\dfrac{1}{2^n}\right)$.

2. 确定常数 a,b，使 $\lim\limits_{x\to\infty}\left(\dfrac{x^2+1}{x+1}-ax-b\right)=1$.

3. 求下列极限.

(1) $\lim\limits_{x\to+\infty}\sin\left(\ln\dfrac{x+1}{x+2}\right)\cos[\ln(x^2+3)]$；

(2) $\lim\limits_{x\to+\infty}\left(\sqrt{1+\sqrt{x+\sqrt{x}}}-\sqrt{x}\right)$；

(3) $\lim\limits_{n\to\infty}\dfrac{a^n}{a^{2n}+1}$，$(a>0)$；

(4) $\lim\limits_{n\to\infty}\dfrac{a^n-a^{-n}}{a^n+a^{-n}}$，$(a>0)$.

4. 讨论极限 $\lim\limits_{x\to 0}\dfrac{1}{1+\mathrm{e}^{-\frac{1}{x}}}$ 的存在性.

第六节　极限存在准则和两个重要极限

一、极限存在准则

极限存在准则Ⅰ(夹逼定理)

设数列 $\{x_n\}$，$\{y_n\}$，$\{z_n\}$ 满足：

(1) $y_n\leqslant x_n\leqslant z_n(n=1,2,\cdots)$，

(2) $\lim\limits_{n\to\infty}y_n=\lim\limits_{n\to\infty}z_n=a$，

则极限 $\lim\limits_{n\to\infty}x_n$ 存在，且 $\lim\limits_{n\to\infty}x_n=a$.

证　因为 $\lim\limits_{n\to\infty}y_n=a=\lim\limits_{n\to\infty}z_n$，所以对 $\forall\varepsilon>0$，$\exists N_1$，当 $n>N_1$ 时，有

$$a-\varepsilon<y_n<a+\varepsilon,$$

对上述 $\varepsilon>0$，$\exists N_2$，当 $n>N_2$ 时，有

$$a-\varepsilon<z_n<a+\varepsilon.$$

取 $N=\max\{N_1,N_2\}$，当 $n>N$ 时，有

$$a-\varepsilon<y_n\leqslant x_n\leqslant z_n<a+\varepsilon,$$

即 $|x_n-a|<\varepsilon$，这就证明了 $\lim\limits_{n\to\infty}x_n=a$.

此定理对函数的极限仍然成立.

极限存在准则Ⅰ′ 设函数 $f(x),g(x),h(x)$ 在 x_0 的某去心邻域 $\mathring{U}(x_0,\delta)$ 内满足：

(1) $g(x)\leqslant f(x)\leqslant h(x)$，

(2) $\lim\limits_{x\to x_0}g(x)=\lim\limits_{x\to x_0}h(x)=A$，

则有 $\lim\limits_{x\to x_0}f(x)=A$.

证略.

在上述准则中，若把 $x\to x_0$ 换成 $x\to x_0^+$，$x\to x_0^-$，$x\to\infty$，$x\to+\infty$，$x\to-\infty$ 时，结论仍然成立.

例 1 证明 $\lim\limits_{n\to\infty}\sqrt[n]{a}=1(a>0,a\neq1)$.

证 设 $a>1$，并令 $\lambda_n=\sqrt[n]{a}-1>0$，则有 $\sqrt[n]{a}=1+\lambda_n$，所以

$$a=(1+\lambda_n)^n=1+n\lambda_n+\frac{n(n-1)}{2}\lambda_n^2+\cdots+\lambda_n^n\geqslant\frac{n(n-1)}{2}\lambda_n^2,$$

即

$$0\leqslant\lambda_n\leqslant\sqrt{\frac{2a}{n(n-1)}}.$$

由于 $\lim\limits_{n\to\infty}\sqrt{\frac{2a}{n(n-1)}}=0$，由夹逼定理知 $\lim\limits_{n\to\infty}\lambda_n=0$. 即 $\lim\limits_{n\to\infty}(\sqrt[n]{a}-1)=0$，则有

$$\lim_{n\to\infty}\sqrt[n]{a}=1.$$

当 $0<a<1$ 时，令 $b=\frac{1}{a}>1$，则有 $\lim\limits_{n\to\infty}\sqrt[n]{a}=\lim\limits_{n\to\infty}\sqrt[n]{\frac{1}{b}}=\lim\limits_{n\to\infty}\frac{1}{\sqrt[n]{b}}=1$.

综上所述，$\lim\limits_{n\to\infty}\sqrt[n]{a}=1$ 成立.

极限存在准则Ⅱ 单调有界数列必有极限. 即

若数列 $\{x_n\}$ 单调递增且有上界，即 $x_n\leqslant M(n=1,2,\cdots)$，则极限 $\lim\limits_{n\to\infty}x_n$ 存在，且 $\lim\limits_{n\to\infty}x_n=a\leqslant M$；

若数列 $\{x_n\}$ 单调递减且有下界，即 $x_n\geqslant L(n=1,2,\cdots)$，则极限 $\lim\limits_{n\to\infty}x_n$ 存在，且 $\lim\limits_{n\to\infty}x_n=a\geqslant L$.

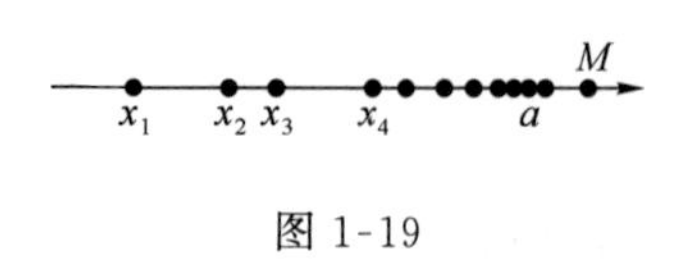

图 1-19

对此定理不给出严格的理论证明，只给出几何解释. 以 $\{x_n\}$ 单调递增为例，此时在数轴上对应于数列的点 x_n 随着 n 的递增向 x 轴正向移动，如图 1-19 所示. 这时数列 $\{x_n\}$ 只有两种变化趋势，一种是当 $n\to\infty$ 时，$x_n\to+\infty$；另一种是当 $n\to\infty$ 时，x_n 以某一定数 a 为极限. 又因为 $\{x_n\}$ 有上界，所以 $x_n\to+\infty$ 是不可能的. 于是有 $\lim\limits_{n\to\infty}x_n=a$.

极限存在准则Ⅱ′　若函数 $f(x)$ 在开区间 (a,b) 上单调有界，则极限 $\lim\limits_{x \to a^+} f(x)$ 和 $\lim\limits_{x \to b^-} f(x)$ 存在.

例 2　设 $x_1=\sqrt{5}, x_2=\sqrt{5+\sqrt{5}}, \cdots, x_{n+1}=\sqrt{x_n+5}, \cdots$，求 $\lim\limits_{n \to \infty} x_n$.

解　显然 $\{x_n\}$ 单调递增：$x_1<x_2<\cdots<x_n<x_{n+1}\cdots$，

又
$$x_1=\sqrt{5}<\sqrt{5}+1, x_2=\sqrt{5+\sqrt{5}}<\sqrt{5+2\sqrt{5}+1}=\sqrt{5}+1.$$

设 $x_n<\sqrt{5}+1$，则 $x_{n+1}=\sqrt{x_n+5}<\sqrt{\sqrt{5}+1+5}<\sqrt{5}+1$.

由数学归纳法知，对于每一个 n，$x_n<\sqrt{5}+1$ 成立，即数列 $\{x_n\}$ 有上界. 根据极限存在准则Ⅱ，$\lim\limits_{n \to \infty} x_n$ 存在.

设 $\lim\limits_{n \to \infty} x_n=a>0$，由 $x_{n+1}=\sqrt{x_n+5}$ 可得 $x_{n+1}^2=x_n+5$.

在上式两边同时取极限，再由极限的运算法则，有 $\lim\limits_{n \to \infty} x_{n+1}^2=\lim\limits_{n \to \infty}(x_n+5)$，可得
$$a^2-a-5=0.$$

解得 $a=\dfrac{1\pm\sqrt{21}}{2}$，因为 $a>0$，舍去负值，

故
$$\lim_{n \to \infty} x_n=\frac{1+\sqrt{21}}{2}.$$

例 3　证明 $\lim\limits_{x \to 0} \cos x=1$.

证　$0\leqslant|\cos x-1|=\left|-2\sin^2\dfrac{x}{2}\right|\leqslant\dfrac{x^2}{2}$.

因为 $\lim\limits_{x \to 0}\dfrac{x^2}{2}=0$，由极限存在准则Ⅰ′可得 $\lim\limits_{x \to 0}\cos x=1$.

二、两个重要极限

作为极限存在准则的应用，下面来证明两个重要极限.

重要极限 1　$\lim\limits_{x \to 0}\dfrac{\sin x}{x}=1$.

证　先证 $\lim\limits_{x \to 0^+}\dfrac{\sin x}{x}=1$.

考虑 $0<x<\dfrac{\pi}{2}$ 时的情形. 作单位圆（如图 1-20 所示），设圆心角 $\angle AOB=x\left(0<x<\dfrac{\pi}{2}\right)$，在 A 点画圆的切线 AD 与 OB 延长线交于 D，使 $BC\perp OA$ 并与 OA 相交于 C，则 $\sin x=BC$，$\tan x=AD$.

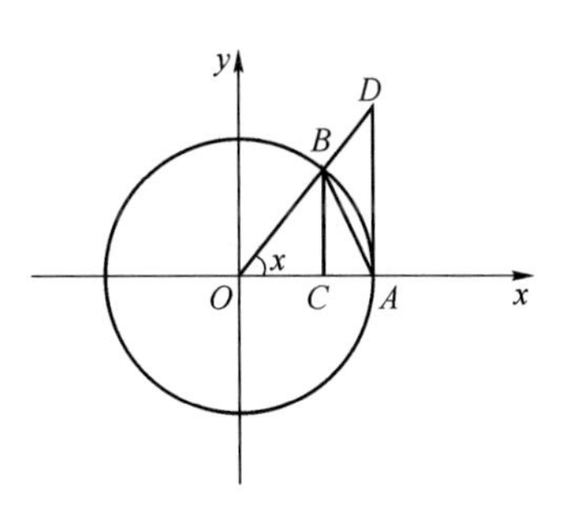

图 1-20

因为

$\triangle AOB$ 的面积<扇形 AOB 的面积<$\triangle AOD$ 的面积,得

$$\frac{1}{2}\sin x<\frac{1}{2}x<\frac{1}{2}\tan x,$$

即
$$1<\frac{x}{\sin x}<\frac{1}{\cos x}.$$

又
$$\lim_{x\to0^+}\frac{1}{\cos x}=1.$$

由夹逼定理可得

$$\lim_{x\to0^+}\frac{x}{\sin x}=1,$$

即
$$\lim_{x\to0^+}\frac{\sin x}{x}=1.$$

由于$\frac{\sin x}{x}$是偶函数,所以$\lim\limits_{x\to0^-}\frac{\sin x}{x}=\lim\limits_{x\to0^+}\frac{\sin x}{x}=1.$

综上得
$$\lim_{x\to0}\frac{\sin x}{x}=1.$$

例 4 求$\lim\limits_{x\to0}\frac{1-\cos x}{x^2}$.

解
$$\lim_{x\to0}\frac{1-\cos x}{x^2}=\lim_{x\to0}\frac{2\sin^2\frac{x}{2}}{x^2}=\lim_{x\to0}\frac{1}{2}\left(\frac{\sin\frac{x}{2}}{\frac{x}{2}}\right)^2\quad\left(令\ t=\frac{x}{2}\right)$$
$$=\frac{1}{2}\lim_{t\to0}\left(\frac{\sin t}{t}\right)^2=\frac{1}{2}.$$

例 5 求$\lim\limits_{x\to1}(1-x)\tan\frac{\pi x}{2}$.

解 令 $t=1-x$,则 $x\to1$ 时,$t\to0$. 所以

$$\lim_{x\to1}(1-x)\tan\frac{\pi x}{2}=\lim_{t\to0}t\ \tan\left(\frac{\pi}{2}-\frac{\pi}{2}t\right)=\lim_{t\to0}t\cot\frac{\pi}{2}t$$
$$=\lim_{t\to0}\left(\frac{\frac{\pi}{2}t}{\frac{\pi}{2}\sin\frac{\pi}{2}t}\cos\frac{\pi}{2}t\right)=\frac{2}{\pi}\lim_{t\to0}\frac{\frac{\pi}{2}t}{\sin\frac{\pi}{2}t}\lim_{t\to0}\cos\frac{\pi}{2}t=\frac{2}{\pi}.$$

重要极限 2 $\lim\limits_{n\to\infty}\left(1+\frac{1}{n}\right)^n=\mathrm{e}.$

证 (1) 先证 $x_n=\left(1+\frac{1}{n}\right)^n$ 单调递增.

利用不等式“几何平均值小于算术平均值”,有

$$x_n=\left(1+\frac{1}{n}\right)^n=1\times\left(1+\frac{1}{n}\right)\cdots\left(1+\frac{1}{n}\right)$$
$$\leqslant\left[\frac{1+\left(1+\frac{1}{n}\right)+\cdots+\left(1+\frac{1}{n}\right)}{n+1}\right]^{n+1}=\left(\frac{n+2}{n+1}\right)^{n+1}=\left(1+\frac{1}{n+1}\right)^{n+1}=x_{n+1},$$

即 $\{x_n\}$ 单调递增.

(2) 再证 $\{x_n\}$ 有上界.

根据二项式展开定理,有

$$x_n=\left(1+\frac{1}{n}\right)^n=1+n\,\frac{1}{n}+\frac{n(n-1)}{2!}\left(\frac{1}{n}\right)^2+\frac{n(n-1)(n-2)}{3!}\left(\frac{1}{n}\right)^3+\cdots+\frac{n!}{n!}\left(\frac{1}{n}\right)^n$$
$$\leqslant 1+1+\frac{1}{2!}\left(1-\frac{1}{n}\right)+\frac{1}{3!}\left(1-\frac{1}{n}\right)\left(1-\frac{2}{n}\right)+\cdots+\frac{1}{n!}\left(1-\frac{1}{n}\right)\left(1-\frac{2}{n}\right)\cdots\left(1-\frac{n-1}{n}\right)$$
$$\leqslant 1+1+\frac{1}{2!}+\frac{1}{3!}+\cdots+\frac{1}{n!}$$
$$<1+1+\frac{1}{2}+\frac{1}{2\times 3}+\cdots+\frac{1}{(n-1)\times n}$$
$$=1+1+\frac{1}{2}+\left(\frac{1}{2}-\frac{1}{3}\right)+\cdots+\left(\frac{1}{n-1}-\frac{1}{n}\right)$$
$$=3-\frac{1}{n}<3,$$

所以 $\{x_n\}$ 有上界 3.

根据极限存在准则Ⅱ知, $\lim\limits_{n\to\infty}\left(1+\frac{1}{n}\right)^n$ 存在,记其极限为

$$\lim_{n\to\infty}\left(1+\frac{1}{n}\right)^n=\mathrm{e},$$

其中, $\mathrm{e}=2.718\,281\,828\,459\cdots$.

例 6　证明 $\lim\limits_{x\to\infty}\left(1+\frac{1}{x}\right)^x=\mathrm{e}$, $\lim\limits_{x\to 0}(1+x)^{\frac{1}{x}}=\mathrm{e}$.

证　(1)先考虑 $x\to+\infty$ 的情形.

对充分大的整数 x,总存在自然数 n,使得 $n\leqslant x<n+1$. 此时

$$\frac{1}{n+1}<\frac{1}{x}\leqslant\frac{1}{n},$$

有

$$1+\frac{1}{n+1}<1+\frac{1}{x}\leqslant 1+\frac{1}{n},$$

从而

$$\left(1+\frac{1}{n+1}\right)^n<\left(1+\frac{1}{x}\right)^x<\left(1+\frac{1}{n}\right)^{n+1}.$$

因为

$$\lim_{n\to\infty}\left(1+\frac{1}{n+1}\right)^n=\lim_{n\to\infty}\left(1+\frac{1}{n+1}\right)^{n+1}\lim_{n\to\infty}\left(1+\frac{1}{n+1}\right)^{-1}=\mathrm{e},$$

$$\lim_{n\to\infty}\left(1+\frac{1}{n}\right)^{n+1}=\lim_{n\to\infty}\left(1+\frac{1}{n}\right)^{n}\lim_{n\to\infty}\left(1+\frac{1}{n}\right)=\mathrm{e},$$

由夹逼定理知

$$\lim_{x\to+\infty}\left(1+\frac{1}{x}\right)^{x}=\mathrm{e}.$$

(2) 再证 $x\to-\infty$ 的情形.

令 $t=-(x+1)$,则当 $x\to-\infty$ 时 $t\to+\infty$,所以

$$\lim_{x\to-\infty}\left(1+\frac{1}{x}\right)^{x}=\lim_{t\to+\infty}\left(1-\frac{1}{t+1}\right)^{-(t+1)}=\lim_{t\to+\infty}\left(\frac{t+1}{t}\right)^{(t+1)}$$

$$=\lim_{t\to+\infty}\left(1+\frac{1}{t}\right)^{t}\lim_{t\to+\infty}\left(1+\frac{1}{t}\right)=\mathrm{e}\times1=\mathrm{e},$$

即

$$\lim_{x\to\infty}\left(1+\frac{1}{x}\right)^{x}=\mathrm{e}.$$

若令 $u=\frac{1}{x}$,当 $x\to0$ 时 $u\to\infty$,所以

$$\lim_{x\to0}(1+x)^{\frac{1}{x}}=\lim_{u\to\infty}\left(1+\frac{1}{u}\right)^{u}=\mathrm{e}.$$

例 7 求 $\lim\limits_{x\to0}\left(1+\frac{x}{3}\right)^{\frac{1}{x}}$.

解 $\lim\limits_{x\to0}\left(1+\frac{x}{3}\right)^{\frac{1}{x}}=\lim\limits_{x\to0}\left(1+\frac{x}{3}\right)^{\frac{3}{x}\times\frac{1}{3}}=\left[\lim\limits_{x\to0}\left(1+\frac{x}{3}\right)^{\frac{3}{x}}\right]^{\frac{1}{3}}=\mathrm{e}^{\frac{1}{3}}.$

例 8 求 $\lim\limits_{x\to\infty}\left(\frac{x-1}{x+3}\right)^{x}$.

解 $\lim\limits_{x\to\infty}\left(\frac{x-1}{x+3}\right)^{x}=\lim\limits_{x\to\infty}\frac{\left(1-\frac{1}{x}\right)^{x}}{\left(1+\frac{3}{x}\right)^{x}}=\lim\limits_{x\to\infty}\frac{\left[\left(1-\frac{1}{x}\right)^{-x}\right]^{-1}}{\left[\left(1+\frac{3}{x}\right)^{\frac{x}{3}}\right]^{3}}=\mathrm{e}^{-4}.$

三、柯西(Cauchy)审敛原理

极限存在准则给出了数列收敛的充分条件,柯西审敛原理将给出数列收敛的充分必要条件.

定理 1 数列 $\{x_n\}$ 收敛的充分必要条件是:对 $\forall\,\varepsilon>0$,$\exists\,N$,当 $m,n>N$ 时,有

$$|x_m-x_n|<\varepsilon.$$

证 必要性.设 $\lim\limits_{n\to\infty}x_n=a$,则对 $\forall\,\varepsilon>0$,$\exists\,N$,当 $m,n>N$ 时,有

$$|x_m-a|<\frac{\varepsilon}{2},\ |x_n-a|<\frac{\varepsilon}{2},$$

此时

$$|x_m-x_n|=|x_m-a+a-x_n|\leqslant|x_m-a|+|x_n-a|<\frac{\varepsilon}{2}+<\frac{\varepsilon}{2}<\varepsilon.$$

充分性的证明需要更多的知识，在此略去.

柯西审敛原理的几何意义是：对 $\forall\varepsilon>0$，总可以找到自然数 N，当数列的项数 n 大于 N 时，其任意两项的差都小于给定的数 ε.

柯西审敛原理不仅有很大的理论价值，也可用于判断某些级数的敛散性（见第十章）.

例 9　设 $x_n=1+\frac{1}{2^2}+\frac{1}{3^2}+\cdots+\frac{1}{n^2}$，证明数列 $\{x_n\}$ 收敛.

证　对 $\forall\varepsilon>0$，不妨设 $m>n$，有

$$\begin{aligned}|x_m-x_n|&=\left|\frac{1}{(n+1)^2}+\frac{1}{(n+2)^2}+\cdots+\frac{1}{m^2}\right|\\&<\frac{1}{n(n+1)}+\frac{1}{(n+1)(n+2)}+\cdots+\frac{1}{(m-1)m}\\&=\left(\frac{1}{n}-\frac{1}{n+1}\right)+\left(\frac{1}{n+1}-\frac{1}{n+2}\right)+\cdots+\left(\frac{1}{m-1}-\frac{1}{m}\right)\\&=\frac{1}{n}-\frac{1}{m}<\frac{1}{n},\end{aligned}$$

要使 $|x_m-x_n|<\varepsilon$，只要取 $n>\frac{1}{\varepsilon}$ 即可. 所以，对 $\forall\varepsilon>0$，$\exists N=\left[\frac{1}{\varepsilon}\right]$，当 $m,n>N$ 时，有

$$|x_m-x_n|<\varepsilon$$

恒成立. 由柯西审敛原理知，数列 $\{x_n\}$ 收敛.

习题 1-6

1. 求下列极限.

(1) $\lim\limits_{x\to0}\frac{\arctan x}{x}$;

(2) $\lim\limits_{x\to0}\frac{\sin 3x}{\sin 5x}$;

(3) $\lim\limits_{x\to0^+}\frac{x}{\sqrt{1-\cos x}}$;

(4) $\lim\limits_{x\to0}\frac{x-\sin 2x}{x+\tan 3x}$;

(5) $\lim\limits_{x\to0}\frac{1-\sqrt{\cos x}}{x^2}$;

(6) $\lim\limits_{x\to a}\frac{\sin x-\sin a}{x-a}$;

(7) $\lim\limits_{n\to\infty}n\sin\frac{x}{n}\quad(x\neq0)$;

(8) $\lim\limits_{x\to\infty}\frac{\sin^2 x}{x^2}$;

(9) $\lim\limits_{x\to\infty}\dfrac{3x^2\sin\dfrac{1}{x}+2\sin x}{x}$;

(10) $\lim\limits_{x\to 1}\dfrac{\sqrt{x+3}-2}{\tan(x-1)}$.

2. 求下列极限.

(1) $\lim\limits_{x\to 0}(1-2x)^{\frac{1}{x}}$;

(2) $\lim\limits_{x\to\infty}\left(\dfrac{x-4}{x+1}\right)^{2x-1}$;

(3) $\lim\limits_{x\to\infty}\left(\dfrac{x^2-1}{x^2+1}\right)^{x^2}$;

(4) $\lim\limits_{x\to\infty}\left(\dfrac{x+3}{x}\right)^{2x}$;

(5) $\lim\limits_{x\to\frac{\pi}{2}}(1+\cos x)^{3\sec x}$;

(6) $\lim\limits_{x\to 1}x^{\frac{1}{1-x}}$;

(7) $\lim\limits_{x\to 0}(1+3\tan^2 x)^{\cot^2 x}$.

3. 若$\lim\limits_{x\to\infty}\left(\dfrac{x+a}{x-a}\right)^{x-a}=e^2$,试求 a 的值($a>0$).

4. 用极限存在准则证明.

(1) $\lim\limits_{n\to\infty}\dfrac{n}{a^n}=0\quad(a>1)$;

(2) $\lim\limits_{n\to\infty}\sqrt[n]{n}=1$;

(3) $\lim\limits_{n\to\infty}n\left(\dfrac{1}{n^2+\pi}+\dfrac{1}{n^2+2\pi}+\cdots+\dfrac{1}{n^2+n\pi}\right)=1$;

(4) $\lim\limits_{n\to\infty}(1+2^n+3^n)^{\frac{1}{n}}=3$.

5. 求下列极限:

(1) 设 $x_1=\sqrt{2}$,$x_{n+1}=\sqrt{2+x_n}$,$n=1,2,\cdots$,求$\lim\limits_{n\to\infty}x_n$;

(2) 设 $0<x_0<\sqrt{3}$,$x_{n+1}=\dfrac{3(1+x_n)}{3+x_n}$,$n=0,1,2,\cdots$,求$\lim\limits_{n\to\infty}x_n$;

(3) 设 $a_0=a>0$,$a_n=\dfrac{1}{2}\left(a_{n-1}+\dfrac{2}{a_{n-1}}\right)$,$n=1,2,\cdots$,求$\lim\limits_{n\to\infty}a_n$.

6. (连续复利问题)某人把钱存入银行,设初始本金为 A_0,年利率为 r. 如果一年分 n 期计息,每期利率都为$\dfrac{r}{n}$.

(1) 求 1 年末的本利和;

(2) 求 $k(k>0)$年末的本利和;

(3) 若令 $n\to\infty$(即每时每刻都计息),此时 k 年末的本利和是多少?

第七节　无穷小的比较

本章第四节介绍了无穷小量的概念,即在自变量趋向于某个值时,极限为零的函数称为无穷小量,简称无穷小,记成 $o(1)$. 例如,当 $x\to 0$ 时,函数 $x, x^2, 1-\cos x, x\sin\frac{1}{x}$ 都是无穷小量;当 $x\to +\infty$ 时,函数 $\frac{1}{x}, \frac{1}{\ln x}, e^{-x}$ 都是无穷小量;当 $x\to 1$ 时,函数 $\ln x, 2^{x-1}-1$ 也都是无穷小量. 已知两个无穷小量的和、差都是无穷小量,那两个无穷小量的商会怎样呢?

$$\lim_{x\to 0}\frac{(1-\cos x)}{\frac{x^2}{2}}=\lim_{x\to 0}\frac{2\sin^2\frac{x}{2}}{\frac{x^2}{2}}=1$$

$$\lim_{x\to 0}\frac{1-\cos x}{x}=\lim_{x\to 0}\frac{2\sin^2\frac{x}{2}}{x}=\lim_{x\to 0}\left(\frac{\sin\frac{x}{2}}{\frac{x}{2}}\cdot\sin\frac{x}{2}\right)=0$$

上述两极限反映了在 $x\to 0$ 的过程中,$1-\cos x$ 与 $\frac{x^2}{2}$ 都是无穷小量,它们趋于零的"快慢"一致;x 趋于零的速度显然要比 $1-\cos x$"慢些". 如何衡量这些无穷小量趋于零的"快慢"呢?

定义 1　设 $\lim\limits_{x\to x_0}\alpha(x)=0, \lim\limits_{x\to x_0}\beta(x)=0$,那么:

如果 $\lim\limits_{x\to x_0}\frac{\alpha(x)}{\beta(x)}=0$,则称当 $x\to x_0$ 时,$\alpha(x)$ 是比 $\beta(x)$ 高阶的无穷小量,记为

$$\alpha(x)=o(\beta(x)),(x\to x_0);$$

如果 $\lim\limits_{x\to x_0}\frac{\alpha(x)}{\beta(x)}=\infty$,则称当 $x\to x_0$ 时,$\alpha(x)$ 是比 $\beta(x)$ 低阶的无穷小量;

如果 $\lim\limits_{x\to x_0}\frac{\alpha(x)}{\beta(x)}=c\neq 0$,则称当 $x\to x_0$ 时,$\alpha(x)$ 与 $\beta(x)$ 是同阶无穷小量;

如果 $\lim\limits_{x\to x_0}\frac{\alpha(x)}{\beta(x)}=1$,则称当 $x\to x_0$ 时,$\alpha(x)$ 与 $\beta(x)$ 是等价无穷小量,记为

$$\alpha(x)\sim\beta(x),(x\to x_0);$$

如果 $\lim\limits_{x\to x_0}\frac{\alpha(x)}{\beta^k(x)}=c\neq 0$,则称当 $x\to x_0$ 时,$\alpha(x)$ 是 $\beta(x)$ 的 k 阶无穷小量.

注意　此处的 $x\to x_0$ 可换成 x 的其他任何趋向,如 $x\to\infty, x\to x_0^-, x\to x_0^+$ 等.

例 1　证明当 $x\to 0$ 时,$\sqrt[n]{1+x}-1\sim\frac{1}{n}x$.

证　令 $\sqrt[n]{1+x}-1=t$,则有

$$x=(1+t)^n-1=nt+\frac{n(n-1)}{2}t^2+\cdots+t^n,$$

所以

$$\lim_{x\to 0}\frac{\sqrt[n]{1+x}-1}{\frac{1}{n}x}=\lim_{t\to 0}\frac{t}{\frac{1}{n}[(1+t)^n-1]}=\lim_{t\to 0}\frac{n}{n+\frac{n(n-1)}{2}t+\cdots+t^n}=1,$$

即有 $\sqrt[n]{1+x}-1\sim\frac{1}{n}x\ (x\to0)$.

等价无穷小量常被用于求极限、讨论函数的性质、近似计算等，是一个非常重要的概念. 高等数学中常用的等价无穷小量如下：

当 $x\to0$ 时，有

$$\sin x\sim x,\quad \tan x\sim x,\quad \ln(1+x)\sim x,\quad e^x-1\sim x,\quad 1-\cos x\sim\frac{x^2}{2},\quad \sqrt[n]{1+x}-1\sim\frac{x}{n}.$$

例 2 当 $x\to0$ 时，$\sqrt{x^3+a}-\sqrt{a}\ (a>0)$ 是 x 的几阶无穷小量？

解 $\lim\limits_{x\to0}\dfrac{\sqrt{x^3+a}-\sqrt{a}}{x^n}=\lim\limits_{x\to0}\dfrac{x^3}{x^n\left(\sqrt{x^3+a}+\sqrt{a}\right)}$.

当 $n=3$ 时，$\lim\limits_{x\to0}\dfrac{\sqrt{x^3+a}-\sqrt{a}}{x^3}=\dfrac{1}{2\sqrt{a}}\neq0$，所以，当 $x\to0$ 时，$\sqrt{x^3+a}-\sqrt{a}$ 是 x 的 3 阶无穷小量.

等价无穷小量可用来简化极限的运算.

定理 1 当 $x\to x_0$ 时，若 $\alpha_1(x)\sim\alpha_2(x)$，$\beta_1(x)\sim\beta_2(x)$，$\beta_1(x)\neq0$，$\beta_2(x)\neq0$，且 $\lim\limits_{x\to x_0}\dfrac{\alpha_2(x)}{\beta_2(x)}$ 存在或为无穷大，则 $\lim\limits_{x\to x_0}\dfrac{\alpha_1(x)}{\beta_1(x)}=\lim\limits_{x\to x_0}\dfrac{\alpha_2(x)}{\beta_2(x)}$.

证
$$\begin{aligned}\lim_{x\to x_0}\frac{\alpha_1(x)}{\beta_1(x)}&=\lim_{x\to x_0}\frac{\alpha_1(x)}{\alpha_2(x)}\frac{\beta_2(x)}{\beta_1(x)}\frac{\alpha_2(x)}{\beta_2(x)}\\&=\lim_{x\to x_0}\frac{\alpha_1(x)}{\alpha_2(x)}\lim_{x\to x_0}\frac{\beta_2(x)}{\beta_1(x)}\lim_{x\to x_0}\frac{\alpha_2(x)}{\beta_2(x)}=\lim_{x\to x_0}\frac{\alpha_2(x)}{\beta_2(x)}.\end{aligned}$$

例 3 求 $\lim\limits_{x\to0}\dfrac{\sin nx}{\ln\sqrt{1+x}}$.

解 当 $x\to0$ 时，$\sin nx\sim nx$，$\ln(1+x)\sim x$，所以

$$\lim_{x\to0}\frac{\sin nx}{\ln\sqrt{1+x}}=\lim_{x\to0}\frac{\sin nx}{\frac{1}{2}\ln(1+x)}=\lim_{x\to0}\frac{nx}{\frac{1}{2}x}=2n.$$

例 4 求 $\lim\limits_{x\to0}\dfrac{1-\cos\left(1-\cos\frac{x}{2}\right)}{x^4}$.

解 当 $x\to0$ 时，$1-\cos\dfrac{x}{2}\sim\dfrac{1}{2}\left(\dfrac{x}{2}\right)^2=\dfrac{x^2}{8}$，所以

$$1-\cos\left(1-\cos\frac{x}{2}\right)\sim\frac{1}{2}\left(1-\cos\frac{x}{2}\right)^2\sim\frac{1}{2}\left(\frac{x^2}{8}\right)^2=\frac{x^4}{128},$$

有

$$\lim_{x\to0}\frac{1-\cos\left(1-\cos\frac{x}{2}\right)}{x^4}=\lim_{x\to0}\frac{\frac{x^4}{128}}{x^4}=\frac{1}{128}.$$

例 5　求$\lim\limits_{x\to 0}\dfrac{\tan x-\sin x}{x^3}$.

解　$\lim\limits_{x\to 0}\dfrac{\tan x-\sin x}{x^3}=\lim\limits_{x\to 0}\dfrac{\sin x}{x}\lim\limits_{x\to 0}\dfrac{\dfrac{1}{\cos x}-1}{x^2}$

$$=\lim_{x\to 0}\frac{1-\cos x}{x^2\cos x}=\lim_{x\to 0}\frac{\frac{1}{2}x^2}{x^2}\lim_{x\to 0}\frac{1}{\cos x}=\frac{1}{2}\times 1=\frac{1}{2}.$$

习题 1-7

1．当$x\to 1$时，证明：

(1) $1-x\sim\dfrac{1}{2}(1-x^2)$；

(2) $\sqrt[n]{x}-1\sim\dfrac{1}{n}(x-1)$；

(3) $\cos\dfrac{\pi}{2}x\sim\dfrac{\pi}{2}(1-x)$；

(4) $x-1\sim\ln x$.

2．求下列极限.

(1) $\lim\limits_{x\to 0}\dfrac{\tan 2x}{\sin 4x}$；

(2) $\lim\limits_{x\to 0}\dfrac{\sin(\sin x)}{x}$；

(3) $\lim\limits_{x\to 0}\dfrac{\sin x^n}{\sin^m x}$　(m,n为正整数)；

(4) $\lim\limits_{x\to 0}\dfrac{1-\cos mx}{x^2}$；

(5) $\lim\limits_{x\to 0}\dfrac{1-\cos x}{x(\sqrt{1+x}-1)}$；

(6) $\lim\limits_{x\to 0}\dfrac{x\ln(1+3x)}{\sin 2x^2}$；

(7) $\lim\limits_{x\to 0}\dfrac{e^{x^2}-1}{x\sin 3x}$；

(8) $\lim\limits_{x\to +\infty}(\sin\sqrt{x+1}-\sin\sqrt{x})$；

(9) $\lim\limits_{x\to 1^-}(1-x)\tan\dfrac{\pi}{2}x$；

(10) $\lim\limits_{x\to 0}\dfrac{\tan x-\sin x}{\sin x(1-\cos 3x)}$.

3．当$x\to 0$时，下列函数是x的几阶无穷小量？

(1) $x^4+\sin 2x$；

(2) $\sqrt[3]{x^2}-\sqrt{x}$；

(3) $\sqrt[3]{1+x^4}-1$；

(4) $\sin 2x-2\sin x$；

(5) $\dfrac{1}{1+x}-(1-x)$；

(6) $\sqrt{1+\tan x}-\sqrt{1-\sin x}$.

4．若$\lim\limits_{x\to 1}\dfrac{x^2+ax+b}{\sin(x^2-1)}=3$，求$a,b$的值.

5．设$x\to 0$时，$(1+ax^2)^{\frac{1}{3}}-1$与$\cos x-1$是等价无穷小量，求a的值.

第八节　函数的连续性

本章第三节讨论了函数的极限,本节介绍函数的另一重要概念——函数的连续性.现实生活中的许多现象,如气温的变化、河水的流动等,都给人一种“连续不断”的直观印象,即当时间仅发生微小的变化时,气温的升降也很微小,河水的流速也变化不大.这类特征反映在数学上就是函数的连续性.

一、函数的连续性

定义1　设函数 $f(x)$ 在点 x_0 的某邻域内有定义,且满足

$$\lim_{x\to x_0} f(x)=f(x_0),$$

则称函数 $f(x)$ 在点 x_0 连续,称 x_0 是函数 $f(x)$ 的连续点.

用极限的 $\varepsilon-\delta$ 语言叙述:

函数 $f(x)$ 在点 x_0 连续,即对 $\forall\varepsilon>0$,$\exists\delta>0$,当 $|x-x_0|<\delta$ 时有

$$|f(x)-f(x_0)|<\varepsilon.$$

记 $\Delta x=x-x_0$,称为自变量 x 的改变量(或增量),则

$$\Delta y=f(x)-f(x_0)=f(x_0+\Delta x)-f(x_0)$$

称为函数 $y=f(x)$ 的改变量.此时,函数 $f(x)$ 在点 x_0 连续可定义为

$$\lim_{\Delta x\to 0}\Delta y=0.$$

即自变量的改变量趋于零时,函数的改变量也相应地趋于零.

例1　证明 $f(x)=\sin x$ 在 $(-\infty,+\infty)$ 的任何点上连续.

证　对任意点 $x_0\in(-\infty,+\infty)$,当自变量 x 的改变量为 Δx 时,函数的改变量

$$\Delta y=\sin(x_0+\Delta x)-\sin(x_0)=2\sin\frac{\Delta x}{2}\cos\left(x_0+\frac{\Delta x}{2}\right).$$

因为

$$\left|\cos\left(x_0+\frac{\Delta x}{2}\right)\right|\leqslant 1,\ \left|\sin\frac{\Delta x}{2}\right|\leqslant\frac{|\Delta x|}{2},$$

所以

$$0\leqslant|\Delta y|\leqslant 2\,\frac{|\Delta x|}{2}=|\Delta x|.$$

由夹逼定理知

$$\lim_{\Delta x\to 0}\Delta y=0.$$

因此,$f(x)=\sin x$ 在 $(-\infty,+\infty)$ 的任何点上连续.

下面定义函数的左连续及右连续的概念.

定义2　若 $\lim\limits_{x\to x_0^-} f(x)=f(x_0)$,则称 $f(x)$ 在点 x_0 左连续;若 $\lim\limits_{x\to x_0^+} f(x)=f(x_0)$,则称 $f(x)$ 在点 x_0 右连续.

显然，$f(x)$在点x_0连续的充分必要条件是：$\lim\limits_{x\to x_0^-}f(x)=\lim\limits_{x\to x_0^+}f(x)=f(x_0)$.

定义 3　若函数$f(x)$在开区间(a,b)内每一点都连续，则称$f(x)$在(a,b)上连续；若$f(x)$在(a,b)上连续，且在点a右连续，在点b左连续，则称$f(x)$在闭区间$[a,b]$上连续.

例 2　讨论函数

$$f(x)=\begin{cases} x^2, & x\leqslant 1, \\ x+1, & x>1, \end{cases}$$

在$x=1$处的连续性.

解　$f(x)$在$x=1$有定义，且$f(1)=1$. 考虑$f(x)$在$x=1$的左、右极限，

$$\lim_{x\to 1^-}f(x)=\lim_{x\to 1^-}x^2=1=f(1),$$

$$\lim_{x\to 1^+}f(x)=\lim_{x\to 1^+}(x+1)=2\neq f(1),$$

所以，$f(x)$在$x=1$左连续，但不是右连续. 因而$f(x)$在$x=1$不连续.

例 3　设$f(x)$在点x_0连续，且$f(x_0)>0$，证明存在x_0的某邻域，使得在此邻域内有$f(x)>\dfrac{f(x_0)}{2}>0$.

证　因为$f(x)$在点x_0连续，所以对$\forall\,\varepsilon>0$，$\exists\,\delta>0$，当$|x-x_0|<\delta$时，有

$$|f(x)-f(x_0)|<\varepsilon,$$

即

$$f(x_0)-\varepsilon<f(x)<f(x_0)+\varepsilon.$$

取$\varepsilon_0=\dfrac{f(x_0)}{2}>0$，$\exists\,\delta_0>0$，当$|x-x_0|<\delta_0$时，

$$f(x)>f(x_0)-\varepsilon=\frac{f(x_0)}{2}>0,$$

结论成立.

根据连续函数的定义，可以证明基本初等函数在其定义域内连续.

二、函数的间断点

定义 4　若$f(x)$在点x_0的某邻域内有下列三种情况之一：

(1) 在点x_0没有定义；

(2) 在点x_0有定义，但$\lim\limits_{x\to x_0}f(x)$不存在；

(3) 在点x_0有定义，且$\lim\limits_{x\to x_0}f(x)$存在，但$\lim\limits_{x\to x_0}f(x)\neq f(x_0)$；

则称$f(x)$在点x_0不连续，点x_0称为函数$f(x)$的不连续点或间断点.

为方便起见，把$f(x)$的间断点分为两类：

(1) 若$f(x)$在点x_0的左、右极限都存在，但$f(x)$在点x_0不连续，则称x_0为$f(x)$的第一类间断点. 需特别指出的是，若此时$\lim\limits_{x\to x_0}f(x)$存在，称$x_0$为$f(x)$的可去间断点；若此时

$\lim\limits_{x \to x_0} f(x)$不存在,称 x_0 为 $f(x)$的跳跃间断点.如在例 2 中,$f(x)$在 $x=1$ 的左、右极限都存在但不相等,即$\lim\limits_{x \to 1} f(x)$不存在,故 $x=1$ 是$f(x)$的跳跃间断点.

(2) 若 x_0 是 $f(x)$的间断点,但不是第一类间断点,称 x_0 为 $f(x)$的第二类间断点.

例 4 讨论函数 $f(x)=\dfrac{\sin x}{x}$在 $x=0$ 的连续性.

解 函数在 $x=0$ 无定义,所以 $x=0$ 是函数 $f(x)$的间断点.
根据重要极限知,$\lim\limits_{x \to 0} f(x)=\lim\limits_{x \to 0} \dfrac{\sin x}{x}=1$.

函数 $f(x)$在 $x=0$ 处极限存在,所以 $x=0$ 是 $f(x)$的第一类可去间断点.

事实上,补充定义函数在 $x=0$ 的值,形成一新函数,即

$$\varphi(x)=\begin{cases} \dfrac{\sin x}{x}, & x \neq 0, \\ 1, & x=0, \end{cases}$$

此时,$\varphi(x)$在点 $x=0$ 连续.

例 5 讨论 $y=\sin \dfrac{1}{x}$在 $x=0$ 的连续性.

解 函数在 $x=0$ 无定义,所以 $x=0$ 是函数的间断点.当 $x \to 0$ 时,$\sin \dfrac{1}{x}$的函数值在 -1 与 $+1$之间无穷次振荡(见图 1-14),所以$\lim\limits_{x \to 0} \sin \dfrac{1}{x}$不存在.因此 $x=0$ 是函数的第二类间断点.

例 6 讨论函数 $y=\mathrm{e}^{\frac{1}{x}}$在 $x=0$ 的连续性.

解 函数 $y=\mathrm{e}^{\frac{1}{x}}$在点 $x=0$ 无定义.又 $\lim\limits_{x \to 0^+} \mathrm{e}^{\frac{1}{x}}=+\infty$,$\lim\limits_{x \to 0^-} \mathrm{e}^{\frac{1}{x}}=0$,即函数在 $x=0$ 的右极限不存在,因此 $x=0$ 是函数的第二类间断点.

三、连续函数的性质

根据极限的四则运算法则及函数的连续性定义,可得连续函数的四则运算定理.

定理 1 设函数 $f(x)$与 $g(x)$都在点 x_0 连续,则

$$f(x) \pm g(x), f(x)\, g(x), \frac{f(x)}{g(x)}(g(x_0) \neq 0)$$

也在点 x_0 连续.(证略)

定理 2 若函数 $y=f(x)$在某区间 I 上连续,且严格单调增加(减少),则其反函数 $x=f^{-1}(y)$在对应区间上也连续,并且严格单调增加(减少).(证略)

定理 3 若函数 $y=f(u)$在点 u_0 连续,$u=\varphi(x)$在点 x_0 连续,且 $u_0=\varphi(x_0)$,则复合函数 $y=f[\varphi(x)]$在点 x_0 连续.

证 因为 $y=f(u)$在点 u_0 连续,所以,$\forall \varepsilon>0$,$\exists \eta>0$,当$|u-u_0|<\eta$ 时有

$$|f(u)-f(u_0)|<\varepsilon, \tag{1}$$

又因为 $u=\varphi(x)$ 在点 x_0 连续，所以对上述 $\eta>0$，$\exists\,\delta>0$，当 $|x-x_0|<\delta$ 时有

$$|u-u_0|=|\varphi(x)-\varphi(x_0)|<\eta, \tag{2}$$

综合(1)和(2)知，对 $\forall\,\varepsilon>0$，$\exists\,\delta>0$，当 $|x-x_0|<\delta$ 时有

$$|f[\varphi(x)]-f[\varphi(x_0)]|=|f(u)-f(u_0)|<\varepsilon$$

恒成立，从而知 $y=f[\varphi(x)]$ 在点 x_0 连续.

根据上述定理的证明方法，可得如下结果：

若函数 $y=f(u)$ 在点 $u=a$ 连续，$u=\varphi(x)$，且 $\lim\limits_{x\to x_0}\varphi(x)=a$，则复合函数的极限 $\lim\limits_{x\to x_0}f[\varphi(x)]$ 存在，且

$$\lim_{x\to x_0}f[\varphi(x)]=f(a)=f[\lim_{x\to x_0}\varphi(x)].$$

例 7 证明 $\lim\limits_{x\to 0}\dfrac{\ln(1+x)}{x}=1$.

证 由对数函数的连续性及重要极限 $\lim\limits_{x\to 0}(1+x)^{\frac{1}{x}}=\mathrm{e}$ 可知，

$$\lim_{x\to 0}\frac{\ln(1+x)}{x}=\lim_{x\to 0}\ln(1+x)^{\frac{1}{x}}=\ln\left[\lim_{x\to 0}(1+x)^{\frac{1}{x}}\right]=\ln\mathrm{e}=1.$$

根据定理 3 及对数函数、指数函数的连续性可得到关于幂指函数 $f(x)^{g(x)}$ 的极限求法.

推论 1 设 $\lim f(x)=A>0$，$\lim g(x)=B$，则 $\lim f(x)^{g(x)}=A^B$. 其中，lim 表示对 $x\to x_0$，$x\to\infty$ 等趋向都成立.

证 令 $u(x)=f(x)^{g(x)}$，则 $u(x)=\mathrm{e}^{g(x)\ln f(x)}$.

又
$$\lim u(x)=\lim \mathrm{e}^{g(x)\ln f(x)}=\mathrm{e}^{\lim g(x)\ln f(x)}=\mathrm{e}^{B\ln A}=A^B,$$

所以

$$\lim f(x)^{g(x)}=\lim f(x)^{\lim g(x)}=A^B.$$

例 8 求 $\lim\limits_{x\to 0}\left(\dfrac{\cos^2 x}{\cos 2x}\right)^{\frac{a}{x^2}}$ $(a\neq 0)$.

解 因为

$$\frac{\cos^2 x}{\cos 2x}=\frac{\cos^2 x}{\cos^2 x-\sin^2 x}=\frac{1}{1-\tan^2 x},$$

所以

$$\begin{aligned}\lim_{x\to 0}\left(\frac{\cos^2 x}{\cos 2x}\right)^{\frac{a}{x^2}}&=\lim_{x\to 0}(1-\tan^2 x)^{-\frac{a}{x^2}}\\&=\lim_{x\to 0}(1-\tan^2 x)^{-\frac{1}{\tan^2 x}\cdot\tan^2 x\cdot\frac{a}{x^2}}=\left[\lim_{x\to 0}(1-\tan^2 x)^{-\frac{1}{\tan^2 x}}\right]^{\lim\limits_{x\to 0}\left(\tan^2 x\cdot\frac{a}{x^2}\right)}\\&=\mathrm{e}^a.\end{aligned}$$

由于初等函数是由基本初等函数经过有限次四则运算及复合而得,所以初等函数在其定义区间上连续.

例如,$f(x)=\ln\sqrt{2-x}$在其定义区间$(-\infty,2)$上连续;函数 $f(x)=\sqrt{\sin x-1}$的定义域为$D=\left\{x\,\middle|\,x=2k\pi+\dfrac{\pi}{2},k=0,1,2,\cdots\right\}$不构成区间,$f(x)$在其定义域上每一点都不连续,即 $f(x)$在 D 上处处不连续.

习题 1-8

1. 讨论下列函数在指定点 x_0 处的连续性,如果不连续,指明是哪一类间断点.

(1) $f(x)=\begin{cases}x^2, & 0<x\leqslant 1,\\ 2-x, & x>1,\end{cases}\quad x_0=1$;

(2) $f(x)=\begin{cases}\dfrac{1-\cos x}{x^2}, & x\neq 0,\\ \dfrac{1}{2}, & x=0,\end{cases}\quad x_0=0$;

(3) $f(x)=\begin{cases}\dfrac{1}{1+\mathrm{e}^{\frac{1}{x}}}, & x\neq 0,\\ 1, & x=0,\end{cases}\quad x_0=0$;

(4) $y=\mathrm{e}^{\frac{1}{x+1}},\quad x_0=-1$;

(5) $y=\tan\dfrac{1}{x-1},\quad x_0=1$.

2. 求下列函数的间断点,指出其类型. 如果是可去间断点,则补充或改变函数的定义,使它在该点连续.

(1) $f(x)=\dfrac{x^2-1}{x^2-3x+2}$;

(2) $f(x)=(1+x)^{\frac{1}{x}}$;

(3) $f(x)=\arctan\dfrac{1}{x}$;

(4) $f(x)=\dfrac{\sqrt{1-\cos x}}{x}$;

(5) $f(x)=\dfrac{\mathrm{e}^{\frac{1}{x}}-1}{\mathrm{e}^{\frac{1}{x}}+1}$;

(6) $f(x)=\begin{cases}x^2\sin\dfrac{1}{x}, & x\neq 0,\\ 0, & x=0.\end{cases}$

3. 适当选取 a,b 的值,使 $f(x)$连续.

(1) $f(x)=\begin{cases}\mathrm{e}^x, & x<0\\ ax+b, & x\geqslant 0\end{cases}$ 且 $f(1)=2$;

(2) $f(x)=\begin{cases}ax^2+bx, & |x|<1,\\ \dfrac{1}{x}, & |x|\geqslant 1;\end{cases}$

(3) $f(x)=\begin{cases} \dfrac{\sin 3x}{\tan ax}, & x>0, \\ 7\mathrm{e}^x-\cos x, & x\leqslant 0. \end{cases}$

4. 讨论 $f(x)=\lim\limits_{n\to\infty}\dfrac{1-x^{2n}}{1+x^{2n}}x$ 的连续性. 若有间断点,判别其类型.

5. 回答下列问题,如果对,说明理由;如果不对,试给出反例.

(1) 若 $f(x)$在 x_0 连续,问$\lim\limits_{x\to x_0}f(x)$是否存在;如果 $\lim\limits_{x\to x_0}f(x)$存在,问 $f(x)$在 x_0 是否连续?

(2) 若 $f(x)$在 x_0 连续,问$|f(x)|$在 x_0 是否连续;反之是否成立?

6. 求下列极限.

(1) $\lim\limits_{x\to 1}\dfrac{\ln(1+x)+x^2}{\mathrm{e}^x+1}$;　　(2) $\lim\limits_{x\to 0}(1+x)^{\frac{1}{x}}$;

(3) $\lim\limits_{x\to\infty}\left(1+\dfrac{1}{2x+1}\right)^x$;　　(4) $\lim\limits_{n\to\infty}n[\ln(n+1)-\ln n]$;

(5) $\lim\limits_{x\to \mathrm{e}}\dfrac{\ln x-1}{x-\mathrm{e}}$;　　(6) $\lim\limits_{x\to+\infty}\left(\dfrac{x^2+1}{x+2}\right)^x$;

(7) $\lim\limits_{x\to 1}(2-x)^{\tan\frac{\pi}{2}x}$;　　(8) $\lim\limits_{x\to 0}\left(\dfrac{\cos^2 x}{\cos 2x}\right)^{\frac{2}{x^2}}$;

(9) $\lim\limits_{x\to\frac{\pi}{4}}(\tan x)^{\tan 2x}$.

7. 设 $f(x)$和 $\varphi(x)$在$(-\infty,+\infty)$上有定义,$f(x)$是连续函数,且 $f(x)\neq 0$,$\varphi(x)$有间断点. 下列各种情况是否必有间断点? 为什么?

(1) $\varphi[f(x)]$;　　(2) $[\varphi(x)]^2$;　　(3) $f[\varphi(x)]$;　　(4) $\dfrac{\varphi(x)}{f(x)}$.

8. 求下列函数的连续区间.

(1) $f(x)=\dfrac{2}{x^2+2x-15}$;　　(2) $f(x)=\sqrt{x-4}+\sqrt{6-x}$;

(3) $f(x)=\begin{cases} 1, & -1\leqslant x\leqslant 0, \\ \dfrac{\sin x}{x}, & 0<x<1, \\ 3x+5, & 1\leqslant x\leqslant 2. \end{cases}$

第九节　闭区间上连续函数的性质

闭区间上连续函数的许多性质,无论在理论研究还是实际应用中都有重要的作用. 由于定理的证明需要涉及许多知识,所以这里只介绍定理的内容.

一、最大值、最小值定理

定理1 若函数 $f(x)$在闭区间$[a,b]$上连续,则 $f(x)$在$[a,b]$上一定取得最大值M 和最小值m,即存在两点 $x_1,x_2\in[a,b]$(见图1-21),使得

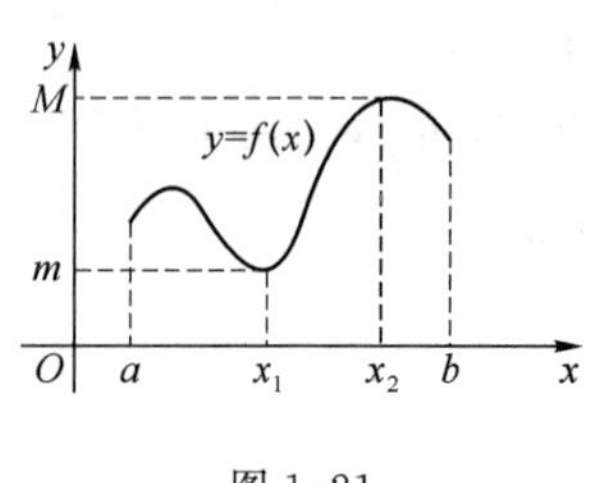

图1-21

$$f(x_1)=m,f(x_2)=M,$$

且对$\forall x\in[a,b]$,有

$$m\leqslant f(x)\leqslant M.$$

例如,$y=\sin x$ 在$[0,\pi]$上连续,其最小值为0,在两点$x=0,x=\pi$上取得,最大值1在点$x=\frac{\pi}{2}$取得.

一般而言,若函数在非闭区间上连续,或在闭区间上有间断点,那么不能保证函数在此区间上有最大值和最小值.

例如,$y=\frac{1}{x}$在$(0,1)$上连续,但 $y=\frac{1}{x}$在$(0,1)$既无最大值又无最小值.

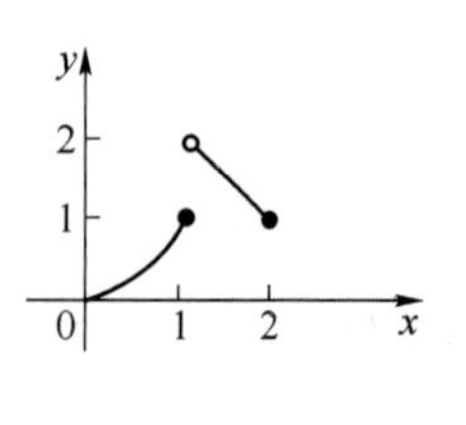

图1-22

又如函数

$$f(x)=\begin{cases}x^2, & 0\leqslant x\leqslant 1,\\ 3-x, & 1<x\leqslant 2,\end{cases}$$

它在$[0,2]$上不连续,有间断点 $x=1$(见图1-22),$f(x)$在$[0,2]$上有最小值0,无最大值.

推论1 (有界性定理) 若函数 $f(x)$在闭区间$[a,b]$上连续,则 $f(x)$在$[a,b]$上有界.

二、介值定理

定理2 若函数 $f(x)$在闭区间$[a,b]$上连续,且 $f(a)\neq f(b)$,μ 为 $f(a)$与 $f(b)$之间的任意一个数,则至少存在一点 $\xi\in(a,b)$,使得 $f(\xi)=\mu$.

此定理的几何意义是,连续曲线 $y=f(x)$与水平直线 $y=\mu$ 在开区间(a,b)上至少有一个交点(见图1-23).

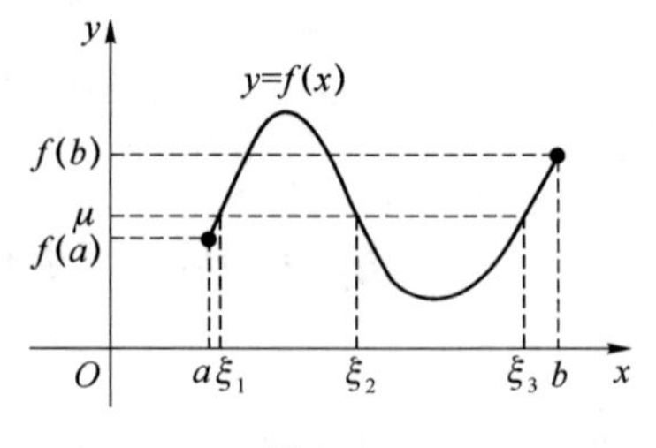

图1-23

推论2 闭区间$[a,b]$上的连续函数可取得介于最大值M 和最小值m 之间的任何值.

证 设 $f(x)$在闭区间$[a,b]$上连续,由最大值、最小值定理知:必存在 $x_1,x_2\in[a,b]$,使得

$$f(x_1)=m,f(x_2)=M.$$

任取 $\mu\in[m,M]$,由介值定理知:至少存在一点 ξ 介于 x_1 和 x_2 之间,使得

$$m \leqslant f(\xi) = \mu \leqslant M.$$

因为区间$[x_1,x_2]$和$[x_2,x_1]$都包含在$[a,b]$中,故而结论成立.

定理 3(零点存在定理)　若函数 $f(x)$ 在闭区间 $[a,b]$ 上连续,且 $f(a)f(b)<0$(即 $f(a)$与 $f(b)$异号),则在开区间(a,b)中至少存在一点ξ,使得 $f(\xi)=0$.

此定理的证明可由介值定理得到,因为 0 是 $f(a)$与 $f(b)$中间的值.

例 1　证明 $x^3-x-1=0$ 在$(1,2)$内至少有一个实根.

证　记 $f(x)=x^3-x-1$,显然它在$[1,2]$上连续.又 $f(1)=-1$,$f(2)=5$,两点处的值异号.由零点存在定理知,在$(1,2)$内至少有一个实数 ξ,使得 $f(\xi)=0$,即方程 $x^3-x-1=0$ 在$(1,2)$内有至少一个实根.

例 2　证明实系数奇次代数方程至少有一个实根.

证　令 $f(x)=a_0x^n+a_1x^{n-1}+\cdots+a_{n-1}x+a_n\ (a_0\neq 0)$,$n$ 为奇数.显然 $f(x)$在$(-\infty,+\infty)$上连续.不妨设 $a_0>0$,则有

$$\lim_{x\to-\infty} f(x)=\lim_{x\to-\infty}\left[x^n\left(a_0+\frac{a_1}{x}+\cdots+\frac{a_n}{x^n}\right)\right]=-\infty,$$

$$\lim_{x\to+\infty} f(x)=\lim_{x\to+\infty}\left[x^n\left(a_0+\frac{a_1}{x}+\cdots+\frac{a_n}{x^n}\right)\right]=+\infty.$$

根据极限的保号性及函数的连续性,存在点 $x_1,x_2\in(-\infty,+\infty)$,$x_1<x_2$,使得 $f(x_1)<0$,$f(x_2)>0$;由零点存在定理知,$\exists\,\xi\in[x_1,x_2]$,使得 $f(\xi)=0$.

因此,方程 $a_0x^n+a_1x^{n-1}+\cdots+a_{n-1}x+a_n=0$ 至少有一个实根.

三、一致连续性

本章第八节给出了函数 $f(x)$在一点 x_0 连续的定义,即对$\forall\,\varepsilon>0$,$\exists\,\delta>0$,当$|x-x_0|<\delta$时,

$$|f(x)-f(x_0)|<\varepsilon$$

恒成立.

在此定义中,δ 的选取与 x_0 和 ε 有关,是否存在与点 x_0 无关的选取方式呢?

定义 1　设函数 $f(x)$在区间 I 上有定义,如果对任意给定的 $\varepsilon>0$,总存在 $\delta>0$,使得对区间 I 上的任意两点 x_1,x_2,当$|x_1-x_2|<\delta$ 时,有

$$|f(x_1)-f(x_2)|<\varepsilon,$$

那么称 $f(x)$在区间 I 上一致连续.

此定义表明:对于区间 I 上任意两点,当其距离小于 δ 时,对应的函数值的差的绝对值就小于给定的正数 ε.此时 δ 显然只与 ε 有关,即 $\delta=\delta(\varepsilon)$.

由上述定义可知:若函数 $f(x)$在区间 I 上一致连续,则它在区间 I 上连续,但反过来不一定成立.

例 3 证明 $f(x)=\sin x$ 在$(-\infty,+\infty)$上一致连续.

证 对$\forall\varepsilon>0$,对于任意的 $x_1,x_2\in(-\infty,+\infty)$,要使

$$|f(x_1)-f(x_2)|<\varepsilon,$$

只要

$$|\sin x_1-\sin x_2|=2\left|\cos\frac{x_1+x_2}{2}\right|\left|\sin\frac{x_1-x_2}{2}\right|\leqslant|x_1-x_2|<\varepsilon.$$

取 $\delta(\varepsilon)=\varepsilon$,则当$|x_1-x_2|<\delta$时,有

$$|\sin x_1-\sin x_2|<\varepsilon,$$

所以 $f(x)=\sin x$ 在$(-\infty,+\infty)$上一致连续.

例 4 证明 $f(x)=\dfrac{1}{x}$在$[a,1](0<a<1)$上一致连续而在$(0,1]$上连续但非一致连续.

证 对$\forall\varepsilon>0$,对于任意的 $x_1,x_2\in[a,1]$,要使

$$|f(x_1)-f(x_2)|<\varepsilon,$$

只要

$$\left|\frac{1}{x_1}-\frac{1}{x_2}\right|=\frac{|x_1-x_2|}{|x_1\ x_2|}\leqslant\frac{1}{a^2}|x_1-x_2|<\varepsilon,$$

即

$$|x_1-x_2|<a^2\varepsilon.$$

取 $\delta=a^2\varepsilon$,则当$|x_1-x_2|<\delta$时,有

$$\left|\frac{1}{x_1}-\frac{1}{x_2}\right|<\varepsilon,$$

即 $f(x)=\dfrac{1}{x}$在$[a,1]$上一致连续,因而在$[a,1]$上连续.

对 $\varepsilon_0=\dfrac{1}{2}>0$,取 $x_1=\dfrac{1}{n}$,$x_2=\dfrac{1}{n+1}\in(0,1)$,$x_1-x_2=\dfrac{1}{n}-\dfrac{1}{n+1}=\dfrac{1}{n(n+1)}$可以任意小,但

$$|f(x_1)-f(x_2)|=|n-(n+1)|=1>\varepsilon_0,$$

即 $f(x)=\dfrac{1}{x}$在$(0,1)$上非一致连续.

如何判断一个函数是否一致连续?有下面的定理:

定理 4(一致连续性定理) 闭区间$[a,b]$上的连续函数 $f(x)$一定在$[a,b]$上一致连续.

证略.

习题 1-9

1. 函数 $f(x)$在$(-\infty,+\infty)$上连续,且$\lim\limits_{x\to\infty}f(x)=A$,证明:$f(x)$是$(-\infty,+\infty)$上的有

界函数.

2. 设 $f(x)$ 在 (a,b) 连续,且 $\lim\limits_{x\to a^+}f(x)=\lim\limits_{x\to b^-}f(x)=B$,又存在 $x_1\in(a,b)$ 使 $f(x_1)>B$,证明:$f(x)$ 在 (a,b) 内有最大值.

3. 设 $f(x)$ 在 $[a,b]$ 上连续,且 $a\leqslant f(x)\leqslant b$,证明:存在 $x_0\in[a,b]$,使得 $f(x_0)=x_0$.

4. 证明:方程 $2^x x=1$ 在 $(0,1)$ 内至少有一个根.

5. 证明:方程 $x=a\sin x+b(a>0,b>0)$ 至少有一个根不超过 $a+b$.

6. 若 $f(x)$ 在 $[a,b]$ 上连续,$a<x_1<x_2<\cdots<x_n<b$,则在区间 $[x_1,x_n]$ 上至少有一点 ξ,使得

$$f(\xi)=\frac{f(x_1)+f(x_2)+\cdots+f(x_n)}{n}=0.$$

7. 证明:方程 x^5-3x+1 至少有一个实根介于 1 和 2 之间.

8. 一登山运动员早上 7 点开始攀登某座山峰,当天下午 7 点到达山顶.第二天早上 7 点,他从山顶沿原路下山,当天下午 7 点到达山脚.试用介值定理说明:这位运动员这两天在某一相同的时刻经过登山路线的同一地点.

总习题一

1. 填空题

(1) 已知 $f\left(\sin\frac{x}{2}\right)=\cos x+1$,则 $f\left(\cos\frac{x}{2}\right)=$ ________.

(2) 设 $f(x)=\frac{x}{x-1}$,$x\neq0,x\neq1$,则 $f(f(x))=$ ______.

(3) 已知函数 $f\left(x+\frac{1}{x}\right)=\sqrt{x^2+\frac{1}{x^2}}+\frac{x}{x^2-3x+1}$,则 $f(x)$ 的定义域为________.

(4) 设函数 $f(x)=\begin{cases}-x, & x\geqslant0,\\ x^2, & x<0,\end{cases}$ 则 $g(x)=f[f(x)]=$ ______ ;$g(x)$ 的反函数为______ .

(5) 设 $x>0$,则 $\lim\limits_{n\to\infty}n(x^{\frac{1}{n}}-1)=$ ________ .

(6) 设 $f(x)=\begin{cases}\dfrac{(1+ax)^{\frac{1}{2}}-1}{\sin 2x}, & x>0\\ x+a+1, & x\leqslant0\end{cases}$ 在 $x=0$ 连续,则 $a=$ ________ .

(7) $x=\pi$ 是函数 $f(x)=\begin{cases}\dfrac{\sin x}{|x-\pi|}, & x\neq\pi\\ 0, & x=\pi\end{cases}$ 的________间断点(可去、跳跃或第二类).

2. 选择题

(1) 设 $f(x)$、$g(x)$ 在 $(-\infty,\infty)$ 都是奇函数,则 $g[f(x)]$ 和 $f[g(x)]$(　　).

(A) 都是偶函数　　(B) 都是奇函数

(C) 一个是奇函数一个是偶函数　　(D) 都是非奇非偶函数

(2) 若 $\lim\limits_{x\to x_0}f(x)$ 存在,则下列极限一定存在的是(　　).

(A) $\lim\limits_{x\to x_0}[f(x)]^a$　　(B) $\lim\limits_{x\to x_0}|f(x)|$

(C) $\lim\limits_{x\to x_0}\ln f(x)$　　(D) $\lim\limits_{x\to x_0}\arcsin f(x)$

(3) 下列命题中正确的是(　　).

(A) 若 $\lim\limits_{x\to x_0}f(x)\geqslant\lim\limits_{x\to x_0}g(x)$,则 $\exists\delta>0$,当 $0<|x-x_0|<\delta$ 时 $f(x)\geqslant g(x)$

(B) 若 $\exists\delta>0$,使得当 $0<|x-x_0|<\delta$ 时有 $f(x)>g(x)$,且 $\lim\limits_{x\to x_0}f(x)=A$,$\lim\limits_{x\to x_0}g(x)=B$ 都存在,则 $A\geqslant B$

(C) 若 $\exists\delta>0$,当 $0<|x-x_0|<\delta$ 时 $f(x)>g(x)$,则 $\lim\limits_{x\to x_0}f(x)\geqslant\lim\limits_{x\to x_0}g(x)$

(D) 若 $\lim\limits_{x\to x_0}f(x)\geqslant\lim\limits_{x\to x_0}g(x)$,则 $\exists\delta>0$,当 $0<|x-x_0|<\delta$ 时有 $f(x)>g(x)$

(4) 设 $x_n\leqslant z_n\leqslant y_n$,且 $\lim\limits_{n\to\infty}(y_n-x_n)=0$,则 $\lim\limits_{n\to\infty}z_n$(　　).

(A) 存在且等于零　　(B) 存在但不一定等于零

(C) 不一定存在　　(D) 一定不存在

(5) 设 $f(x)$ 在点 x_0 连续,且在 x_0 的某空心邻域中有 $f(x)>0$,则(　　).

(A) $f(x_0)>0$　　(B) $f(x_0)\geqslant 0$

(C) $f(x_0)<0$　　(D) $f(x_0)=0$

3. 设函数 $f(x)$ 在 $(-\infty,\infty)$ 上是奇函数,且 $f(1)=a$,又对任何 x 均有 $f(x+2)-f(x)=f(2)$.(1)试用 a 表示 $f(2)$ 和 $f(5)$;(2)a 取何值时,$f(x)$ 是以 2 为周期的周期函数?

4. 用极限的定义证明.

(1) $\lim\limits_{n\to\infty}(\sqrt{n^2+1}-n)=0$;　　(2) $\lim\limits_{x\to 1}\dfrac{x^2-1}{x^2+x-2}=\dfrac{2}{3}$.

5. 设对于 $n=0,1,\cdots$ 均有 $0<x_n<1$,且 $x_{n+1}=-x_n^2+2x_n$,求 $\lim\limits_{n\to\infty}x_n$.

6. 当 $x\to 0$ 时,下列函数分别是 x 的几阶无穷小量?

(1) $\dfrac{x(\tan x+x^2)}{1+\sqrt{x}}$;　　(2) $\sqrt{x^2+\sqrt[3]{x}}$;

(3) $\sqrt{1+x\sin x}-1$;　　(4) $\ln\sqrt{\dfrac{1+x}{1-x}}$.

7. 求下列极限.

(1) $\lim\limits_{n\to\infty}\left(1+\dfrac{x}{n}+\dfrac{x^2}{2n^2}\right)^{-n}$;　　(2) $\lim\limits_{n\to\infty}\dfrac{A\mathrm{e}^{nx}+B}{\mathrm{e}^{nx}+1}$;

(3) $\lim\limits_{n\to\infty}\sin(\pi\sqrt{n^2+1})$；

(4) $\lim\limits_{x\to 0}(1+x^2e^x)^{(1-\cos x)^{-1}}$；

(5) $\lim\limits_{x\to 0}\dfrac{\sqrt[m]{1+\alpha x}\sqrt[n]{1+\beta x}-1}{x}$；

(6) $\lim\limits_{x\to 0}\left(\cot x-\dfrac{e^{2x}}{\sin x}\right)$；

(7) $\lim\limits_{x\to 1}\dfrac{1-\sqrt[3]{x}}{1-\sqrt[5]{x}}$；

(8) $\lim\limits_{x\to 1}\dfrac{\ln x(\ln(2x-1))}{1+\cos\pi x}$；

(9) $\lim\limits_{x\to 0}\dfrac{x\arcsin x}{3^x+2^x-6^x-1}$.

8. 求函数 $f(x)=(1+x)^{\frac{x}{\tan\left(x-\frac{\pi}{4}\right)}}$ 在区间 $(0,2\pi)$ 内的间断点并判断其类型.

9. 试确定 a,b 的值，使 $f(x)=\dfrac{e^x-b}{(x-a)(x-1)}$ 有无穷间断点 $x=0$ 和可去间断点 $x=1$.

10. 众所周知，三条腿的椅子总能稳定着地，4 条腿的椅子在起伏不平的地面上是否也能平稳地四脚着地呢？证明你的结论.

第二章　导数与微分

微分学是微积分的重要组成部分，导数和微分又是微分学的两个基本概念，导数反映了函数相对于自变量的变化快慢程度，即变化率问题；微分学则表示当自变量有微小变化时，函数相应的近似改变量. 导数和微分两个概念既有区别，又有紧密的内在联系.

本章讨论导数与微分的概念、运算及简单应用.

第一节　导数的概念

一、导数的定义

导数的概念和数学的其他概念一样，也是客观世界中的自然现象在数量关系上的抽象. 物体运动的瞬时速度、曲线的切线斜率、电路中的瞬时电流等都可以用函数的导数来表示. 为引入导数的概念，先对以下两个具体实例进行分析.

实例 1　电流问题

设有电流通过一导线，从时刻 $t=0$ 到时刻 t 之间通过该导线横截面的电量 Q 是时刻 t 的函数 $Q(t)$. 设时刻 t_0 的电量为 $Q(t_0)$，当 t_0 有一个改变量 Δt 时，相应的电量 Q 也有一个改变量 ΔQ，即在 Δt 时间段内通过导线横截面的电量为

$$\Delta Q=Q(t_0+\Delta t)-Q(t_0),$$

比值

$$\frac{\Delta Q}{\Delta t}=\frac{Q(t_0+\Delta t)-Q(t)}{\Delta t}$$

表示在 Δt 时间段内通过导线的平均电流. Δt 越小，比值 $\frac{\Delta Q}{\Delta t}$ 越接近 t_0 时刻的电流，所以当极限

$$\lim_{\Delta t\to 0}\frac{\Delta Q}{\Delta t}=\lim_{\Delta t\to 0}\frac{Q(t_0+\Delta t)-Q(t)}{\Delta t}$$

存在时，其极限值即为 t_0 时刻的瞬时电流.

实例 2　切线斜率问题

设有平面曲线(如图 2-1 所示),它的方程为 $y=f(x)$,现求曲线上一点 $P(x_0,y_0)$的切线斜率.为求 P 点处的切线,可以先考虑 P 点处的割线.在曲线上任取一点 Q,其横坐标为 $x_0+\Delta x$,纵坐标为 $f(x_0+\Delta x)$.设割线$\overline{PQ}$与 x 轴的夹角为θ,则割线斜率

$$k=\tan\theta=\frac{\Delta y}{\Delta x}=\frac{f(x_0+\Delta x)-f(x_0)}{\Delta x}.$$

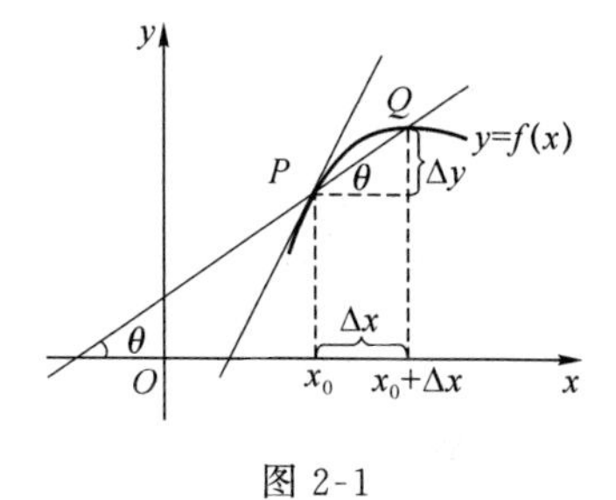

图 2-1

上式比值表示曲线 $y=f(x)$在 x_0 附近的区间内的平均变化率.Q 点越靠近 P 点,割线斜率$\frac{\Delta y}{\Delta x}$越逼近 P 点处的切线斜率,因此当极限

$$\lim_{\Delta x\to 0}\frac{\Delta y}{\Delta x}=\lim_{\Delta x\to 0}\frac{f(x_0+\Delta x)-f(x_0)}{\Delta x}$$

存在时,极限值即为所求 P 点处的切线斜率.

以上两例,一个是物理学中的电流问题,一个是几何学中的切线斜率问题.虽然所表示的实际意义不同,但它们在数学上的表达形式却完全相同,即都是函数的改变量 Δy 与自变量的改变量 Δx 的比值的极限($\Delta x\to 0$).它们表示的都是函数对自变量的变化率.这一共性可抽象成如下的定义.

定义 1　设函数 $y=f(x)$在点 x_0 的某个邻域内有定义,对自变量的任一改变量 Δx,函数相应的改变量为 Δy,若极限

$$\lim_{\Delta x\to 0}\frac{\Delta y}{\Delta x}=\lim_{\Delta x\to 0}\frac{f(x_0+\Delta x)-f(x_0)}{\Delta x}$$

存在,则称此极限值为函数 $y=f(x)$在点 x_0 处的导数,记作

$$f'(x_0),y'(x_0),\left.\frac{\mathrm{d}y}{\mathrm{d}x}\right|_{x=x_0}\quad\text{或}\quad\left.\frac{\mathrm{d}f}{\mathrm{d}x}\right|_{x=x_0}.$$

此时称函数 $y=f(x)$在点 x_0 可导;若上述极限不存在,则称函数 $y=f(x)$在点 x_0 不可导,或称 $y=f(x)$在点 x_0 的导数不存在.

有了函数导数的定义,则瞬时电流即为电量 $Q(t)$在时刻 t_0 处的导数,即 $Q'(t_0)$;切线斜率则可表示成函数 $y=f(x)$在点 x_0 处的导数 $f'(x_0)$.

导数的定义还有如下的等价形式:

$$f'(x_0)=\lim_{x\to x_0}\frac{f(x)-f(x_0)}{x-x_0}$$

或

$$f'(x_0)=\lim_{h\to 0}\frac{f(x_0+h)-f(x_0)}{h}.$$

如果函数在某区间(a,b)内每一点都可导,则称函数在区间(a,b)内可导,并将

$$f'(x)=\lim_{\Delta x\to 0}\frac{f(x+\Delta x)-f(x)}{\Delta x}$$

称为 $y=f(x)$ 的导函数.导函数也常记为 $f'(x)$,$y'(x)$,$\frac{\mathrm{d}y}{\mathrm{d}x}$ 或 $\frac{\mathrm{d}f}{\mathrm{d}x}$.

显然,若函数 $y=f(x)$ 在 (a,b) 内可导,则函数在点 x_0 处的导数值等于导函数在点 x_0 处的值,即

$$f'(x_0)=f'(x)\big|_{x=x_0}.$$

若函数在区间 (a,b) 内可导,且导函数 $f'(x)$ 在 (a,b) 内连续,则记为

$$f(x)\in C^{(1)}(a,b).$$

下面从导数的定义出发,求出几个基本初等函数的导函数.

为书写方便,常省略导函数中的变量记号,如记 $y'=y'(x)$,$f'=f'(t)$ 等.

例 1 设 $y=f(x)=C$(C 为常数),则 $y'=0$.

证
$$y'=\lim_{\Delta x\to 0}\frac{\Delta y}{\Delta x}=\lim_{\Delta x\to 0}\frac{C-C}{\Delta x}=0,$$

即常数的导数等于零.

例 2 设 $y=\sin x$,则 $y'=\cos x$.

证
$$y'=\lim_{h\to 0}\frac{f(x+h)-f(x)}{h}=\lim_{h\to 0}\frac{\sin(x+h)-\sin(x)}{h}$$

$$=\lim_{h\to 0}\frac{2\cos\frac{2x+h}{2}\sin\frac{h}{2}}{h}=\lim_{h\to 0}\cos\frac{2x+h}{2}\frac{\sin\frac{h}{2}}{\frac{h}{2}}$$

$$=\cos x,$$

即
$$(\sin x)'=\cos x.$$

用同样方法可得
$$(\cos x)'=-\sin x.$$

例 3 设 $y=a^x(a>0,a\neq 1)$,则 $y'=a^x\ln a$.

证
$$y'=\lim_{h\to 0}\frac{a^{x+h}-a^x}{h}=\lim_{h\to 0}a^x\frac{a^h-1}{h}.$$

令 $t=a^h-1$,则 $h=\log_a(1+t)$,且由函数 $y=a^x$ 的连续性知,当 $h\to 0$ 时,有 $t\to 0$.故

$$\lim_{h\to 0}\frac{a^h-1}{h}=\lim_{t\to 0}\frac{t}{\log_a(1+t)}=\lim_{t\to 0}\frac{1}{\log_a(1+t)^{\frac{1}{t}}}=\frac{1}{\log_a \mathrm{e}}=\ln a,$$

所以

$$y'=a^x\cdot\ln a,$$

即

$$(a^x)'=a^x\ln a.$$

当 $a=\mathrm{e}$ 时,$(\mathrm{e}^x)'=\mathrm{e}^x$.

例 4 设 $y=x^\alpha$(α 为任意实数),则 $y'=\alpha x^{\alpha-1}(x\neq 0)$.

证 当 $x\neq0$ 时，$y'=\lim\limits_{h\to0}\dfrac{(x+h)^{\alpha}-x^{\alpha}}{h}=x^{\alpha-1}\lim\limits_{h\to0}\dfrac{\left(1+\dfrac{h}{x}\right)^{\alpha}-1}{\dfrac{h}{x}}$

$$=x^{\alpha-1}\lim_{h\to0}\frac{\ln\left(1+\dfrac{h}{x}\right)^{\alpha}\left[\left(1+\dfrac{h}{x}\right)^{\alpha}-1\right]}{\dfrac{h}{x}\ln\left(1+\dfrac{h}{x}\right)^{\alpha}}.$$

令 $t=\left(1+\dfrac{h}{x}\right)^{\alpha}-1$，则当 $h\to0$ 时 $t\to0$，此时

$$\lim_{h\to0}\frac{\left(1+\dfrac{h}{x}\right)^{\alpha}-1}{\ln\left(1+\dfrac{h}{x}\right)^{\alpha}}=\lim_{h\to0}\frac{t}{\ln(1+t)}=1.$$

再令 $s=\dfrac{h}{x}$，显然有 $h\to0$ 时 $s\to0$，故

$$\lim_{h\to0}\frac{\ln\left(1+\dfrac{h}{x}\right)^{\alpha}}{\dfrac{h}{x}}=\lim_{s\to0}\frac{\ln(1+s)^{\alpha}}{s}=\alpha\lim_{s\to0}\frac{\ln(1+s)}{s}=\alpha,$$

所以

$$(x^{\alpha})'=\alpha x^{\alpha-1}\ (x\neq0).$$

事实上，当 $x=0$ 时，用导数定义，有

$$\lim_{x\to0}\frac{f(x)-f(0)}{x}=\lim_{x\to0}\frac{x^{\alpha}-0}{x}=\lim_{x\to0}x^{\alpha-1}=\begin{cases}0, & \alpha>1,\\ 1, & \alpha=1,\\ \infty, & \alpha<1,\end{cases}$$

即当 $\alpha<1$ 时，函数在 $x=0$ 点不可导.

当 $\alpha=n$（n 为自然数）时，有 $(x^{n})'=nx^{n-1}$；

当 $\alpha=\dfrac{1}{2}$ 时，$(\sqrt{x})'=\dfrac{1}{2\sqrt{x}}$；

当 $\alpha=-1$ 时，$\left(\dfrac{1}{x}\right)'=-\dfrac{1}{x^{2}}$.

二、导数的几何意义

由前面的讨论可知：函数 $y=f(x)$ 在点 $P(x_0,y_0)$ 处可导，则 $P(x_0,y_0)$ 点处的切线斜率 k 即为函数在该点处的导数值 $f'(x_0)$，也就是 $k=f'(x_0)$. 由于该点处的切线和法线相互垂直，所以 P 点处的法线斜率为 $-\dfrac{1}{f'(x_0)}$（$f'(x_0)\neq0$）. 点 P 处的切线方程和法线方程如下.

切线方程:

$$y-y_0=f'(x_0)(x-x_0).$$

法线方程:

$$y-y_0=-\frac{1}{f'(x_0)}(x-x_0).$$

若函数 $y=f(x)$ 在点 x_0 处的导数不存在,但函数变化率 $\frac{\Delta y}{\Delta x}\to\infty$(当 $\Delta x\to 0$ 时),这时,函数在 $(x_0,f(x_0))$ 处具有铅直切线 $x=x_0$. 例如 $y=\sqrt[3]{x}$,在点 $x=0$ 处不可导,但在 $(0,0)$ 点处有切线 $x=0$(即 y 轴).

例 5 求曲线 $y=\sin x$ 在点 $\left(\frac{\pi}{3},\frac{\sqrt{3}}{2}\right)$ 处的切线方程和法线方程.

解 因为 $(\sin x)'=\cos x$,所以切线斜率

$$k=f'(x_0)=\cos x\big|_{x=\frac{\pi}{3}}=\frac{1}{2}.$$

法线斜率

$$k'=-\frac{1}{f'(x_0)}=-2.$$

所以点 $\left(\frac{\pi}{3},\frac{\sqrt{3}}{2}\right)$ 处的切线方程:$y-\frac{\sqrt{3}}{2}=\frac{1}{2}\left(x-\frac{\pi}{3}\right)$,即 $y=\frac{1}{2}x+\frac{\sqrt{3}}{2}-\frac{\pi}{6}$.

法线方程:$y-\frac{\sqrt{3}}{2}=-2\left(x-\frac{\pi}{3}\right)$,即 $y=-2x+\frac{\sqrt{3}}{2}+\frac{2\pi}{3}$.

三、函数的可导性与连续性

类似于函数在一点处的左极限和右极限,下面定义是函数在一点处的左导数和右导数.

定义 2 若极限

$$\lim_{\Delta x\to 0^-}\frac{\Delta y}{\Delta x}=\lim_{\Delta x\to 0^-}\frac{f(x_0+\Delta x)-f(x_0)}{\Delta x}$$

存在,则称此极限值为函数 $y=f(x)$ 在点 x_0 处的左导数,记作 $f'_-(x_0)$.

同理,函数 $y=f(x)$ 在点 x_0 处的右导数为

$$f'_+(x_0)=\lim_{\Delta x\to 0^+}\frac{\Delta y}{\Delta x}=\lim_{\Delta x\to 0^+}\frac{f(x_0+\Delta x)-f(x_0)}{\Delta x},$$

显然,函数 $f(x)$ 在点 x_0 处可导的充分必要条件是:$f'_-(x_0)=f'_+(x_0)$.

如果函数 $f(x)$ 在开区间 (a,b) 内可导,并且在 $x=a$ 的右导数存在,在 $x=b$ 的左导数存在,则称 $f(x)$ 在闭区间 $[a,b]$ 上可导.

例 6 讨论函数 $y=|x|$ 在 $x=0$ 点的可导性.

解 函数在 $x=0$ 附近有定义,且在 $x=0$ 连续,即

$$y=|x|=\begin{cases}x, & x\geqslant 0,\\ -x, & x<0.\end{cases}$$

考虑它在 $x=0$ 的左导数和右导数，有

$$y'_-(0)=\lim_{\Delta x\to 0^-}\frac{\Delta y}{\Delta x}=\lim_{\Delta x\to 0^-}\frac{|\Delta x|-0}{\Delta x}=-1,$$

$$y'_+(0)=\lim_{\Delta x\to 0^+}\frac{\Delta y}{\Delta x}=\lim_{\Delta x\to 0^+}\frac{|\Delta x|-0}{\Delta x}=1.$$

函数在 $x=0$ 的左、右导数都存在，但不相等，故 $y=|x|$ 在 $x=0$ 点不可导. 但当 $x\neq 0$ 时，函数 $y=|x|$ 可导，且 $(|x|)'=\frac{x}{|x|}$.

定理 1　若函数 $y=f(x)$ 在点 x_0 处可导，则 $y=f(x)$ 在点 x_0 处连续.

证　设自变量在 x_0 点处的改变量为 Δx，相应的函数的改变量为 Δy，又因为函数在点 x_0 可导，所以

$$\lim_{\Delta x\to 0}\Delta y=\lim_{\Delta x\to 0}\frac{\Delta y}{\Delta x}\Delta x=f'(x_0)\lim_{\Delta x\to 0}\Delta x=0,$$

即

$$\lim_{\Delta x\to 0}[f(x_0+\Delta x)-f(x_0)]=\lim_{\Delta x\to 0}\Delta y=0,$$

所以函数 $y=f(x)$ 在点 x_0 连续.

例 7　讨论函数 $f(x)=\begin{cases}x^2\sin\frac{1}{x}, & x\neq 0\\ 0, & x=0\end{cases}$ 在点 $x=0$ 的连续性与可导性.

解　因为 $\lim\limits_{x\to 0}f(x)=\lim\limits_{x\to 0}x^2\sin\frac{1}{x}=0=f(0)$，所以函数 $f(x)$ 在 $x=0$ 连续.

由导数的定义得

$$f'(0)=\lim_{x\to 0}\frac{f(x)-f(0)}{x}=\lim_{x\to 0}\frac{x^2\sin\frac{1}{x}-0}{x}=\lim_{x\to 0}x\sin\frac{1}{x}=0,$$

所以 $f(x)$ 在 $x=0$ 可导，且 $f'(0)=0$.

例 8　讨论函数 $f(x)=\begin{cases}x, & x\leqslant 1\\ \sqrt{x}, & x>1\end{cases}$ 在点 $x=1$ 的连续性与可导性.

解　函数 $f(x)$ 在 $x=1$ 处的左、右两侧表达式不同，要分别求其左、右极限和左、右导数.

因为

$$\lim_{x\to 1^-}f(x)=\lim_{x\to 1^-}x=1,\ \lim_{x\to 1^+}f(x)=\lim_{x\to 1^+}\sqrt{x}=1,$$

即

$$\lim_{x\to 1^-}f(x)=\lim_{x\to 1^+}f(x)=f(1),$$

所以函数 $f(x)$在 $x=1$ 连续.

又

$$f'_{-}(1)=\lim_{x\to1^{-}}\frac{f(x)-f(1)}{x-1}=\lim_{x\to1^{-}}\frac{x-1}{x-1}=1,$$

$$f'_{+}(1)=\lim_{x\to1^{+}}\frac{f(x)-f(1)}{x-1}=\lim_{x\to1^{+}}\frac{\sqrt{x}-1}{x-1}$$

$$=\lim_{x\to1^{+}}\frac{\sqrt{x}-1}{(\sqrt{x}-1)(\sqrt{x}+1)}=\frac{1}{2},$$

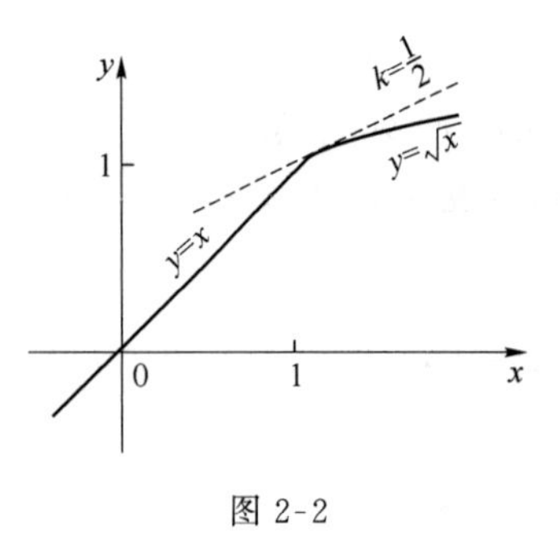

图 2-2

在 $x=1$ 处左、右导数存在但不相等(见图 2-2),所以函数$f(x)$在 $x=1$ 处不可导.

若函数在一点 P 可导,从函数图形上看,在该点处应该是"光滑"的,没有"尖点". 例如 $y=|x|$,在 $x=0$ 处其函数图形具有"尖点"(见图 1-4),所以在 $x=0$ 点不可导.

由以上各例可知,"连续"是函数"可导"的必要条件,而非充分条件. 即函数在一点处不连续,则在该点必不可导.

习题 2-1

1. 高温物体在空气中会逐渐冷却,在此过程中温度 T 是时刻 t 的函数,即 $T=f(t)$. 试给出下列概念的定义:

(1) 从时刻 t_0 到时刻 $t_0+\Delta t$ 这段时间内空气冷却的平均速度;

(2) 在时刻 t_0 的冷却速度.

2. 一质点作变速直线运动,其路程函数 $s=3t^2+1$,求时刻 $t=2$ 时的瞬时速度.

3. 设函数 $f(x)$在 x_0 处可导,试用导数 $f'(x_0)$表示下列极限.

(1) $\lim\limits_{h\to0}\dfrac{f(x_0-h)-f(x_0)}{h}$; (2) $\lim\limits_{h\to0}\dfrac{f(x_0)-f(x_0-h)}{h}$;

(3) $\lim\limits_{h\to0}\dfrac{f(x_0+\alpha h)-f(x_0-\beta h)}{h}$; (4) $\lim\limits_{n\to\infty}n\left[f\left(x_0+\dfrac{1}{n}\right)-f(x_0)\right]$.

4. 求下列函数的导数.

(1) $y=\dfrac{1}{x^3}$; (2) $y=\dfrac{1}{\sqrt{x}}$; (3) $y=\dfrac{x\sqrt[3]{x^2}}{\sqrt{x^5}}$; (4) $y=x^{-2/3}$.

5. 求下列曲线在指定点处的切线方程和法线方程.

(1) $y=\mathrm{e}^x$ 在点(0,1)处；　　(2) $y=\dfrac{1}{x}$在点(1,1)处.

6. 设曲线方程为 $y=x^{\frac{3}{2}}$,试求：

(1) 曲线在点(4,8)处的切线方程和法线方程；

(2) 求曲线的切线,使它与直线 $6x-y=5$ 平行.

7. 设 $f(x)$为偶函数,且在点 $x=0$ 可导,证明 $f'(0)=0$.

8. 证明：

(1) 可导奇函数的导函数是偶函数；

(2) 可导偶函数的导函数是奇函数；

(3) 可导周期函数的导函数仍为周期函数.

9. 讨论下列函数在 $x=0$ 处的连续性和可导性.

(1) $f(x)=\begin{cases} x\cos\dfrac{1}{x}, & x\neq 0, \\ 0, & x=0; \end{cases}$　　(2) $y=|\sin x|$；

(3) $f(x)=\begin{cases} \dfrac{1-\cos x}{x}, & x\neq 0, \\ 0, & x=0; \end{cases}$　　(4) $f(x)=\begin{cases} x^2, & x\geqslant 0, \\ -x, & x<0. \end{cases}$

10. 证明:双曲线 $xy=a^2(a>0)$上任一点处切线与两坐标轴构成的三角形的面积等于常数 $2a^2$.

第二节　求导法则

求导运算是微分学的基本运算之一.第一节中用定义求导的过程很烦杂,对多数函数而言又十分困难.鉴于此,本节讨论函数求导的运算法则.利用这些法则,可以较简便地求出初等函数的导数.

一、导数的四则运算

设函数 $u(x)$,$v(x)$在点 x 处可导,则有

(1) $[u(x)\pm v(x)]'=u'(x)\pm v'(x)$.

(2) $[u(x)v(x)]'=u'(x)v(x)+u(x)v'(x)$；

特别地,当 $u(x)=C$ 时,$[Cv(x)]'=Cv'(x)$,C 为常数.

(3) $\left[\dfrac{u(x)}{v(x)}\right]'=\dfrac{u'(x)v(x)-u(x)v'(x)}{v^2(x)}$,$v(x)\neq 0$；

特别地,当 $u(x)\equiv 1$ 时,$\left[\dfrac{1}{v(x)}\right]'=-\dfrac{v'(x)}{v^2(x)}$.

上述运算通常称为导数的四则运算法则.

证 (1) $[u(x)+v(x)]'=\lim\limits_{\Delta x\to 0}\dfrac{[u(x+\Delta x)+v(x+\Delta x)]-[u(x)+v(x)]}{\Delta x}$

$$=\lim_{\Delta x\to 0}\frac{u(x+\Delta x)-u(x)}{\Delta x}+\lim_{\Delta x\to 0}\frac{v(x+\Delta x)-v(x)}{\Delta x}$$

$$=u'(x)+v'(x).$$

同理可证:$[u(x)-v(x)]'=u'(x)-v'(x)$.

(2) $[u(x)v(x)]'=\lim\limits_{\Delta x\to 0}\dfrac{u(x+\Delta x)v(x+\Delta x)-u(x)v(x)}{\Delta x}$

$$=\lim_{\Delta x\to 0}\frac{u(x+\Delta x)v(x+\Delta x)-u(x)v(x+\Delta x)+u(x)v(x+\Delta x)-u(x)v(x)}{\Delta x}$$

$$=\lim_{\Delta x\to 0}\frac{u(x+\Delta x)-u(x)}{\Delta x}v(x+\Delta x)+\lim_{\Delta x\to 0}\frac{v(x+\Delta x)-v(x)}{\Delta x}u(x)$$

$$=u'(x)v(x)+u(x)v'(x).$$

(3) $\left[\dfrac{u(x)}{v(x)}\right]'=\lim\limits_{\Delta x\to 0}\dfrac{1}{\Delta x}\left[\dfrac{u(x+\Delta x)}{v(x+\Delta x)}-\dfrac{u(x)}{v(x)}\right]$

$$=\lim_{\Delta x\to 0}\frac{1}{\Delta x}\frac{u(x+\Delta x)v(x)-u(x)v(x+\Delta x)}{v(x+\Delta x)v(x)}$$

$$=\lim_{\Delta x\to 0}\frac{1}{\Delta x}\frac{[u(x+\Delta x)v(x)-u(x)v(x)]-[u(x)v(x+\Delta x)-u(x)v(x)]}{v(x+\Delta x)v(x)}$$

$$=\lim_{\Delta x\to 0}\frac{1}{v(x+\Delta x)v(x)}\frac{u(x+\Delta x)-u(x)}{\Delta x}v(x)$$

$$-\lim_{\Delta x\to 0}\frac{1}{v(x+\Delta x)v(x)}\frac{v(x+\Delta x)-v(x)}{\Delta x}u(x)$$

$$=\frac{u'(x)v(x)-u(x)v'(x)}{v^2(x)}.$$

上述的证明过程应用了极限运算法则及 $v(x)$在点 x 处的连续性〔因为 $v(x)$在点 x 处可导〕.

导数四则运算法则中的(1)、(2)可推广到任意有限个可导函数的情形,即若 $u(x)$,$v(x)$,$\omega(x)$在点 x 处可导,则

$$[u(x)+v(x)+\omega(x)]'=u'(x)+v'(x)+\omega'(x),$$

$$[u(x)v(x)w(x)]'=u'(x)v(x)w(x)+u(x)v'(x)w(x)+w'(x)u(x)v(x).$$

例 1 设 $y=7\sqrt{x}+2^x+3$,求 y'.

解 $y'=(7\sqrt{x})'+(2^x)'+3'$

$$=7(\sqrt{x})'+2^x\ln 2+0=\frac{7}{2\sqrt{x}}+2^x\ln 2.$$

例 2 设 $y=x^2\sin x$,求 $y'\left(\dfrac{\pi}{2}\right)$.

解　$y'=(x^2)'\sin x+x^2(\sin x)'=2x\sin x+x^2\cos x$，则

$$y'\left(\frac{\pi}{2}\right)=2\,\frac{\pi}{2}\sin\frac{\pi}{2}+\left(\frac{\pi}{2}\right)^2\cos\frac{\pi}{2}=\pi.$$

例 3　设 $y=\tan x$，求 y'.

解　$y'=(\tan x)'=\left(\dfrac{\sin x}{\cos x}\right)'=\dfrac{(\sin x)'\cos x-\sin x(\cos x)'}{\cos^2 x}$

$$=\frac{\cos^2 x+\sin^2 x}{\cos^2 x}=\frac{1}{\cos^2 x}=\sec^2 x,$$

即

$$(\tan x)'=\sec^2 x.$$

用同样方法可得

$$(\cot x)'=-\csc^2 x.$$

例 4　设 $y=\sec x$，求 y'.

解　$y'=\left(\dfrac{1}{\cos x}\right)'=-\dfrac{(\cos x)'}{\cos^2 x}=-\dfrac{-\sin x}{\cos^2 x}=\sec x\tan x$，即

$$(\sec x)'=\sec x\tan x.$$

同理可得：$(\csc x)'=-\csc x\cot x$.

例 5　设 $y=xe^x+\dfrac{\tan x}{x}$，求 y'.

解　$y'=(xe^x)'+\left(\dfrac{\tan x}{x}\right)'$

$$=x'e^x+x(e^x)'+\frac{(\tan x)'x-x'\tan x}{x^2}$$

$$=(x+1)e^x+\frac{x\sec^2 x-\tan x}{x^2}.$$

二、反函数的求导法则

定理 1　设函数 $y=f(x)$ 在点 x 的某邻域内连续且严格单调，且在点 x 可导，导函数不为零，则它的反函数 $x=\varphi(y)$ 在点 y ($y=f(x)$) 可导，且

$$\varphi'(y)=\frac{1}{f'(x)}.$$

证　因为函数 $y=f(x)$ 在 x 的某邻域内连续且严格单调，则在该邻域内存在反函数 $x=\varphi(y)$，并且 $x=\varphi(y)$ 连续.

记 $\Delta x=\varphi(y+\Delta y)-\varphi(y)$；$\Delta y=f(x+\Delta x)-f(x)$.

则当 $\Delta y\to 0$ 时，$\Delta x\to 0$. 于是

$$\lim_{\Delta x\to 0}\frac{\Delta x}{\Delta y}=\lim_{\Delta x\to 0}\frac{1}{\dfrac{\Delta y}{\Delta x}}=\frac{1}{f'(x)},$$

所以,$x=\varphi(y)$在点 y 可导,且其导函数为

$$\varphi'(y)=\frac{1}{f'(x)},$$

即反函数的导函数是其原函数导数的倒数.

例 6 设 $y=\log_a x(a>0,a\neq 1)$,求 y'.

解 对数函数 $y=\log_a x$ 是指数函数 $x=a^y$ 的反函数,满足定理 1 的条件. 已知$(a^y)'=a^y\ln a\neq 0$,所以

$$(\log_a x)'=\frac{1}{(a^y)'}=\frac{1}{a^y\ln a}=\frac{1}{x\ln a},$$

即

$$(\log_a x)'=\frac{1}{x\ln a}.$$

特别地,$(\ln x)'=\frac{1}{x}$.

例 7 设 $y=\arcsin x$,求 y'.

解 因为 $y=\arcsin x$ 在$(-1,1)$上存在反函数 $x=\sin y,y\in\left(-\frac{\pi}{2},\frac{\pi}{2}\right)$,且 $x=\sin y$ 严格单调,导函数

$$(\sin y)'=\cos y\neq 0,$$

所以

$$(\arcsin x)'=\frac{1}{(\sin y)'}=\frac{1}{\cos y}=\frac{1}{\sqrt{1-\sin^2 y}}=\frac{1}{\sqrt{1-x^2}},$$

即

$$(\arcsin x)'=\frac{1}{\sqrt{1-x^2}}.$$

用同样的方法可得

$$(\arccos x)'=-\frac{1}{\sqrt{1-x^2}}.$$

例 8 设 $y=\arctan x$,求 y'.

解 $y=\arctan x$ 在$(-\infty,\infty)$上存在反函数 $x=\tan y,y\in\left(-\frac{\pi}{2},\frac{\pi}{2}\right)$,满足定理 1 的条件,所以

$$(\arctan x)'=\frac{1}{(\tan y)'}=\frac{1}{\sec^2 y}=\frac{1}{1+\tan^2 y}=\frac{1}{1+x^2},$$

即

$$(\arctan x)'=\frac{1}{1+x^2}.$$

用同样的方法可得

$$(\operatorname{arccot} x)'=-\frac{1}{1+x^2}.$$

三、复合函数的求导法则

前面求出了一些基本初等函数的导数，而实际遇到的大多数函数是由基本初等函数复合而成的复合函数. 下面介绍求导运算中的一个重要法则，利用它可以求出许多复合函数的导函数.

定理 2（复合函数求导法则）　若函数 $y=f(u)$ 在点 u 可导，函数 $u=\varphi(x)$ 在点 x 可导，则复合函数 $y=f[\varphi(x)]$ 在点 x 可导，且

$$\{f[\varphi(x)]\}'=f'(u)\varphi'(x)$$

或

$$\frac{\mathrm{d}y}{\mathrm{d}x}=\frac{\mathrm{d}y}{\mathrm{d}u}\frac{\mathrm{d}u}{\mathrm{d}x}.$$

证　因为 $y=f(u)$ 在点 u 可导，由导数的定义得

$$\lim_{\Delta u\to 0}\frac{\Delta y}{\Delta u}=f'(u)\quad(\Delta u\neq 0),$$

即

$$\frac{\Delta y}{\Delta u}=f'(u)+\alpha,$$

其中 $\lim\limits_{\Delta u\to 0}\alpha=0$. 此时有

$$\Delta y=f'(u)\Delta u+\alpha\Delta u.$$

当 $\Delta u=0$ 时，$\Delta y=f(u+\Delta u)-f(u)=0$，上式仍然成立，于是

$$\begin{aligned}\frac{\mathrm{d}y}{\mathrm{d}x}&=\lim_{\Delta x\to 0}\frac{\Delta y}{\Delta x}=\lim_{\Delta x\to 0}\frac{f'(u)\Delta u+\alpha\Delta u}{\Delta x}\\&=f'(u)\lim_{\Delta x\to 0}\frac{\Delta u}{\Delta x}+\alpha\lim_{\Delta x\to 0}\frac{\Delta u}{\Delta x}.\end{aligned}$$

因为 $u=\varphi(x)$ 在点 x 可导，故在点 x 连续. 于是，当 $\Delta x\to 0$ 时，有 $\Delta u\to 0$，且 $\lim\limits_{\Delta x\to 0}\alpha=\lim\limits_{\Delta u\to 0}\alpha=0$. 所以

$$\frac{\mathrm{d}y}{\mathrm{d}x}=f'(u)u'(x)=\frac{\mathrm{d}y}{\mathrm{d}u}\frac{\mathrm{d}u}{\mathrm{d}x}.$$

上述求导法则又称作链导法则，它表示：复合函数 y 对自变量 x 的导数等于函数 y 对中间变量 u 的导数与中间变量 u 对自变量 x 的导数的乘积. 此法则可推广到多重复合函数的情形.

设 $v=v(x)$ 在点 x 可导，$u=u(v)$ 在点 v 可导，$y=f(u)$ 在对应点 u 可导，则复合函数 $y=f\{u[v(x)]\}$ 在点 x 可导，且

$$\frac{dy}{dx}=\frac{dy}{du}\frac{du}{dv}\frac{dv}{dx}.$$

例 9 设 $y=\sqrt{1+x^2}$,求$\frac{dy}{dx}$.

解 令 $u=1+x^2$,则 $y=\sqrt{u}$,所以

$$\frac{dy}{dx}=\frac{dy}{du}\frac{du}{dx}=\frac{1}{2\sqrt{u}}2x=\frac{x}{\sqrt{1+x^2}}.$$

例 10 设 $y=\ln\tan x$,求$\frac{dy}{dx}$.

解 令 $u=\tan x$,则 $y=\ln u$. 所以

$$\frac{dy}{dx}=\frac{dy}{du}\frac{du}{dx}=\frac{1}{u}\sec^2 x=\frac{1}{\tan x}\sec^2 x=2\csc 2x.$$

例 11 设 $y=\tan^3(\ln x)$,求$\frac{dy}{dx}$.

解 令 $v=\ln x, u=\tan v, y=u^3$,所以

$$\begin{aligned}\frac{dy}{dx}&=\frac{dy}{du}\frac{du}{dv}\frac{dv}{dx}=3u^2\sec^2 v\,\frac{1}{x}\\&=3\tan^2(\ln x)\sec^2(\ln x)\frac{1}{x}=\frac{3\tan^2(\ln x)}{x\cos^2(\ln x)}.\end{aligned}$$

在熟练掌握了复合函数的链导法则后,可不必把中间变量写出来,只要分析清楚函数的复合关系就可直接求出复合函数对自变量的导数.

例 12 设 $y=e^{\sin^2\frac{1}{x}}$,求$\frac{dy}{dx}$.

解
$$\begin{aligned}\frac{dy}{dx}&=e^{\sin^2\frac{1}{x}}\left(\sin^2\frac{1}{x}\right)'=e^{\sin^2\frac{1}{x}}2\sin\frac{1}{x}\left(\sin\frac{1}{x}\right)'\\&=e^{\sin^2\frac{1}{x}}2\sin\frac{1}{x}\cos\frac{1}{x}\left(\frac{1}{x}\right)'=e^{\sin^2\frac{1}{x}}2\sin\frac{1}{x}\cos\frac{1}{x}\left(-\frac{1}{x^2}\right)\\&=-\frac{1}{x^2}e^{\sin^2\frac{1}{x}}\sin\frac{2}{x}.\end{aligned}$$

遇到多重复合函数的求导时,要毫无遗漏地逐次应用链导法则,由表及里,逐步求导,然后化简.

例 13 求双曲函数的导数.

解 $(\operatorname{sh} x)'=\left(\frac{e^x-e^{-x}}{2}\right)'=\frac{e^x+e^{-x}}{2}=\operatorname{ch} x$;

$(\operatorname{ch} x)'=\left(\frac{e^x+e^{-x}}{2}\right)'=\frac{e^x-e^{-x}}{2}=\operatorname{sh} x$;

$(\operatorname{th} x)'=\left(\frac{\operatorname{sh} x}{\operatorname{ch} x}\right)'=\frac{\operatorname{ch}^2 x-\operatorname{sh}^2 x}{\operatorname{ch}^2 x}=\frac{1}{\operatorname{ch}^2 x}$;

$(\text{cth}\,x)'=\left(\dfrac{\text{ch}\,x}{\text{sh}\,x}\right)'=\dfrac{\text{sh}^2x-\text{ch}^2x}{\text{sh}^2x}=-\dfrac{1}{\text{sh}^2x}.$

反双曲函数的导数：

$(\text{arcsh}\,x)'=\left[\ln(x+\sqrt{x^2+1})\right]'=\dfrac{1}{\sqrt{x^2+1}};$

$(\text{arcch}\,x)'=\left[\ln(x+\sqrt{x^2-1})\right]'=\dfrac{1}{\sqrt{x^2-1}};$

$(\text{arcth}\,x)'=\left(\dfrac{1}{2}\ln\dfrac{1+x}{1-x}\right)'=\dfrac{1}{1-x^2}.$

例 14　设 $y=\ln|x|$，求$\dfrac{dy}{dx}$.

解　$y=\begin{cases}\ln x, & x>0,\\ \ln(-x), & x<0,\end{cases}$ 则

当 $x>0$ 时，$\dfrac{dy}{dx}=(\ln x)'=\dfrac{1}{x}$；当 $x<0$ 时，$\dfrac{dy}{dx}=[\ln(-x)]'=\dfrac{-1}{-x}=\dfrac{1}{x}$.

即

$$(\ln|x|)'=\frac{1}{x}(x\neq 0).$$

例 15　设 $f(x)=\begin{cases}|x|\arctan\dfrac{1}{x}, & x\neq 0,\\ 0, & x=0,\end{cases}$ 则

(1) 求 $f'(x)$；(2) 讨论 $f'(x)$在$(-\infty,\infty)$的连续性.

解　(1) 因为$\lim\limits_{x\to 0}|x|\arctan\dfrac{1}{x}=0=f(0)$，所以 $f(x)$在 $x=0$ 连续.

当 $x\neq 0$ 时，$f'(x)=\left(|x|\arctan\dfrac{1}{x}\right)'$

$$=\frac{|x|}{x}\arctan\frac{1}{x}+|x|\frac{1}{1+\left(\frac{1}{x}\right)^2}\left(-\frac{1}{x^2}\right)$$

$$=\frac{|x|}{x}\arctan\frac{1}{x}-\frac{|x|}{x^2+1}.$$

当 $x=0$ 时，

$$f'_+(0)=\lim_{x\to 0^+}\frac{f(x)-f(0)}{x}=\lim_{x\to 0^+}\frac{x\arctan\frac{1}{x}-0}{x}=\frac{\pi}{2},$$

$$f'_-(0)=\lim_{x\to 0^-}\frac{f(x)-f(0)}{x}=\lim_{x\to 0^-}\frac{-x\arctan\frac{1}{x}-0}{x}=-\left(-\frac{\pi}{2}\right)=\frac{\pi}{2},$$

即左右导数存在且相等,所以 $f(x)$ 在 $x=0$ 处可导,且 $f'(0)=\frac{\pi}{2}$. 于是

$$f'(x)=\begin{cases}\frac{|x|}{x}\arctan\frac{1}{x}-\frac{|x|}{x^2+1}, & x\neq 0,\\ \frac{\pi}{2}, & x=0.\end{cases}$$

(2) 现在考虑 $f'(x)$ 在 $x=0$ 处的连续性. 先考察其在 $x=0$ 处的左、右极限.

$$\begin{aligned}\lim_{x\to 0^+}f'(x)&=\lim_{x\to 0^+}\left(\arctan\frac{1}{x}-\frac{x}{x^2+1}\right)\\&=\lim_{x\to 0^+}\arctan\frac{1}{x}-\lim_{x\to 0^+}\frac{x}{x^2+1}=\frac{\pi}{2},\\ \lim_{x\to 0^-}f'(x)&=\lim_{x\to 0^-}\left(-\arctan\frac{1}{x}+\frac{x}{x^2+1}\right)\\&=-\left(-\frac{\pi}{2}\right)+0=\frac{\pi}{2},\end{aligned}$$

即 $f'(x)$ 在 $x=0$ 处的左、右极限存在且相等,所以 $f'(x)$ 在 $x=0$ 处连续. 因此,$f'(x)$ 在 $(-\infty,\infty)$ 上连续.

在讨论了初等函数的求导公式和求导法则之后,为了使用方便,归纳如下:

1. 导数的基本公式

(1) $(C)'=0$(C 为常数);

(2) $(x^\alpha)'=\alpha x^{\alpha-1}$;

(3) $(a^x)'=a^x\ln a$, $(\mathrm{e}^x)'=\mathrm{e}^x$;

(4) $(\log_a x)'=\frac{1}{x\ln a}$, $(\ln x)'=\frac{1}{x}$;

(5) $(\sin x)'=\cos x$;

(6) $(\cos x)'=-\sin x$;

(7) $(\tan x)'=\sec^2 x$;

(8) $(\cot x)'=-\csc^2 x$;

(9) $(\sec x)'=\sec x\tan x$;

(10) $(\csc x)'=-\csc x\cot x$;

(11) $(\arcsin x)'=\frac{1}{\sqrt{1-x^2}}$;

(12) $(\arccos x)'=-\frac{1}{\sqrt{1-x^2}}$;

(13) $(\arctan x)'=\frac{1}{1+x^2}$;

(14) $(\operatorname{arccot} x)'=-\dfrac{1}{1+x^2}$；

(15) $(\operatorname{sh} x)'=\operatorname{ch} x,(\operatorname{ch} x)'=\operatorname{sh} x$；

(16) $(\operatorname{th} x)'=\dfrac{1}{\operatorname{ch}^2 x},(\operatorname{cth} x)'=-\dfrac{1}{\operatorname{sh}^2 x}$；

(17) $(\operatorname{arcsh} x)'=\dfrac{1}{\sqrt{x^2+1}},(\operatorname{arcch} x)'=\dfrac{1}{\sqrt{x^2-1}}$；

(18) $(\operatorname{arcth} x)'=\dfrac{1}{1-x^2}$.

2. 导数的四则运算法则

设函数 $u=u(x),v=v(x)$ 可导，则有

(1) $[Cu]'=Cu'$（C 为常数）；

(2) $[u\pm v]'=u'\pm v'$；

(3) $[uv]'=u'v+uv'$；

(4) $\left[\dfrac{u}{v}\right]'=\dfrac{u'v-uv'}{v^2}(v\neq 0)$.

3. 复合函数的求导法则

设 $y=f(u)$ 关于 u 可导，$u=\varphi(x)$ 关于 x 可导，则复合函数 $y=f[\varphi(x)]$ 关于 x 可导，且

$$y'=f'(u)\varphi'(x) \quad 或 \quad \frac{\mathrm{d}y}{\mathrm{d}x}=\frac{\mathrm{d}y}{\mathrm{d}u}\frac{\mathrm{d}u}{\mathrm{d}x}.$$

习题 2-2

1. 求下列函数的导数.

(1) $y=2x^{100}-7\sqrt{x}+2$；

(2) $y=x\mathrm{e}^x+2\cos x-\dfrac{1}{x}$；

(3) $y=\dfrac{x}{1-\cos x}$；

(4) $y=x\arcsin x+3\cot x-6$；

(5) $y=(3x^2+2x-1)\sin x$；

(6) $y=\dfrac{x\ln x}{1+x}$；

(7) $y=\dfrac{x+\tan x}{4^x}$；

(8) $y=\dfrac{1}{1+\sqrt{t}}-\dfrac{1}{1-\sqrt{t}}$；

(9) $y=\dfrac{\ln x}{x}$；

(10) $y=\mathrm{e}^x\ln x\arctan x$；

(11) $y=\dfrac{2\csc x}{1+x^2}$；

(12) $y=\dfrac{2\ln x+x^3}{3\ln x+x^2}$.

2. 求下列函数的导数.

(1) $y=10^{nx}+(\log_2 x)^n$;

(2) $y=(1+\sin 2x)^4$;

(3) $y=\mathrm{e}^{-x^2+2x+1}$;

(4) $y=\sin(\arctan x)$;

(5) $y=\ln(\sec x+\tan x)$;

(6) $y=x\arcsin\sqrt{x}$;

(7) $y=\cos\dfrac{\arcsin x}{2}$;

(8) $y=\ln\ln\ln x$;

(9) $y=\arctan\dfrac{x+1}{x-1}$;

(10) $y=\mathrm{e}^{-x^2}\cos(\mathrm{e}^{-2x})$;

(11) $y=\arccos\sqrt{\dfrac{1-x}{1+x}}$;

(12) $y=\ln(\mathrm{e}^x+\sqrt{1+\mathrm{e}^{2x}})$;

(13) $y=\sqrt{1+\tan\left(x+\dfrac{1}{x}\right)}$;

(14) $y=\sin\dfrac{1}{x}\mathrm{e}^{\tan\frac{1}{x}}$;

(15) $y=\sqrt{x+\sqrt{x+\sqrt{x}}}$;

(16) $y=\ln|\tan x|$;

(17) $y=\mathrm{sh}^3 x+\mathrm{ch}^2 x$;

(18) $y=\dfrac{1}{2}\arctan\dfrac{2}{1-x^2}$;

(19) $y=\sqrt[3]{\ln\arcsin x}$;

(20) $y=x\sqrt{a^2-x^2}+a^2\arcsin\dfrac{x}{a}$;

(21) $y=\arctan\dfrac{4\sin x}{3+5\cos x}$;

(22) $y=\dfrac{1}{3}\ln\dfrac{x+1}{\sqrt{x^2-x+1}}+\dfrac{1}{\sqrt{3}}\arctan\dfrac{2x-1}{\sqrt{3}}$;

(23) $y=\ln\dfrac{1+\sqrt{2}x+x^2}{1-\sqrt{2}x+x^2}+2\arctan\dfrac{\sqrt{2}x}{1-x^2}$.

3. 求下列导数.

(1) $f(x)=\dfrac{1}{x+2}+\dfrac{1}{x^2+1}$,求 $f'(0)$,$f'(-1)$和 $f'(1)$;

(2) $f(x)=x(x-1)(x-2)\cdots(x-2013)$,求 $f'(0)$和 $f'(1)$;

(3) $f(x)=\dfrac{x}{1-x^2}$,求 $f'(2)$,$f'(0)$和 $f'(\sin t)$.

4. 设 $f(x)$,$g(x)$可导,求函数 y 的导数.

(1) $y=\sqrt{f^2(x)+g^2(x)}$, $f^2(x)+g^2(x)\neq 0$;

(2) $y=\arctan\dfrac{f(x)}{g(x)}$, $g(x)\neq 0$;

(3) $y=\log_{f(x)}g(x)$, $f(x)>0$,$g(x)>0$.

5. 设 $f(x)$关于 x 可导,求$\dfrac{\mathrm{d}y}{\mathrm{d}x}$.

(1) $y=f(x^2)$;

(2) $y=f(\sin^2 x)+f(\cos^2 x)$;

(3) $y=f(\mathrm{e}^x)\mathrm{e}^{f(x)}$;

(4) $y=f\{f[f(x)]\}$.

6. 设 $f(x)=\begin{cases} x^{\alpha}\sin\dfrac{1}{x}, & x\neq 0, \\ 0, & x=0, \end{cases}$ 问 α 为何值时，$f(x)$ 在 $x=0$ 点满足：(1)连续；(2)可导；(3)导函数连续.

7. 确定 a,b 的值，使函数

$$f(x)=\begin{cases} ax+b, & x>1 \\ x^{3}, & x\leqslant 1 \end{cases}$$

在 $(-\infty,+\infty)$ 上连续、可导，并求出 $f'(1)$.

第三节　高阶导数

对于 $y=f(x)$ 的导函数 $f'(x)$，它仍然是 x 的函数，可以继续讨论它的可导性. 若 $f'(x)$ 对 x 仍可导，则称其导函数为 $y=f(x)$ 的二阶导数，记作

$$f''(x),\quad y'',\quad \frac{\mathrm{d}^2 y}{\mathrm{d}x^2}\quad 或\quad \frac{\mathrm{d}^2 f(x)}{\mathrm{d}x^2},$$

即

$$[f'(x)]'=f''(x),\quad (y')'=y'',$$

$$\frac{\mathrm{d}}{\mathrm{d}x}\left(\frac{\mathrm{d}y}{\mathrm{d}x}\right)=\frac{\mathrm{d}^2 y}{\mathrm{d}x^2},\quad \frac{\mathrm{d}}{\mathrm{d}x}\left(\frac{\mathrm{d}f(x)}{\mathrm{d}x}\right)=\frac{\mathrm{d}^2 f(x)}{\mathrm{d}x^2}.$$

若用定义表示 $y=f(x)$ 在 x_0 的二阶导数，则有

$$f''(x_0)=\lim_{x\to x_0}\frac{f'(x)-f'(x_0)}{x-x_0}$$

或

$$f''(x_0)=\lim_{\Delta x\to 0}\frac{f'(x_0+\Delta x)-f'(x_0)}{\Delta x}.$$

如果对 $f''(x)$ 关于 x 再求导，如果导数存在，称这个导数为 $y=f(x)$ 的三阶导数，记作

$$[f''(x)]'=f'''(x),\quad (y'')'=y'''\quad 或\quad \frac{\mathrm{d}}{\mathrm{d}x}\left(\frac{\mathrm{d}^2 y}{\mathrm{d}x^2}\right)=\frac{\mathrm{d}^3 y}{\mathrm{d}x^3}.$$

一般而言，$y=f(x)$ 的 n 阶导数为

$$[f^{(n-1)}(x)]'=f^{(n)}(x),\quad [y^{(n-1)}]'=y^{(n)},$$

也记作

$$\frac{\mathrm{d}^n y}{\mathrm{d}x^n}\quad 或\quad \frac{\mathrm{d}^n f(x)}{\mathrm{d}x^n}.$$

二阶或二阶以上的导数统称为**高阶导数**. 由于初等函数的导函数仍为初等函数，所以求高阶导数就是反复利用前面所讲的求导法则和求导公式.

若函数 $f(x)$ 在区间 (a,b) 内存在 n 阶导数，且 $f^{(n)}(x)$ 在 (a,b) 内连续，则记为 $f(x)\in C^{(n)}(a,b)$.

下面说明二阶导数的物理意义.已知变速直线运动物体的位移函数 $s=s(t)$,则 t 时刻的瞬时速度 $v(t)=\frac{\mathrm{d}s}{\mathrm{d}t}$,即位移对时间 t 的变化率;又由运动学知,此时运动的瞬时加速度应为瞬时速度 $v(t)$ 对时间 t 的变化率,即

$$a(t)=\frac{\mathrm{d}v(t)}{\mathrm{d}t}=\frac{\mathrm{d}}{\mathrm{d}t}\left(\frac{\mathrm{d}s}{\mathrm{d}t}\right)=\frac{\mathrm{d}^2 s}{\mathrm{d}t^2},$$

也就是说瞬时加速度为位移函数 $s(t)$ 的二阶导数.

例 1 设 $y=\mathrm{e}^{-\frac{1}{x^2}}$,求 y'',y'''.

解 因 $y'=\frac{2}{x^3}\mathrm{e}^{-\frac{1}{x^2}}$,则

$$y''=(y')'=\left(\frac{2}{x^3}\mathrm{e}^{-\frac{1}{x^2}}\right)'=-\frac{6}{x^4}\mathrm{e}^{-\frac{1}{x^2}}+\frac{2}{x^3}\left[\frac{2}{x^3}\mathrm{e}^{-\frac{1}{x^2}}\right]=\left(\frac{4}{x^6}-\frac{6}{x^4}\right)\mathrm{e}^{-\frac{1}{x^2}}$$

$$y'''=(y'')'=\left[\left(\frac{4}{x^6}-\frac{6}{x^4}\right)\mathrm{e}^{-\frac{1}{x^2}}\right]'=\left(\frac{8}{x^9}-\frac{36}{x^7}+\frac{24}{x^5}\right)\mathrm{e}^{-\frac{1}{x^2}}.$$

例 2 求 n 次多项式 $P_n(x)=a_0x^n+a_1x^{n-1}+\cdots+a_n$ 的各阶导数.

解 易知 $$P_n'(x)=na_0x^{n-1}+(n-1)a_1x^{n-2}+\cdots+a_{n-1},$$

$$P_n''(x)=[P_n'(x)]'=n(n-1)a_0x^{n-2}+(n-1)(n-2)a_1x^{n-3}+\cdots+2a_{n-2}.$$

每求一次导数,多项式的次数就降低一次,因此可知,$P_n(x)$ 的 k 阶导数为:

(1) $k\leqslant n$ 时

$P_n^{(k)}(x)=n(n-1)\cdots(n-k+1)a_0x^{n-k}+(n-1)(n-2)\cdots(n-k)a_1x^{n-k-1}+\cdots+(k-1)!a_{n-k+1}x+k!\ a_{n-k}$.

(2) $k\geqslant n+1$ 时

$$P_n^{(k)}(x)\equiv 0,$$

特别地

$$P_n^{(n)}(x)=n!a_0.$$

例 3 设 $y=\sin x$, 求 $y^{(n)}$.

解 反复利用三角函数的恒等式 $\cos x=\sin\left(x+\frac{\pi}{2}\right)$,

有

$$y'=(\sin x)'=\cos x=\sin\left(x+\frac{\pi}{2}\right),$$

$$y''=\left[\sin\left(x+\frac{\pi}{2}\right)\right]'=\cos\left(x+\frac{\pi}{2}\right)=\sin\left(x+2\times\frac{\pi}{2}\right),$$

$$y'''=\left[\sin\left(x+2\times\frac{\pi}{2}\right)\right]'=\cos\left(x+2\times\frac{\pi}{2}\right)=\sin\left(x+3\times\frac{\pi}{2}\right),$$

$$\vdots$$

$$y^{(n)}=\sin\left(x+n\,\frac{\pi}{2}\right).$$

一般而言,用数学归纳法可以证明如下常见函数的高阶导数公式:

(1) $(x^n)^{(n)}=n!$;

(2) $(a^x)^{(n)}=(\ln a)^n a^x$, $(\mathrm{e}^x)^{(n)}=\mathrm{e}^x$;

(3) $(\sin x)^{(n)}=\sin\left(x+n\dfrac{\pi}{2}\right)$;

(4) $(\cos x)^{(n)}=\cos\left(x+n\dfrac{\pi}{2}\right)$;

(5) $[(1+x)^\alpha]^{(n)}=\alpha(\alpha-1)\cdots(\alpha-n+1)(1+x)^{\alpha-n}$.

求函数的高阶导数有下列运算法则.

设 $u=u(x)$, $v=v(x)$ 皆 n 阶可导,则如下的四则运算法则成立:

(1) $[u(x)\pm v(x)]^{(n)}=u^{(n)}(x)\pm v^{(n)}(x)$;

(2) $[Cu(x)]^{(n)}=Cu^{(n)}(x)$, C 为常数;

(3) 莱布尼茨(Leibniz)公式

$$\begin{aligned}(uv)^{(n)} &= u^{(n)}v^{(0)}+nu^{(n-1)}v'+\frac{n(n-1)}{2!}u^{(n-2)}v''+\cdots\\ &\quad+\frac{n(n-1)\cdots(n-k+1)}{k!}u^{(n-k)}v^{(k)}+\cdots+u^{(0)}v^{(n)}\\ &=\sum_{k=0}^{n}C_n^k u^{(n-k)}v^{(k)},\end{aligned}$$

其中 $u^{(0)}=u$, $v^{(0)}=v$.

只证明(3),用数学归纳法证明如下:

当 $n=1$ 时, $(uv)'=u'v^{(0)}+u^{(0)}v'=u'v+uv'$.

设当 $n=k$ 时公式成立,即

$$(uv)^{(k)}=u^{(k)}v^{(0)}+ku^{(k-1)}v'+\frac{k(k-1)}{2!}u^{(k-2)}v''+\cdots+u^{(0)}v^{(k)},$$

则当 $n=k+1$ 时,对上式关于 x 再求导一次,于是有

$$\begin{aligned}(uv)^{(k+1)}&=[(uv)^{(k)}]'\\ &=[u^{(k+1)}v^{(0)}+u^{(k)}v']+k[u^{(k)}v'+u^{(k-1)}v'']\\ &\quad+\frac{k(k-1)}{2!}[u^{k-1}v''+u^{(k-2)}v''']+\cdots+[u'v^{(k)}+u^{(0)}v^{(k+1)}]\\ &=u^{(k+1)}v^{(0)}+(k+1)u^{(k)}v'+\frac{(k+1)k}{2!}u^{(k-1)}v''+\cdots+u^{(0)}v^{(k+1)},\end{aligned}$$

因此高阶求导公式对任何自然数 n 成立.

例 4　设 $y=x^2\sin x$,求 $y^{(100)}$.

解　取 $u=\sin x$, $v=x^2$,则

$$u^{(n)}=\sin\left(x+\frac{n\pi}{2}\right),$$

$$v'=2x,\ v''=2,v^{(n)}\equiv 0(\text{当 } n\geqslant 3 \text{ 时}).$$

由莱布尼茨公式得

$$\begin{aligned}y^{(100)}=(x^2\sin x)^{(100)}&=\sin\left(x+100\times\frac{\pi}{2}\right)\times x^2\\&\quad+100\sin\left(x+99\times\frac{\pi}{2}\right)2x+\frac{100\times 99}{2!}\sin\left(x+99\times\frac{\pi}{2}\right)\times 2\\&=x^2\sin x-200x\cos x-9900\sin x.\end{aligned}$$

例 5 设 $y=\arctan x$,求 $y^{(n)}(0)$.

解

$$y^{(0)}(0)=y(0)=0.$$

由 $y'=\dfrac{1}{1+x^2}$ 知 $(1+x^2)y'=1$,且

$$y'(0)=1.$$

又 $y''=\dfrac{-2x}{(1+x^2)^2}$,得

$$y''(0)=0.$$

现对等式 $(1+x^2)y'=1$ 两边同时求 n 阶导数,由莱布尼茨公式,则当 $n>1$ 时

$$[(1+x^2)y']^{(n)}=C_n^0y^{(n+1)}(1+x^2)+C_n^1y^{(n)}(1+x^2)'+C_n^2(1+x^2)''=0,$$

即

$$(1+x^2)y^{(n+1)}+2nxy^{(n)}+n(n-1)y^{(n-1)}=0.$$

令 $x=0$,有

$$y^{(n+1)}(0)=-n(n-1)y^{(n-1)}(0),$$

于是递归得到

$$\begin{cases}y^{(2k)}(0)=0,\\y^{(2k+1)}(0)=(-1)^k(2k)!,\end{cases}k=0,1,2,\cdots.$$

习题 2-3

1. 求下列函数的二阶导数.

(1) $y=\sin ax+\cos bx$;

(2) $y=(1+x^2)\arctan x$;

(3) $y=x[\sin(\ln x)+\cos(\ln x)]$;

(4) $y=\ln(1-x^2)$;

(5) $y=xe^{x^2}$;

(6) $y=\arctan\dfrac{e^x-e^{-x}}{2}$;

(7) $y=\ln(x+\sqrt{1+x^2})$;

(8) $y=\dfrac{x}{\sqrt{1+x^2}}$.

2. 求下列函数的导数值.

(1) $f(x)=(x^2-1)e^x$,求 $f^{(24)}(1)$;

(2) $f(x)=(x^3+2)^{10}(x^9-x^4+x+1)$,求 $f^{(40)}(4)$;

(3) $f(x)=x^2\cos x$,求 $f^{(50)}(\pi)$;

(4) $f(x)=\arcsin x$,求 $f^{(n)}(0)$.

3. 试从$\frac{\mathrm{d}x}{\mathrm{d}y}=\frac{1}{y'}\left(y'=\frac{\mathrm{d}y}{\mathrm{d}x}\right)$导出:

(1) $\frac{\mathrm{d}^2x}{\mathrm{d}y^2}=-\frac{y''}{(y')^3}$;　　(2) $\frac{\mathrm{d}^3x}{\mathrm{d}y^3}=\frac{3(y'')^2-y'y'''}{(y')^5}$.

4. 设 $f(u)$二阶可导,求$\frac{\mathrm{d}^2y}{\mathrm{d}x^2}$.

(1) $y=f(x^2)$;　　(2) $y=f\left(\frac{1}{x}\right)$;

(3) $y=\ln[f(x)]$;　　(4) $y=\mathrm{e}^{-f(x)}$.

5. 求下列函数的 n 阶导数.

(1) $y=\frac{1-x}{1+x}$;　　(2) $y=x\mathrm{e}^x$;

(3) $y=\sin^2 x$;　　(4) $y=x\ln x$;

(5) $y=(x^2+2x+2)\mathrm{e}^{-x}$.

6. 设 $y=\sqrt{2x-x^2}$,证明:$y^3y''+1=0$.

7. 设 $y=\mathrm{e}^{\sqrt{x}}+\mathrm{e}^{-\sqrt{x}}$,证明:$xy''+\frac{1}{2}y'-\frac{1}{4}y=0$.

8. 设 $y=x^n[c_1\cos(\ln x)+c_2\sin(\ln x)]$,$c_1$,$c_2$ 为常数,证明:

$$x^2y''+(1-2n)xy'+(1+n^2)y=0.$$

第四节　隐函数及参数方程所表示的函数求导法

一、隐函数求导法则

前面讨论了函数 $y=f(x)$的求导方法,但有时函数关系是通过方程给出的,如

$$x+y^3=1,$$

解出其函数表达式为 $y=\sqrt[3]{1-x}$,称为显函数.若不解出 y,方程 $x+y^3=1$ 仍然隐含有上述函数关系,此时称函数关系 $y=y(x)$是隐函数.

一般来说,若函数 $y=f(x)$可使二元方程 $F(x,y)=0$ 成立,即 $F[x,f(x)]\equiv 0$,则称 $y=f(x)$是由方程 $F(x,y)=0$ 所确定的隐函数.

对一给定的方程 $F(x,y)=0$,要求出 $y=f(x)$并非易事,有时也没有必要,下面讨论由

$F(x,y)=0$ 所确定的隐函数 $y=f(x)$ 的求导问题.

例 1 求由方程 $e^y+xy-e=0$ 所确定的隐函数 y 的导数$\frac{dy}{dx}$及$\left.\frac{dy}{dx}\right|_{x=0}$.

解 方程两边对 x 求导,得

$$\frac{d}{dx}(e^y+xy-e)=0.$$

考虑到 $y=y(x)$,再由复合函数求导法,有

$$e^y\frac{dy}{dx}+y+x\frac{dy}{dx}=0,$$

解之得

$$\frac{dy}{dx}=-\frac{y}{x+e^y}\quad (x+e^y\neq 0).$$

当 $x=0$ 时,$y=1$,代入上式,得

$$\left.\frac{dy}{dx}\right|_{x=0}=-\frac{1}{e}.$$

例 2 求由方程 $x^2+y^2=1$ 所确定的隐函数 $y=y(x)$ 的导数$\frac{dy}{dx}$及二阶导数$\frac{d^2y}{dx^2}$.

解 方程两边对 x 求导,得

$$2x+2y\frac{dy}{dx}=0,$$

有

$$\frac{dy}{dx}=-\frac{x}{y}\quad (y\neq 0).$$

再对 x 求导,得

$$\frac{d^2y}{dx^2}=\frac{d}{dx}\left(-\frac{x}{y}\right)=-\frac{y-x\frac{dy}{dx}}{y^2}=-\frac{y-x\left(-\frac{x}{y}\right)}{y^2}=-\frac{1}{y^3}.$$

例 3 证明:过双曲线$\frac{x^2}{a^2}-\frac{y^2}{b^2}=1$ 上一点(x_0,y_0)的切线方程是$\frac{x_0}{a^2}x-\frac{y_0}{b^2}y=1$.

证 先求切点(x_0,y_0)的切线斜率 k,即由双曲线所确定的隐函数 $y=f(x)$ 在该点的导数值.

方程两边对 x 求导,得

$$\frac{2x}{a^2}-\frac{2yy'}{b^2}=0,$$

即

$$y'=\frac{b^2x}{a^2y},$$

所以,切点(x_0,y_0)处的切线斜率 $k=\frac{b^2x_0}{a^2y_0}$,切线方程为

$$y-y_0=\frac{b^2x_0}{a^2y_0}(x-x_0),$$

整理得

$$\frac{x_0}{a^2}x-\frac{y_0}{b^2}y=\frac{x_0^2}{a^2}-\frac{y_0^2}{b^2},$$

又(x_0,y_0)在双曲线上,所以所求切线方程为

$$\frac{x_0}{a^2}x-\frac{y_0}{b^2}y=1.$$

有些函数虽为显函数,但直接求导比较烦琐或是不易求导,这时可采用下述的对数求导法.

例 4　求幂指函数 $y=u(x)^{v(x)}$ 的导数$\frac{\mathrm{d}y}{\mathrm{d}x}(u(x)>0)$.

解　方程两边取对数,得

$$\ln y=v(x)\ln u(x),$$

此方程隐含函数关系 $y=y(x)$,两边对 x 求导,得

$$\frac{1}{y}\frac{\mathrm{d}y}{\mathrm{d}x}=v'(x)\ln u(x)+v(x)\frac{u'(x)}{u(x)},$$

所以

$$\begin{aligned}\frac{\mathrm{d}y}{\mathrm{d}x}&=\left[v'(x)\ln u(x)+v(x)\frac{u'(x)}{u(x)}\right]y\\&=\left[v'(x)\ln u(x)+v(x)\frac{u'(x)}{u(x)}\right]u(x)^{v(x)}.\end{aligned}$$

另外,此题也可化成复合函数 $y=\mathrm{e}^{v(x)\ln u(x)}$ 后求导,请读者用此方法验证上述结论.

特别地,取 $u(x)=v(x)=x$,则有

$$(x^x)'=x^x(\ln x+1)\quad(x>0).$$

例 5　设 $y=x^{\tan x}(x>0)$,求$\frac{\mathrm{d}y}{\mathrm{d}x}$.

解　两边取对数,得

$$\ln y=\tan x\ln x,$$

两边对 x 求导,得

$$\frac{1}{y}\frac{\mathrm{d}y}{\mathrm{d}x}=\sec^2x\ln x+\frac{1}{x}\tan x,$$

所以

$$\frac{\mathrm{d}y}{\mathrm{d}x}=x^{\tan x}\left(\sec^2x\ln x+\frac{1}{x}\tan x\right).$$

例 6　设 $y=\sqrt[3]{\frac{(x+1)(x-2)}{(2x+1)^2(1-x)}}$,求 y'.

解　上式两边取对数,得

$$\ln y=\frac{1}{3}[\ln(x+1)+\ln(x-2)-2\ln(2x+1)-\ln(1-x)].$$

对 x 求导,得

$$\frac{1}{y}y'=\frac{1}{3}\left(\frac{1}{x+1}+\frac{1}{x-2}-\frac{4}{2x+1}+\frac{1}{1-x}\right),$$

所以

$$y'=\frac{1}{3}\sqrt[3]{\frac{(x+1)(x-2)}{(2x+1)^2(1-x)}}\left(\frac{1}{x+1}+\frac{1}{x-2}-\frac{4}{2x+1}+\frac{1}{1-x}\right).$$

二、由参数方程所确定的函数求导法

参数方程

$$\begin{cases}x=a\cos t,\\ y=b\sin t,\end{cases}\quad(0\leqslant t\leqslant 2\pi)$$

在平面上表示一条椭圆曲线,消去参数 t 可以得到 y 与 x 的关系式

$$\frac{x^2}{a^2}+\frac{y^2}{b^2}=1.$$

一般而言,参数方程

$$\begin{cases}x=\varphi(t),\\ y=\psi(t),\end{cases}\quad(t\text{ 为参数})$$

表示平面上的一条曲线.如果能从这个方程组中消去参数 t,则可以得到 y 与 x 的函数关系,它要么是显函数,要么是隐函数,这样可以用前面所学的方法求出 y 对 x 的导数.但是,多数情况下很难消去参数 t,此时又怎样求 $\frac{\mathrm{d}y}{\mathrm{d}x}$ 呢?

设 $x=\varphi(t)$ 存在单值反函数 $t=\varphi^{-1}(x)$,且满足反函数求导的条件,于是 y 可看作复合函数

$$y=\psi[\varphi^{-1}(x)],$$

利用复合函数和反函数的求导法则,有

$$\frac{\mathrm{d}y}{\mathrm{d}x}=\frac{\mathrm{d}y}{\mathrm{d}t}\frac{\mathrm{d}t}{\mathrm{d}x}=\psi'(t)[\varphi^{-1}(x)]'=\frac{\psi'(t)}{\varphi'(t)}=\frac{\frac{\mathrm{d}y}{\mathrm{d}t}}{\frac{\mathrm{d}x}{\mathrm{d}t}}\quad(\varphi'(t)\neq 0).$$

类似地,y 关于 x 的二阶导数

$$\frac{\mathrm{d}^2y}{\mathrm{d}x^2}=\frac{\mathrm{d}}{\mathrm{d}x}\left(\frac{\mathrm{d}y}{\mathrm{d}x}\right)=\frac{\frac{\mathrm{d}}{\mathrm{d}t}\left[\frac{\psi'(t)}{\varphi'(t)}\right]}{\varphi'(t)}$$

$$=\frac{\psi''(t)\varphi'(t)-\psi'(t)\varphi''(t)}{[\varphi'(t)]^3}.$$

例 7　求摆线

$$\begin{cases} x=a(t-\sin t) \\ y=a(1-\cos t) \end{cases}$$

在 $t=\frac{\pi}{2}, t=\pi$ 处的切线方程.

解　由于$\frac{dy}{dx}=\frac{\frac{dy}{dt}}{\frac{dx}{dt}}=\frac{[a(1-\cos t)]'}{[a(t-\sin t)]'}=\frac{\sin t}{1-\cos t}$,则

当 $t=\frac{\pi}{2}$时,对应摆线上点$\left(a\left(\frac{\pi}{2}-1\right),a\right)$的切线斜率

$$k_1=\left.\frac{dy}{dx}\right|_{t=\frac{\pi}{2}}=\left.\frac{\sin t}{1-\cos t}\right|_{t=\frac{\pi}{2}}=1,$$

所以,$t=\frac{\pi}{2}$时摆线的切线方程为

$$y-a=1\times\left[x-a\left(\frac{\pi}{2}-1\right)\right],$$

即

$$y-x=a\left(2-\frac{\pi}{2}\right).$$

当 $t=\pi$ 时,对应摆线上点$(a\pi,2a)$的切线斜率

$$k_2=\left.\frac{dy}{dx}\right|_{t=\pi}=\left.\frac{\sin t}{1-\cos t}\right|_{t=\pi}=0,$$

所以,$t=\pi$ 时摆线的切线方程为

$$y=2a.$$

例 8　设$\begin{cases} x=3e^{-t}, \\ y=2e^{t}, \end{cases}$　求$\frac{d^2x}{dy^2}$.

解　此参数方程确定的函数关系为 $x=x(y)$,根据参数方程求导法,得

$$\frac{dx}{dy}=\frac{\frac{dx}{dt}}{\frac{dy}{dt}}=\frac{(3e^{-t})'}{(2e^{t})'}=-\frac{3}{2}e^{-2t},$$

再对 y 求导,得

$$\frac{d^2x}{dy^2}=\frac{\frac{d}{dt}\left(\frac{dx}{dy}\right)}{\frac{dy}{dt}}=\frac{\left(-\frac{3}{2}e^{-2t}\right)'}{(2e^{t})'}=\frac{3}{2}e^{-3t}.$$

例 9　求对数螺线 $r=e^{a\theta}$在 $\theta=\frac{\pi}{2}$处的切线方程.

解 把极坐标方程化成参数方程,有

$$\begin{cases} x=r\cos\theta=e^{a\theta}\cos\theta, \\ y=r\sin\theta=e^{a\theta}\sin\theta, \end{cases}$$

所以

$$\frac{dy}{dx}=\frac{(e^{a\theta}\sin\theta)'}{(e^{a\theta}\cos\theta)'}=\frac{(a\sin\theta+\cos\theta)e^{a\theta}}{(a\cos\theta-\sin\theta)e^{a\theta}}=\frac{a\sin\theta+\cos\theta}{a\cos\theta-\sin\theta}.$$

当 $\theta=\frac{\pi}{2}$时,曲线上点$(0,e^{\frac{\pi}{2}a})$处的切线斜率为

$$k=\left.\frac{dy}{dx}\right|_{\theta=\frac{\pi}{2}}=\left.\frac{a\sin\theta+\cos\theta}{a\cos\theta-\sin\theta}\right|_{\theta=\frac{\pi}{2}}=-a,$$

于是,所求切线方程为

$$y-e^{\frac{\pi}{2}a}=-ax,$$

即

$$y+ax=e^{\frac{\pi}{2}a}.$$

*三、相关变化率

导数就是因变量对自变量的变化率.在参数方程 $x=\varphi(t)$,$y=\psi(t)$中,x 和 y 因参数 t 而存在函数关系,因此它们的变化率$\frac{dx}{dt}$与$\frac{dy}{dt}$也存在一定的关系,这两个变化率相互关联,称作相关变化率.于是,若已知其中一个变量在某一时刻的变化率,就可以求出另一变量在同一时刻的变化率.

例 10 有一长度为 5 m 的梯子靠在铅直的墙上,如果梯子下端沿地板以 3 m/s 的速度离开墙根滑动,问当梯子下端距墙根 1.4 m 时,梯子的上端下滑的速度是多少?

解 设梯子下端距墙根的距离为 $x=x(t)$m,梯子上端距墙根的距离为 $y=y(t)$m(如图 2-3所示).由题意知,y 和 x 存在函数关系

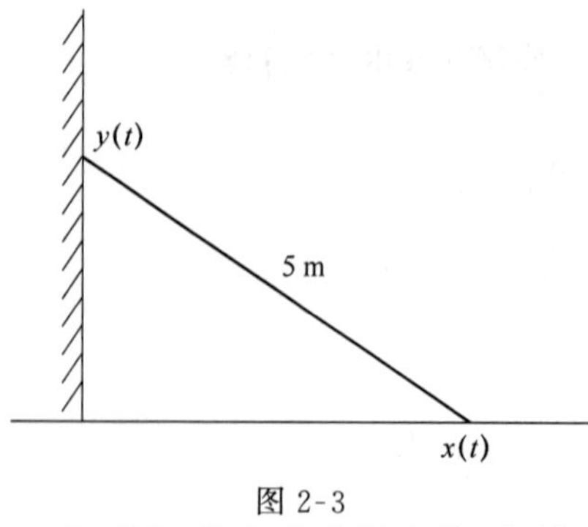

图 2-3

$$y=\sqrt{5^2-x^2},$$

两边对 t 求导,得

$$\frac{dy}{dt}=\frac{-x}{\sqrt{25-x^2}}\frac{dx}{dt},$$

又已知$\frac{dx}{dt}=3$,当 $x=1.4$ m 时,

$$\left.\frac{dy}{dt}\right|_{x=1.4}=\frac{-1.4}{\sqrt{25-1.4^2}}\times 3=-0.875 \text{ m/s}.$$

y 对时间 t 的变化率是负值,指梯子上端下滑的速度为 0.875 m/s.

习题 2-4

1. 求由下列方程所确定的 $y=y(x)$ 的导数 $\frac{dy}{dx}$.

(1) $y=x+\arctan(xy)$；

(2) $y=1+xe^y$；

(3) $xy=e^{x+y}$；

(4) $x^2y-e^{2x}=\sin y$；

(5) $x\sqrt{y}-y\sqrt{x}=10$；

(6) $\frac{x}{y}+\sqrt{\frac{y}{x}}=1$；

(7) $x^y=y^x$；

(8) $y=\left(1+\frac{1}{x}\right)^x$；

(9) $y=\frac{(2x+3)^4\sqrt{x-6}}{\sqrt[3]{x+1}}$；

(10) $y=x\sqrt[3]{\frac{x^2}{x^2+1}}$.

2. 求下列隐函数在指定点的导数值.

(1) $y=\cos x+\frac{1}{2}\sin y$，求 $\left.\frac{dy}{dx}\right|_{x=\pi/2}$；

(2) $ye^x+\ln y-1=0$，求 $\left.\frac{dy}{dx}\right|_{x=0}$；

(3) $\sin(xy)-\ln\frac{y+1}{y}=1$，求 $y'(0)$；

(4) $\sqrt[3]{2x}-\sqrt[3]{y}=1$，求 $y'(4)$.

3. 求椭圆 $\frac{x^2}{16}+\frac{y^2}{9}=1$ 在点 $\left(2,\frac{3}{2}\sqrt{3}\right)$ 处的切线方程.

4. 证明：曲线 $\sqrt{x}+\sqrt{y}=\sqrt{a}$ 上任意点的切线在两个坐标轴上截距的和等于常数.

5. 求由下列方程所确定的隐函数 $y=y(x)$ 的二阶导数 $\frac{d^2y}{dx^2}$.

(1) $x^2-y^2=1$；

(2) $y^2\cos x=a^2\sin x$；

(3) $y=\tan(x+y)$；

(4) $y=\sin(x+y)$.

6. 求由下列参数方程所确定的函数 $y=y(x)$ 的一阶导数 $\frac{dy}{dx}$ 和二阶导数 $\frac{d^2y}{dx^2}$.

(1) $\begin{cases}x=\ln(1+t^2),\\ y=t-\arctan t;\end{cases}$

(2) $\begin{cases}x=\frac{t^2}{2},\\ y=1-t;\end{cases}$

(3) $\begin{cases}x=f'(t),\\ y=tf'(t)-f(t),\end{cases}$ $f''(t)$ 存在且不等于零.

7. 设 $\begin{cases}x=\sqrt{1+t},\\ y=\sqrt{1-t},\end{cases}$ 证明：$xy^2\frac{d^2y}{dx^2}-2\frac{dy}{dx}=0$.

8. 求曲线 $\rho=a\sin 2\theta$ 在 $\theta=\frac{\pi}{4}$ 处的切线方程和法线方程.

9. 若圆的半径以 2 cm/s 的等速度增加,当圆的半径 $r=10$ cm 时,圆面积的增加速度是多少?

第五节　函数的微分

一、微分的概念

前面讨论了导数的概念与求导法则. 导数是函数的增量与自变量增量之比的极限,而并非增量本身. 在实际问题中,经常涉及当自变量发生微小变化时,求函数值相应的变化问题. 先考察一个具体问题.

一边长为 x 的正方形铁片,受热胀冷缩的影响,边长会有改变. 设边长的改变量为 Δx,则铁片的面积 $S=x^2$ 也有相应的改变量 ΔS,且

$$\Delta S=(x+\Delta x)^2-x^2=2x\Delta x+(\Delta x)^2,$$

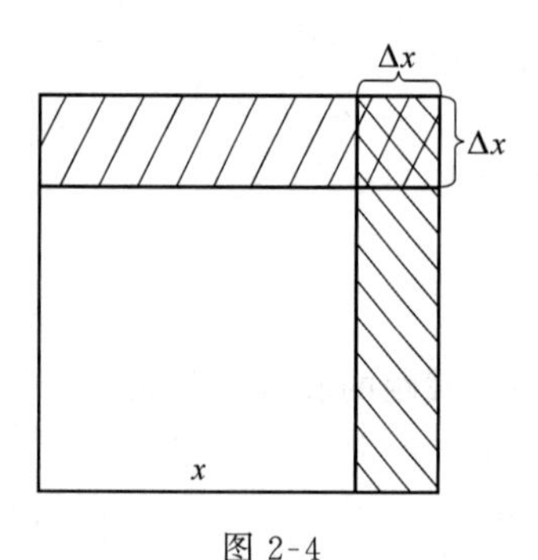

图 2-4

此处,ΔS 被分成两部分,第一部分 $2x\Delta x$ 是 Δx 的线性函数,即图 2-4 中画斜线的那两个矩形面积之和;第二部分 $(\Delta x)^2$ 是关于 Δx 的高阶无穷小量,即 $(\Delta x)^2=o(\Delta x)(\Delta x\to 0)$,如图 2-4 所示网状线部分. 由此知,当边长发生微小改变量 Δx 时,它所引起的面积的改变量 ΔS 可近似地用第一部分 $2x\Delta x$ 代替,由此所产生的误差仅是 $(\Delta x)^2$,它与 $2x\Delta x$ 相比微乎其微,此时

$$\Delta S\approx 2x\Delta x.$$

推广到一般情形,有如下定义.

定义 1　设函数 $y=f(x)$ 在某区间内有定义,当 x 的改变量为 Δx 时,若函数的改变量为

$$\Delta y=f(x+\Delta x)-f(x)=A\Delta x+o(\Delta x),$$

其中,A 是 x 的函数而与 Δx 无关,则称 $f(x)$ 在点 x 可微,$A\Delta x$ 是 $f(x)$ 在点 x 的微分,记为 $\mathrm{d}y$ 或 $\mathrm{d}f(x)$,即

$$\mathrm{d}y=A\Delta x.$$

由于 $A\Delta x$ 是 Δx 的线性函数,且当 $\Delta x\to 0$ 时,$\Delta y\approx A\Delta x$,称 $A\Delta x$ 为 Δy 的线性主部,也就是说,$\mathrm{d}y$ 是 Δy 的主要部分.

为了方便起见,规定自变量 x 的改变量 Δx 为自变量的微分,记作 $\mathrm{d}x$,即

$$\mathrm{d}x=\Delta x,$$

于是,函数 $y=f(x)$ 的微分为

$$dy = A dx.$$

例 1　已知圆的半径为 r，面积为 $S=\pi r^2$，求当半径增大 Δr 时，圆面积的增量 ΔS 及微分 dS.

解　圆面积的增量为

$$\Delta S = \pi(r+\Delta r)^2 - \pi r^2 = 2\pi r\Delta r + \pi(\Delta r)^2,$$

易知，$2\pi r\Delta r$ 是 ΔS 的线性主部，而 $\pi(\Delta x)^2$ 是 Δr 的高阶无穷小量，故有

$$dS = 2\pi r\Delta r = 2\pi r dr.$$

若函数 $y=f(x)$ 在点 x 可微，是否都要通过计算增量而得到其线性主部 $A\Delta x$？是否还有其他方法？

定理 1　函数 $y=f(x)$ 在点 x 可微的充分必要条件是 $y=f(x)$ 在点 x 可导，且有

$$dy = f'(x)dx.$$

证　必要性.

因为函数 $y=f(x)$ 在点 x 可微，所以

$$\Delta y = A\Delta x + o(\Delta x),$$

其中，A 与 Δx 无关. 上式两边除以 Δx，则

$$\frac{\Delta y}{\Delta x} = A + \frac{o(\Delta x)}{\Delta x},$$

两边取极限，令 $\Delta x \to 0$，有

$$\lim_{\Delta x\to 0}\frac{\Delta y}{\Delta x} = A + \lim_{\Delta x\to 0}\frac{o(\Delta x)}{\Delta x} = A,$$

即 $y=f(x)$ 在点 x 可导，且 $f'(x)=A$.

此时函数 $y=f(x)$ 的微分：$dy = A dx = f'(x)dx$.

充分性.

由于 $y=f(x)$ 在点 x 可导，有

$$f'(x) = \lim_{\Delta x\to 0}\frac{\Delta y}{\Delta x},$$

即

$$\frac{\Delta y}{\Delta x} = f'(x) + \alpha \quad (\text{当 } \Delta x\to 0 \text{ 时}, \alpha\to 0),$$

从而有

$$\Delta y = f'(x)\Delta x + \alpha\Delta x = f'(x)\Delta x + o(\Delta x),$$

式中，$f'(x)$ 显然与 Δx 无关，而 $o(\Delta x)=\alpha\Delta x$ 是 Δx 的高阶无穷小量. 由函数微分的定义知，$y=f(x)$ 在点 x 可微，且

$$dy = f'(x)dx.$$

由此可见，函数 $y=f(x)$ 在点 x 处可导与可微是等价的.

例 2 设 $y=\ln(1+2x)$,求 $dy, dy|_{x=1}$.

解 因为

$$y'=\frac{2}{1+2x},$$

所以

$$dy=y'dx=\frac{2dx}{1+2x}.$$

当 $x=1$ 时,

$$y'|_{x=1}=\left.\frac{2}{1+2x}\right|_{x=1}=\frac{2}{3},$$

此时

$$dy=y'|_{x=1}dx=\frac{2}{3}dx.$$

二、微分的运算法则

由前面讨论知,当函数在点 x 可导时,函数必在点 x 可微,且 $dy=f'(x)dx$. 根据基本初等函数的导数公式和导数运算法则,相应地可得到基本初等函数的微分公式和微分运算法则.

1. 基本微分表

(1) $d(C)=0$ (C 为常数);

(2) $d(x^\alpha)=\alpha x^{\alpha-1}dx$ (α 为实数);

(3) $d(a^x)=a^x\ln a dx$,特别地,$d(e^x)=e^x dx$;

(4) $d(\log_a x)=\frac{1}{x\ln a}dx$,特别地,$d(\ln x)=\frac{1}{x}dx$;

(5) $d(\sin x)=\cos x dx$;

(6) $d(\cos x)=-\sin x dx$;

(7) $d(\tan x)=\sec^2 x dx$;

(8) $d(\cot x)=-\csc^2 x dx$;

(9) $d(\sec x)=\sec x\tan x dx$;

(10) $d(\csc x)=-\csc x\cot x dx$;

(11) $d(\arcsin x)=\frac{1}{\sqrt{1-x^2}}dx$;

(12) $d(\arccos x)=-\frac{1}{\sqrt{1-x^2}}dx$;

(13) $d(\arctan x)=\frac{1}{1+x^2}dx$;

(14) $d(\text{arccot}\, x)=-\frac{1}{1+x^2}dx$;

(15) $d(\text{sh}\, x)=\text{ch}\, x dx$;

(16) $d(\text{ch}\, x)=\text{sh}\, x dx$.

2. 微分的运算法则

设 $u=u(x), v=v(x)$ 在点 x 处可微,则

(1) $d(u\pm v)=du\pm dv$;

(2) $d(Cu)=Cd(u)$ (C 为常数);

(3) $\mathrm{d}(uv)=u\mathrm{d}v+v\mathrm{d}u$；

(4) $\mathrm{d}\left(\dfrac{u}{v}\right)=\dfrac{v\mathrm{d}u-u\mathrm{d}v}{v^2}\quad(v\neq 0)$；

(5) 复合函数的微分

设 $y=f(u)$ 对 u 可导，$u=\varphi(x)$ 对 x 可导，则复合函数 $y=f[\varphi(x)]$ 在点 x 处可微，其微分为

$$\mathrm{d}y=f'[\varphi(x)]\varphi'(x)\mathrm{d}x=f'(u)\mathrm{d}u,$$

也就是说，不论 u 是自变量还是中间变量，其微分形式是一样的，这一性质称作一阶微分的形式不变形.

类似于高阶导数，可定义高阶微分.

二阶微分：$\mathrm{d}^2y=\mathrm{d}(\mathrm{d}y)=\mathrm{d}[f'(x)\mathrm{d}x]$

$$=[\mathrm{d}f'(x)]\mathrm{d}x=f''(x)(\mathrm{d}x)^2=f''(x)\mathrm{d}x^2.$$

三阶微分：$\mathrm{d}^3y=\mathrm{d}(\mathrm{d}^2y)=f'''(x)\mathrm{d}x^3$.

一般而言，n 阶微分 $\mathrm{d}^ny=\mathrm{d}(\mathrm{d}^{n-1}y)=f^{(n)}(x)\mathrm{d}x^n$ 与 n 阶导数 $\dfrac{\mathrm{d}^ny}{\mathrm{d}x^n}=f^{(n)}(x)$ 是一样的，即函数的高阶可微性就是它的高阶可导性.

注意区别下面记号：$(\mathrm{d}x)^2$ 表示 x 的微分的平方，简记成 $\mathrm{d}x^2$；$\mathrm{d}(x^2)$ 是 x^2 的微分，即 $2x\mathrm{d}x$；d^2x 是 x 的二阶微分，即 $\mathrm{d}(\mathrm{d}x)$.

例 3　设 $y=\dfrac{\sin 2x}{x^2}$，求 $\mathrm{d}y$.

解　(方法 1)

$$y'=\frac{(\sin 2x)'x^2-\sin 2x(x^2)'}{(x^2)^2}=\frac{2x\cos 2x-2\sin 2x}{x^3},$$

所以

$$\mathrm{d}y=y'\mathrm{d}x=\frac{2(x\cos 2x-\sin 2x)}{x^3}\mathrm{d}x.$$

(方法 2)运用微分的运算法则，得

$$\begin{aligned}\mathrm{d}y&=\mathrm{d}\left(\frac{\sin 2x}{x^2}\right)=\frac{x^2\mathrm{d}(\sin 2x)-\sin 2x\mathrm{d}(x^2)}{x^4}\\&=\frac{x^2\cos 2x\mathrm{d}(2x)-\sin 2x\cdot 2x\mathrm{d}x}{x^4}\\&=\frac{2x^2\cos 2x\mathrm{d}x-2x\sin 2x\mathrm{d}x}{x^4}=\frac{2(x\cos 2x-\sin 2x)}{x^3}\mathrm{d}x.\end{aligned}$$

例 4　在下列等式右端的括号内填入适当的函数.

(1) $x^2\mathrm{d}x=\mathrm{d}(\quad)$；　(2) $\dfrac{1}{\sqrt{x}}\mathrm{d}x=\mathrm{d}(\quad)$；　(3) $5^x\mathrm{d}x=\mathrm{d}(\quad)$.

解 (1) $x^2\mathrm{d}x=\mathrm{d}\left(\frac{1}{3}x^3+C\right)$；　　(2) $\frac{1}{\sqrt{x}}\mathrm{d}x=\mathrm{d}(2\sqrt{x}+C)$；

(3) $5^x\mathrm{d}x=\mathrm{d}\left(\frac{5^x}{\ln 5}+C\right)$,其中,$C$ 为常数.

三、微分的几何意义

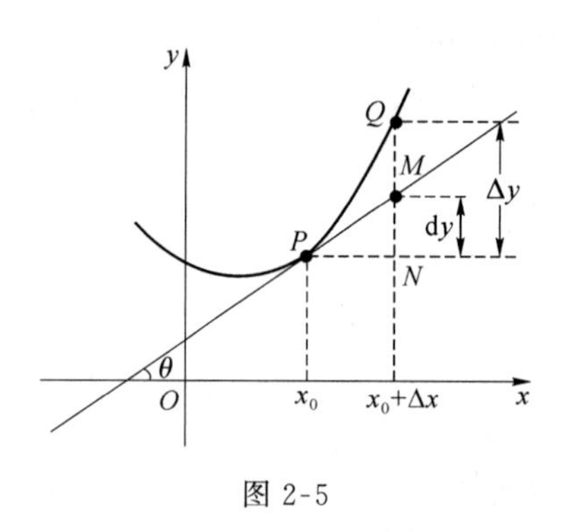

图 2-5

在直角坐标系中,$y=f(x)$的图形是一条曲线(见图 2-5),PM 是曲线上点 $P(x_0,f(x_0))$处的切线.已知切线 PM 的斜率 $\tan\theta=f'(x_0)$,

$$\Delta y=f(x_0+\Delta x)-f(x_0)=QN,$$

$$\mathrm{d}y=f'(x_0)\Delta x=\tan\theta\Delta x=\frac{MN}{\Delta x}\Delta x=MN,$$

由此可见,函数 $y=f(x)$在 x_0 处的微分 $\mathrm{d}y=f'(x_0)\Delta x=MN$ 就是曲线在该点处的切线 PM 上纵坐标的改变量.当$|\Delta x|$很小时,$|\Delta y-\mathrm{d}y|$是比$|\Delta x|$小得多的量,因此在点 P_0 附近,可用切线上点的值近似代替函数的值.

四、微分在近似计算中的应用

设函数 $y=f(x)$在点 x_0 处可微,当$|\Delta x|$很小时,有

$$\Delta y\approx\mathrm{d}y=f'(x_0)\Delta x,$$

即

$$\Delta y=f(x_0+\Delta x)-f(x_0)\approx f'(x_0)\Delta x$$

或

$$f(x)\approx f(x_0)+f'(x_0)(x-x_0),$$

即在 x_0 的邻域内,可用切线上的值近似代替曲线上的值(以直代曲).

当 $x_0=0$ 时,

$$f(x)\approx f(0)+f'(0)x,$$

由此,可推得几个常用的近似公式(当$|x|$充分小时):

(1) $\sin x\approx x$；　　(2) $\tan x\approx x$；

(3) $\mathrm{e}^x\approx 1+x$；　　(4) $\ln(1+x)\approx x$；

(5) $\frac{1}{1+x}\approx 1-x$；　　(6) $\sqrt[n]{1\pm x}\approx 1\pm\frac{x}{n}$.

以上公式容易证明,现只证 $\sqrt[n]{1+x}\approx 1+\frac{x}{n}$.

设 $f(x)=\sqrt[n]{1+x}$,有 $f(0)=1$,那么

$$f'(0)=\frac{1}{n}(1+x)^{\frac{1}{n}-1}\bigg|_{x=0}=\frac{1}{n},$$

代入 $f(x)\approx f(0)+f'(0)x$ 中，即得

$$\sqrt[n]{1+x}\approx 1+\frac{x}{n}.$$

例 5　有一批半径为 1 cm 的球要镀一层铜，厚度为 0.01 cm，估计每个球需用铜多少克（铜的密度是 8.9 $\mathrm{g/cm^3}$）？

解　球的体积为

$$V=V(R)=\frac{4}{3}\pi R^3,$$

当 $R_0=1,\Delta R_0=0.01$ 时，

$$\Delta V\approx V'(R_0)\Delta R=4\pi R^2\Delta R=4\times 3.14\times 1^2\times 0.01=0.13\ \mathrm{cm^3},$$

于是每个球需镀铜约

$$8.9\times 0.13=1.16\ \mathrm{g}.$$

例 6　求 $\sin 31^\circ$的近似值.

解　取 $f(x)=\sin x, x_0=30^\circ=\frac{\pi}{6},\Delta x=1^\circ=\frac{\pi}{180}$，所以

$$\sin 31^\circ=\sin\left(\frac{\pi}{6}+\frac{\pi}{180}\right)=\sin\frac{\pi}{6}+\cos\frac{\pi}{6}\times\frac{\pi}{180}$$

$$=\frac{1}{2}+\frac{\sqrt{3}}{2}\times 0.01756\approx 0.5151.$$

例 7　求 $\sqrt[5]{34}$的近似值.

解　当$|x|$很小时，有 $(1+x)^{\frac{1}{n}}\approx 1+\frac{x}{n}$.

$$\sqrt[5]{34}=\sqrt[5]{2^5+2}=2\left(1+\frac{1}{2^4}\right)^{\frac{1}{5}}\approx 2\left(1+\frac{1}{5}\times\frac{1}{2^4}\right)$$

$$=2\left(1+\frac{1}{80}\right)=2.025.$$

习题 2-5

1. 求下列函数在指定点的增量 Δy 与微分 $\mathrm{d}y$.

(1) $y=x^2-x$，在 $x=1$ 处；　　(2) $y=x^3-2x-1$，在 $x=2$ 处；

(3) $y=\sqrt{x+1}$，在 $x=0$ 处.

2. 求下列函数在指定点的微分.

(1) $y=1+\frac{1}{a}\arctan\frac{x}{a}$,求 $\mathrm{d}y|_{x=0}$,$\mathrm{d}y|_{x=a}$;　　(2) $y=\frac{1}{x}+2\sqrt{x}+x^3$,求 $\mathrm{d}y|_{x=1}$.

3. 设 $y=y(x)$是由方程 $x-y+\frac{1}{2}\sin y=0$ 确定的隐函数,求 $\mathrm{d}y|_{x=0}$.

4. 求下列函数的微分.

(1) $y=\frac{1}{x}+2\sqrt{x}$;　　(2) $y=x^2\sin 2x$;

(3) $y=\frac{x}{\sqrt{x^2+1}}$;　　(4) $y=x\ln x-\frac{1}{x}$;

(5) $y=\ln\sin a^x$;　　(6) $y=\frac{x^2}{\ln x}$;

(7) $y=\arctan\frac{1-x^2}{1+x^2}$;　　(8) $y=2^{\frac{1}{\cos x}}$;

(9) $y=\mathrm{e}^{ax}\cos bx$;　　(10) $y=\arcsin\sqrt{1-x^2}$.

5. 水管壁的正截面是一个圆环(见图 2-6).设它的内半径为 R_0,壁厚为 h,利用微分计算这个圆环面积的近似值.

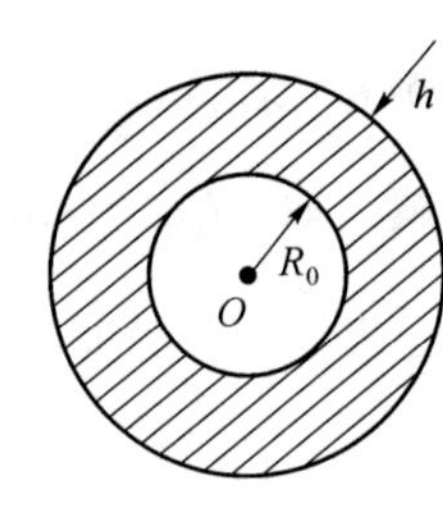

图 2-6

6. 当$|x|$充分小时,证明近似公式.

(1) $\tan x\approx x$;　(2) $\frac{1}{1+x}\approx 1-x$;

(3) $\mathrm{e}^x\approx 1+x$;　(4) $\ln(1+x)\approx x$.

7. 计算下列各数的近似值.

(1) $\tan 31°$;　　(2) $\mathrm{e}^{1.01}$;　　(3) $\sin 29°$;　　(4) $\sqrt[3]{1.02}$.

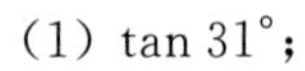
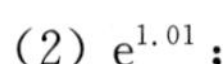

总习题二

1. 填空题

(1) 曲线 $y=x-\frac{1}{x^2}$在点______处的法线与直线 $y=x$ 平行.

(2) 设 $f(x)$为偶函数,且 $f'(0)$存在,则 $f'(0)=$______.

(3) 设 $f(x)$在 $x=1$ 处连续,且$\lim\limits_{x\to 1}\frac{f(x)}{x-1}=2$,则 $f'(1)=$______.

(4) 已知 $y=x^{x^2}+2^{x^x}$,则$\frac{\mathrm{d}y}{\mathrm{d}x}=$______.

(5) 设 $y=f(x+y)$,其中 f 具有二阶导数,且 $y'\neq 1$,则$\frac{\mathrm{d}^2y}{\mathrm{d}x^2}=$______.

(6) 设 $y=f(x)$在 $x=1$ 处可导,且当 $h\to 0$ 时,有 $f(1+\ln(1+2h))=2+4h+o(h)$,则

曲线 $y=f(x)$ 在点 $(1,f(1))$ 处的切线方程为______.

(7) 设 $f(x)=\dfrac{\ln x}{x}$,则 $f^{(5)}(x)=$______.

2. 选择题

(1) 设 $f(x)=\begin{cases}\dfrac{1-\cos x}{\sqrt{x}}, & x>0\\ x^2g(x), & x\leqslant 0\end{cases}$,其中 $g(x)$ 有界,则 $f(x)$ 在 $x=0$ 处(　　).

(A) 极限不存在　　(B) 极限存在,但不连续

(C) 连续,但不可导　　(D) 可导

(2) 设 $f(a)=2,f'(a)=3$,则 $\lim\limits_{h\to 0}\dfrac{f^2(a+2h)-f^2(a-h)}{h}=$(　　).

(A) 18　　(B) 36　　(C) 9　　(D) 12

(3) 设 $f(x)$ 在 $x=0$ 连续,又 $\lim\limits_{x\to 0}\dfrac{f(x)}{|x|}=1$,则(　　).

(A) $f(x)$ 在 $x=0$ 可导,且 $f'(0)=0$　　(B) $f(x)$ 在 $x=0$ 可导,且 $f'(0)\neq 0$

(C) $f'_+(0),f'_-(0)$ 均存在,但 $f'_+(0)\neq f'_-(0)$　　(D) $f'_+(0),f'_-(0)$ 均不存在

(4) 设 $F(x)=f(x)g(x)$,$x=a$ 是 $g(x)$ 的跳跃型间断点,$f'(a)$ 存在,则 $f(a)=0$,$f'(a)=0$ 是 $F(x)$ 在 $x=a$ 可导的(　　).

(A) 充分必要条件　　(B) 充分非必要条件

(C) 必要非充分条件　　(D) 非充分非必要条件

3. 已知 $f(x)=|x-a|g(x)$,$g(x)$ 在 $x=a$ 连续,讨论 $f(x)$ 在 $x=a$ 处的可导性.

4. 若 $f'(3)=2$,求 $\lim\limits_{h\to 0}\dfrac{f(3-h)-f(3)}{2h}$.

5. 若 $f'(a)=b$,求

(1) $\lim\limits_{x\to a}\dfrac{xf(a)-af(x)}{x-a}$;　　(2) $\lim\limits_{x\to a}\dfrac{f(x)-f(a)}{\sqrt{x}-\sqrt{a}}$　$(a>0)$;

(3) $\lim\limits_{x\to 0}\dfrac{f(a)-f(a-3x)}{5x}$.

6. 若 $f(1)=1,f'(1)=2,f''(1)=3,f'''(1)=4$,求

$$\lim_{x\to 1}\frac{f(x)+f'(x)+f''(x)-6}{x-1}.$$

7. 设 $f(u)$ 在 $u=t$ 处可导,求

$$\lim_{r\to 0}\frac{1}{r}\left[f\left(t+\frac{r}{a}\right)-f\left(t-\frac{r}{a}\right)\right]\quad(a\neq 0,a\text{ 为常数}).$$

8. 设 $f(x)$ 在 $x=1$ 处有连续导数,且 $f'(1)=2$,求

$$\lim_{x\to 0^+}\frac{\mathrm{d}}{\mathrm{d}x}[f(\cos\sqrt{x})].$$

9. 设 $f(x)=\begin{cases}\varphi(x)\cos\dfrac{1}{x}, & x\neq 0,\\ 0, & x=0,\end{cases}$ 且 $\varphi(0)=\varphi'(0)=0$,求 $f'(0)$.

10. 设 $f(x)=\begin{cases}ax^2+bx+c, & x<0,\\ \ln(1+x), & x\geqslant 0,\end{cases}$ 问:如何选择 a,b,c,才能使 $f(x)$ 处处具有一阶连续导数,但在 $x=0$ 处却不存在二阶导数?

11. 求下列函数的导数.

(1) $y=x^{x^2}+2^{x^x}$;

(2) $y=\left(\dfrac{a}{b}\right)^x\left(\dfrac{b}{x}\right)^a\left(\dfrac{x}{a}\right)^b$,$a>0,b>0$;

(3) $y=x^{x^a}+x^{a^x}+a^{x^x}$;

(4) $y=2^{|\sin x|}$;

(5) $y=\arccos\dfrac{1}{|x|}$.

12. 设 $y=y(x)$ 由 $\begin{cases}x=\arctan t\\ 2y-ty^2+\mathrm{e}^t=5\end{cases}$ 所确定,求 $\dfrac{\mathrm{d}y}{\mathrm{d}x}$.

13. 已知 $y=f\left(\dfrac{3x-2}{3x+2}\right)$,$f'(x)=\arctan x^2$,求 $\left.\dfrac{\mathrm{d}y}{\mathrm{d}x}\right|_{x=0}$.

14. 设 $y=\sin[f(x^2)]$,其中 f 具有二阶导数,求 $\dfrac{\mathrm{d}^2y}{\mathrm{d}x^2}$.

15. 已知 $\mathrm{e}^{xy}=a^xb^y$,证明:$(y-\ln a)y''-2(y')^2=0$.

16. 设曲线 $y=x^n$(n 为正整数)上点(1,1)处的切线交 x 轴于 $(\xi,0)$,求 $\lim\limits_{n\to\infty}y(\xi)$.

第三章　微分中值定理与导数的应用

第二章讨论了导数的概念与导数的计算方法，本章将利用导数的性质来讨论函数的性质. 微分学中值定理(包括罗尔定理、拉格朗日中值定理、柯西中值定理)和泰勒定理是利用导数的性质研究函数性质的有效工具，也是微分学的核心内容.

第一节　微分中值定理

一、费马定理与罗尔定理

按照导数的几何意义，如果函数 $f(x)$ 在 x_0 处有水平切线，则意味着函数 $f(x)$ 在 x_0 点的导数 $f'(x_0)=0$，这样的点 x_0 称为函数的驻点(或稳定点). 函数的驻点在后续的学习中非常重要. 本节将讨论的费马定理和罗尔定理分别告诉我们什么样的点必为驻点，什么样的函数必存在驻点.

设函数 $f(x)$ 在 x_0 的某邻域 $U(x_0)$ 内对一切 $x\in U(x_0)$ 有

$$f(x_0)\geqslant f(x)\quad (f(x_0)\leqslant f(x)),$$

则称函数 $f(x)$ 在 x_0 取得极大(小)值，称 x_0 为 $f(x)$ 的极大(小)值点. 极大值点和极小值点统称为函数的极值点.

由极值点的定义可知，若函数 $f(x)$ 在 x_0 取得极值，x_0 未必为函数的连续点(见图 3-1)，更未必为函数的可导点(见图 3-2). 如果 x_0 既是函数 $f(x)$ 的极值点，又是可导点，则 x_0 必为函数 $f(x)$ 的驻点(见图 3-3)，这就是以下的费马定理.

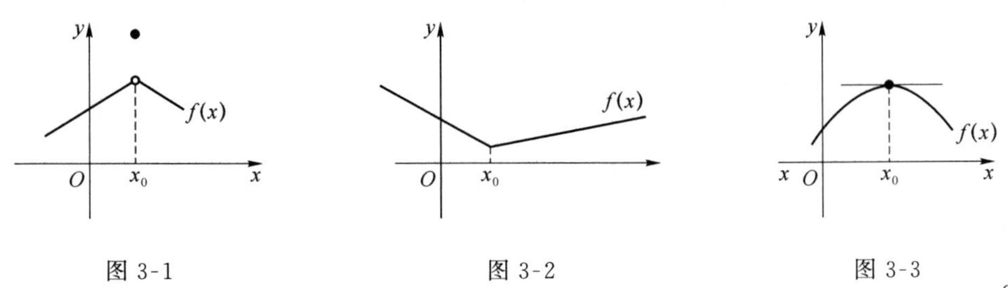

图 3-1　　图 3-2　　图 3-3

费马定理 设函数 $f(x)$ 在 x_0 的某邻域 $U(x_0)$ 内有定义,在 x_0 处取得极值,且 $f'(x_0)$ 存在,则 $f'(x_0)=0$.

证 由于 $f'(x_0)$ 存在,也就是

$$f'_+(x_0)=f'_-(x_0)=f'(x_0).$$

设 x_0 为 $f(x)$ 的极大值点,那么存在正数 δ,使得对一切 $x\in(x_0,x_0+\delta)\subset U(x_0)$,有

$$\frac{f(x)-f(x_0)}{x-x_0}\leqslant 0,$$

而对一切 $x\in(x_0-\delta,x_0)\subset U(x_0)$,有

$$\frac{f(x)-f(x_0)}{x-x_0}\geqslant 0,$$

由极限的性质可得

$$f'(x_0)=f'_+(x_0)=\lim_{x\to x_0+0}\frac{f(x)-f(x_0)}{x-x_0}\leqslant 0,$$

$$f'(x_0)=f'_-(x_0)=\lim_{x\to x_0-0}\frac{f(x)-f(x_0)}{x-x_0}\geqslant 0,$$

从而有

$$f'(x_0)=0.$$

罗尔定理 如果函数 $f(x)$ 满足如下条件:

(1) 在闭区间 $[a,b]$ 上连续;

(2) 在开区间 (a,b) 内可导;

(3) $f(a)=f(b)$;

则在 (a,b) 内至少存在一点 ξ,使得 $f'(\xi)=0$.

罗尔定理的几何意义是:在处处可导的一段曲线上,如果曲线两端点高度相等,则至少存在一条水平切线.

证 由于 $f(x)$ 在闭区间 $[a,b]$ 上连续,则必存在最大值 M 与最少值 m. 分以下两种情况讨论.

(1) $M=m$. 此时 $f(x)$ 在 $[a,b]$ 上为常数. ξ 可取 (a,b) 内任何点,结论成立.

(2) $M>m$. 由于 $f(a)=f(b)$,则 M 与 m 至少有一个不在端点处取得. 不妨设 M 在开区间 (a,b) 内部取得,则至少存在一点 $\xi\in(a,b)$ 使 $f(\xi)=M$. 由极大值点的定义可知,ξ 为 $f(x)$ 在 (a,b) 内的极大值点. 根据费马定理有 $f'(\xi)=0$.

注意 罗尔定理中三个条件缺少任何一个,结论不一定成立(见图 3-4).

例 1 设 $\frac{a_0}{n+1}+\frac{a_1}{n}+\cdots+\frac{a_{n-1}}{2}+a_n=0$,其中 $a_0,a_1,\cdots,a_n$ 均为实数. 求证方程 $a_0x^n+a_1x^{n-1}+\cdots+a_{n-1}x+a_n=0$ 在 $(0,1)$ 内至少存在一实根.

证 设 $f(x)=\frac{a_0}{n+1}x^{n+1}+\frac{a_1}{n}x^n+\cdots+\frac{a_{n-1}}{2}x^2+a_nx$,

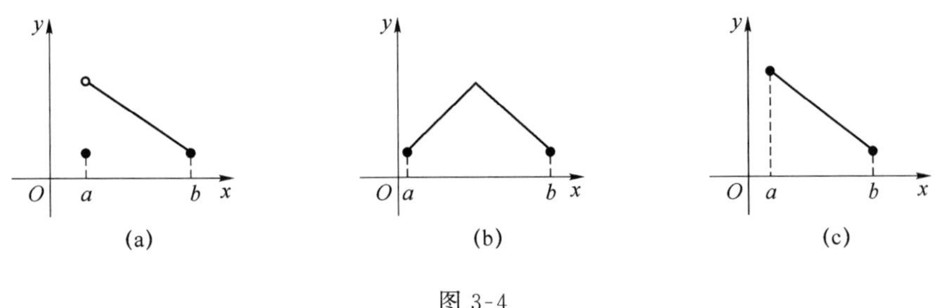

图 3-4

则

$$f(1)=\frac{a_0}{n+1}+\frac{a_1}{n}+\cdots+\frac{a_{n-1}}{2}+a_n=0,$$

$$f(0)=0.$$

易验证 $f(x)$在$[0,1]$上满足罗尔定理的条件,从而至少存在一点 $\xi\in(0,1)$,使 $f'(\xi)=0$,即 $f'(x)=a_0x^n+a_1x^{n-1}+\cdots+a_{n-1}x+a_n=0$ 在$(0,1)$内至少存在一实根.

例 2　设 $f(x)$在$[a,b]$上连续,在(a,b)内二阶可导,且 $f(a)=f(c)=f(b)$,$c\in(a,b)$.证明至少存在一点 $\xi\in(a,b)$,使 $f''(\xi)=0$.

证　分别在$[a,c]$和$[c,b]$上对 $f(x)$利用罗尔定理,则存在 $\xi_1\in(a,c)$,$\xi_2\in(c,b)$,使 $f'(\xi_1)=0$,$f'(\xi_2)=0$.

再在$[\xi_1,\xi_2]$上对 $f'(x)$利用罗尔定理,则至少存在一点 $\xi\in(\xi_1,\xi_2)\subset(a,b)$,使得 $f''(\xi)=0$.

二、拉格朗日中值定理与柯西中值定理

将罗尔定理中的条件(3)去掉,考虑更一般的情形,便得到微分学中非常重要的拉格朗日中值定理.

拉格朗日中值定理　如果函数 $f(x)$满足如下条件:

(1) 在闭区间$[a,b]$上连续;

(2) 在开区间(a,b)内可导;

则在(a,b)内至少存在一点 ξ,使得

$$f'(\xi)=\frac{f(b)-f(a)}{b-a}. \tag{1}$$

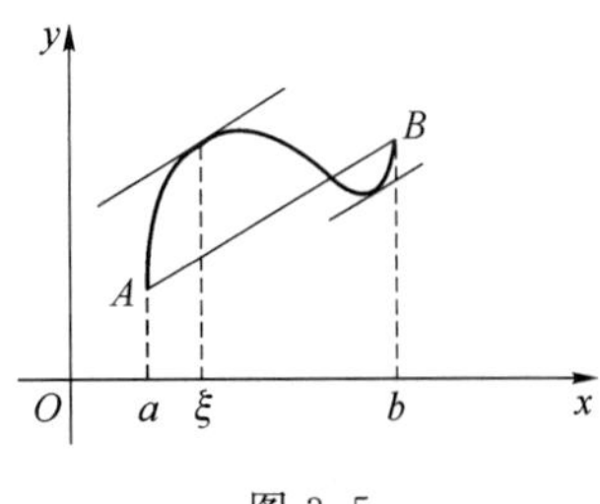

图 3-5

拉格朗日中值定理的几何意义是:在处处可导的一段曲线上,至少存在一点,使该点处的切线平行于曲线两端点的连线(见图 3-5).

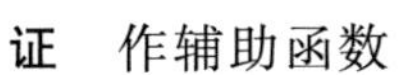
证　作辅助函数

$$F(x)=f(x)-f(a)-\frac{f(b)-f(a)}{b-a}(x-a).$$

显然,$F(a)=F(b)=0$,在$[a,b]$上对$F(x)$利用罗尔定理,存在$\xi\in(a,b)$,使

$$F'(\xi)=f'(\xi)-\frac{f(b)-f(a)}{b-a}=0,$$

即

$$f'(\xi)=\frac{f(b)-f(a)}{b-a}.$$

若在此定理条件中加入$f(a)=f(b)$,便得到罗尔定理.因此罗尔定理是此定理的特殊情形.

拉格朗日中值定理中的式(1)称为拉格朗日中值公式.拉格朗日中值公式还有以下几种等价形式,供读者在不同场合下选用:

$$f(b)-f(a)=f'(\xi)(b-a),\quad a<\xi<b; \tag{2}$$

$$f(b)-f(a)=f'[a+\theta(b-a)](b-a),\quad 0<\theta<1; \tag{3}$$

$$f(a+h)-f(a)=f'(a+\theta h)h,\quad 0<\theta<1. \tag{4}$$

值得注意的是,拉格朗日中值式(1)~式(4),不论$a>b$还是$a<b$都成立.式(1)、式(2)中的中值ξ是介于a与b之间某一定数.式(3)、式(4)中把中值ξ表示成了$a+\theta(b-a)$或$a+\theta h$,不论a与b为何值,θ总为小于1的某一正数.

例3 设$f(x)$在$[a,b]$上连续,在(a,b)内可导.证明至少存在一点$\xi\in(a,b)$,使

$$\frac{bf(b)-af(a)}{b-a}=f(\xi)+\xi f'(\xi).$$

证 设$F(x)=xf(x)$.

利用连续函数及可导函数的乘积的性质可知,$F(x)$在$[a,b]$上满足拉格朗日中值定理的条件.从而至少存在一点$\xi\in(a,b)$,使

$$f'(\xi)=\frac{F(b)-F(a)}{b-a},$$

即

$$f(\xi)+\xi f'(\xi)=\frac{bf(b)-af(a)}{b-a}.$$

例4 证明不等式$\frac{h}{1+h}<\ln(1+h)<h$,$(h>-1,h\neq 0)$.

证 设$F(x)=\ln(1+x)$.

分以下两种情况:

(1) $h>0$,此时$F(x)$在$[0,h]$上满足拉格朗日中值定理的条件,从而存在$\xi\in(0,h)$,使

$$f'(\xi)=\frac{F(h)-F(0)}{h},$$

即

$$\frac{1}{1+\xi}=\frac{\ln(1+h)}{h}.$$

注意到 $0<\xi<h$，有

$$\frac{1}{1+h}<\frac{1}{1+\xi}<1,$$

则

$$\frac{1}{1+h}<\frac{\ln(1+h)}{h}<1,$$

于是

$$\frac{h}{1+h}<\ln(1+h)<h.$$

(2) $-1<h<0$，此时 $F(x)$在$[h,0]$上满足拉格朗日中值定理的条件，从而存在 $\xi\in(h,0)$，使

$$f'(\xi)=\frac{F(h)-F(0)}{h},$$

即

$$\frac{1}{1+\xi}=\frac{\ln(1+h)}{h}.$$

注意到$-1<h<\xi<0$，有

$$\frac{1}{1+h}>\frac{1}{1+\xi}>1,$$

则

$$\frac{1}{1+h}>\frac{\ln(1+h)}{h}>1,$$

于是

$$\frac{h}{1+h}<\ln(1+h)<h.$$

例 5　设 $f(x)$在区间 I 上可导，且导函数有界. 证明 $f(x)$在区间 I 上满足李普希兹条件(存在正数 M，使得对任何，$x_1,x_2\in I$，有$|f(x_1)-f(x_2)|\leqslant M|x_1-x_2|$).

证　由于 $f'(x)$在 I 上有界，则存在函数 M，使

$$|f'(x)|\leqslant M\quad(x\in I).$$

任取 $x_1,x_2\in I$. 在区间$[x_1,x_2]$(或$[x_2,x_1]$)上利用拉格朗日中值定理，存在介于 x_1 与 x_2 之间的 ξ，使

$$f(x_1)-f(x_2)=f'(\xi)(x_1-x_2),$$

从而有

$$|f(x_1)-f(x_2)|=|f'(\xi)||x_1-x_2|\leqslant M|x_1-x_2|.$$

推论 1　若函数 $f(x)$在区间 I 上可导，且 $f'(x)=0$，则 $f(x)$在区间 I 上为常数.

证　任取 $x_1,x_2\in I$，不妨设 $x_1<x_2$.

在$[x_1,x_2]$上利用拉格朗日中值定理，则存在 $\xi\in(x_1,x_2)$. 使

$$f(x_1)-f(x_2)=f'(\xi)(x_1-x_2)=0,$$

即

$$f(x_1)=f(x_2),$$

从而知 $f(x)$ 在 I 上为常数.

推论 2 若函数 $f(x)$,$g(x)$ 在区间 I 上均可导,且 $f'(x)=g'(x)$,则 $f(x)$ 与 $g(x)$ 相差一个常数.

证 设 $F(x)=f(x)-g(x) \quad (x\in I)$.

由已知条件知 $F'(x)=f'(x)-g'(x)=0$,利用推论 1,$F(x)$ 为常数,即 $f(x)$ 与 $g(x)$ 相差一个常数.

柯西中值定理 设函数 $f(x)$ 和 $g(x)$ 满足如下条件:

(1) 在 $[a,b]$ 上均连续;

(2) 在开区间 (a,b) 内均可导;

(3) 对任何 $x\in(a,b)$,$g'(x)\neq 0$,则在 (a,b) 内至少存在一点 ξ,使得

$$\frac{f(b)-f(a)}{g(b)-g(a)}=\frac{f'(\xi)}{g'(\xi)}. \tag{5}$$

证 作辅助函数 $F(x)$,有

$$F(x)=f(x)-f(a)-\frac{f(b)-f(a)}{g(b)-g(a)}[g(x)-g(a)].$$

(定理条件保证分母 $g(b)-g(a)\neq 0$,为什么?)

易知 $F(x)$ 在 $[a,b]$ 上满足罗尔定理条件,故存在 $\xi\in(a,b)$,使得

$$F'(\xi)=f'(\xi)-\frac{f(b)-f(a)}{g(b)-g(a)}g'(\xi)=0.$$

由于 $g'(\xi)\neq 0$,所以有

$$\frac{f(b)-f(a)}{g(b)-g(a)}=\frac{f'(\xi)}{g'(\xi)}.$$

很明显,若取 $g(x)=x$,式(5)即为拉格朗日中值公式.

柯西中值定理与拉格朗日中值定理有同样的几何意义,只需把曲线视为以 x 为参量的参量方程

$$\begin{cases} u=g(x), \\ v=f(x), \end{cases} a\leqslant x\leqslant b,$$

在 uov 平面上表示的一段曲线(见图 3-6).式(5)左端表示连接曲线两端点的线段 AB 的斜率,右端表示曲线上与 $x=\xi$ 相对应的一点 $C(g(\xi),f(\xi))$ 处的切线的斜率,v 对 u 按参数方程求导法则求得的导数

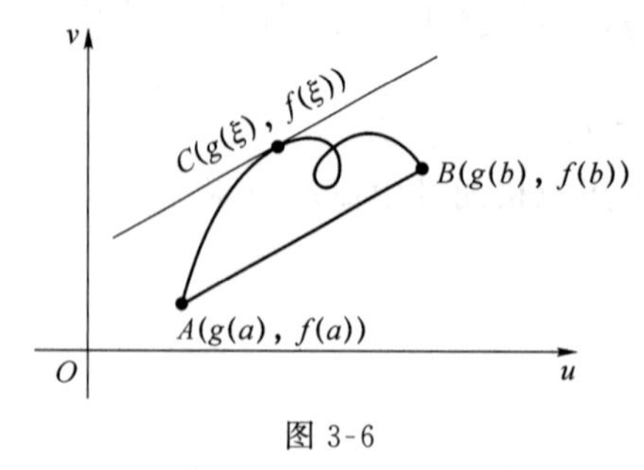

图 3-6

$$\left.\frac{\mathrm{d}v}{\mathrm{d}u}\right|_{x=\xi}=\left.\frac{f'(x)}{g'(x)}\right|_{x=\xi}=\frac{f'(\xi)}{g'(\xi)}.$$

因此,式(1)表示弦 AB 与此切线平行.

例 6　设函数 $f(x)$在$[a,b](a>0)$上连续,在(a,b)内可导,则存在 $\xi\in(a,b)$,使得

$$f(b)-f(a)=\xi f'(\xi)\ln\frac{b}{a}.$$

证　设 $g(x)=\ln x$,它与 $f(x)$在$[a,b]$上一起满足柯西中值定理条件,于是存在 $\xi\in(a,b)$,使得

$$\frac{f(b)-f(a)}{\ln b-\ln a}=\frac{f'(\xi)}{\frac{1}{\xi}},$$

整理后便得 $f(b)-f(a)=\xi f'(\xi)\ln\frac{b}{a}$.

例 7　设函数 $f(x)$在 a 的某邻域内二阶可导,证明对充分小的 h,存在 $\theta(0<\theta<1)$,使得

$$\frac{f(a+h)+f(a-h)-2f(a)}{h^2}=\frac{f''(a+\theta h)+f''(a-\theta h)}{2}.$$

证　若 $h>0$,设 $F(x)=f(a+x)+f(a-x)$,$G(x)=x^2$ 将 $F(x)$、$G(x)$在$[0,h]$上利用柯西中值定理,存在 $\xi_1\in(0,h)$,使

$$\frac{f(a+h)+f(a-h)-2f(a)}{h^2}=\frac{F'(\xi_1)}{G'(\xi_1)}=\frac{f'(a+\xi_1)-f'(a-\xi_1)}{2\xi_1}.$$

再设 $F_1(x)=f'(a+x)-f'(a-x)$,$G_1(x)=x$,将 $F_1(x)$、$G_1(x)$在$[0,\xi_1]$上利用拉格朗日中值定理,存在 $\xi\in(0,\xi_1)\subset(0,h)$,使得

$$\frac{F_1(\xi_1)-F_1(0)}{G_1(\xi_1)-G_1(0)}=\frac{F_1'(\xi)}{G_1'(\xi)},$$

即

$$\frac{f'(a+\xi_1)-f'(a-\xi_1)}{\xi_1}=f''(a+\xi)+f''(a-\xi).$$

由于 $\xi\in(0,h)$,则存在 $\theta(0<\theta<1)$,使 $\xi=\theta h$.

综合以上结论,便得到

$$\frac{f(a+h)+f(a-h)-2f(a)}{h^2}=\frac{f''(a+\theta h)+f''(a-\theta h)}{2}.$$

对于 $h<0$ 的情况可类似讨论.

习题 3-1

1. (1)证明方程 $x^3-3x+C=0$(C 为常数)在区间$[0,1]$内不可能有两个不同的实根;

(2) 证明方程 $x^n+px+q=0$(n 为正整数,p、q 为实数)当 n 为偶数时至多有两个实根,当 n 为奇数时至多有三个实根.

2. 不用求出函数 $f(x)=(x-1)(x-2)(x-3)(x-4)$的导数,说明方程 $f'(x)=0$ 至少有几个实根,并指出它们所在的区间.

3. 若方程 $a_0x^n+a_1x^{n-1}+\cdots+a_{n-1}x=0$ 有一正根 x_0,证明方程 $a_0nx^{n-1}+a_1(n-1)x^{n-2}+\cdots+a_{n-1}=0$ 必有一个小于 x_0 的正根.

4. $f(x)$在$[a,b]$上有二阶导数,且 $f(a)=f(b)=0$,又 $F(x)=(x-a)f(x)$. 证明在(a,b)内至少存在一点 ξ,使 $F''(\xi)=0$.

5. 设 $g(x)$在闭区间$[a,b]$上连续,且在(a,b)内可导,又设对(a,b)内所有 x,$g'(x)\neq0$,则在(a,b)内至少有一点 ξ,使

$$\frac{f'(\xi)}{g'(\xi)}=\frac{f(\xi)-f(a)}{g(b)-g(\xi)}.$$

6. 证明下列不等式:

(1) $\frac{b-a}{b}<\ln\frac{b}{a}<\frac{b-a}{a}$,其中 $0<a<b$; (2) $\frac{h}{1+h^2}<\arctan h<h$,其中 $h>0$.

7. 证明不等式:

(1) $|\arctan a-\arctan b|\leqslant|a-b|$; (2) 当 $x>1$ 时,$e^x>ex$.

8. 设函数 $f(x)$在$[a,b]$上二阶可导,$f(a)=f(b)=0$,且存在一点 $c\in(a,b)$,使 $f(c)>0$,证明至少存在一点 $\xi\in(a,b)$,使 $f''(\xi)<0$.

9. 设 $f(x)$在$[a,b]$上连续,在(a,b)内二阶可导. 连接点$(a,f(a))$和$(b,f(b))$的直线与曲线 $y=f(x)$交于点$(c_1,f(c))$及$(c_2,f(c_2))$$(a<c_1<c_2<b)$. 证明在$(a,b)$内至少存在两点 ξ_1 与 ξ_2,使 $f''(\xi_1)=f''(\xi_2)=0$.

10. 设 $f(x)$在$[a,b]$上连续,在(a,b)内可导,且 $ab>0$,证明在(a,b)内至少存在一点 ξ,使

$$\frac{ab}{b-a}\begin{vmatrix} b & a \\ f(a) & f(b) \end{vmatrix}=\xi^2[f(\xi)+\xi f'(\xi)].$$

11. 设 $x_1,x_2>0$,证明在 x_1 与 x_2 之间存在 ξ,使

$$x_1e^{x_2}-x_2e^{x_1}=(1-\xi)e^{\xi}(x_1-x_2).$$

12. 设 $f(x)$在$[a,b]$$(0<a<b)$上连续,在$(a,b)$内可导. 证明在$(a,b)$内存在 ξ,η,使得

$$f'(\xi)=\frac{\eta^2f'(\eta)}{ab}.$$

第二节　泰勒公式

人们希望一个复杂的函数可以由简单的函数来逼近，多项式函数是较简单的函数，用多项式函数逼近其他函数是近似计算和理论分析的一个重要内容. 泰勒定理就是讨论一个一般的函数与多项式函数之间的联系.

先考察任一 n 次多项式

$$P_n(x)=a_0+a_1(x-x_0)+a_2(x-x_0)^2+\cdots+a_n(x-x_0)^n. \tag{1}$$

逐次求它在 x_0 的各阶导数，得到

$$P_n(x_0)=a_0, P_n'(x_0)=a_1, P_n''(x_0)=2!\,a_2, \cdots, P_n^{(n)}(x_0)=n!\,a_n,$$

即

$$a_0=P_n(x_0), a_1=\frac{P_n'(x_0)}{1!}, a_2=\frac{P_n''(x_0)}{2!}, \cdots, a_n=\frac{P_n^{(n)}(x_0)}{n!}.$$

由此可知，多项式 $P(x)$ 的各项系数由其在 x_0 的各阶导数值唯一确定.

对于一般的函数 $f(x)$，如果它在 x_0 点存在直到 n 阶导数，由这些导数构造一个 n 次多项式

$$T_n(x)=f(x_0)+\frac{f'(x_0)}{1!}(x-x_0)+\frac{f''(x_0)}{2!}(x-x_0)^2+\cdots+\frac{f^{(n)}(x_0)}{n!}(x-x_0)^n,$$

称此多项式为 $f(x)$ 在点 x_0 处的泰勒(Taylor)多项式，$T_n(x)$ 的各项系数 $\frac{f^{(k)}(x_0)}{k!}$ $(k=0,1,2,\cdots,n)$ 称为泰勒系数. 由上面对多项式的讨论易知 $f(x)$ 与其泰勒多项式 $T_n(x)$ 在点 x_0 有相同的函数值和相同的直至 n 阶导数值，即

$$f^{(k)}(x_0)=T_n^{(k)}(x_0), \quad k=0,1,2,\cdots,n. \tag{2}$$

下面的泰勒公式给出 $f(x)$ 与 $T_n(x)$ 的关系.

一、带有佩亚诺型余项的泰勒公式

定理 1　若函数 $f(x)$ 在点 x_0 存在直至 n 阶导数，则有

$$f(x)=T_n(x)+o((x-x_0)^n),$$

即

$$f(x)=f(x_0)+f'(x_0)(x-x_0)+\frac{f''(x_0)}{2!}(x-x_0)^2+\cdots+\frac{f^{(n)}(x_0)}{n!}(x-x_0)^n+o((x-x_0)^n). \tag{3}$$

证　设 $R_n(x)=f(x)-T_n(x)$，　$Q_n(x)=(x-x_0)^n$，只需证明 $\lim\limits_{x\to x_0}\frac{R_n(x)}{Q_n(x)}=0$.

由关系式(2)可知，

$$R_n(x_0)=R'(x_0)=\cdots=R_n^{(n)}(x_0)=0,$$

并易知

$$Q_n(x_0)=Q_n'(x_0)=\cdots=Q_n^{(n-1)}(x_0)=0,Q_n^{(n)}(x_0)=n!.$$

由于 $f^{(n)}(x_0)$存在,则 $f(x)$在 x_0 的某邻域 $U(x_0)$内存在直至 $n-1$ 阶导函数. 于是当 $x\in \mathring{U}(x_0)$时(不妨设 $x>x_0$),利用柯西中值定理 $n-1$ 次,存在

$$\xi_1\in(x_0,x),\xi_2\in(0,\xi_1),\cdots,\xi_{n-2}\in(0,\xi_{n-3}),\xi\in(0,\xi_{n-2})$$

使得

$$\begin{aligned}\frac{R_n(x)}{Q_n(x)}&=\frac{R_n(x)-R_n(x_0)}{Q_n(x)-Q_n(x_0)}=\frac{R_n'(\xi_1)}{Q_n'(\xi_1)}=\frac{R_n'(\xi_1)-R_n'(x_0)}{Q_n'(\xi_1)-Q_n'(x_0)}\\&=\cdots=\frac{R_n^{(n-1)}(\xi)}{Q_n^{(n-1)}(\xi)}=\frac{f^{(n-1)}(\xi)-f^{(n-1)}(x_0)-f^{(n)}(x_0)(\xi-x_0)}{n(n-1)\cdots2(\xi-x_0)}\\&=\frac{1}{n!}\left[\frac{f^{(n-1)}(\xi)-f^{(n-1)}(x_0)}{\xi-x_0}-f^{(n)}(x_0)\right].\end{aligned}$$

注意到当 $x\to x_0$ 时,$\xi\to x_0$,从而有

$$\lim_{x\to x_0}\frac{R_n(x)}{Q_n(x)}=0.$$

式(3)称为函数 $f(x)$在点 x_0 处的泰勒公式,其中 $R_n(x)=f(x)-T_n(x)$称为泰勒公式的余项,形如 $o((x-x_0)^n)$型的余项称为佩亚诺型余项. 所以式(3)又称为带有佩亚诺型余项的泰勒公式.

在学习导数和微分概念时已知,如果函数 $f(x)$在点 x_0 处可导,则有

$$f(x)=f(x_0)+f'(x_0)(x-x_0)+o(x-x_0),$$

这实际上是 $n=1$ 时泰勒公式的特殊情形.

以后用得较多的是泰勒公式(3)在 $x_0=0$ 时的特殊形式

$$f(x)=f(0)+f'(0)x+\frac{f''(0)}{2!}x^2+\cdots+\frac{f^{(n)}(0)}{n!}x^n+o(x^n), \tag{4}$$

它也称为(带佩亚诺型余项的)麦克劳林(Maclaurin)公式.

另外,还需指出的是,若 $f(x)$满足定理条件,n 次多项式 $P_n(x)$与 $f(x)$满足

$$f(x)=P_n(x)+o((x-x_0)^n),$$

可简单验证 $P_n(x)$一定为泰勒多项式. 这也就是说,在定理条件下,$f(x)$的 n 次逼近多项式是唯一的. 这就为以后间接求一个函数的泰勒公式提供了理论依据.

例 1 验证下列函数的麦克劳林公式.

(1) $\mathrm{e}^x=1+x+\frac{x^2}{2!}+\cdots+\frac{x^n}{n!}+o(x^n)$;

(2) $\sin x=x-\frac{x^3}{3!}+\frac{x^5}{5!}+\cdots+(-1)^{m-1}\frac{x^{2m-1}}{(2m-1)!}+o(x^{2m})$;

(3) $\cos x=1-\frac{x^2}{2!}+\frac{x^4}{4!}+\cdots+(-1)^m\frac{x^{2m}}{(2m)!}+o(x^{2m+1})$;

(4) $\ln(1+x)=x-\frac{x^2}{2}+\frac{x^3}{3}+\cdots+(-1)^{n-1}\frac{x^n}{n}+o(x^n)$;

(5) $(1+x)^\alpha=1+\alpha x+\frac{\alpha(\alpha-1)}{2!}x^2+\cdots+\frac{\alpha(\alpha-1)\cdots(\alpha-n+1)}{n!}x^n+o(x^n)$;

(6) $\frac{1}{1-x}=1+x+x^2+\cdots+x^n+o(x^n)$.

证　这里只验证前两个公式,其余由读者自行证明.

(1) 设 $f(x)=e^x$.

因为

$$f(x)=f'(x)=\cdots=f^{(n)}(x)=e^x,$$

所以

$$f(0)=f'(0)=\cdots=f^{(n)}(0)=1,$$

将这些值代入式(4),便得到 e^x 的麦克劳林公式.

(2) 设 $f(x)=\sin x$.

由于 $f^{(k)}(x)=\sin\left(x+\frac{k\pi}{2}\right)$,因此

$$f^{(2k)}(0)=0, f^{(2k-1)}(0)=(-1)^{k-1}, k=1,2,\cdots,n,$$

将其代入式(4).便得到 $\sin x$ 的麦克劳林公式.需要说明的是由于此时 $T_{2m-1}(x)=T_{2m}(x)$,因此公式中的余项可写作 $o(x^{2m-1})$,也可写作 $o(x^{2m})$.

以上公式在后续的学习中非常重要,务必熟记,利用这些公式可间接求得其他一些函数的麦克劳林公式,还可以用来求某种类型的极限.

例 2　求 $f(x)=\ln x$ 在 $x=2$ 处的泰勒公式.

解　由于 $\ln x=\ln[2+(x-2)]=\ln 2+\ln\left(1+\frac{x-2}{2}\right)$.

因此,利用例 1 中的麦克劳林公式(4),有

$$\ln x=\ln 2+\frac{1}{2}(x-2)-\frac{1}{2\cdot 2^2}(x-2)^2+\cdots+(-1)^{n-1}\frac{1}{n\times 2^n}(x-2)^n+o((x-2)^n).$$

例 3　写出 $f(x)=e^{-\frac{x^2}{2}}$ 的麦克劳林公式,并求 $f^{(98)}(0)$ 与 $f^{(99)}(0)$.

解　用 $-\frac{x^2}{2}$ 替换例 1 公式(1)中的 x,便有

$$e^{-\frac{x^2}{2}}=1-\frac{x^2}{2}+\frac{x^4}{2^2\times 2!}+\cdots+(-1)^n\frac{x^{2n}}{2^n\times n!}+o(x^{2n})$$

为所示的麦克劳林公式(由 n 次逼近多次式的唯一性).

由泰勒公式分数的定义,在上述 $f(x)$ 的麦克劳林公式中,x^{98} 与 x^{99} 的系数分别为

$$\frac{1}{98!}f^{(98)}(0)=(-1)^{49}\frac{1}{2^{49}\times 49!},$$

$$\frac{1}{99!}f^{(99)}(0)=0,$$

由此可知,$f^{(98)}(0)=-\frac{98!}{2^{49}\times 49!}$,$f^{(99)}(0)=0$.

例 4 求极限$\lim\limits_{x\to 0}\frac{e^x\sin x-x(1+x)}{x^3}$.

解 本题分子涉及例 1 中的函数,且分母为多项式函数,故考虑将分子用麦克劳林公式表示(写到 3 次项):

$$e^x=1+x+\frac{x^2}{2!}+\frac{x^3}{3!}+o(x^3),$$

$$\sin x=x-\frac{x^3}{3!}+o(x^3),$$

因而

$$\lim_{x\to 0}\frac{e^x\sin x-x(1+x)}{x^3}=\lim_{x\to 0}\frac{x+x^2+\frac{1}{3}x^3-x(1+x)+0(x^3)}{x^3}=\frac{1}{3}.$$

二、带有拉格朗日型余项的泰勒公式

前面所讲的带有佩亚诺型余项的泰勒公式只是定性地说明:当 $x\to x_0$ 时用 n 次多项式逼近函数 $f(x)$的误差是较$(x-x_0)^n$ 高阶的无穷小量.下面将构造一个定量形式的余项,以便于对误差进行计算或估计.

泰勒定理 若函数 $f(x)$在$[a,b]$上存在直至 n 阶连续导函数,在(a,b)内存在 $n+1$ 阶导数,则对于任意给定的 $x,x_0\in[a,b]$至少存在一点 $\xi\in(a,b)$,使得

$$\begin{aligned}f(x)=f(x_0)+f'(x_0)(x-x_0)+\frac{f''(x_0)}{2!}(x-x_0)^2+\cdots\\+\frac{f^{(n)}(x_0)}{n!}(x-x_0)^n+\frac{f^{(n+1)}(\xi)}{(n+1)!}(x-x_0)^{n+1}.\end{aligned}\tag{5}$$

证 作辅助函数

$$F(t)=f(x)-\left[f(t)+f'(t)(x-t)+\cdots+\frac{f^{(n)}(t)}{n!}(x-t)^n\right],$$

$$G(t)=(x-t)^{n+1},$$

所需证的式(5)即为

$$\frac{F(x_0)}{G(x_0)}=\frac{f^{(n+1)}(\xi)}{(n+1)!}.$$

不妨设 $x_0<x$,由于

$$F'(t)=-\frac{f^{(n+1)}(t)}{n!}(x-t)^n,\ G'(t)=(n+1)(x-t)^n\neq 0,$$

则 $F(x)$ 与 $G(x)$ 在 $[x_0,x]$ 上满足柯西中值定理条件，注意到 $F(x)=G(x)=0$，从而存在 $\xi\in(x_0,x)\subset(a,b)$，使

$$\frac{F(x_0)}{G(x_0)}=\frac{F(x_0)-F(x)}{G(x_0)-G(x)}=\frac{F'(\xi)}{G'(\xi)}=\frac{f^{(n+1)}(\xi)}{(n+1)!}.$$

式(5)同样称为泰勒公式，它的余项 $\frac{f^{(n+1)}(\xi)}{(n+1)!}(x-x_0)^{n+1}$ 称为拉格朗日型余项，其中 ξ 可写为 $\xi=x_0+\theta(x-x_0)(0<\theta<1)$，所以式(5)又称为带有拉格朗日型余项的泰勒公式.

当 $n=0$ 时，式(5)即为拉格朗日中值公式，即

$$f(x)-f(x_0)=f'(\xi)(x-x_0),$$

所以，泰勒定理为拉格朗日中值定理的推广形式.

当 $x_0=0$ 时，得到如下的泰勒公式

$$f(x)=f(0)+f'(0)x+\frac{f''(0)}{2!}x^2+\cdots+\frac{f^{(n)}(0)}{n!}x^n+\frac{f^{(n+1)}(\theta x)}{(n+1)!}x^{n+1}\quad(0<\theta<1).\tag{6}$$

式(6)也称为(带有拉格朗日型余项的)麦克劳林公式.

例 5　写出例 1 中六个函数的带有拉格朗日型余项的麦克劳林公式.

解　先写出六个公式，随后验证其中两个.

(1) $\mathrm{e}^x=1+x+\frac{x^2}{2!}+\cdots+\frac{x^n}{n!}+\frac{\mathrm{e}^{\theta x}}{(n+1)!}x^{n+1},\quad 0<\theta<1, x\in(-\infty,+\infty).$

(2) $$\sin x=x-\frac{x^3}{3!}+\frac{x^5}{5!}+\cdots+(-1)^{m-1}\frac{x^{2m-1}}{(2m-1)!}$$
$$+(-1)^m\frac{\cos\theta x}{(2m+1)!}x^{2m+1}, 0<\theta<1, x\in(-\infty,+\infty).$$

(3) $$\cos x=1-\frac{x^2}{2!}+\frac{x^4}{4!}+\cdots+(-1)^m\frac{x^{2m}}{(2m)!}$$
$$+(-1)^{m+1}\frac{\cos\theta x}{(2m+2)!}x^{2m+2}, 0<\theta<1, x\in(-\infty,+\infty).$$

(4) $$\ln(1+x)=x-\frac{x^2}{2}+\frac{x^3}{3}+\cdots+(-1)^{n-1}\frac{x^n}{n}$$
$$+(-1)^n\frac{x^{n+1}}{(n+1)(1+\theta x)^{n+1}}, 0<\theta<1, x>-1.$$

(5) $$(1+x)^\alpha=1+\alpha x+\frac{\alpha(\alpha-1)}{2!}x^2+\cdots+\frac{\alpha(\alpha-1)\cdots(\alpha-n+1)}{n!}x^n$$
$$+\frac{\alpha(\alpha-1)\cdots(\alpha-n)}{(n+1)!}(1+\theta x)^{\alpha-n-1}x^{n+1}, 0<\theta<1, x>-1.$$

(6) $\frac{1}{1-x}=1+x+x^2+\cdots+x^n+\frac{x^{n+1}}{(1-\theta x)^{n+2}}, 0<\theta<1, |x|<1.$

下面只验证(1)和(2)，其余留给读者自行验证.

(1) 设 $f(x)=\mathrm{e}^x$.

因为

$$f'(x)=f''(x)=\cdots=f^{(n)}(x)=\mathrm{e}^x,$$

所以

$$f(0)=f'(0)=f''(0)=\cdots=f^{(n)}(0)=1.$$

又由于

$$f^{(n+1)}(\theta x)=\mathrm{e}^{\theta x},$$

将以上所得代入式(6),便得 e^x 的麦克劳林公式.

由这个公式可知,若用 e^x 的 n 次泰勒多项式近似表示 e^x,即

$$\mathrm{e}^x\approx 1+x+\frac{x^2}{2!}+\cdots+\frac{x^n}{n!},$$

所产生的误差为

$$|R_n(x)|=\left|\frac{\mathrm{e}^{\theta x}}{(n+1)!}x^{n+1}\right|<\frac{\mathrm{e}^{|x|}}{(n+1)!}|x|^{n+1}\quad(0<\theta<1).$$

如果取 $x=1$,无理数 e 可近似写为

$$\mathrm{e}\approx 1+1+\frac{1}{2!}+\cdots+\frac{1}{n!},$$

误差为

$$|R_n|<\frac{\mathrm{e}}{(n+1)!}<\frac{3}{(n+1)!}.$$

容易计算出,$n=10$ 时,$\mathrm{e}\approx 2.718\ 282$,误差不超过 10^{-8}.

(2) 设 $f(x)=\sin x$.

因为

$$f'(x)=\cos x, f''(x)=-\sin x, f'''(x)=-\cos x,$$

$$f^{(4)}(x)=\sin x,\cdots,f^{(n)}(x)=\sin\left(x+\frac{n\pi}{2}\right),$$

所以

$f(0)=0,f'(0)=1,f''(0)=0,f'''(0)=-1,f^{(4)}(0)=0,\cdots$(循环取 0,1,0,−1 四个数).

令 $n=2m$,并注意到

$$R_{2m}(x)=\frac{\sin\left[\theta x+(2m+1)\frac{\pi}{2}\right]}{(2m+1)!}x^{2m+1}=(-1)^m\frac{\cos\theta x}{(2m+1)!}x^{2m+1},$$

将以上所得代入式(6),便得到 $\sin x$ 的麦克劳林公式.

如果取 $m=1,2,3$,代入 $\sin x$ 的麦克劳林公式,可得近似式

$$\sin x\approx x,$$

$$\sin x\approx x-\frac{1}{3!}x^3,$$

$$\sin x\approx x-\frac{x^3}{3!}+\frac{1}{5!}x^5,$$

其误差的绝对值依次不超过$\frac{1}{3!}|x|^3$，$\frac{1}{5!}|x|^5$，$\frac{1}{7!}|x|^7$.

读者可从图 3-7 中比较正弦函数与以上三个泰勒多项式的图像.

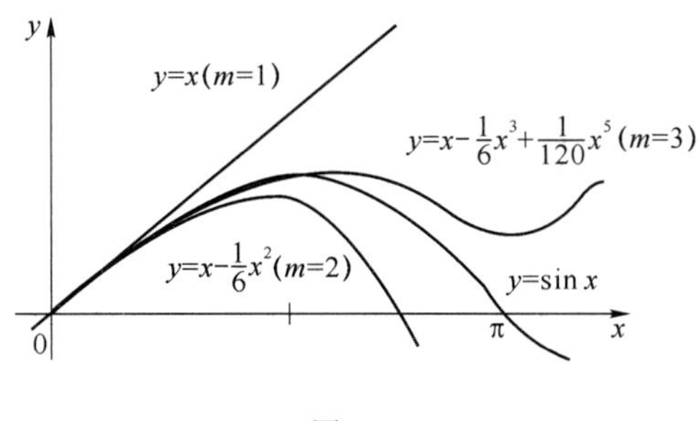

图 3-7

例 6　证明 e 为无理数.

证　由 e^x 的麦克劳林公式(例 5(1))，当 $x=1$ 时有

$$e=1+1+\frac{1}{2!}+\frac{1}{3!}+\cdots+\frac{1}{n!}+\frac{e^\theta}{(n+1)!}\qquad(0<\theta<1),$$

从而可得

$$n!\,e-(n!+n!+3\times4\times\cdots\times n+4\times5\times\cdots\times n+\cdots+n+1)=\frac{e^\theta}{n+1}.$$

若 e 为有理数(设为$\frac{q}{p}$，p 和 q 为正整数)，则当 $n>p$ 时，$n!\,e$ 为正整数，从而上式左端为整数. 由于$\frac{e^\theta}{n+1}<\frac{e}{n+1}<\frac{3}{n+1}$，故当 $n\geqslant2$ 时右端为非整数，得出矛盾. 故 e 必为无理数.

习题 3-2

1. 求下列函数带佩亚诺型余项的麦克劳林公式.

(1) $f(x)=\frac{1}{\sqrt{1+x}}$；　　(2) $f(x)=xe^x$；

(3) $f(x)=\tan x$，直到含有 x^5 的项.

2. 求下列函数在指定点处的带拉格朗日型余项的泰勒公式.

(1) $f(x)=x^3+4x^2+5$，在 $x=1$ 处；　　(2) $f(x)=\frac{1}{x}$，在 $x=-1$ 处；

(3) $f(x)=\sqrt{x}$，在 $x=4$ 处，直到含有 $(x-4)^4$ 的项.

3. 估计下列近似公式的绝对误差，并求近似值.

(1) $\sin x \approx x-\frac{x^3}{6}, x\in\left[-\frac{1}{2},\frac{1}{2}\right]$,求 $\sin 18°$的近似值;

(2) $\sqrt{1+x}\approx 1+\frac{x}{2}-\frac{x^2}{8}, x\in[0,1]$,求 $\sqrt{1.3}$的近似值.

4. 求下列各式的极限.

(1) $\lim\limits_{x\to 0}\frac{1}{x}\left(\frac{1}{x}-\cot x\right)$; (2) $\lim\limits_{x\to 0}\frac{\cos x-\mathrm{e}^{-\frac{x^2}{2}}}{x^2[x+\ln(1-x)]}$;

(3) $\lim\limits_{x\to\infty}\left[x-x^2\ln\left(1+\frac{1}{x}\right)\right]$; (4) $\lim\limits_{x\to+\infty}(\sqrt[3]{x^3+3x^2}-\sqrt[4]{x^4-2x^3})$.

(5) $\lim\limits_{x\to 0}[\ln\arctan(2x^2)-\ln(1-\cos x)]$; (6) $\lim\limits_{x\to\infty}\left(\frac{x^2}{x^2-1}\right)^x$.

5. 设函数 $f(x)$在区间$[a,b]$上具有二阶导数,且 $f'(a)=f'(b)=0$. 证明在(a,b)内至少存在一点 ξ 使

$$|f''(\xi)|\geqslant 4\frac{|f(b)-f(a)|}{(b-a)^2}.$$

第三节 不定式

根据第二章的知识,在 $x\to 0$ 时,$\sin x$ 与 x 为等价无穷小量,由此可计算两个无穷小量之比

$$\frac{\sin x}{kx}(k\neq 0),\quad \frac{\sin x}{x^2},\quad \frac{\sin^2 x}{x},\quad \frac{x\sin\frac{1}{x}}{\sin x}$$

在 $x\to 0$ 时的极限,发现这种极限可能不存在,也可能存在(等于任何数或∞). 两个无穷大量之比也有类似的结论. 因此,称两个无穷小量之比或两个无穷大量之比为不定式,并分别记为$\frac{0}{0}$型和$\frac{\infty}{\infty}$型,这一节将以导数为工具研究不定式的极限,介绍计算不定式极限的一个重要方法——洛必达(L'Hospital)法则. 有了这一法则,极限的计算问题会有很大改观.

一、$\frac{0}{0}$型不定式的极限

定理 1 若函数 $f(x)$和 $g(x)$满足:

(1) $\lim\limits_{x\to x_0}f(x)=\lim\limits_{x\to x_0}g(x)=0$;

(2) 在点 x_0 的某去心邻域$\mathring{U}(x_0)$内二者均可导,且 $g'(x)\neq 0$;

(3) $\lim\limits_{x\to x_0}\frac{f'(x)}{g'(x)}=A$($A$ 可为实数,也可为$\pm\infty$或∞);

则

$$\lim_{x\to x_0}\frac{f(x)}{g(x)}=\lim_{x\to x_0}\frac{f'(x)}{g'(x)}=A.$$

证　补充定义 $f(x_0)=g(x_0)=0$，这样 $f(x)$ 与 $g(x)$ 均在 x_0 连续. 任取 $x\in\mathring{U}(x_0)$（不妨设 $x>x_0$），在区间 $[x_0,x]$ 上应用柯西中值定理，存在 $\xi\in(x_0,x)$，使

$$\frac{f(x)}{g(x)}=\frac{f(x)-f(x_0)}{g(x)-g(x_0)}=\frac{f'(\xi)}{g'(\xi)},$$

注意到 $x\to x_0$ 时，也有 $\xi\to x_0$，从而有

$$\lim_{x\to x_0}\frac{f(x)}{g(x)}=\lim_{x\to x_0}\frac{f'(\xi)}{g'(\xi)}=A.$$

注意　将定理中的 $x\to x_0$ 换成 $x\to x_0^+$，$x\to x_0^-$ 也有同样的结论. 若将 $x\to x_0$ 换成 $x\to\pm\infty$ 或 $x\to\infty$（相应地修改条件(2)的邻域），只需利用变换 $x=\frac{1}{t}$，也可得到同样的结论，证明过程由读者自行完成.

例 1　求极限 $\lim\limits_{x\to\pi}\frac{1+\cos x}{\tan^2 x}$.

解　这是 $\frac{0}{0}$ 型不定式极限. 设 $f(x)=1+\cos x$，$g(x)=\tan^2 x$.

因为

$$\lim_{x\to\pi}\frac{f'(x)}{g'(x)}=\lim_{x\to\pi}\frac{-\sin x}{2\tan x\sec^2 x}=-\lim_{x\to\pi}\frac{\cos^3 x}{2}=\frac{1}{2},$$

由洛必达法则知

$$\lim_{x\to\pi}\frac{f(x)}{g(x)}=\lim_{x\to\pi}\frac{f'(x)}{g'(x)}=\frac{1}{2}.$$

例 2　求极限 $\lim\limits_{x\to 0}\frac{x-\sin x}{x^3}$.

解　这是 $\frac{0}{0}$ 型不定式极限，可利用两次洛必达法则计算如下：

$$\lim_{x\to 0}\frac{x-\sin x}{x^3}=\lim_{x\to 0}\frac{1-\cos x}{3x^2}=\lim_{x\to 0}\frac{\sin x}{6x}=\frac{1}{6}.$$

例 3　求极限 $\lim\limits_{x\to 0}\frac{x-\tan x}{x^3}$.

解　这是 $\frac{0}{0}$ 型不定式极限，可连用三次洛必达法则计算：

$$\lim_{x\to 0}\frac{x-\tan x}{x^3}=\lim_{x\to 0}\frac{1-\sec^2 x}{3x^2}=\lim_{x\to 0}\frac{-2\sec^2 x\cdot\tan x}{6x}$$

$$=-\lim_{x\to 0}\frac{2\sec^2 x\tan^2 x+\sec^4 x}{3}=-\frac{1}{3},$$

或利用一次洛必达法则计算：

$$\lim_{x\to 0}\frac{x-\tan x}{x^3}=\lim_{x\to 0}\frac{1-\sec^2 x}{3x^2}=\lim_{x\to 0}\frac{-\tan^2 x}{3x^2}=-\frac{1}{3}.$$

洛必达法则有时与等价无穷小代换、重要极限、泰勒公式等重要求极限方法结合使用，效果会更好.

例 4 求极限$\lim\limits_{x\to 0}\dfrac{\tan x-x}{x^2\sin x}$.

解 这是$\dfrac{0}{0}$型不定式极限.如果直接利用洛必达法则分母的导数较烦琐.若用 x 代替其等价无穷小 $\sin x$ 就方便多了.

$$\lim_{x\to 0}\frac{\tan x-x}{x^2\sin x}=\lim_{x\to 0}\frac{\tan x-x}{x^3}=\lim_{x\to 0}\frac{\sec^2 x-1}{3x^2}=\lim_{x\to 0}\frac{\tan^2 x}{3x^2}=\frac{1}{3}.$$

例 5 计算极限 $\lim\limits_{x\to 0^+}\dfrac{e-(1+x)^{\frac{1}{x}}}{x}$.

解 这是$\dfrac{0}{0}$型不定式极限.用洛必达法则得

$$\lim_{x\to 0^+}\frac{e-(1+x)^{\frac{1}{x}}}{x}=\lim_{x\to 0^+}\left[-(1+x)^{\frac{1}{x}}\frac{\frac{x}{1+x}-\ln(1+x)}{x^2}\right]=-e\lim_{x\to 0^+}\frac{\frac{x}{1+x}-\ln(1+x)}{x^2},$$

此时仍为$\dfrac{0}{0}$型不定式极限，可继续利用洛必达法则计算(读者自行完成)，下面用泰勒公式来计算.因

$$\frac{x}{1+x}=x-x^2+o(x^2),$$

$$\ln(1+x)=x-\frac{1}{2}x^2+o(x^2),$$

从而

$$\lim_{x\to 0}\frac{\frac{x}{1+x}-\ln(1+x)}{x^2}=\lim_{x\to 0}\frac{-\frac{1}{2}x^2+o(x^2)}{x^2}=-\frac{1}{2},$$

$$\lim_{x\to 0^+}\frac{e-(1+x)^{\frac{1}{x}}}{x}=\frac{1}{2}e.$$

二、$\dfrac{\infty}{\infty}$型不定式的极限

定理 2 若函数 $f(x)$与 $g(x)$满足：

(1) $\lim\limits_{x\to x_0}f(x)=\lim\limits_{x\to x_0}g(x)=\infty$；

(2) 在 x_0 的某右邻域内二者均可导，且 $g'(x)\neq 0$；

(3) $\lim\limits_{x\to x_0}\dfrac{f'(x)}{g'(x)}=A$（$A$ 可为实数，也可为 $\pm\infty$ 或 ∞）；

则

$$\lim_{x\to x_0^+}\frac{f(x)}{g(x)}=\lim_{x\to x_0^+}\frac{f'(x)}{g'(x)}=A.$$

证　先设 A 为实数，由条件(3)，对任给正数 ε，存在 $x_1\in\mathring{U}_+(x_0)$，使得对任何 $x\in(x_0,x_1)$，有

$$\left|\frac{f'(x)}{g'(x)}-A\right|<\frac{\varepsilon}{2},\tag{1}$$

再由条件(2)，将 $f(x)$ 与 $g(x)$ 在 $[x,x_1]$ 上利用柯西中值定理，则存在 $\xi\in(x,x_1)\subset(x_0,x_1)$，使得

$$\frac{f(x_1)-f(x)}{g(x_1)-g(x)}=\frac{f'(\xi)}{g'(\xi)}.$$

由上面所证式(1)，有

$$\left|\frac{f(x_1)-f(x)}{g(x_1)-g(x)}-A\right|<\frac{\varepsilon}{2},\tag{2}$$

又

$$\left|\frac{f(x)}{g(x)}-\frac{f(x_1)-f(x)}{g(x_1)-g(x)}\right|=\left|\frac{f(x_1)-f(x)}{g(x_1)-g(x)}\right|\left|\frac{\dfrac{g(x_1)}{g(x)}-1}{\dfrac{f(x_1)}{f(x)}-1}-1\right|,$$

由式(2)可知，右边第一个因子为有界量；由于 $f(x)$，$g(x)$ 均为无穷大量，对于固定的 x_1，右边第二个因子在 $x\to x_0$ 时是无穷小量. 因而存在正数 δ，使得 $x\in(x_0,x_0+\delta)\subset(x_0,x_1)$ 时有

$$\left|\frac{f(x)}{g(x)}-\frac{f(x_1)-f(x)}{g(x_1)-g(x)}\right|<\frac{\varepsilon}{2}.\tag{3}$$

从而对一切 $x\in(x_0,x_0+\delta)$，由式(2)和式(3)，有

$$\left|\frac{f(x)}{g(x)}-A\right|\leqslant\left|\frac{f(x)}{g(x)}-\frac{f(x_1)-f(x)}{g(x_1)-g(x)}\right|+\left|\frac{f(x_1)-f(x)}{g(x_1)-g(x)}-A\right|<\varepsilon,$$

这就证明

$$\lim_{x\to x_0}\frac{f(x)}{g(x)}=A.$$

类似可证明 $A=\pm\infty$ 或 ∞ 的情形，这里不再赘述.

定理对于 $x\to x_0^-$，$x\to x_0$，$x\to\pm\infty$，$x\to\infty$ 等情形也有同样的结论.

例 6　求极限 $\lim\limits_{x\to+\infty}\dfrac{\ln x}{x^{\alpha}}(\alpha>0)$.

解　这是 $\dfrac{\infty}{\infty}$ 型不定式极限. 利用洛必达法则有

$$\lim_{x\to+\infty}\frac{\ln x}{x^{\alpha}}=\lim_{x\to+\infty}\frac{\frac{1}{x}}{\alpha x^{\alpha-1}}=\lim_{x\to+\infty}\frac{1}{\alpha x^{\alpha}}=0.$$

例 7 求极限 $\lim\limits_{x\to+\infty}\dfrac{x^{\alpha}}{a^{x}}(\alpha>0,a>1)$.

解 这是$\dfrac{\infty}{\infty}$型不定式极限,利用洛必达法则有

$$\lim_{x\to+\infty}\frac{x^{\alpha}}{a^{x}}=\lim_{x\to+\infty}\frac{\alpha x^{\alpha-1}}{a^{x}\ln a}=\frac{\alpha}{\ln a}\lim_{x\to+\infty}\frac{x^{\alpha-1}}{a^{x}}.$$

上式分子次数降低一次,若 $\alpha-1\leqslant 0$,右端极限为 0.

若 $\alpha-1>0$,连续用洛必达法则直至分子次数不大于 0,即

$$\lim_{x\to+\infty}\frac{x^{\alpha}}{a^{x}}=\frac{\alpha(\alpha-1)\cdots(\alpha-[\alpha])}{(\ln a)^{[\alpha]+1}}\lim_{x\to+\infty}\frac{x^{\alpha-[\alpha]-1}}{a^{x}}=0.$$

由以上两例可知,在 $x\to+\infty$时,$a^{x}(a>1)$是较 $x^{\alpha}(\alpha>0)$高阶的无穷大量,而 $x^{\alpha}(\alpha>0)$是较 $\ln x$ 高阶的无穷大量. 以后在涉及无穷大量阶的比较时可直接利用上述结论.

还需指出的是,定理中的条件只是充分条件. 若$\lim\limits_{x\to x_0}\dfrac{f'(x)}{g'(x)}$不存在,并不意味着$\lim\limits_{x\to x_0}\dfrac{f(x)}{g(x)}$也不存在,只是此时用洛必达法则失效,需寻求其他方法计算.

例如,极限$\lim\limits_{x\to x_0}\dfrac{x+\sin x}{x}$是$\dfrac{\infty}{\infty}$型,利用洛必达法则计算有

$$\lim_{x\to x_0}\frac{x+\sin x}{x}=\lim_{x\to x_0}\frac{1+\cos x}{1},$$

右端极限不存在,并不能说明原式极限也不存在.

用以下方法可求此极限:

$$\lim_{x\to\infty}\frac{x+\sin x}{x}=\lim_{x\to\infty}\left(1+\frac{\sin x}{x}\right)=1+0=1.$$

三、其他类型不定式的极限

不定式极限还有 $0\cdot\infty,1^{\infty},0^{0},\infty^{0},\infty-\infty$等类型,经过简单变换均可化为$\dfrac{0}{0}$型或$\dfrac{\infty}{\infty}$型极限.

例 8 求极限 $\lim\limits_{x\to 0^{+}}x^{\alpha}\ln x(\alpha>0)$.

解 这是 $0\cdot\infty$型不定式极限. 利用恒等变形,即 $x^{\alpha}\ln x=\dfrac{\ln x}{x^{-\alpha}}$转化为$\dfrac{\infty}{\infty}$型的不定式极限,并应用洛必达法则有

$$\lim_{x\to0^+}x^\alpha\ln x=\lim_{x\to0^+}\frac{\ln x}{x^{-\alpha}}=\lim_{x\to0^+}\frac{\frac{1}{x}}{(-\alpha)x^{-\alpha-1}}=\lim_{x\to0^+}\left(-\frac{1}{\alpha}\right)x^\alpha=0.$$

例 9　求$\lim\limits_{x\to0}(\cos x)^{\frac{1}{x^2}}$.

解　这是1^∞型不定式,可利用变形

$$(\cos x)^{\frac{1}{x^2}}=\mathrm{e}^{\frac{\ln\cos x}{x^2}},$$

将指数化为$\frac{0}{0}$型不定式,利用洛必达法则先求极限

$$\lim_{x\to0}\frac{\ln\cos x}{x^2}=\lim_{x\to0}\frac{-\tan x}{2x}=-\frac{1}{2},$$

于是

$$\lim_{x\to0}(\cos x)^{\frac{1}{x^2}}=\mathrm{e}^{-\frac{1}{2}}.$$

$1^\infty,0^0,\infty^0$型不定式均可利用类似的恒等变形

$$f(x)^{g(x)}=\mathrm{e}^{g(x)\ln f(x)}=\mathrm{e}^{\frac{\ln f(x)}{\frac{1}{g(x)}}}$$

化为$\frac{0}{0}$型或$\frac{\infty}{\infty}$型,再利用洛必达法则计算.

例 10　求极限$\lim\limits_{x\to0^+}(\sin x)^{\frac{1}{1+\ln x}}$.

解　这是0^0型不定式极限,作恒等变形,有

$$(\sin x)^{\frac{1}{1+\ln x}}=\mathrm{e}^{\frac{\ln(\sin x)}{1+\ln x}}.$$

先用洛必达法则求$\frac{\infty}{\infty}$型不定式极限:

$$\lim_{x\to0^+}\frac{\ln(\sin x)}{1+\ln x}=\lim_{x\to0^+}\frac{\cot x}{\frac{1}{x}}=\lim_{x\to0^+}\cos x\,\frac{x}{\sin x}=1.$$

例 11　求极限$\lim\limits_{x\to+\infty}\left(x+\sqrt{1+x^2}\right)^{\frac{1}{\ln x}}$.

解　这是∞^0型不定式,作恒等变形,有

$$\left(x+\sqrt{1+x^2}\right)^{\frac{1}{\ln x}}=\mathrm{e}^{\frac{\ln\left(x+\sqrt{1+x^2}\right)}{\ln x}}.$$

先求$\frac{\infty}{\infty}$型不定式极限,即

$$\lim_{x\to+\infty}\frac{\ln(x+\sqrt{1+x^2})}{\ln x}=\lim_{x\to+\infty}\frac{\frac{1}{\sqrt{1+x^2}}}{\frac{1}{x}}=1,$$

从而有

$$\lim_{x\to+\infty}(x+\sqrt{1+x^2})^{\frac{1}{\ln x}}=\mathrm{e}.$$

例 12 求极限$\lim\limits_{x\to\frac{\pi}{2}}(\sec x-\tan x)$.

解 这是$\infty-\infty$型不定式. 由于

$$\sec x-\tan x=\frac{1-\sin x}{\cos x}.$$

上式右端为$\frac{0}{0}$型不定式,应用洛必达法则,得

$$\lim_{x\to\frac{\pi}{2}}(\sec x-\tan x)=\lim_{x\to\frac{\pi}{2}}\frac{1-\sin x}{\cos x}=\lim_{x\to\frac{\pi}{2}}\frac{-\cos x}{-\sin x}=0.$$

习题 3-3

1. 用洛必达法则求以下极限.

(1) $\lim\limits_{x\to0}\frac{\mathrm{e}^x-\mathrm{e}^{-x}}{\sin x}$;

(2) $\lim\limits_{x\to\frac{\pi}{6}}\frac{1-2\sin x}{\cos 3x}$;

(3) $\lim\limits_{x\to0}\frac{\ln(1+x)-x}{\cos x-1}$;

(4) $\lim\limits_{x\to0}\frac{\tan x-x}{x-\sin x}$;

(5) $\lim\limits_{x\to\frac{\pi}{2}}\frac{\tan x-6}{\sec x+5}$;

(6) $\lim\limits_{x\to0^+}\frac{\ln\tan 7x}{\ln\tan 2x}$;

(7) $\lim\limits_{x\to0}x^2\mathrm{e}^{\frac{1}{x^2}}$;

(8) $\lim\limits_{x\to0}\left(\frac{1}{x^2}-\frac{1}{\sin^2x}\right)$;

(9) $\lim\limits_{x\to0}\left(\frac{\tan x}{x}\right)^{\frac{1}{x^2}}$;

(10) $\lim\limits_{x\to0^+}\left(\frac{1}{x}\right)^{\tan x}$;

(11) $\lim\limits_{x\to1}\frac{x-x^x}{1-x+\ln x}$;

(12) $\lim\limits_{x\to0}\frac{\tan^3(2x)}{x^4}\left(1-\frac{x}{\mathrm{e}^x-1}\right)$;

(13) $\lim\limits_{x\to\infty}\left(\sin\frac{2}{x}+\cos\frac{1}{x}\right)^x$;

(14) $\lim\limits_{x\to0}\left(\frac{\sin x}{x}\right)^{\frac{1}{x^2}}$;

(15) $\lim\limits_{x\to0^+}x^{\sin x}$;

(16) $\lim\limits_{x\to0}\left[\frac{1}{\ln(1+x)}-\frac{1}{x}\right]$;

(17) $\lim\limits_{x\to\infty}\left(\frac{2}{\pi}\arctan x\right)^x$;

(18) $\lim\limits_{x\to0^+}\left(\frac{1}{x}\right)^{\tan x}$;

(19) $\lim\limits_{x\to0}\frac{\mathrm{e}^x-\sin x-1}{1-\sqrt{1-x^2}}$;

(20) $\lim\limits_{x\to\infty}\left[x-x^2\ln\left(1+\frac{1}{x}\right)\right]$.

2. 验证下列各式的极限存在,但不能用洛必达法则求出.

(1) $\lim\limits_{x\to\frac{\pi}{2}^+}\dfrac{\tan x}{\tan 3x}$;　　(2) $\lim\limits_{x\to 0}\dfrac{x^2\sin\dfrac{1}{x}}{\sin x}$.

第四节　函数的单调性与极值

第一章给出了单调函数的概念,这一节将讨论可导函数的单调性与其导函数符号的关系,并研究可导函数取极值的条件.

一、函数的单调性

观察处处可导的单调递增函数的切线与单调递减函数的切线时可发现,增函数各点处的切线与 x 轴正向的夹角为锐角,从而知导函数非负;减函数各点处的切线与 x 轴正向的夹角为钝角,从而知导函数非正,如图 3-8 所示.因此,有如下定理.

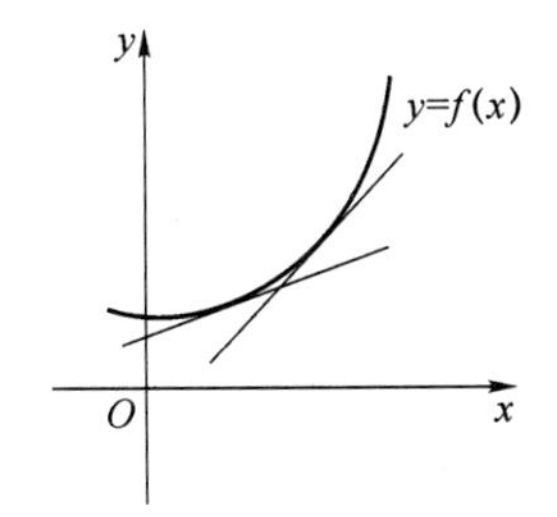

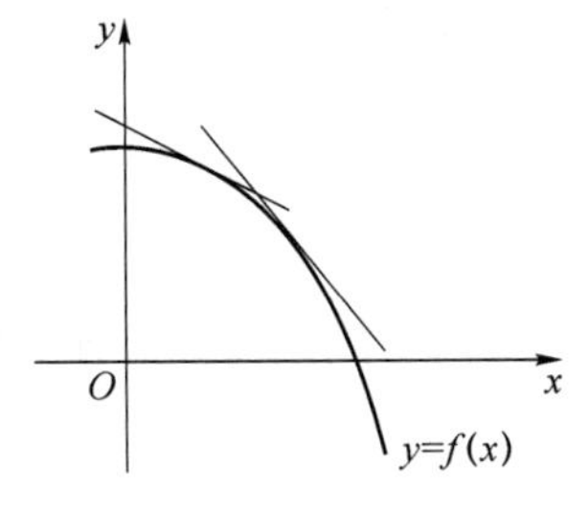

图 3-8

定理 1　设 $f(x)$在区间 I 上可导,则 $f(x)$在 I 上递增(减)的充要条件为

$$f'(x)\geqslant 0\quad (f'(x)\leqslant 0).$$

证　(必要性)设 $f(x)$在 I 上为增函数,则对任何 $x_0\in I$,当 $x\neq x_0, x\in I$ 时有

$$\frac{f(x)-f(x_0)}{x-x_0}\geqslant 0,$$

令 $x\to x_0$,便得 $f'(x_0)\geqslant 0$.

(充分性)若 $f(x)$在区间 I 上恒有 $f'(x)\geqslant 0$,则对任何 $x_1,x_2\in I(x_1<x_2)$,应用拉格朗日中值定理,存在 $\xi\in(x_1,x_2)$,使得

$$f(x_2)-f(x_1)=f'(\xi)(x_2-x_1)\geqslant 0,$$

即

$$f(x_1)\leqslant f(x_2),$$

由此便知 $f(x)$在 I 上为增函数.

对减函数的情形可以类似证明.

在上述定理充分性的证明中,若定理条件改为 $f'(x)>0$,易知 $f(x)$ 在 I 上为严格增函数,但反之不成立. 例如,$f(x)=x^3$,显然 $f(x)$ 在 $(-\infty,+\infty)$ 严格单调递增,但在 $(-\infty,+\infty)$ 上并非恒有 $f'(x)>0$ $(f'(0)=0)$. 从而有以下推论及定理.

推论 1 设 $f(x)$ 在区间 I 上可导,且在区间 I 上恒有

$$f'(x)>0 \quad (f'(x)<0),$$

则 $f(x)$ 在区间 I 上严格单调递增(减).

定理 2 设函数 $f(x)$ 在区间 (a,b) 内可导,则 $f(x)$ 在 (a,b) 内严格递增(递减)的充要条件是:

(1) 对一切 $x\in(a,b)$,有 $f'(x)\geqslant 0$ $(f'(x)\leqslant 0)$;

(2) 在 (a,b) 内的任何子区间上 $f'(x)\not\equiv 0$.

证 只证单调递增的情况,单调递减的情形可类似证明.

(必要性)设 $f(x)$ 在 (a,b) 上严格递增,由前面定理知(1)成立. 下面用反证法证明(2).

若存在 (a,b) 的子区间 (a_1,b_1),$f(x)$ 在 (a_1,b_1) 上满足 $f'(x)=0$,则 $f(x)$ 在 (a_1,b_1) 上为常数. 这与 $f(x)$ 在 (a,b) 上严格递增矛盾.

(充分性)若 $f(x)$ 满足条件(1)、(2). 首先由条件(1)知,$f(x)$ 为 (a,b) 上的增函数. 下面用反证法证明 $f(x)$ 严格递增.

假设 $f(x)$ 在 (a,b) 上不为严格递增函数,则存在 $x_1,x_2\in(a,b)$,$x_1<x_2$,使得

$$f(x_1)=f(x_2).$$

由于 $f(x)$ 在 (a,b) 上为增函数,则对于任何 $x\in(x_1,x_2)$,有

$$f(x_1)\leqslant f(x)\leqslant f(x_2),$$

从而有

$$f(x_1)=f(x)=f(x_2),$$

这说明 $f(x)$ 在子区间 (x_1,x_2) 上为常数,与条件(2)矛盾.

注意 若函数 $f(x)$ 在端点 a 右连续,在 (a,b) 内可导,则以上定理的条件(1)、(2)为 $f(x)$ 在区间 $[a,b)$ 严格单调的充要条件. 对于函数 $f(x)$ 在端点 b 左连续或同时在端点 a,b 上连续的情形可类似讨论.

例 1 设 $f(x)=3x-x^3$. 试讨论函数 $f(x)$ 的单调区间.

解 因 $f'(x)=3-3x^2=3(1+x)(1-x)$. 因而,在 $(-1,1)$ 内,$f'(x)>0$,函数 $f(x)$ 严格单调递增;在 $(-\infty,-1)$ 与 $(1,+\infty)$ 内,$f'(x)<0$,函数 $f(x)$ 严格单调递减. 对 $f(x)=3x-x^3$ 的单调区间列表如下(表中↗表示递增,↘表示递减).

x	$(-\infty,-1)$	$(-1,1)$	$(1,+\infty)$
$f'(x)$	$-$	$+$	$-$
$f(x)$	↘	↗	↘

例 2　证明不等式 $\sin x > x - \frac{x^3}{3!}(x>0)$.

分析:需证明 $\sin x - x + \frac{x^3}{3!} > 0$. 为此,考虑函数 $f(x)=\sin x - x + \frac{x^3}{3!}$. 由于 $f(0)=0$,要证$f(x)>0=f(0)$,只需证 $f(x)$在$[0,+\infty)$上严格单调递增即可,从而考虑是否有 $f'(x)>0$. $f'(x)=\cos x - 1 + \frac{x^2}{2!}$.

现在需证明 $f'(x)=\cos x - 1 + \frac{x^2}{2!}>0$. 由于 $f'(0)=0$. 需证 $f'(x)>f'(0)(x>0)$,因而类似以上分析,考虑是否有$f''(x)>0$. 此时,由于 $x>0$ 时,$\sin x<x$. 从而有 $f''(x)=-\sin x + x>0$. 下面给出证明过程.

证　设 $f(x)=\sin x - x + \frac{x^3}{3!}$,则

$$f'(x)=\cos x - 1 + \frac{x^2}{2!},\quad f''(x)=-\sin x + x.$$

由于 $x>0$ 时,$\sin x<x$. 所以有

$$f''(x)>0\quad (x>0),$$

这说明 $f'(x)$在$[0,+\infty)$上严格单调递增,从而有

$$f'(x)=\cos x - 1 + \frac{x^2}{2}>f'(0)=0,$$

这同样说明 $f(x)$在$[0,+\infty)$上严格单调递增,从而又有

$$f(x)=\sin x - x + \frac{x^3}{3!}>f(0)=0,$$

即证得不等式

$$\sin x > x - \frac{x^3}{3!}\quad (x>0).$$

例 3　证明对每个自然数 n,方程 $x^{n+2}-2x^n-1=0$ 只有唯一正根.

证　设 $f(x)=x^{n+2}-2x^n-1$.

由于 $f(0)=-1$, $\lim\limits_{x\to+\infty} f(x)=+\infty$. 利用连续函数的介值性可知,$f(x)=0$ 有正根. 为了证明正根的唯一性,先考察 $f(x)$的单调性. 将其求导得

$$f'(x)=(n+2)x^{n+1}-2nx^{n-1}=(n+2)x^{n-1}\left(x^2-\frac{2n}{n+2}\right)$$

$$=(n+2)x^{n-1}\left(x+\sqrt{\frac{2n}{n+2}}\right)\left(x-\sqrt{\frac{2n}{n+2}}\right),$$

因此,$f(x)$在$[0,+\infty)$上点 $x_0=\sqrt{\frac{2n}{n+2}}$处导数为 0. 在$(0,x_0)$内 $f'(x)<0$,$f(x)$严格递减;

在$(x_0,+\infty)$内$f'(x)>0$,$f(x)$严格递增,结合$f(0)=-1$,可知$f(x)$除在$(x_0,+\infty)$内有唯一正根外设有其他正根.

二、极值

在第一节中,费马定理说明函数$f(x)$在可导点x_0处取极值的必要条件为$f'(x_0)=0$.下面再给出函数取极值的两个充分条件.

定理3(极值第一充分条件) 设函数$f(x)$在x_0点连续,且在其某邻域$\mathring{U}(x_0,\delta)$内可导.

(1) 当$x\in(x_0-\delta,x_0)$时,$f'(x)\leqslant 0$;当$x\in(x_0,x_0+\delta)$时$f'(x)\geqslant 0$,则$f(x)$在点x_0取极小值;

(2) 当$x\in(x_0-\delta,x_0)$时,$f'(x)\geqslant 0$;当$x\in(x_0,x_0+\delta)$时$f'(x)\leqslant 0$,则$f(x)$在点x_0取极大值.

证 (1) 说明$f(x)$在$(x_0-\delta,x_0)$内单调递减,而在$(x_0,x_0+\delta)$内单调递增.又$f(x)$在x_0连续,故对任何$x\in U(x_0,\delta)$,有

$$f(x)\geqslant f(x_0),$$

即$f(x)$在x_0取极小值.

(2) 类似可说明$f(x)$在x_0取极大值.

注意 此定理只要求$f(x)$在x_0连续,并未要求$f(x)$在x_0可导.

定理4(极值的第二充分条件) 设$f(x)$在x_0的某邻域$U(x_0,\delta)$内可导,在点x_0处二阶可导,且$f'(x_0)=0,f''(x_0)\neq 0$.

(1) 若$f''(x_0)<0$,则$f(x)$在x_0处取极大值;

(2) 若$f''(x_0)>0$,则$f(x)$在x_0处取极小值.

证 利用$f(x)$在x_0处的泰勒公式

$$f(x)=f(x_0)+f'(x_0)(x-x_0)+\frac{1}{2!}f''(x_0)(x-x_0)^2+o(x-x_0)^2,$$

有

$$f(x)-f(x_0)=\frac{1}{2}f''(x_0)(x-x_0)^2+o((x-x_0)^2),$$

等式右边第二项为较第一项高阶的无穷小,从而在x充分靠近x_0时,右边第一项的绝对值较大,它决定右边两项和的符号.即对x_0的充分小的邻域$\mathring{U}(x_0)$内的任何x:

(1) 若$f''(x_0)>0$,则等式右边也大于0,从而有$f(x)>f(x_0)$,则函数$f(x)$在x_0取极小值;

(2) 若$f''(x_0)<0$,则等式右边也小于0,从而有$f(x)<f(x_0)$,则函数$f(x)$在x_0取极大值.

费马定理说明:若函数在可导点x_0取极值,则x_0必为驻点,从而知函数的极值点只可

能在不可导点与驻点中产生.极值的第二充分条件是判断驻点是否为极值点的有力工具.

例 4　求 $f(x)=(x-1)x^{\frac{2}{3}}$ 的极值.

解　$f'(x)=x^{\frac{2}{3}}+\dfrac{2}{3}(x-1)\cdot x^{-\frac{1}{3}}=\dfrac{5x-2}{3\sqrt[3]{x}}$.

这样得到函数 $f(x)$ 的不可导点 $x_1=0$ 和驻点 $x_2=\dfrac{2}{5}$,利用极值的第一充分条件可求出极值,列表如下.

x	$(-\infty,0)$	0	$\left(0,\frac{2}{5}\right)$	$\frac{2}{5}$	$\left(\frac{2}{5},+\infty\right)$
$f'(x)$	$+$	不存在	$-$	0	$+$
$f(x)$	↗	极大值 0	↘	极小值 $-\frac{3}{5}\sqrt[3]{\frac{4}{25}}$	↗

对 $x_2=\dfrac{2}{5}$ 还可用第二充分条件来判断.

因为

$$f''(x)=\frac{2(5x+1)}{9\sqrt[3]{x^4}},$$

有

$$f''\left(\frac{2}{5}\right)=\frac{5}{3}\sqrt[3]{\frac{5}{2}}>0,$$

从而知 $f(x)$ 在 $x_2=\dfrac{2}{5}$ 取极小值,且极小值 $f\left(\dfrac{2}{5}\right)=-\dfrac{3}{5}\sqrt[3]{\dfrac{4}{25}}$.

三、最值

根据闭区间上连续函数的性质,若函数 $f(x)$ 在 $[a,b]$ 上连续,则 $f(x)$ 在 $[a,b]$ 上一定存在最大值与最小值.而函数在开区间 (a,b) 内的最值点必为极值点,从而通过比较 (a,b) 内的不可导点、驻点及区间端点 a,b 的函数值,从中找到 $f(x)$ 在 $[a,b]$ 上的最大最小值.下面举例说明最值的求解过程.

例 5　求 $f(x)=|2x^3-9x^2+12x|$ 在 $\left[-\dfrac{1}{4},\dfrac{5}{2}\right]$ 上的最大值与最小值.

解　因为

$$\begin{aligned}f(x)&=|2x^3-9x^2+12x|\\&=|x(2x^2-9x+12)|\end{aligned}$$

$$=\begin{cases}x(2x^2-9x+12), & x>0,\\ -x(2x^2-9x+12), & x\leqslant 0,\end{cases}$$

所以

$$f'(x)=\begin{cases}6(x-1)(x-2), & x>0,\\ -6(x-1)(x-2), & x<0.\end{cases}$$

由 $f'_+(0)$ 及 $f'_-(0)$ 的定义可求得 $f'_+(0)=12, f'_-(0)=-12$,因此函数在 $x=0$ 不可导.在 $\left(0,\frac{5}{2}\right)$ 内有驻点 $x=1, x=2$. 比较它们与端点 $-\frac{1}{4}$ 和 $\frac{5}{2}$ 的函数值:

$$f(1)=5, f(2)=4, f(0)=0, f\left(-\frac{1}{4}\right)=\frac{115}{32}, f\left(\frac{5}{2}\right)=5,$$

故 $f(x)$ 在 $x=1$ 和 $x=\frac{5}{2}$ 处取得最大值 5,在 $x=0$ 处取得最小值 0.

不难理解,若 $f(x)$ 在区间 I 上连续,且存在唯一的极值点 x_0,则 x_0 必为最值点,即若 x_0 为极大(小)值点,则 x_0 必为 I 上的最大(小)值点. 有兴趣的读者可自行证明.

在实际问题中,若 $f(x)$ 在某区间上存在最值,且在区间内部求得唯一一个可能的极值点,则不需要作任何判断便可肯定此点为所求最值点.

例 6 要建造一个体积为 50 m^3 的有盖圆柱形水池,问水池的高和底面半径取多大时用料最省?

解 用料是指水池的表面积.

设水池底面半径为 r. 高为 h,则它的表面积为

$$S=2\pi r^2+2\pi rh.$$

由于体积 $V=50=\pi r^2 h$,即 $h=\frac{V}{\pi r^2}$,代入上式得到 S 为 r 的函数,即

$$S=S(r)=2\pi r^2+2\pi r\,\frac{V}{\pi r^2}=2\pi r^2+\frac{2V}{r}.$$

下面讨论函数 $S(r)$ 在 r 取何值时有最小值.

因为

$$S'(r)=4\pi r-\frac{2V}{r^2},$$

求得唯一驻点

$$r=\sqrt[3]{\frac{V}{2\pi}},$$

而且这个实际问题确实存在最小表面积,所以当 $r=\sqrt[3]{\frac{V}{2\pi}}$ 时,S 最小. 此时高为

$$h=\frac{V}{\pi r^2}=\frac{2\pi r^3}{\pi r^2}=2r.$$

将 $V=50$ 代入上式得 $h=2\sqrt[3]{\frac{50}{2\pi}}\approx 4$ m.

这说明当底面直径与水池的高相等时用料最省.

例 7　一艘轮船在航行中的燃料费和它的速度的立方成正比. 已知当速度为 10 km/h 时,燃料费为每小时 6 元,而其他与速度无关的费用为每小时 96 元. 问轮船的速度为多少时,每航行 1 km 所耗的费用最小?

解　设船速为 $x$km/h,则所耗的燃料费为 $y=kx^3$.

由已知当 $x=10$ 时,$y=6$,从而求得比例系数 $k=0.006$. 根据题意,轮船每航行 1 km 所耗的费用为

$$f(x)=\frac{1}{x}(0.006x^3+96).$$

下面,问题转化为求 $f(x)$的最小值.

由于

$$f'(x)=\frac{0.012}{x^2}(x^3-8\,000)=\frac{0.012}{x^2}(x-20)(x^2+20x+400),$$

求得驻点 $x=20$.

当 $x<20$ 时,$f'(x)<0$;$x>20$ 时 $f'(x)>0$. 根据极值的第一充分条件,$x=20$ 为 $f(x)$ 的唯一极小值点,因而必为最小值点,且最小值为 $0.006\times 20^2+\frac{96}{20}=7.2$ 元.

因此,当船速为 20 km/h 时,每航行 1 km 的耗费最小,且耗费为 7.2 元.

习题 3-4

1. 确定下列函数的单调区间.

(1) $y=2x^3-3x^2-12x+1$;　　(2) $y=x^4-2x^3$;

(3) $y=x+\sin x$;　　(4) $y=2x^2-\ln x$;

(5) $y=\frac{10}{4x^3-9x^2+6x}$;　　(6) $y=\frac{x^2-1}{x}$;

(7) $y=x^n e^{-x}\quad (n>0, x\geqslant 0)$.

2. 证明下列不等式.

(1) $x-\frac{x^2}{2}<\ln(1+x)<x\quad (x>0)$;　　(2) $\tan x>x+\frac{x^3}{3}\quad \left(0<x<\frac{\pi}{2}\right)$;

(3) $\sin x+\tan x>2x\quad \left(0<x<\frac{\pi}{2}\right)$;

(4) $\tan x>x>\sin x>\frac{2}{\pi}x>1-\cos x\quad \left(0<x<\frac{\pi}{2}\right)$.

3. 求下列函数的极值.

(1) $y=x-\ln(1+x)$;　　(2) $y=\sin^3 x+\cos^3 x$;

(3) $y=\dfrac{(\ln x)^2}{x}$;　　(4) $y=\mathrm{e}^x\cos x$;

(5) $y=x^{\frac{1}{x}}$;　　(6) $y=\arctan x-\dfrac{1}{2}\ln(1+x^2)$.

4. 求下列函数指定区间上的最大值和最小值.

(1) $y=|x^2-3x+2|$, $[-10,10]$;　　(2) $y=x^4-8x^2+2$, $[-1,3]$;

(3) $y=2x^3-6x-18x-7$, $[1,4]$;　　(4) $y=\mathrm{e}^{|x-3|}$, $[-5,5]$.

5. 设 $S=(x-a_1)^2+(x-a_2)^2+\cdots+(x-a_n)^2$,问 x 多大时,S 最小.

6. 求点 $M(p,p)$ 到抛物线 $y^2=2px$ 的最短距离.

7. 求一函数 a,使它与其倒数之和最少.

8. 用一块半径为 R 的圆形铁皮,剪去一块圆心角为 α 的扇形做成一个漏斗,问 α 为多大时,漏斗的容积最大.

9. (1) 长方形的周长一定,长与宽的比为何值时面积最大;

(2) 长方形的面积一定,长与宽的比为何值时周长最小.

10. 试问 a 为何值时,函数 $f(x)=a\sin x+\dfrac{1}{3}\sin 3x$ 在 $x=\dfrac{\pi}{3}$ 处取得极值?是极大值还是极小值?并求此极值.

第五节　函数的凸凹性与函数图像描绘

一、函数的凸凹性与拐点

第四节通过导函数研究了可导函数的单调性.考察函数 $y=x^2$ 与 $y=\sqrt{x}$(见图 3-9)在 $(0,+\infty)$ 上的图像时可知,虽然二者均为严格增函数,但二者的弯曲方向不同,前者向上凹,而后者向上凸.这一节研究函数的这种凸凹性.

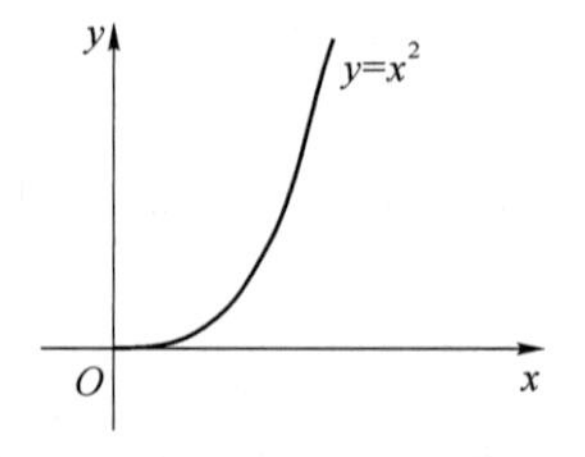

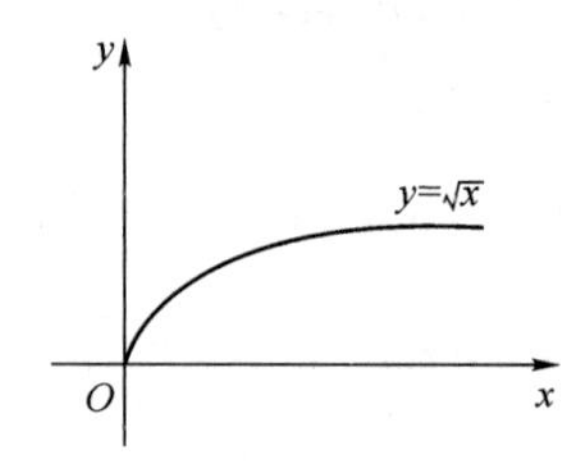

图 3-9

若 $f(x)$ 为上凹函数(见图 3-10). 观察其图形不难发现其定义域内任何两点 $x_1, x_2 (x_1 < x_2)$ 所对应的曲线上面点 $A(x_1, f(x_1)) B(x_2, f(x_2))$ 之间的弦 AB 必然位于曲线上方. 容易写出弦 AB 所在直线的方程为

$$g(x)=y=\frac{f(x_2)-f(x_1)}{x_2-x_1}(x-x_1)+f(x_1).$$

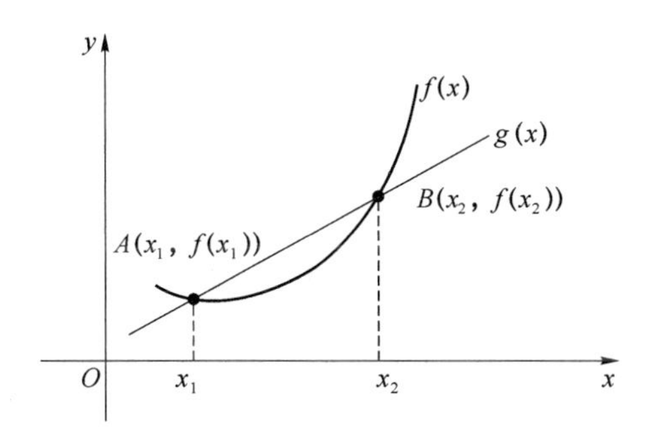

图 3-10

以上位置关系表明对于任何 $x \in [x_1, x_2]$, x 在弦上的函数值 $g(x)$ 不小于 x 在曲线上的函数值 $f(x)$, 即

$$f(x) \leqslant g(x), \quad x \in [x_1, x_2].$$

由于 $[x_1, x_2]$ 上任何一点 x 可表示为

$$x=\lambda x_1+(1-\lambda) x_2, \quad \lambda \in (0,1),$$

则 x 在弦 AB 上的函数值为

$$\begin{aligned} g(x)=g[\lambda x_1+(1-\lambda) x_2] &= \frac{f(x_2)-f(x_1)}{x_2-x_1}[\lambda x_1+(1-\lambda) x_2-x_1]+f(x_1) \\ &= \frac{f(x_2)-f(x_1)}{x_2-x_1}(1-\lambda)(x_2-x_1)+f(x_1) \\ &= \lambda f(x_1)+(1-\lambda) f(x_2). \end{aligned}$$

x 在曲线上的函数值为

$$f(x)=f[\lambda x_1+(1-\lambda) x_2],$$

从而有

$$f[\lambda x_1+(1-\lambda) x_2] \leqslant \lambda f(x_1)+(1-\lambda) f(x_2).$$

用这个不等式定义上凹函数, 并类似定义上凸函数.

定义 1　设 $f(x)$ 为区间 I 上的函数, 若对 I 上任何两点 x_1, x_2 和任何实数 $\lambda \in (0,1)$, 总有

$$f[\lambda x_1+(1-\lambda) x_2] \leqslant \lambda f(x_1)+(1-\lambda) f(x_2),$$

则称 $f(x)$ 为 I 上的上凹函数. 如果总有

$$f[\lambda x_1+(1-\lambda) x_2] \geqslant \lambda f(x_1)+(1-\lambda) f(x_2),$$

则称 $f(x)$为 I 上的上凸函数.

定理 1 $f(x)$为区间 I 上的上凹(上凸)函数的充要条件是:对 I 上的任何三点 $x_1<x_2<x_3$(见图 3-11),总有

$$\frac{f(x_2)-f(x_1)}{x_2-x_1}\leqslant\frac{f(x_3)-f(x_2)}{x_3-x_2}\quad\left(\frac{f(x_2)-f(x_1)}{x_2-x_1}\geqslant\frac{f(x_3)-f(x_2)}{x_3-x_2}\right).\tag{1}$$

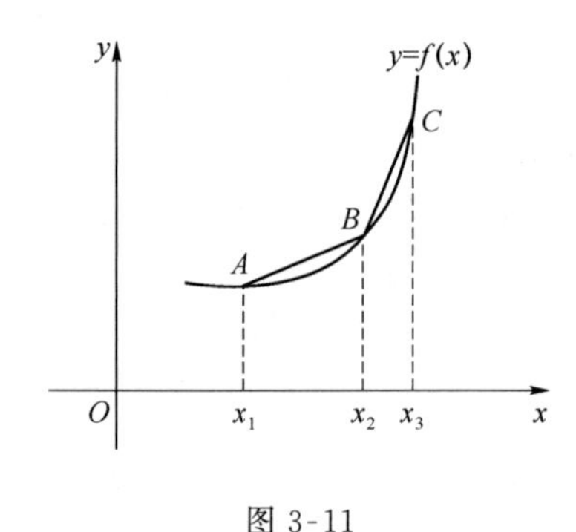

图 3-11

结合图形不难理解此定理的几何意义,在此不再赘述.

证 只证上凹函数的情形.

(必要性) 设 $x_2=\lambda x_1+(1-\lambda)x_3$,此时 $\lambda=\frac{x_3-x_2}{x_3-x_1}$. 由上凹函数定义知

$$\begin{aligned}f(x_2)&=f[\lambda x_1+(1-\lambda)x_3]\leqslant\lambda f(x_1)+(1-\lambda)f(x_3)\\&=\frac{x_3-x_2}{x_3-x_1}f(x_1)+\frac{x_2-x_1}{x_3-x_1}f(x_3),\end{aligned}$$

从而有

$$(x_3-x_1)f(x_2)\leqslant(x_3-x_2)f(x_1)+(x_2-x_1)f(x_3),$$

将左端 x_3-x_1 换为$(x_3-x_2)+(x_2-x_1)$,整理后便得式(1).

(充分性) 在 I 上任取两点 $x_1,x_3(x_1<x_3)$,在(x_1,x_3)上任取 $x=\lambda x_1+(1-\lambda)x_3$,$\lambda\in(0,1)$,此时 $\lambda=\frac{x_3-x}{x_3-x_1}$.

由式(1)易得

$$(x_3-x_1)f(x)\leqslant(x_3-x)f(x_1)+(x-x_1)f(x_3),$$

两边同除以 x_3-x_1,得

$$f(x)=f[\lambda x_1+(1-\lambda)x_3]\leqslant\lambda f(x_1)+(1-\lambda)f(x_3),$$

即证得 $f(x)$为上凹函数.

同理可证,$f(x)$为区间 I 上的上凹函数的充要条件是:对于区间 I 上任何三点,$x_1<x_2<x_3$,有

$$\frac{f(x_2)-f(x_1)}{x_2-x_1}\leqslant\frac{f(x_3)-f(x_1)}{x_3-x_1}\leqslant\frac{f(x_3)-f(x_2)}{x_3-x_2}.$$

定理 2 设 $f(x)$为区间 I 上的可导函数,则 $f(x)$为 I 上的上凹(上凸)函数的充要条件是:$f'(x)$在 I 上单调递增(递减).

证 只证 $f(x)$为上凹函数的情形.

(必要性) 设 $f(x)$为区间 I 上的上凹函数,则对于 I 上任何两点 $x_1,x_2(x_1<x_2)$及任何 $x\in(x_1,x_2)$,有

$$\frac{f(x)-f(x_1)}{x-x_1}\leqslant\frac{f(x_2)-f(x_1)}{x_2-x_1}\leqslant\frac{f(x_2)-f(x)}{x_2-x},$$

从而有

$$f'(x_1)=\lim_{x\to x_1^+}\frac{f(x)-f(x_1)}{x-x_1}\leqslant\frac{f(x_2)-f(x_1)}{x_2-x_1}\leqslant\lim_{x\to x_2^-}\frac{f(x_2)-f(x)}{x_2-x}=f'(x_2),$$

即 $f'(x)$在 I 上单调递增.

(充分性) 设 $f'(x)$在区间 I 上单调递增,任取区间 I 上三点 $x_1<x_2<x_3$,在$[x_1,x_2]$与$[x_1,x_3]$上分别利用拉格朗日中值定理,则存在 $\xi\in(x_1,x_2)$,$\eta\in(x_2,x_3)$,使得

$$\frac{f(x_2)-f(x_1)}{x_2-x_1}=f'(\xi)\leqslant f'(\eta)=\frac{f(x_3)-f(x_2)}{x_3-x_2}.$$

由以上定理知,$f(x)$在 I 上为上凹函数.

由以上定理可直接推得以下推论.

推论 1 设 $f(x)$在区间 I 上二阶可导,则 $f(x)$,为 I 上的上凹(上凸)函数的充要条件是

$$f''(x)\geqslant 0\quad (f''(x)\leqslant 0),\quad x\in I.$$

设 $f(x)$在区间 I 上连续,x_0 为 I 的内点.如果曲线 $y=f(x)$在经过点$(x_0,f(x_0))$时,曲线的凸凹性改变了,此时称点$(x_0,f(x_0))$为曲线 $y=f(x)$的拐点.

若函数 $f(x)$在区间 I 上可导且$(x_0,f(x_0))$为曲线 $y=f(x)$的拐点(x_0 为 I 的内点).由极值的第一充分条件易知,x_0 为一阶导函数 $f'(x)$的极值点;若 $f(x)$还在 x_0 有二阶导数,则必有 $f''(x_0)=0$.故拐点在二阶导数不存在或等于 0 的点中产生.

例 1 求 $f(x)=(x-1)x^{\frac{2}{3}}$的凸凹区间及拐点.

解 该函数在第四节中讨论过其单调性与极值.同时,

$$f'(x)=\frac{5x-2}{3x^{\frac{1}{3}}},\quad f''(x)=\frac{2(5x+1)}{9x^{\frac{4}{3}}},$$

故当 $x=0$ 时,$f''(x)$不存在;$x=-\dfrac{1}{5}$时,$f''(x)=0$.凸凹区间及拐点列表如下.

x	$(-\infty,-\frac{1}{5})$	$-\frac{1}{5}$	$\left(-\frac{1}{5},0\right)$	0	$(0,+\infty)$
$f''(x)$	$-$	0	$+$	不存在	$+$
$f(x)$	上凸	拐点	上凹	非拐点	上凹

故曲线的上凹区间为$\left(-\frac{1}{5},0\right)$,$(0,+\infty)$,上凸区间为$(-\infty,-\frac{1}{5})$,拐点为$\left(-\frac{1}{5},-\frac{6}{5\sqrt[3]{25}}\right)$.

二、曲线的渐近线

定义 2 若曲线 C 上的动点 P 沿曲线无限远离原点时,点 P 与某定直线 L 的距离趋于

0,则称直线 L 为曲线 C 的渐近线,如图 3-12 所示.

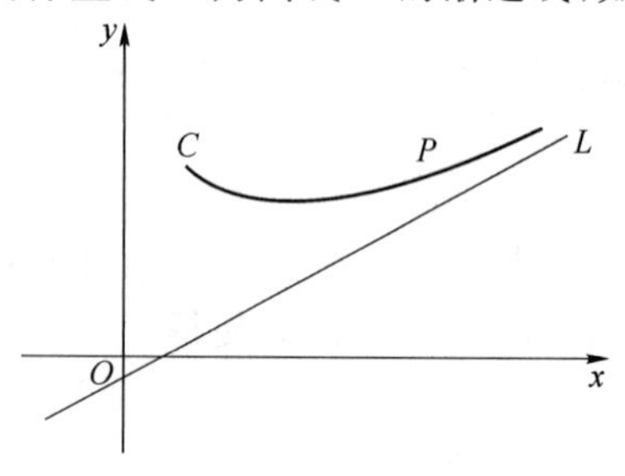

图 3-12

曲线的渐近线一般认为有以下三种.

(1) 水平渐近线

如果 $\lim\limits_{x\to+\infty} f(x)=A$(或 $\lim\limits_{x\to-\infty} f(x)=A$),则称直线 $y=A$ 为曲线 $y=f(x)$的水平渐近线.

(2) 垂直渐近线

如果 $\lim\limits_{x\to x_0^+} f(x)=\infty$(或 $\lim\limits_{x\to x_0^-} f(x)=\infty$),则称直线 $x=x_0$ 为曲线 $y=f(x)$的垂直渐近线.

(3) 斜渐近线

如果 $\lim\limits_{x\to+\infty}\dfrac{f(x)}{x}=k\left(\text{或}\lim\limits_{x\to-\infty}\dfrac{f(x)}{x}=k\right)$,且 $\lim\limits_{x\to+\infty}[f(x)-kx]=b$(或 $\lim\limits_{x\to-\infty}[f(x)-kx]=b$),则称直线 $y=kx+b$ 为曲线 $y=f(x)$的斜渐近线.

此时若 $k=0$,则 $y=b$ 为水平渐近线.

例 2 求曲线 $f(x)=\dfrac{x^3}{x^2+2x-3}$的渐近线.

解 注意到分子比分母次数高一次,则

$$k=\lim_{x\to\infty}\frac{f(x)}{x}=\lim_{x\to\infty}\frac{x^3}{x^3+2x^2-3x}=1,$$

$$b=\lim_{x\to\infty}[f(x)-kx]=\lim_{x\to\infty}\left(\frac{x^3}{x^2+2x-3}-x\right)=-2,$$

从而曲线有斜渐近线 $y=x-2$.

又由 $f(x)=\dfrac{x^3}{x^2+2x-3}=\dfrac{x^3}{(x+3)(x-1)}$知

$$\lim_{x\to-3} f(x)=\infty,\quad \lim_{x\to1} f(x)=\infty,$$

从而曲线有两条垂直渐近线 $x=-3$ 与 $x=1$(见图 3-13).

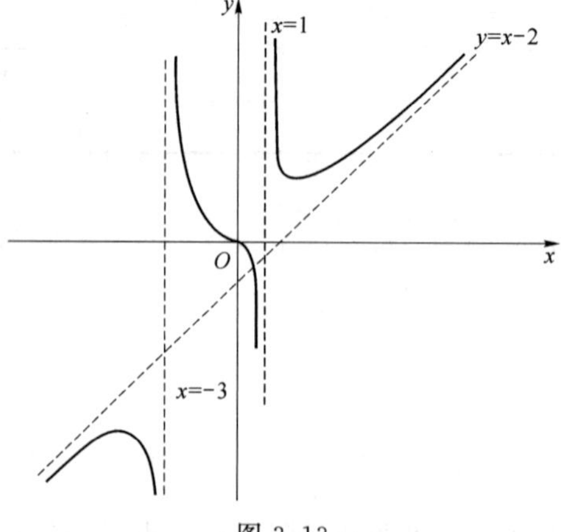

图 3-13

三、函数作图

前面利用导数讨论了函数的单调性、极值与凸凹性，并研究了曲线的渐近线. 根据这些知识可以画出函数的图像，这对直观把握函数的性质有很大的帮助.

作图的步骤大致可概括为如下几步：

(1) 确定函数 $y=f(x)$ 的定义域，讨论一些基本性质，如奇偶性、对称性和周期性及与坐标轴的交点；

(2) 求出使 $f'(x)=0$，$f''(x)=0$ 及 $f'(x)$，$f''(x)$ 不存在的点；

(3) 确定函数的单调区间、凸凹区间、极值点、拐点；

(4) 求渐近线；

(5) 描点作图.

例 3 作曲线 $y=\dfrac{1-2x}{x^2}+1(x>0)$ 的图形.

解 (1) 函数的定义域为 $(0,+\infty)$，与 x 轴交点为 $(1,0)$.

(2) 由 $y'=\dfrac{2(x-1)}{x^3}=0$，得 $x=1$；由 $y''=\dfrac{2(3-2x)}{x^4}=0$，得 $x=\dfrac{3}{2}$.

(3) 列表讨论单调区间与凸凹区间.

x	$(0,1)$	1	$\left(1,\frac{3}{2}\right)$	$\frac{3}{2}$	$\left(\frac{3}{2},+\infty\right)$
y'	$-$	0	$+$	$+$	$+$
y''	$+$	$+$	$+$	0	$-$
y	上凹、减	极小值 0	上凹、增	$\frac{1}{9}$	上凸、增

由表可知，$\left(\dfrac{3}{2},\dfrac{1}{9}\right)$ 为曲线的拐点.

(4) 讨论曲线的渐近线.

由 $\lim\limits_{x\to 0}\left(\dfrac{1-2x}{x^2}+1\right)=\infty$，知 $x=0$ 为曲线的垂直渐近线；

由 $\lim\limits_{x\to \infty}\left(\dfrac{1-2x}{x^2}+1\right)=1$，知 $y=1$ 为曲线的水平渐近线.

(5) 作图(见图 3-14).

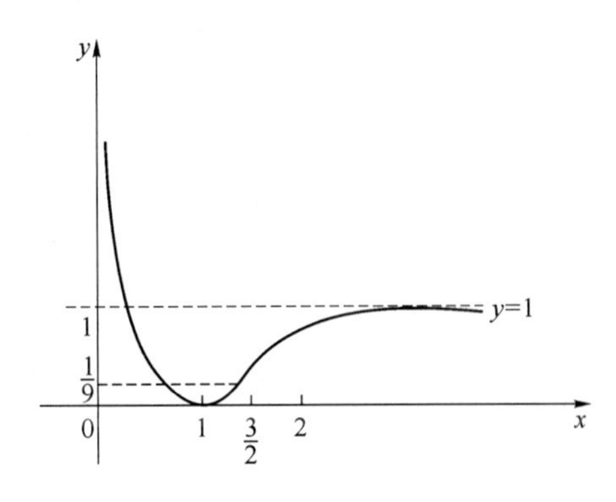

图 3-14

例 4 作函数 $y=\dfrac{x^2}{1+x}$ 的图形.

解 (1) 函数定义域为 $(-\infty,-1)\cup(-1,+\infty)$，与 x 轴交点为 $(0,0)$.

(2) 由 $y'=\dfrac{x(x+2)}{(1+x)^2}=0$,得 $x=0,x=-2$;当 $x=-1$ 时 y'不存在.由 $y''=\dfrac{2}{(1+x)^3}$知,当 $x=-1$ 时,y''不存在.

(3) 列表讨论单调区间与凸凹区间.

x	$(-\infty,-2)$	-2	$(-2,-1)$	-1	$(-1,0)$	0	$(0,+\infty)$
y'	+	0	−	不存在	−	0	+
y''	−	−	−	不存在	+	+	+
y	上凸增	极大值 -4	上凸减	无定义	上凹减	极小值 0	上凹增

(4) 求曲线的渐近线.

由 $\lim\limits_{x\to-1}\dfrac{x^2}{1+x}=\infty$,知 $x=-1$ 为垂直渐近线;

由 $k=\lim\limits_{x\to\infty}\dfrac{f(x)}{x}\lim\limits_{x\to\infty}\dfrac{x^2}{(1+x)x}=1$,$b=\lim\limits_{x\to\infty}[f(x)-kx]=\lim\limits_{x\to\infty}\left(\dfrac{x^2}{1+x}-x\right)=-1$,知 $y=x-1$ 为斜渐近线.

(5) 作图(见图 3-15).

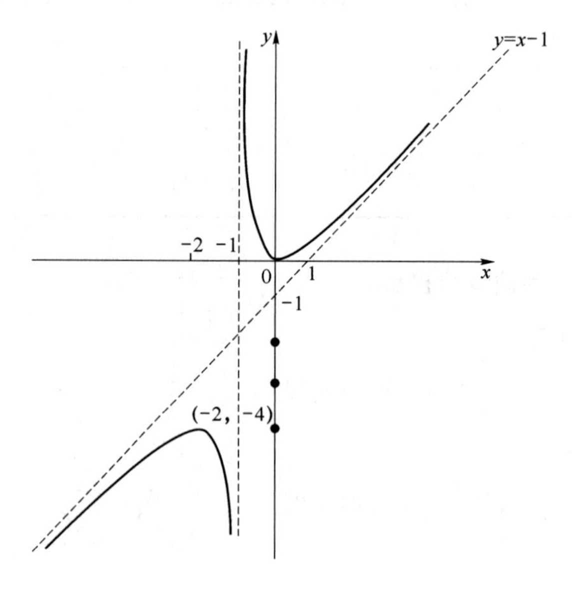

图 3-15

习题 3-5

1. 确定下列函数的拐点及凸凹区间.

(1) $y=3x^5-5x^3$；　(2) $y=\ln(x^2+1)$；

(3) $y=x+\dfrac{1}{x}$；　(4) $y=\dfrac{1}{1+x^2}$；

(5) $y=x\arctan x$；　(6) $y=x^4(12\ln x-7)$.

2. 利用函数图形的凸凹性证明下列不等式.

(1) 对任何实数 a,b，有 $e^{\frac{a+b}{2}}\leqslant\dfrac{1}{2}(e^a+e^b)$；

(2) 对任何正实数 a,b，有 $a\ln a+b\ln b\geqslant(a+b)\ln\dfrac{a+b}{2}$；

(3) 对任何实数 x,y，有 $\cosh x+\cosh y\geqslant 2\cosh h\,\dfrac{x+y}{2}$.

3. 设三次曲线 $y=x^3+3ax^2+3bx+c$ 在 $x=-1$ 处取极大值，点(0,3)是曲线的拐点，求 a,b,c 的值.

4. 试决定曲线 $y=ax^3+bx^2+cx+d$ 中的 a,b,c,d，使曲线在 $x=-2$ 处有水平切线，(1，−10)为曲线的拐点，且点(−2,44)在曲线上.

5. 试决定 $y=k(x^2-3)^2$ 中 k 的值，使曲线在拐点处的法线通过原点.

6. 讨论曲线 $y=\sin x+\sin 2x$ 的凸凹性，并求其拐点.

7. 描绘下列函数的图形.

(1) $y=x^3-6x$；　(2) $y=e^{-(x-1)^2}$；

(3) $y=\dfrac{(x-1)^3}{(x+1)^3}$；　(4) $y=\dfrac{x^3-2x-3}{x^2+1}$；

(5) $y=\ln\dfrac{1+x}{1-x}$；　(6) $y=\begin{cases}\dfrac{9x+x^4}{x-x^3}, & x\neq 0,\\ 9, & x=0.\end{cases}$

总习题三

1. 填空题

(1) 函数 $f(x)=x\ln(x-1)$ 在 $x=2$ 处的泰勒展开式中，带 $(x-2)^3$ 的项为______.

(2) 极限 $\lim\limits_{x\to 0}\dfrac{e^{x^2}+2\cos x-3}{x^4}=$______.

(3) $f(x)=xe^x$ 的4阶带拉格朗日型余项的麦克劳林公式为______.

(4) 由拉格朗日中值定理,有 $\sqrt{1+x}-1=\dfrac{x}{2\sqrt{1+\theta x}}$,则 $\lim\limits_{x\to 0}\theta=$______.

(5) 函数 $f(x)=\dfrac{\ln^2 x}{x}$ 在 $(0,+\infty)$ 上的极大值为______,极小值为______.

(6) 函数 $f(x)=\dfrac{x-1}{x+1}$ 在区间 $[0,4]$ 上的最大值为______,最小值为______.

(7) $\lim\limits_{x\to\frac{\pi}{4}^+}(\tan x)^{\tan 2x}=$______.

(8) $\lim\limits_{x\to 0}\dfrac{\tan 5x-\cos x+1}{\sin 3x}=$______.

2. 选择题

(1) $\lim\limits_{x\to 0}\dfrac{a\tan x+b(1-\cos x)}{c\ln(1-2x)+d(1-e^{-x^2})}=2$,其中 $a^2+c^2\neq 0$,则必有(　　).

(A) $b=4d$　　(B) $b=-4d$　　(C) $a=4c$　　(D) $a=-4c$

(2) 设 $\lim\limits_{x\to a}\dfrac{f(x)-f(a)}{(x-a)^2}=-1$,则在 $x=1$ 处(　　).

(A) $f(x)$ 的导数存在,且 $f'(a)\neq 0$　　(B) $f(x)$ 取得极大值

(C) $f(x)$ 取得极小值　　(D) $f(x)$ 的导数不存在

(3) $f(x)$ 有二阶连续导数,且 $f'(0)=0$,$\lim\limits_{x\to 0}\dfrac{f''(x)}{|x|}=1$,则(　　).

(A) $f(0)$ 是 $f(x)$ 的极大值

(B) $f(0)$ 是 $f(x)$ 的极小值

(C) $(0,f(0))$ 是曲线 $y=f(x)$ 的拐点

(D) $f(0)$ 不是 $f(x)$ 的极值,$(0,f(0))$ 不是曲线 $y=f(x)$ 的拐点

(4) 曲线 $y=(x-1)^2(x-3)^2$ 的拐点的个数为(　　).

(A) 0　　(B) 1　　(C) 2　　(D) 3

(5) 曲线 $y=e^{\frac{1}{x^2}}\arctan\dfrac{x^2+x+1}{(x-1)(x+2)}$ 的渐近线有(　　).

(A) 1条　　(B) 2条　　(C) 3条　　(D) 4条

3. 已知 $f(x)$ 在 $(-\infty,+\infty)$ 内可导,且

$$\lim_{x\to\infty}f'(x)=e\lim_{x\to\infty}\left(\frac{x+c}{x-c}\right)^x=\lim_{x\to\infty}[f(x)-f(x-1)],\text{求 } c.$$

4. 证明不等式:

$$\arctan x-\ln(1+x^2)\geqslant\frac{\pi}{4}-\ln 2,x\in\left[\frac{1}{2},1\right].$$

5. 设 $f(x)$在区间$[0,1]$上连续,在$(0,1)$内可导,且 $f(0)=f(1)=0$,$f\left(\frac{1}{2}\right)=1$. 证明:

(1) 存在 $\eta\in\left(\frac{1}{2},1\right)$使 $f(\eta)=\eta$;

(2) 对任意实数 λ,必存在 $\xi\in(0,\eta)$,使 $f'(\xi)-\lambda[f(\xi)-\xi]=1$.

6. 设 $f(x)$可导,证明 $f(x)$的两个零点之间一定有 $f'(x)-af(x)$的零点(a 为常数).

7. 设函数 $f(x)$在闭区间$[-1,1]$上具有三阶连续导数,且 $f(-1)=0$,$f(1)=1$,$f'(0)=0$. 证明:在开区间$(-1,1)$内至少存在一点 ξ,使 $f'''(\xi)=3$.

8. 讨论函数在 $x=0$ 处的连续性:

$$f(x)=\begin{cases}\left[\dfrac{(1+x)^{\frac{1}{x}}}{\mathrm{e}}\right]^{\frac{1}{x}}, & x>0,\\ \mathrm{e}^{-\frac{1}{2}}, & x\leqslant 0.\end{cases}$$

9. 设在$[0,1]$上,$f''(x)>0$,证明 $f'(1)>f(1)-f(0)>f'(0)$.

10. 两个正数 a 与 b 的乘积为实数 c,求 $a^m+b^n(m,n>)$的最小值.

11. 求数列$\{\sqrt[n]{n}\}$的最大项.

12. 证明曲线 $y=\dfrac{x-1}{x^2+1}$有三个拐点位于同一直线上.

13. 求曲线$\begin{cases}x=t^2\\ y=3t-t^2\end{cases}$的拐点.

14. 求曲线 $y=\begin{cases}\dfrac{\ln x^2}{x+2}, & x\leqslant -1,\\ \mathrm{e}^{-\frac{1}{x}}, & -1<x<0,\\ x\sin x, & x\leqslant x,\end{cases}$的渐近线.

15. 设 $f(x)$在$[a,+\infty)$内二阶可导,且 $f(a)>0$,$f'(a)<0$,$f''(x)<0(x>a)$,证明:方程 $f(x)=0$ 在$(a,+\infty)$内有且仅有一实根.

16. 设函数 $f(x)$在$[0,1]$上有三阶导数,且 $f(0)=f(1)=0$. 设 $F(x)=x^3f(x)$,试证在$(0,1)$内存在一点 ξ,使得 $F'''(\xi)=0$.

17. 若 $f(x)$在$[a,b]$上连续,在(a,b)内可导,$a>0$. 求证:存在 $\xi,\eta\in(a,b)$,使 $f'(\xi)=\dfrac{f'(\eta)}{2\eta}(a+b)$.

18. 设 $f(x)$在$[0,1]$上二阶可导,$f(0)=f(1)$, $f'(1)=1$,求证:$\exists\,\xi\in(0,1)$,使得 $f''(\xi)=2$.

19. 设 $f(x)$在$[a,b]$上连续,在(a,b)内可导,且 $f(a)=f(b)=1$. 证明:存在 $\xi,\eta\in(a,b)$,使得 $e^{\eta-\xi}[f(\eta)+f'(\eta)]=1$.

20. 讨论方程 $\mathrm{e}^x=\mathrm{e}x+b$ 的实根的个数.

第四章 不定积分

第二章讲述了微分法,即解决了求一个已知函数的导函数的问题.本章将研究微分法的逆运算——积分法,即要解决已知一个函数的导函数求这个函数的问题.

第一节 不定积分的概念与性质

一、原函数与不定积分的概念

定义 1 设 $f(x)$ 与 $F(x)$ 在区间 I 上有定义.若对任何 $x\in I$,有

$$F'(x)=f(x),$$

则称 $F(x)$ 为 $f(x)$ 在区间 I 上的一个原函数.例如,在 $(-\infty,+\infty)$ 上,有

$$(\sin x)'=\cos x,\quad \left(\frac{1}{3}x^3\right)'=x^2,$$

则 $\sin x$ 与 $\frac{1}{3}x^3$ 分别为 $\cos x$ 与 x^2 在 $(-\infty,+\infty)$ 上的原函数.又如,$\sin x+5$ 与 $\sin x$ 都是 $\cos x$ 在 $(-\infty,+\infty)$ 上的原函数.有关原函数需解决以下两个问题:

(1) 什么样的函数存在原函数?

(2) 如果一个函数存在原函数,原函数是否唯一?若不唯一,不同原函数之间有何关系?

关于第二个问题,由第三章拉格朗日中值定理的推论 2 知,不同原函数之间相差一个常数.故只需求出函数的一个原函数,便知其所有的原函数.关于第一个问题,以下原函数存在定理给出部分回答.此定理的证明在第五章给出.

定理 1 若函数 $f(x)$ 在区间 I 上连续,则 $f(x)$ 在 I 上存在原函数 $F(x)$,即 $F'(x)=f(x),x\in I$.

简而言之,连续函数一定有原函数.

由于初等函数在其定义区间上均连续,此定理保证了初等函数在其定义区间上一定有原函数.但原函数未必也为初等函数.

定义 2 函数 $f(x)$ 在区间 I 上的全体原函数称为 $f(x)$ 在 I 上的不定积分,记作

$$\int f(x)\mathrm{d}x,$$

其中，$\int$ 为积分号，$f(x)$为被积函数，$f(x)\mathrm{d}x$ 为被积表达式，x 为积分变量.

可见，不定积分与原函数是总体与个体的关系. 若 $F(x)$为 $f(x)$的一个原函数，则不定积分 $\int f(x)\mathrm{d}x$ 是指函数族$\{F(x)+C\}$，其中 C 为任意常数(称为积分常数). 此时，将 $f(x)$的不定积分记为：

$$\int f(x)\mathrm{d}x = F(x)+C.$$

这样，前面两例便可写为：

$$\int \cos x\mathrm{d}x = \sin x + C,\quad \int x^2\mathrm{d}x = \frac{1}{3}x^3 + C.$$

二、基本积分表

以下要解决的问题是如何求原函数. 由于初等函数在其定义区间上均有原函数，先从求基本初等函数的原函数出发，结合一些积分法则，就可以解决初等函数求原函数的问题. 读者很快会发现积分比求导要困难得多.

基本求导公式改写为基本积分公式：

(1) $\int k\mathrm{d}x = kx + C$ (k 为常数)；

(2) $\int x^\alpha\mathrm{d}x = \frac{1}{\alpha+1}x^{\alpha+1} + C$，($\alpha\neq -1, x>0$)；

(3) $\int \frac{1}{x}\mathrm{d}x = \ln|x| + C$；

(4) $\int \frac{1}{1+x^2}\mathrm{d}x = \arctan x + C$；

(5) $\int \frac{1}{\sqrt{1-x^2}}\mathrm{d}x = \arcsin x + C$；

(6) $\int \cos x\mathrm{d}x = \sin x + C$；

(7) $\int \sin x\mathrm{d}x = -\cos x + C$；

(8) $\int \sec^2 x\mathrm{d}x = \tan x + C$；

(9) $\int \csc^2 x\mathrm{d}x = -\cot x + C$；

(10) $\int \sec x\tan x\mathrm{d}x = \sec x + C$；

(11) $\int \csc x \cot x \mathrm{d}x = -\csc x + C$;

(12) $\int \mathrm{e}^x \mathrm{d}x = \mathrm{e}^x + C$;

(13) $\int a^x \mathrm{d}x = \dfrac{a^x}{\ln a} + C \quad (a > 0, a \neq 1)$.

在公式(3)中,$x\neq 0$. 当 $x>0$ 时,$(\ln|x|)'=(\ln x)'=\dfrac{1}{x}$;

当 $x<0$ 时,$(\ln|x|)'=[\ln(-x)]'=-\dfrac{1}{-x}=\dfrac{1}{x}$,即 $x\neq 0$ 时,$(\ln|x|)'=\dfrac{1}{x}$.

三、不定积分的性质

定理 2 设 $f(x)$ 与 $g(x)$ 在区间 I 上均存在原函数,λ,μ 为任意实数,则 $\lambda f(x)+\mu g(x)$ 也在区间 I 上存在原函数,且

$$\int[\lambda f(x)+\mu g(x)]\mathrm{d}x=\lambda\int f(x)\mathrm{d}x+\mu\int g(x)\mathrm{d}x.$$

证 由于

$$\left[\int f(x)\mathrm{d}x\right]'=f(x),\left[\int g(x)\mathrm{d}x\right]'=g(x),$$

按照求导法则,有

$$\left[\lambda\int f(x)\mathrm{d}x+\mu\int g(x)\mathrm{d}x\right]'=\lambda f(x)+\mu g(x),$$

从而有

$$\int[\lambda f(x)+\mu g(x)]\mathrm{d}x=\lambda\int f(x)\mathrm{d}x+\mu\int g(x)\mathrm{d}x.$$

特别地,此定理中当 $\lambda=\mu=1$ 时,有

$$\int[f(x)+g(x)]\mathrm{d}x=\int f(x)\mathrm{d}x+\int g(x)\mathrm{d}x,$$

当 $\mu=0$ 时,有

$$\int\lambda f(x)\mathrm{d}x=\lambda\int f(x)\mathrm{d}x.$$

此运算性质称为线性法则,可证明其一般形式

$$\int\left[\sum_{i=1}^{n}\lambda_i f_i(x)\right]\mathrm{d}x=\sum_{i=1}^{n}\lambda_i\int f_i(x)\mathrm{d}x.$$

利用基本积分公式和以上运算法则可求一些简单的积分.

例 1 求不定积分:

(1) $\int(a_0x^n+a_1x^{n-1}+\cdots+a_{n-1}x+a_n)\mathrm{d}x$; (2) $\int(5^x+5^{-x})^2\mathrm{d}x$;

(3) $\int\dfrac{1}{(\cos x\sin x)^2}\mathrm{d}x$; (4) $\int\left(\sin x+\dfrac{2}{1+x^2}+\mathrm{e}^x\right)\mathrm{d}x$.

解　(1) 原式$=\frac{a_0}{n+1}x^{n+1}+\frac{a_1}{n}x^n+\cdots+\frac{a_{n-1}}{2}x^2+a_nx+C$.

(2) 原式$=\int\left[25^x+2+\left(\frac{1}{25}\right)^x\right]\mathrm{d}x$

$$=\frac{25^x}{\ln 25}+2x+\frac{\left(\frac{1}{25}\right)^x}{\ln\left(\frac{1}{25}\right)}+C$$

$$=\frac{1}{2\ln 5}(5^{2x}-5^{-2x})+2x+C.$$

(3) 原式$=\int\frac{\cos^2x+\sin^2x}{\cos^2x\sin^2x}\mathrm{d}x=\int(\csc^2x+\sec^2x)\mathrm{d}x=-\cot x+\tan x+C$.

(4) 原式$=-\cos x+2\arctan x+\mathrm{e}^x+C$.

例 2　已知曲线在 x 点的切线的斜率为$\frac{1}{4}x$,且经过点$\left(2,\frac{5}{2}\right)$,求此曲线方程.

解　设曲线方程为 $y=f(x)$.

由已知条件 $f'(x)=\frac{1}{4}x$.

所以

$$y=f(x)=\int\frac{1}{4}x\mathrm{d}x=\frac{1}{4}\cdot\frac{1}{2}x^2+C=\frac{1}{8}x^2+C,$$

将 $x=2,y=\frac{5}{2}$代入上式,求得 $C=2$.

故所求曲线为 $y=\frac{1}{8}x^2+2$.

习题 4-1

1. 求下列不定积分.

(1) $\int\left(\sqrt{x}+\sqrt[3]{x}+\frac{1}{\sqrt{x}}+\frac{1}{\sqrt[3]{x}}\right)\mathrm{d}x$;

(2) $\int\left(\mathrm{e}^x+\frac{1}{x}+\frac{1}{x^2}\right)\mathrm{d}x$;

(3) $\int(\cos x-\sec^2x)\mathrm{d}x$;

(4) $\int\left[2^x+\left(\frac{1}{3}\right)^x-\frac{\mathrm{e}^x}{5}\right]\mathrm{d}x$;

(5) $\int\left(1-\frac{1}{x^2}\right)\sqrt{x\sqrt{x}}\mathrm{d}x$;

(6) $\int\left(\frac{1}{\sqrt{4-4x^2}}+\frac{3}{1+x^2}\right)\mathrm{d}x$;

(7) $\int\frac{1}{1+\cos 2x}\mathrm{d}x$;

(8) $\int\frac{\cos 2x}{\cos x-\sin x}\mathrm{d}x$;

(9) $\int(\cos x+\sin x)^2\mathrm{d}x$;

(10) $\int\frac{\cos 2x}{\cos^2x\sin^2x}\mathrm{d}x$;

(11) $\int \frac{x^2}{x^2+1}\mathrm{d}x$；　　　　(12) $\int \frac{5x^4+6x^2}{x^2+1}\mathrm{d}x$；

(13) $\int \frac{\sqrt{x^2+x^{-2}+2}}{x^3}\mathrm{d}x$；　　　　(14) $\int \frac{2^{x-1}+3^{x-1}}{5^x}\mathrm{d}x$.

2. 设 $f'(\arctan x)=x^2$，求 $f(x)$.

3. 已知曲线 $y=f(x)$ 过点 $\left(0,-\frac{1}{2}\right)$，且其上任一点 (x,y) 的切线斜率为 $x\ln(1+x^2)$，求 $f(x)$.

4. 一物体由静止开始作直线运动，t 秒后速度为 $(2t+3)$ m/s. 问：

(1) 在 3 s 后物体离开出发地多远？

(2) 物体走完 270 m 需多少时间？

第二节　换元积分法与分部积分法

利用第一节的积分表和不定积分的性质虽然可以计算一些简单的积分，但像 $\tan x$，$\cot x$，$\ln x$，$\sec x$，$\csc x$，$\arcsin x$，$\arctan x$ 这样的基本初等函数还不知如何求它们的原函数. 所以，为了解决更一般的不定积分的计算，还需引进更多的方法和技巧.

一、换元积分法

有一些不定积分，只需将积分变量进行一定变换就可用基本积分公式求出所需的积分. 例如，求 $\int \sin^2 x\cos x\mathrm{d}x$，由于 $\mathrm{d}\sin x=\cos x\mathrm{d}x$，从而被积表达式

$$\sin^2 x\cos x\mathrm{d}x=\sin^2 x\mathrm{d}(\sin x).$$

令 $u=\sin x$，则以上积分变为

$$\int u^2\mathrm{d}u=\frac{1}{3}u^3+C.$$

这就利用基本积分公式求出了积分，再将 u 换回 $\sin x$ 便求出不定积分，即

$$\int \sin^2 x\cos x\mathrm{d}x=\int \sin^2 x\mathrm{d}(\sin x)=\int u^2\mathrm{d}u=\frac{1}{3}u^3+C=\frac{1}{3}\sin^3 x+C.$$

以上方法的关键在于将被积函数的因子 $\cos x$ 与 $\mathrm{d}x$ 凑成微分

$$\cos x\mathrm{d}x=(\sin x)'\mathrm{d}x=\mathrm{d}(\sin x),$$

而被积函数剩下的因子正好为 $\sin x$ 的函数，若将 $\sin x$ 视为整体. 变换后的积分正好可用已有积分公式求出，这种积分公式称为“凑微分”法，也称为第一换元积分法. 相关的定理如下所述.

定理 1(第一换元积分法)　若 $\int f(u)\mathrm{d}u=F(u)+C$，则当 $u=\varphi(x)$ 为连续可微函数时，有

$$\int f[\varphi(x)]\varphi'(x)\mathrm{d}x=\int f[\varphi(x)]\mathrm{d}\varphi(x)=\int f(u)\mathrm{d}u=F(u)+C=F[\varphi(x)]+C.$$

证　$$\frac{\mathrm{d}}{\mathrm{d}x}F[\varphi(x)]=F'[\varphi(x)]\cdot\varphi'(x),$$

则

$$\int f[\varphi(x)]\varphi'(x)\mathrm{d}x = F[\varphi(x)] + C.$$

例 1 求 $\int \tan x\mathrm{d}x, \int \cot x\mathrm{d}x$.

解 $\int \tan x\mathrm{d}x = \int \frac{\sin x}{\cos x}\mathrm{d}x = -\int \frac{(\cos x)'}{\cos x}\mathrm{d}x \xlongequal{u=\cos x} -\int \frac{1}{u}\mathrm{d}u = -\ln|u| + C$

$= -\ln|\cos x| + C.$

$\int \cot x\mathrm{d}x = \int \frac{\cos x}{\sin x}\mathrm{d}x = \int \frac{(\sin x)'}{\sin x}\mathrm{d}x \xlongequal{u=\sin x} \int \frac{1}{u}\mathrm{d}u = \ln|u| + C$

$= \ln|\sin x| + C.$

为了简便计算,在熟练的情况下,可以省去引入变量 u 的过程.

例 2 求 $\int \sec x\mathrm{d}x, \int \csc x\mathrm{d}x$.

解 (方法一) $\int \sec x\mathrm{d}x = \int \frac{1}{\cos x}\mathrm{d}x = \int \frac{\cos x}{\cos^2 x}\mathrm{d}x$

$$
\begin{aligned}
&= \int \frac{1}{1-\sin^2 x}\mathrm{d}(\sin x) \\
&= \int \frac{1}{2}\left(\frac{1}{1+\sin x} + \frac{1}{1-\sin x}\right)\mathrm{d}(\sin x) \\
&= \frac{1}{2}\int \frac{1}{1+\sin x}\mathrm{d}(1+\sin x) - \frac{1}{2}\int \frac{1}{1-\sin x}\mathrm{d}(1-\sin x) \\
&= \frac{1}{2}\ln|1+\sin x| - \frac{1}{2}\ln|1-\sin x| + C \\
&= \frac{1}{2}\ln\frac{1+\sin x}{1-\sin x} + C \\
&= \frac{1}{2}\ln\frac{(1+\sin x)^2}{\cos^2 x} + C \\
&= \ln\left|\frac{1+\sin x}{\cos x}\right| + C \\
&= \ln|\sec x + \tan x| + C.
\end{aligned}
$$

(方法二) $\int \sec x\,\mathrm{d}x = \int \frac{\sec x(\sec x + \tan x)}{\sec x + \tan x}\mathrm{d}x$

$$
\begin{aligned}
&= \int \frac{1}{\sec x + \tan x}\mathrm{d}(\sec x + \tan x) \\
&= \ln|\sec x + \tan x| + C.
\end{aligned}
$$

类似可求得 $$\int \csc x\mathrm{d}x = \ln|\csc x - \cot x| + C.$$

例3 求$\int\frac{1}{a^2+x^2}dx,\int\frac{1}{\sqrt{a^2-x^2}}dx(a>0),\int\frac{1}{x^2-a^2}dx.$

解

$$\begin{aligned}\int\frac{1}{a^2+x^2}dx&=\int\frac{1}{a^2}\frac{1}{1+\left(\frac{x}{a}\right)^2}dx\\&=\frac{1}{a}\int\frac{1}{1+\left(\frac{x}{a}\right)^2}d\left(\frac{x}{a}\right)\\&=\frac{1}{a}\arctan\frac{x}{a}+C.\end{aligned}$$

$$\begin{aligned}\int\frac{1}{\sqrt{a^2-x^2}}dx&=\int\frac{1}{a}\frac{1}{\sqrt{1-\left(\frac{x}{a}\right)^2}}dx\\&=\int\frac{1}{\sqrt{1-\left(\frac{x}{a}\right)^2}}d\left(\frac{x}{a}\right)\\&=\arcsin\frac{x}{a}+C.\end{aligned}$$

$$\begin{aligned}\int\frac{1}{x^2-a^2}dx&=\int\frac{1}{2a}\left(\frac{1}{x-a}-\frac{1}{x+a}\right)dx\\&=\frac{1}{2a}\left[\int\frac{1}{x-a}d(x-a)-\int\frac{1}{x+a}d(x+a)\right]\\&=\frac{1}{2a}(\ln|x-a|-\ln|x+a|+C)\\&=\frac{1}{2a}\ln\left|\frac{x-a}{x+a}\right|+C.\end{aligned}$$

例4 求$\int\sin^2 xdx,\int\sin^3 xdx.$

解

$$\begin{aligned}\int\sin^2 xdx&=\int\frac{1-\cos(2x)}{2}dx\\&=\frac{1}{2}\int dx-\frac{1}{4}\int\cos(2x)d(2x)\\&=\frac{1}{2}x-\frac{1}{4}\sin(2x)+C.\end{aligned}$$

$$\begin{aligned}\int\sin^3 xdx&=\int\sin^2 x\cdot\sin xdx\\&=\int(\cos^2 x-1)d\cos x\\&=\int\cos^2 xd\cos x-\int d\cos x\end{aligned}$$

$$=\frac{1}{3}\cos^3 x-\cos x+C.$$

例 5　求 $\int\frac{x}{(x-1)^3}\mathrm{d}x,\int\frac{x^3-1}{(x-1)^3}\mathrm{d}x$.

解　$$\int\frac{x}{(x-1)^3}\mathrm{d}x=\int\frac{(x-1)+1}{(x-1)^3}\mathrm{d}x=\int(x-1)^{-2}\mathrm{d}(x-1)+\int(x-1)^{-3}\mathrm{d}(x-1)$$

$$=-\frac{1}{x-1}-\frac{1}{2}\times\frac{1}{(x-1)^2}+C.$$

$$\int\frac{x^3-1}{(x-1)^3}\mathrm{d}x=\int\frac{(x-1)^2+3(x-1)+3}{(x-1)^2}\mathrm{d}(x-1)$$

$$=\int 1\mathrm{d}(x-1)+\int\frac{3}{x-1}\mathrm{d}(x-1)+3\int(x-1)^{-2}\mathrm{d}(x-1)$$

$$=(x-1)+3\ln|x-1|-\frac{3}{x-1}+C.$$

例 6　求 $\int\frac{1}{x\ln x}\mathrm{d}x,\int\frac{1}{x\ln x\ln\ln x}\mathrm{d}x\,(x>3)$.

解
$$\int\frac{1}{x\ln x}\mathrm{d}x=\int\frac{1}{\ln x}\mathrm{d}(\ln x)=\ln|\ln x|+C.$$

$$\int\frac{1}{x\ln x\ln\ln x}\mathrm{d}x=\int\frac{1}{\ln\ln x}\mathrm{d}(\ln\ln x)$$

$$=\ln|\ln\ln x|+C.$$

凑微分法利用如下的公式进行求解：

$$\int f[\varphi(x)]\varphi'(x)\mathrm{d}x\xlongequal{\varphi(x)=u}\int f(u)\mathrm{d}u,$$

将此公式倒用就是第二换元积分法.

定理 2(第二换元积分法)　设不定积分 $\int f(x)\mathrm{d}x$ 存在，$x=x(t)$ 连续可微且存在反函数 $t=t(x)$. 又若 $\int f[x(t)]x'(t)\mathrm{d}t=F(t)+C$，则

$$\int f(x)\mathrm{d}x=\int f[x(t)]x'(t)\mathrm{d}t=F(t)+C=F[t(x)]+C.$$

证
$$\frac{\mathrm{d}}{\mathrm{d}x}(F[t(x)])=f[x(t)]x'(t)\frac{\mathrm{d}t}{\mathrm{d}x}$$

$$=f[x(t)]x'(t)\cdot\frac{1}{x'(t)}$$

$$=f(x).$$

例 7　求 $\int\frac{\mathrm{d}x}{\sqrt{x}+\sqrt[3]{x}}$.

解　设 $\sqrt[6]{x}=t$，则 $x=t^6$，$\mathrm{d}x=6t^5\mathrm{d}t$.

则
$$\int \frac{dx}{\sqrt{x}+\sqrt[3]{x}} = \int \frac{6t^5}{t^3+t^2}dt = 6\int \frac{t^3}{t+1}dt$$
$$= 6\int \frac{t^3+1-1}{t+1}dt$$
$$= 6\int \left(t^2 - t + 1 - \frac{1}{t+1}\right)dt$$
$$= 2t^3 - 3t^2 + 6t - 6\ln|t+1| + C$$
$$= 2\sqrt{x} - 3\sqrt[3]{x} + 6\sqrt[6]{x} - 6\ln\left|1+\sqrt[6]{x}\right| + C.$$

例 8 求 $\int \frac{x+1}{\sqrt[3]{3x+1}}dx$.

解 设 $\sqrt[3]{3x+1}=t$,则 $x=\frac{1}{3}(t^3-1)$,$dx=t^2dt$.

从而有
$$\int \frac{x+1}{\sqrt[3]{3x+1}}dx = \int \frac{\frac{1}{3}(t^3-1)+1}{t}t^2dt$$
$$= \frac{1}{3}\int (t^4+2t)dt$$
$$= \frac{1}{3}\left(\frac{1}{5}t^5+t^2\right)+C$$
$$= \frac{1}{15}(3x+1)^{\frac{5}{3}} + \frac{1}{3}(3x+1)^{\frac{2}{3}} + C$$
$$= \frac{1}{5}(x+2)(3x+1)^{\frac{2}{3}} + C.$$

例 9 求 $\int \sqrt{a^2-x^2}dx \quad (a>0)$.

解 设 $x=a\sin t$,$|t|<\frac{\pi}{2}$(此函数在这个区间内单调,存在反函数). 于是
$$\int \sqrt{a^2-x^2}dx = \int a\cos t\,d(a\sin t) = a^2\int \cos^2 t\,dt$$
$$= \frac{a^2}{2}\int (1+\cos 2t)dt = \frac{a^2}{2}\left(t+\frac{1}{2}\sin 2t\right)+C$$
$$= \frac{a^2}{2}\left[\arcsin\frac{x}{a} + \frac{x}{a}\sqrt{1-\left(\frac{x}{a}\right)^2}\right]+C$$
$$= \frac{1}{2}\left(a^2\arcsin\frac{x}{a} + x\sqrt{a^2-x^2}\right)+C.$$

本题的关键是利用公式 $\sin^2 x+\cos^2 x=1$ 代去被积函数的根式. 类似的情形还有用公式 $1+\tan^2 x=\sec^2 x$ 处理被积函数的方法,称此类方法为三角函数变换法,是特殊的第二换元积分法,此方法常用于被积函数含有 $x^2\pm a^2$,a^2-x^2 的积分中.

例 10　求 $\int \frac{\mathrm{d}x}{(x^2+a^2)^2}(a>0)$.

解　设 $x=a\tan t, |t|<\frac{\pi}{2}$,于是

$$\begin{aligned}\int \frac{\mathrm{d}x}{(x^2+a^2)^2} &= \int \frac{a\sec^2 t}{a^4\sec^4 t}\mathrm{d}t = \frac{1}{a^3}\int \cos^2 t\mathrm{d}t \\ &= \frac{1}{a^3}\int \frac{1+\cos 2t}{2}\mathrm{d}t \\ &= \frac{1}{2a^3}(t+\sin t\cos t)+C \\ &= \frac{1}{2a^3}\left(\arctan\frac{x}{a}+\frac{ax}{x^2+a^2}\right)+C,\end{aligned}$$

计算中可借助图 4-1 求出

$$\sin t=\frac{x}{\sqrt{x^2+a^2}}, \cos t=\frac{a}{\sqrt{x^2+a^2}}.$$

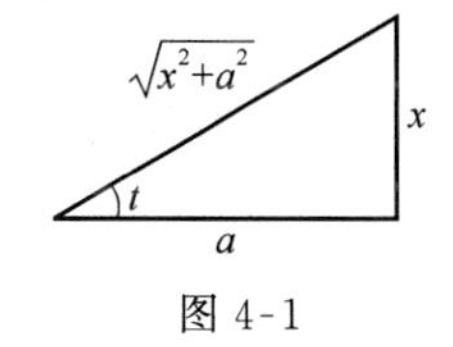

图 4-1

例 11　求 $\int \frac{\mathrm{d}x}{\sqrt{x^2-a^2}}(a>0)$.

解　设 $x=a\sec t, 0<t<\frac{\pi}{2}$ $\left(当 -\frac{\pi}{2}<t<0 时,可得同样结论\right)$,于是

$$\begin{aligned}\int \frac{\mathrm{d}x}{\sqrt{x^2-a^2}} &= \int \frac{a\sec t\tan t}{a\tan t}\mathrm{d}t \\ &= \int \sec t\mathrm{d}t = \ln|\sec t+\tan t|+C \\ &= \ln\left|\frac{x}{a}+\frac{\sqrt{x^2-a^2}}{a}\right|+C \quad (图 4\text{-}2) \\ &= \ln\left|x+\sqrt{x^2-a^2}\right|+C_1 (C_1=C-\ln a).\end{aligned}$$

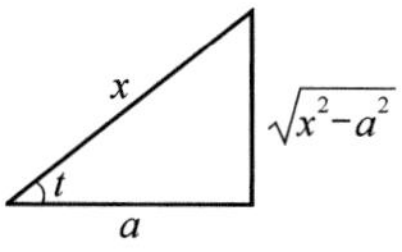

图 4-2

例 12　求 $\int \frac{\mathrm{d}x}{x\sqrt{x^2-1}}$.

解　(方法一)　设 $x=\frac{1}{t}$,则 $\mathrm{d}x=-\frac{1}{t^2}\mathrm{d}t$. 于是

$$\begin{aligned}\int \frac{\mathrm{d}x}{x\sqrt{x^2-1}} &= -\int \frac{1}{\sqrt{1-t^2}}\mathrm{d}t = -\arcsin t+C \\ &= -\arcsin\frac{1}{x}+C.\end{aligned}$$

这种方法称为“倒代换”,也是一种常用的变量代换.

(方法二)　设 $x=\sec t$,则 $\mathrm{d}x=\sec t\tan t\mathrm{d}t$. 于是

$$\int \frac{\mathrm{d}x}{x\sqrt{x^2-1}} = \int \frac{\sec t\tan t}{\sec t\ \tan t}\mathrm{d}t = \int \mathrm{d}t = t+C = \arccos\frac{1}{|x|}+C.$$

此题也可用凑微分法来解.

(方法三) $\int \frac{1}{x\sqrt{x^2-1}}\mathrm{d}x = \int \frac{x}{x^2\sqrt{x^2-1}}\mathrm{d}x = \int \frac{\mathrm{d}\sqrt{x^2-1}}{x^2}$

$$= \int \frac{\mathrm{d}\sqrt{x^2-1}}{(\sqrt{x^2-1})^2+1} = \arctan\sqrt{x^2-1}+C.$$

计算不定积分时,一题多解比较常见.一般而言,常规的方法往往不是最简便的,这就需要读者在学习过程中多总结经验,寻求简单巧妙的积分法.还需指出的是,应用不同的积分方法算出的答案表面上看可能不同,这是由于不同的原函数加上任意常数构成了不定积分的缘故.虽然原函数不同,实际上它们彼此只相差一个常数,它们的导数都是被积函数.所以,读者要养成用求导运算来检验不定积分的结果是否正确的好习惯.

二、分部积分法

用两个函数乘积的求导法可推出又一种重要的积分方法——分部积分法.

定理 3 若 $u(x),v(x)$ 均可导,不定积分 $\int u'(x)v(x)\mathrm{d}x$ 存在,则 $\int u(x)v'(x)\mathrm{d}x$ 也存在,并有

$$\int u(x)v'(x)\mathrm{d}x = u(x)v(x) - \int u'(x)v(x)\mathrm{d}x.$$

证 由于 $[u(x)v(x)]'=u'(x)v(x)+u(x)v'(x)$

所以

$$u(x)v'(x)=[u(x)v(x)]'-u'(x)v(x),$$

两端积分,有

$$\int u(x)v'(x)\mathrm{d}x = u(x)v(x) - \int u'(x)v(x)\mathrm{d}x.$$

例 13 求 $\int \arctan x\mathrm{d}x, \int \arcsin x\mathrm{d}x$.

解 设 $u(x)=\arctan x, v(x)=x$.

则

$$\begin{aligned}\int \arctan x\mathrm{d}x &= x\arctan x - \int x\mathrm{d}(\arctan x)\\ &= x\arctan x - \int \frac{x}{1+x^2}\mathrm{d}x\\ &= x\arctan x - \frac{1}{2}\int \frac{1}{1+x^2}\mathrm{d}(1+x^2)\\ &= x\arctan x - \frac{1}{2}\ln(1+x^2)+C,\end{aligned}$$

同理，有

$$\begin{aligned}\int \arcsin x\mathrm{d}x &= x\arcsin x-\int x\mathrm{d}(\arcsin x)\\&= x\arcsin x-\int \frac{x}{\sqrt{1-x^2}}\mathrm{d}x\\&= x\arcsin x+\frac{1}{2}\int(1-x^2)^{-\frac{1}{2}}\mathrm{d}(1-x^2)\\&= x\arcsin x+\sqrt{1-x^2}+C.\end{aligned}$$

用类似的方法还可求得

$$\int \operatorname{arccot} x\mathrm{d}x = x\operatorname{arccot} x+\frac{1}{2}\ln(1+x^2)+C,$$

$$\int \arccos x\mathrm{d}x = x\arccos x-\sqrt{1-x^2}+C.$$

例 14 求 $\int \ln x\mathrm{d}x$.

解

$$\begin{aligned}\int \ln x\mathrm{d}x &= x\ln x-\int x\mathrm{d}(\ln x)\\&= x\ln x-\int \mathrm{d}x\\&= x\ln x-x+C.\end{aligned}$$

例 15 求 $\int x\mathrm{e}^x\mathrm{d}x$.

解

$$\int x\mathrm{e}^x\mathrm{d}x = \int x\mathrm{d}\mathrm{e}^x = x\mathrm{e}^x-\int \mathrm{e}^x\mathrm{d}x = x\mathrm{e}^x-\mathrm{e}^x+C.$$

例 16 求 $\int x^2\sin x\mathrm{d}x$.

解

$$\begin{aligned}\int x^2\sin x\mathrm{d}x &=-\int x^2\mathrm{d}\cos x\\&=-\left(x^2\cos x-\int \cos x\mathrm{d}x^2\right)\\&=-\left(x^2\cos x-2\int x\cos x\mathrm{d}x\right)\\&=-x^2\cos x+2\int x\mathrm{d}\sin x\\&=-x^2\cos x+2\left(x\sin x-\int \sin x\mathrm{d}x\right)\\&=-x^2\cos x+2x\sin x+2\cos x+C.\end{aligned}$$

例 17 求 $\int x\ln x\mathrm{d}x$.

解

$$\int x\ln x\mathrm{d}x = \frac{1}{2}\int \ln x\mathrm{d}x^2$$

$$= \frac{1}{2}\left(x^2 \ln x - \int x^2 \mathrm{d}\ln x\right)$$
$$= \frac{1}{2}\left(x^2 \ln x - \int x \mathrm{d}x\right)$$
$$= \frac{1}{2}\left(x^2 \ln x - \frac{1}{2}x^2\right) + C.$$

例 18 求 $\int \mathrm{e}^x \cos x \mathrm{d}x, \int \mathrm{e}^x \sin x \mathrm{d}x$.

解 (方法一) 设 $I = \int \mathrm{e}^x \cos x \mathrm{d}x, J = \int \mathrm{e}^x \sin x \mathrm{d}x$.

则

$$\begin{aligned} I = \int \mathrm{e}^x \cos x \mathrm{d}x &= \int \cos x \mathrm{d}\mathrm{e}^x \\ &= \mathrm{e}^x \cos x - \int \mathrm{e}^x \mathrm{d}\cos x \\ &= \mathrm{e}^x \cos x + \int \mathrm{e}^x \sin x \mathrm{d}x \\ &= \mathrm{e}^x \cos x + J, \end{aligned}$$

$$\begin{aligned} J = \int \mathrm{e}^x \sin x \mathrm{d}x &= \int \sin x \mathrm{d}\mathrm{e}^x \\ &= \mathrm{e}^x \sin x - \int \mathrm{e}^x \cos x \mathrm{d}x \\ &= \mathrm{e}^x \sin x - I, \end{aligned}$$

从而有

$$\begin{cases} I - J = \mathrm{e}^x \cos x, \\ I + J = \mathrm{e}^x \sin x, \end{cases}$$

解此方程组,得

$$I = \frac{1}{2}\mathrm{e}^x(\cos x + \sin x) + C,$$
$$J = \frac{1}{2}\mathrm{e}^x(\sin x - \cos x) + C.$$

这种积分法称为“配对积分法”.

(方法二) 设

$$\begin{aligned} I &= \int \mathrm{e}^x \cos x \mathrm{d}x = \int \cos x \mathrm{d}\mathrm{e}^x \\ &= \mathrm{e}^x \cos x + \int \mathrm{e}^x \sin x \mathrm{d}x \\ &= \mathrm{e}^x \cos x + \int \sin x \mathrm{d}\mathrm{e}^x \\ &= \mathrm{e}^x \cos x + \left(\mathrm{e}^x \sin x - \int \mathrm{e}^x \mathrm{d}\sin x\right) \\ &= \mathrm{e}^x \cos x + \mathrm{e}^x \sin x - \int \mathrm{e}^x \cos x \mathrm{d}x \end{aligned}$$

$$= e^x \cos x + e^x \sin x - I,$$

从而有

$$I=\frac{1}{2}e^x(\cos x+\sin x)+C.$$

类似可求得

$$J=\frac{1}{2}e^x(\sin x-\cos x)+C.$$

这种方法的特点是运算过程中又出现了所求的不定积分,通过求解关于所求不定积分的方程得出答案.

这种方法称为“循环法”.

例 19　导出不定积分 $I_n=\int\frac{dx}{(a^2+x^2)^n}$ (n 为自然数)($a>0$)的递推公式.

解　由于
$$\begin{aligned}I_n&=\int\frac{dx}{(a^2+x^2)^n}=\frac{x}{(a^2+x^2)^n}-\int x d\frac{1}{(a^2+x^2)^n}\\&=\frac{x}{(a^2+x^2)^n}+2n\int\frac{x^2}{(a^2+x^2)^{n+1}}dx\\&=\frac{x}{(a^2+x^2)^n}+2n\int\left[\frac{1}{(a^2+x^2)^n}-\frac{a^2}{(a^2+x^2)^{n+1}}\right]dx\\&=\frac{x}{(a^2+x^2)^n}+2nI_n-2na^2I_{n+1},\end{aligned}$$

则有如下递推公式

$$I_{n+1}=\frac{x}{2na^2(a^2+x^2)^n}+\frac{1}{a^2}\left(1-\frac{1}{2n}\right)I_n.$$

由于 $I_1=\int\frac{dx}{a^2+x^2}=\frac{1}{a}\arctan\frac{x}{a}+C$,对任何自然数 n,由以上递推公式总可求出 I_n.

这种积分法称为“递推法”.

到此为止,又有一些积分公式加入积分表中,请读者熟记.列举如下:

(1) $\int\tan x dx=-\ln|\cos x|+C$;

(2) $\int\cot x dx=\ln|\sin x|+C$;

(3) $\int\sec x dx=\ln|\sec x+\tan x|+C$;

(4) $\int\csc x dx=\ln|\csc x-\cot x|+C$;

(5) $\int\frac{dx}{a^2+x^2}=\frac{1}{a}\arctan\frac{x}{a}+C$;

(6) $\int\frac{dx}{x^2-a^2}=\frac{1}{2a}\ln\left|\frac{x-a}{x+a}\right|+C$;

(7) $\int \frac{dx}{\sqrt{a^2-x^2}} = \arcsin \frac{x}{a} + C$;

(8) $\int \frac{dx}{\sqrt{x^2 \pm a^2}} = \ln\left|x + \sqrt{x^2 \pm a^2}\right| + C$;

(9) $\int \arcsin x dx = x\arcsin x + \sqrt{1-x^2} + C$;

(10) $\int \arccos x dx = x\arccos x - \sqrt{1-x^2} + C$;

(11) $\int \arctan x dx = x\arctan x - \frac{1}{2}\ln(1+x^2) + C$;

(12) $\int \operatorname{arccot} x dx = x\operatorname{arccot} x + \frac{1}{2}\ln(1+x^2) + C$.

对于一个初等函数,总可以求出它的导数,但求其不定积分就不一定那么容易,甚至有些初等函数的不定积分不是初等函数.在这个意义下,也就是并非所有初等函数的不定积分都是可以“求出来”的.

例如,$\int e^{\pm x^2} dx$,$\int \sin x^2 dx$,$\int \cos x^2 dx$,$\int \frac{\sin x}{x} dx$,$\int \frac{\cos x}{x} dx$,$\int \frac{1}{\ln x} dx$,$\int \frac{dx}{\sqrt{1-k^2\sin^2 x}}$,$\int \sqrt{1-k^2\sin^2 x} dx$,$\int \frac{dx}{(1+k^2\sin^2 x)\sqrt{1-k^2\sin^2 x}}$ $(0<k<1)$ 等积分在诸多领域中有着重要的应用,但均不为初等函数.掌握不定积分的大量运算技巧对今后的学习是必不可少的,但过分追求一些类似以上积分的特殊技巧,其效果显然会适得其反.

习题 4-2

1. 应用换元法求下列不定积分.

(1) $\int \frac{1}{5x-8} dx$;

(2) $\int \cos(2t-3) dt$;

(3) $\int \frac{dx}{\sqrt{1-(x+3)^2}}$;

(4) $\int e^{2x} 2^x dx$;

(5) $\int (3^x + 5^x) dx$;

(6) $\int x(1-x)^{99} dx$;

(7) $\int \frac{\sqrt{x}}{1-\sqrt[3]{x}} dx$;

(8) $\int \frac{10^{2\arccos x}}{\sqrt{1-x^2}} dx$;

(9) $\int \frac{x^2}{\sqrt{a^2-x^2}} dx \quad (a>0)$;

(10) $\int \frac{x^3+1}{(x^2+1)^2} dx$;

(11) $\int \frac{x^3}{9+x^2}\mathrm{d}x$；　　(12) $\int \frac{\sqrt{x^2-9}}{x}\mathrm{d}x$；

(13) $\int \frac{1}{(x+1)(x-2)}\mathrm{d}x$；　　(14) $\int \frac{1}{1+\sqrt{2x}}\mathrm{d}x$；

(15) $\int \frac{\sin\sqrt{x}}{\sqrt{x}}\mathrm{d}x$；　　(16) $\int \sqrt{2+x-x^2}\,\mathrm{d}x$.

2. 利用分部积分法求下列不定积分.

(1) $\int x\mathrm{e}^{-x}\mathrm{d}x$；　　(2) $\int \mathrm{e}^{-x}\cos x\mathrm{d}x$；

(3) $\int \ln^2 x\mathrm{d}x$；　　(4) $\int x^2\arctan x\mathrm{d}x$；

(5) $\int \mathrm{e}^{\sqrt{3x+9}}\mathrm{d}x$；　　(6) $\int (\arcsin x)^2\mathrm{d}x$；

(7) $\int \mathrm{e}^{x}\sin^2 x\mathrm{d}x$；　　(8) $\int \cos\ln x\mathrm{d}x$；

(9) $\int (x^2-1)\sin 2x\mathrm{d}x$；　　(10) $\int \frac{\ln x}{x^3}\mathrm{d}x$；

(11) $\int \left(\ln\ln x+\frac{1}{\ln x}\right)\mathrm{d}x$；　　(12) $\int x\sin x\cos x\mathrm{d}x$.

3. 求下列不定积分.

(1) $\int \frac{\sin x}{2\sin x+3\cos x}\mathrm{d}x$；　　(2) $\int \frac{1}{1+x^4}\mathrm{d}x$；

(3) $\int \csc^4 x\mathrm{d}x$.

4. 对任何自然数 $n>2$，定义 $I_n=\int \frac{\sin nx}{\sin x}\mathrm{d}x$，证明：$I_n=\frac{2}{n-1}\sin(n-1)x+I_{n-2}$.

第三节　有理函数与一些特殊函数的不定积分

虽然不定积分的方法并无一般步骤可寻，但对一些特殊类型的积分，还可以找出一些积分方法的. 下面介绍几类比较常见的特殊函数的不定积分法.

一、有理函数的不定积分

设 $p(x)$，$\theta(x)$均为多项式函数，凡形如

$$\frac{p(x)}{\theta(x)}$$

的函数称为有理函数，若分子次数严格低于分母的次数，则称它为真分式，否则称它为假分式. 由于假分式总可化为一个多项式与一个真分式之和，因此只需研究真分式的积分法即可.

由代数学的知识可知，多项式在实数范围内总可分解成形如 $x-a$ 的一次不可约因式与形如 $x^2+px+q(p^2-4q<0)$ 的二次不可约因式之积，且将分母作此种分解后，真分式总可以表示成相应的一些部分分式之和. 如果分母含有形如 $(x-a)^k$ 的因式，则对应的部分分式是

$$\frac{A_1}{x-a}+\frac{A_2}{(x-a)^2}+\cdots+\frac{A_k}{(x-a)^k}.$$

如果分母含有形如 $(x^2+px+q)^n$ 的因式，则对应的部分分式是

$$\frac{B_1x+C_1}{x^2+px+q}+\frac{B_2x+C_2}{(x^2+px+q)^2}+\cdots+\frac{B_nx+C_n}{(x^2+px+q)^n}.$$

将真分式等于其对应的部分分式之和，通分后分母必相等. 再通过分子相等，从而对应的同次幂系数相等，求出待定的常数(如 A_i,B_i,C_i 等). 这样便求出了真分式的所有部分分式.

例 1 将 $\dfrac{2x+2}{x^5-x^4+2x^3-2x^2+x-1}$ 分解为部分分式之和.

解 将分母分解因式为

$$x^5-x^4+2x^3-2x^2+x-1=(x-1)(x^2+1)^2,$$

则 $x-1$ 对应部分分式为 $\dfrac{A}{x-1}$，$(x^2+1)^2$ 对应部分分式为 $\dfrac{B_1x+C_1}{x^2+1}+\dfrac{B_2x+C_2}{(x^2+1)^2}$.

令

$$\frac{2x+2}{(x-1)(x^2+1)^2}=\frac{A}{x-1}+\frac{B_1x+C_1}{x^2+1}+\frac{B_2x+C_2}{(x^2+1)^2},$$

右边通分后分子相同，得

$$2x+2=A(x^2+1)^2+(B_1x+C_1)(x-1)(x^2+1)+(B_2x+C_2)(x-1).$$

以下需求待定的系数 A,B_1,C_1,B_2,C_2.

(方法一) 由于式中左右两端同次项系数相同，得线性方程组

$$\begin{cases}A+B_1=0\\C_1-B_1=0\\2A+B_2+B_1-C_1=0\\C_2+C_1-B_2-B_1=2\\A-C_2-C_1=2\end{cases}$$

解此方程组，得

$$A=1,B_1=-1,C_1=-1,B_2=-2,C_2=0.$$

(方法二) 取一些特殊点代入通分后的公式.

将 $x=1$ 代入，得 $4A=4$，即 $A=1$；将 $x=\mathrm{i}$ 代入，得 $2\mathrm{i}+2=(B_2\mathrm{i}+C_2)(\mathrm{i}-1)$，从而有 $B_2=-2, C_2=0$；将 $x=0$ 代入，得 $2=A-C_1-C_2$，则 $C_1=-1$；将 $x=-1$ 代入，得 $0=4A-4(C_1-B_1)-2(C_2-B_2)$，从而有 $B_1=-1$.

由以上两种方法均求得

$$\frac{2x+2}{x^5-x^4+2x^3-2x^2+x-1}=\frac{1}{x-1}+\frac{-x-1}{x^2+1}+\frac{-2x}{(x^2+1)^2}.$$

完成了部分分式的分解，只需求所有部分分式的积分. 实际上，只需求以下两种形式的积分：

① $\int\frac{\mathrm{d}x}{(x-a)^k}$；

② $\int\frac{ax+b}{(x^2+px+q)^m}\mathrm{d}x\,(p^2-4q<0)$.

形式①积分较容易，即

$$\int\frac{1}{(x-a)^k}\mathrm{d}x=\begin{cases}\ln|x-a|+C, & k=1,\\ \dfrac{1}{(-k+1)}(x-a)^{-k+1}+C, & k>1,\end{cases}$$

形式②积分时，其将分母代为平方和的幂，即

$$\begin{aligned}\int\frac{ax+b}{(x^2+px+q)^m}\mathrm{d}x&=\int\frac{ax+b}{\left[\left(x+\dfrac{p}{2}\right)^2+\left(\sqrt{q-\dfrac{p^2}{4}}\right)^2\right]^m}\mathrm{d}x\\ &=\int\frac{a\left(x+\dfrac{p}{2}\right)+\left(b-\dfrac{ap}{2}\right)}{\left[\left(x+\dfrac{p}{2}\right)^2+\left(\sqrt{q-\dfrac{p^2}{4}}\right)^2\right]^m}\mathrm{d}\left(x+\frac{p}{2}\right)\\ &\xlongequal{x+\frac{p}{2}=t}a\int\frac{t}{[t^2+B^2]^m}\mathrm{d}t+A\int\frac{\mathrm{d}t}{[t^2+B^2]^m}\end{aligned}$$

$\left(\text{为了方便记，设常数 } A=b-\dfrac{ap}{2}, B=\sqrt{q-\dfrac{p^2}{4}}\right)$.

上式右边第一个积分

$$\begin{aligned}a\int\frac{t}{[t^2+B^2]^m}\mathrm{d}t&=\frac{a}{2}\int\frac{1}{[t^2+B^2]^m}\mathrm{d}(t^2+B^2)\\ &=\begin{cases}\dfrac{a}{2}\ln(t^2+B^2)+C, & m=1,\\ \dfrac{a}{2(-m+1)}(t^2+B^2)^{-m+1}+C, & m>1.\end{cases}\end{aligned}$$

上式右边第二个积分可由第二节例 19 的递推公式求出.

这便完成了形式②的积分的计算. 因此，综合以上理论，可得有理函数不定积分的一般方法.

例 2 求$\int \frac{dx}{1+x^3}$.

解 由$1+x^3=(1+x)(1-x+x^2)$可以求得部分分式分解,即

$$\frac{1}{1+x^3}=\frac{\frac{1}{3}}{1+x}+\frac{-\frac{1}{3}x+\frac{2}{3}}{1-x+x^2},$$

从而有

$$\begin{aligned}\int \frac{dx}{1+x^3} &= \frac{1}{3}\int \frac{1}{1+x}dx-\frac{1}{3}\int \frac{x-2}{1-x+x^2}dx \\ &= \frac{1}{3}\ln|1+x|-\frac{1}{6}\int \frac{2x-1}{1-x+x^2}dx+\frac{1}{2}\int \frac{d\left(x-\frac{1}{2}\right)}{\left(x-\frac{1}{2}\right)^2+\frac{3}{4}} \\ &= \frac{1}{3}\ln|1+x|-\frac{1}{6}\ln(x^2-x+1)+\frac{1}{\sqrt{3}}\arctan\frac{2x-1}{\sqrt{3}}+C.\end{aligned}$$

用常规的方法求不定积分不一定最简便. 例 3 若用上述方法求解,过程会相当麻烦,因而可寻求更简便的方法.

例 3 求$\int \frac{x^3}{(x-2)^{100}}dx$.

解 设$x-2=t$,则$x=2+t$,$dx=dt$,于是

$$\begin{aligned}\int \frac{x^3}{(x-2)^{100}}dx &= \int \frac{(t+2)^3}{t^{100}}dt \\ &= \int (t^{-97}+6t^{-98}+12t^{-99}+8t^{-100})dt \\ &= -\frac{1}{96}t^{-96}-\frac{6}{97}t^{-97}-\frac{6}{49}t^{-98}-\frac{8}{99}t^{-99}+C \\ &= -\frac{1}{96}\times\frac{1}{(x-2)^{96}}-\frac{6}{97}\times\frac{1}{(x-2)^{97}}-\frac{6}{49}\times\frac{1}{(x-2)^{98}}-\frac{8}{99}\times\frac{1}{(x-2)^{99}}+C.\end{aligned}$$

二、三角有理函数的不定积分

由$u(x)$,$v(x)$和实数经过有限次四则运算得到的函数称为关于$u(x)$,$v(x)$的有理函数记为$R[u(x),v(x)]$. $R(\sin x,\cos x)$称为三角有理函数,可见各种三角函数均为三角有理函数.

三角有理函数的积分$\int R(\sin x,\cos x)dx$可通过变换$t=\tan\frac{x}{2}$化为有理函数的积分.

因为

$$\sin x=\frac{2\sin\frac{x}{2}\cos\frac{x}{2}}{\sin^2\frac{x}{2}+\cos^2\frac{x}{2}}=\frac{2\tan\frac{x}{2}}{1+\tan^2\frac{x}{2}}=\frac{2t}{1+t^2},$$

$$\cos x=\frac{\cos^2\frac{x}{2}-\sin^2\frac{x}{2}}{\sin^2\frac{x}{2}+\cos^2\frac{x}{2}}=\frac{1-\tan^2\frac{x}{2}}{1+\tan^2\frac{x}{2}}=\frac{1-t^2}{1+t^2},$$

$$\mathrm{d}x=\frac{2}{1+t^2}\mathrm{d}t,$$

从而有

$$\int R(\sin x,\cos x)\mathrm{d}x=\int R\left(\frac{2t}{1+t^2},\frac{1-t^2}{1+t^2}\right)\frac{2}{1+t^2}\mathrm{d}t,$$

再利用有理函数积分法可求出不定积分.

例 4　求积分 $\int\frac{1-r^2}{1-2r\cos x+r^2}\mathrm{d}x\,(0<r<1,-\pi<x<\pi)$.

解　设 $t=\tan\frac{x}{2}$,则

$$\begin{aligned}\int\frac{1-r^2}{1-2r\cos x+r^2}\mathrm{d}x&=\int\frac{1-r^2}{1-2r\frac{1-t^2}{1+t^2}+r^2}\frac{2}{1+t^2}\mathrm{d}t\\&=(1-r^2)\int\frac{2}{(1-r)^2+(1+r)^2t^2}\mathrm{d}t\\&=2(1-r^2)\int\frac{\frac{1}{(1+r)^2}}{\left(\frac{1-r}{1+r}\right)^2+t^2}\mathrm{d}t\\&=2\arctan\left(\frac{1+r}{1-r}t\right)+C\\&=2\arctan\left(\frac{1+r}{1-r}\tan\frac{x}{2}\right)+C.\end{aligned}$$

变换 $t=\tan\frac{x}{2}$ 对三角有理函数的积分总是有效的,但并不意味着在任何场合都是简便的.

例 5　计算 $\int\frac{\mathrm{d}x}{\sin x\cos 2x}$.

解　由于 $\int\frac{\mathrm{d}x}{\sin x\cos 2x}=\int\frac{\sin x}{\sin^2 x\cos 2x}\mathrm{d}x$

$$=\int\frac{1}{(1-\cos^2 x)(2\cos^2 x-1)}\mathrm{d}\cos x.$$

可设 $t=\cos x$,则

$$\begin{aligned}\int\frac{\mathrm{d}x}{\sin x\cos 2x}&=\int\frac{1}{(1-t^2)(2t^2-1)}\mathrm{d}t\\&=\int\left(\frac{1}{t^2-1}-\frac{2}{2t^2-1}\right)\mathrm{d}t\\&=\frac{1}{2}\ln\left|\frac{t-1}{t+1}\right|-\frac{1}{\sqrt{2}}\ln\left|\frac{\sqrt{2}t-1}{\sqrt{2}t+1}\right|+C\\&=\frac{1}{2}\ln\left|\frac{\cos x-1}{\cos x+1}\right|-\frac{1}{\sqrt{2}}\ln\left|\frac{\sqrt{2}\cos x-1}{\sqrt{2}\cos x+1}\right|+C.\end{aligned}$$

三、某些无理根式的不定积分

(1) 形如 $\int R\left(x,\sqrt[n]{\frac{ax+b}{cx+d}}\right)\mathrm{d}x$ 的积分($ad-bc\neq 0$)

对这种类型的积分,只需设 $t=\sqrt[n]{\frac{ax+b}{cx+d}}$便可化为有理函数的不定积分.

例 6 求 $\int\frac{\mathrm{d}x}{\sqrt[3]{(x-1)(x+1)^2}}$.

解 $\int\frac{\mathrm{d}x}{\sqrt[3]{(x-1)(x+1)^2}}=\int\sqrt[3]{\frac{x+1}{x-1}}\frac{1}{x+1}\mathrm{d}x$.

设 $\sqrt[3]{\frac{x+1}{x-1}}=t$,则 $x=\frac{t^3+1}{t^3-1}$,$\mathrm{d}x=\frac{-6t^2}{(t^3-1)^2}\mathrm{d}t$,于是

$$\begin{aligned}\int\frac{\mathrm{d}x}{\sqrt[3]{(x-1)(x+1)^2}}&=\int\frac{-3}{t^3-1}\mathrm{d}t\\&=\int\left(\frac{-1}{t-1}+\frac{t+2}{t^2+t+1}\right)\mathrm{d}t\\&=-\int\frac{1}{t-1}\mathrm{d}t+\int\frac{\frac{1}{2}(2t+1)+\frac{3}{2}}{t^2+t+1}\mathrm{d}t\\&=-\ln|t-1|+\frac{1}{2}\ln|t^2+t+1|+\frac{3}{2}\int\frac{\mathrm{d}t}{\left(t+\frac{1}{2}\right)^2}\\&=-\ln|t-1|+\frac{1}{2}\ln|t^2+t+1|+\sqrt{3}\arctan\frac{2t+1}{\sqrt{3}}+C\\&=-\ln\left|\sqrt[3]{\frac{x+1}{x-1}}-1\right|+\frac{1}{2}\ln\left|\sqrt[3]{\left(\frac{x+1}{x-1}\right)^2}+\sqrt[3]{\frac{x+1}{x-1}}+1\right|\\&\quad+\sqrt{3}\arctan\frac{1}{\sqrt{3}}\left(2\sqrt[3]{\frac{x+1}{x-1}}+1\right)+C.\end{aligned}$$

(2) 形如 $\int R(x,\sqrt{ax^2+bx+c})\mathrm{d}x$ 的积分

由于 $ax^2+bx+c=a\left[\left(x+\frac{b}{2a}\right)^2+\frac{4ac-b^2}{4a^2}\right]$，从而可利用三角函数变换法化为有理函数的积分.

例 7　求 $\int\frac{\mathrm{d}x}{x\sqrt{x^2-2x-3}}$.

解　(方法一) $\int\frac{\mathrm{d}x}{x\sqrt{x^2-2x-3}}=\int\frac{\mathrm{d}x}{x\sqrt{(x-1)^2-4}}$

$$\xlongequal{x-1=2\sec u}\int\frac{2\sec u\tan u}{(2\sec u+1)2\tan u}\mathrm{d}u=\int\frac{\mathrm{d}u}{2+\cos u}$$

$$\xlongequal{\tan\frac{u}{2}=t}\int\frac{2}{t^2+3}\mathrm{d}t=\frac{2}{\sqrt{3}}\arctan\frac{t}{\sqrt{3}}+C$$

$$=\frac{2}{\sqrt{3}}\arctan\left(\frac{1}{\sqrt{3}}\tan\frac{u}{2}\right)+C$$

$$=\frac{2}{\sqrt{3}}\arctan\left(\frac{1}{\sqrt{3}}\frac{\tan u}{\sec u+1}\right)+C$$

$$=\frac{2}{\sqrt{3}}\arctan\left[\frac{1}{\sqrt{3}}\frac{\sqrt{\left(\frac{x-1}{2}\right)^2-1}}{\frac{x-1}{2}+1}\right]+C$$

$$=\frac{2}{\sqrt{3}}\arctan\left[\frac{\sqrt{x^2-2x-3}}{\sqrt{3}(x+1)}\right]+C.$$

(方法二)　设 $\sqrt{x^2-2x-3}=x-t$，则

$$x=\frac{t^2+3}{2t-2},\mathrm{d}x=\frac{t^2-2t-3}{2(t-1)^2}\mathrm{d}t,$$

从而有

$$\int\frac{\mathrm{d}x}{x\sqrt{x^2-2x-3}}=-\int\frac{2}{t^2+3}\mathrm{d}t$$

$$=-\frac{2}{\sqrt{3}}\arctan\frac{t}{\sqrt{3}}+C$$

$$=-\frac{2}{\sqrt{3}}\arctan\frac{x-\sqrt{x^2-2x-3}}{\sqrt{3}}+C.$$

在方法二中，如果改用变换 $\sqrt{x^2-2x-3}=x+t$，则也有相同的效果，这类变换称为欧拉

变换.

习题 4-3

1. 计算下列有理函数的不定积分.

(1) $\int \frac{x^2+1}{(x^2-1)(x+1)}\mathrm{d}x$;

(2) $\int \frac{x^3}{x+3}\mathrm{d}x$;

(3) $\int \frac{x^{2n-1}}{1+x^n}\mathrm{d}x$;

(4) $\int \frac{x^2}{(1+x^2)^2}\mathrm{d}x$;

(5) $\int \frac{x\mathrm{d}x}{x^8-1}$;

(6) $\int \frac{1}{(x+1)(x-1)}\sqrt[3]{\frac{x+1}{x-1}}\mathrm{d}x$.

2. 计算下列三角函数有理式的不定积分.

(1) $\int \frac{1}{\sin^3 x\cos x}\mathrm{d}x$;

(2) $\int \frac{\sin x\cos x}{1+\sin^4 x}\mathrm{d}x$;

(3) $\int \frac{1}{1+\sin x+\cos x}\mathrm{d}x$;

(4) $\int \frac{\mathrm{d}x}{(2+\cos x)\sin x}$;

(5) $\int \frac{\mathrm{d}x}{3+\cos x}$;

(6) $\int \frac{\mathrm{d}x}{\sin 2x+2\sin x}$.

3. 计算下列无理函数的不定积分.

(1) $\int \frac{\mathrm{d}x}{x\sqrt{x^2-1}}$;

(2) $\int \frac{\sqrt{x+1}-\sqrt{x-1}}{\sqrt{x+1}+\sqrt{x-1}}\mathrm{d}x$;

(3) $\int \frac{\mathrm{d}x}{1+\sqrt{x}+\sqrt{1+x}}$;

(4) $\int \frac{\mathrm{d}x}{\sqrt{x(4-x)}}$;

(5) $\int \frac{x\mathrm{e}^x}{(1+\mathrm{e}^x)^{\frac{3}{2}}}\mathrm{d}x$;

(6) $\int \frac{\mathrm{d}x}{(x+1)(x-1)\sqrt[3]{(x-1)(x+1)}}$.

总习题四

1. 设 $f(x^2-1)=\ln\frac{x^2}{x^2-2}$,$f[\varphi(x)]=\ln x$,求$\int\varphi(x)\mathrm{d}x$.

2. 设函数 $f(x)$ 有一阶连续导数,$\int f(x)\mathrm{d}x=\frac{\sin x}{x}$,求$\int x^3 f'(x)\mathrm{d}x$.

3. 若 e^{-x} 是 $f(x)$ 的一个原函数,求$\int x^2 f(\ln x)\mathrm{d}x$.

4. 已知 $f'(\sin^2 x)=\cos 2x+\tan^2 x$，当 $0<x<1$ 时，求 $f(x)$.

5. $f'(\ln x)=\begin{cases}1, & 0<x\leqslant 1,\\ x, & 1<x<+\infty\end{cases}$ 且设 $f(x)$ 在 $x=0$ 处连续及 $f(0)=0$，求 $f(x)$.

6. 求 $\int \max\{x^3,x^2,1\}\mathrm{d}x$.

7. 已知函数 $f(x)=f(x+4)$，$f(0)=0$，且在 $[-2,2]$ 上有 $f'(x)=|x|$，求 $f(9)$.

8. 求下列不定积分.

(1) $\int \tan\sqrt{1+x^2}\,\dfrac{x\mathrm{d}x}{\sqrt{1+x^2}}$；

(2) $\int \dfrac{\ln\sin x}{\sin^2 x}\mathrm{d}x$；

(3) $\int \dfrac{\arctan \mathrm{e}^x}{\mathrm{e}^{2x}}\mathrm{d}x$；

(4) $\int \dfrac{\arctan x}{x^2(1+x^2)}\mathrm{d}x$；

(5) $\int \dfrac{(x+1)\mathrm{d}x}{x(1+x\mathrm{e}^x)}$；

(6) $\int \dfrac{x\mathrm{e}^x}{\sqrt{\mathrm{e}^x-1}}\mathrm{d}x$；

(7) $\int \dfrac{x\cos^4\left(\dfrac{x}{2}\right)}{\sin^3 x}\mathrm{d}x$；

(8) $\int \dfrac{\arctan\dfrac{1}{x}}{1+x^2}\mathrm{d}x$；

(9) $\int \dfrac{1-\ln x}{(x-\ln x)^2}\mathrm{d}x$；

(10) $\int \dfrac{\arcsin\sqrt{x}}{\sqrt{x(1-x)}}\mathrm{d}x$；

(11) $\int \dfrac{\mathrm{d}x}{x^{11}+2x}$；

(12) $\int \dfrac{1-x}{\sqrt{9-4x^2}}\mathrm{d}x$.

9. 填空题.

(1) $\int \sin(\ln x)\mathrm{d}x=$ ______.

(2) 设 $f(\ln x)=\dfrac{\ln(1+x)}{x}$，则 $\int f(x)\mathrm{d}x=$ ______.

(3) $\mathrm{d}f(x)=\dfrac{\mathrm{e}^{\sqrt{x}}}{\sqrt{x}}\mathrm{d}x$，则 $f(x)=$ ______.

(4) $\int \mathrm{e}^{\mathrm{e}^x+x}\mathrm{d}x=$ ______.

(5) $\int f(x)\mathrm{d}x=x^2+C$，则 $\int xf(1-x^2)\mathrm{d}x=$ ______.

(6) $f'(3x-1)=\mathrm{e}^x$，则 $f(x)=$ ______.

第五章　定积分及其应用

第一节　定积分的概念与性质

一、定积分的概念

实际的应用中经常要计算这样一些量.例如,几何上,求一个不规则的平面图形的面积,求一个不规则的几何体的体积;物理上,求质点在连续变化的外力作用下沿直线或曲线移动所做的功,求密度不均匀的物体的质量等.如何精确计算这些量呢?需利用极限这一工具.在初等数学中圆面积就是用边数无限增多的内接正多边形的面积的极限来定义的.现在仍用极限的思想定义这些量,从而引入定积分的概念.先看以下两例.

1. 曲边梯形的面积

设 $f(x)\geqslant 0$ 为闭区间 $[a,b]$ 上的连续函数,由曲线 $y=f(x)$,直线 $x=a$,$x=b$ 及 x 轴围成的平面图形(见图 5-1)称为曲边梯形.

下面用极限这一工具定义曲边梯形的面积.需先求近似值.设想在图 5-1 中,$f(x)$ 的定义域 $[a,b]$ 内取一个很小的闭区间 $[\alpha,\beta]$,则连续函数 $f(x)$ 的值在其上的变化不大.从而小区间 $[\alpha,\beta]$ 对应的小曲边梯形的面积可近似用矩形面积代替.基于这种思想,则在闭区间内任取 $n-1$ 个分点(n 很大),依次为

$$a=x_0<x_1<x_2<\cdots<x_{n-1}<x_n=b,$$

这样,$[a,b]$ 被分割为 n 个小区间 $[x_{i-1},x_i]$ $(i=1,2,\cdots,n)$.画出所有直线 $x=x_i$ $(i=1,2,\cdots,n)$,因此曲边梯形就被分割为 n 个小曲边梯形(见图 5-2).

在第 i 个小区间 $[x_{i-1},x_i]$ 上任取一点 ξ_i,作以 $f(\xi_i)$ 为高,$[x_{i-1},x_i]$ 为底的小矩形,$i=1,2,\cdots,n$.由于每个小区间 $[x_{i-1},x_i]$ 很小,从而用小矩形的面积近似代替小曲边梯形的面积.这样小矩形的面积和

$$\sum_{i=1}^{n} f(\xi_i)\Delta x_i \quad (\Delta x_i = x_i - x_{i-1}) \tag{1}$$

就是曲边梯形面积的近似值.若当分点无限增多,分割无限加细时,和式(1)无限接近某一常

数，就把此常数定义为曲边梯形的面积.

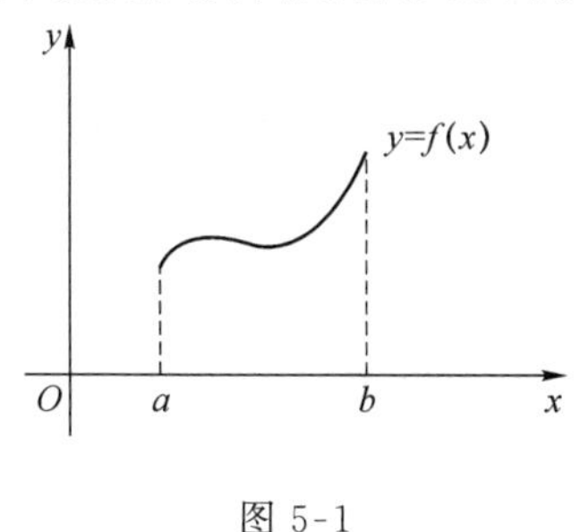

图 5-1

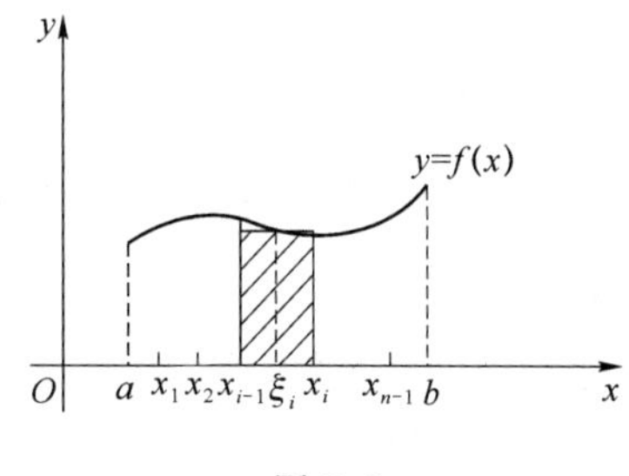

图 5-2

2. 变力沿直线做功

如图 5-3 所示，设质点在平行于 x 轴的力 $F(x)$ 的作用下从 a 点移动到 b 点，下面定义变力 $F(x)$ 所做的功. 如果 $F(x)$ 为常力，很容易计算出所做的功. 现在设 $F(x)$ 是连续依赖于质点所在位置 x 变化的变力，即 $F(x)$ 为连续函数，则仍需先求近似值.

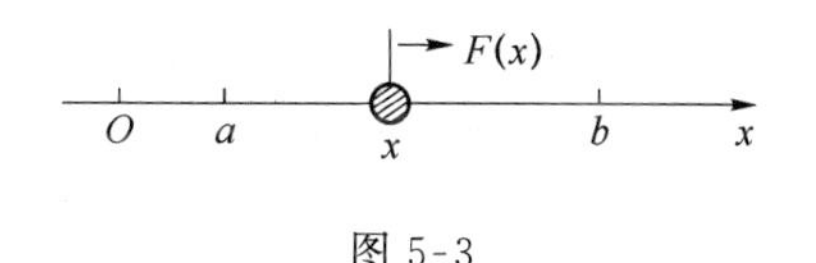

图 5-3

类似于曲边梯形面积的求法，将 $[a,b]$ 分成 n 个小区间 $[x_{i-1},x_i]$，$i=1,2,\cdots,n$. 在第 i 个小区间上任取一点 ξ_i，用 $F(\xi_i)$ 近似代替区间 $[x_{i-1},x_i]$ 上各点所受的力. 因此，质点从 x_{i-1} 移动到 x_i 所做的功近似为 $F(\xi_i)\Delta x_i(\Delta x_i=x_i-x_{i-1})$. 这样，质点在 $F(x)$ 的作用下从点 a 移动到点 b 所做的功的近似值为

$$\sum_{i=1}^{n} f(\xi_i)\Delta x_i, \tag{2}$$

同样，若当分点无限增多，分割无限加细时，和式(2)无限接近某个常数，就把此常数定义为变力 $F(x)$ 所做的功.

上面两例，一个是几何问题，一个是物理问题，尽管表面上看毫不相关，但却有一个同样的要求：计算一个和式的极限. 因此有必要将类似的问题经过数学抽象使它们统一建立在严格的理论基础上，这就产生了定积分的概念，其思想方法概括起来就是“分割、近似求和、取限”.

定义 1　设函数 $f(x)$ 在区间 $[a,b]$ 上有定义，在区间 $[a,b]$ 内任取 $n-1$ 个分点

$$a=x_0<x_1<x_2<\cdots<x_{n-1}<x_n=b,$$

将区间分割为 $n-1$ 个小区间 $[x_{i-1},x_i](i=1,2,\cdots,n)$，长度记为 $\Delta x_i=x_i-x_{i-1}(i=1,2,\cdots,n)$. 在每个小区间 $[x_{i-1},x_i]$ 上任取一点 ξ_i，作和式

$$\sum_{i=1}^{n} f(\xi_i)\Delta x_i,$$

令 $\lambda=\max\{\Delta x_1,\Delta x_2,\cdots,\Delta x_n\}$. 若当 $\lambda\to 0$ 时，和式的极限存在，且此极限值不依赖于对区间 $[a,b]$ 的分割，也不依赖于 $\{\xi_i\}(i=1,2,\cdots,n)$ 的取法，称函数 $f(x)$ 在区间 $[a,b]$ 上黎曼可积或可积，称此极限值为函数 $f(x)$ 在区间 $[a,b]$ 上的黎曼积分或定积分，记为 $\int_a^b f(x)\mathrm{d}x$，即

$$\int_a^b f(x)\mathrm{d}x = \lim_{\lambda \to 0}\sum_{i=1}^{n} f(\xi_i)\Delta x_i ,$$

其中,$f(x)$ 称为被积函数,$f(x)\mathrm{d}x$ 称为被积表达式,x 称为积分变量,a 和 b 分别称为积分下限与积分上限,$[a,b]$ 称为积分区间. 并称和式 $\sum\limits_{i=1}^{n} f(\xi_i)\Delta x_i$ 为函数 $f(x)$ 在区间 $[a,b]$ 上的一个积分和或黎曼和.

注意 对定义中的分割,称 λ 为这个分割的分割细度,称点集 $\{\xi_i : 1 \leqslant 2 \leqslant n\}$ 为属于这个分割的一个介点集. 比较积分和的极限与一般函数的极限

$$\lim_{\lambda \to 0}\sum_{i=1}^{n} f(\xi_i)\Delta x_i , \quad \lim_{x \to a} f(x)$$

不难发现二者区别很大:对函数的极限而言,自变量 x 在趋于 a 的过程中,每个 x 对应的函数值能唯一确定;对积分和的极限而言,在分割细度趋于 0 的变化过程中,积分和并非由 λ 唯一确定. 这是由于同一分割细度可对应无穷多种分割,而每一种分割,又会有无穷多个介点集,从而使每一个分割细度 λ 对应无穷多个积分和. 因此,通过直接计算所有积分和再取极限去求一个函数的定积分是无法实现的. 但是,在已知定积分存在(可积)的前提下,可选择特殊的分割和特殊的介点集,将此时构成的积分和化为数列,可以通过求数列的极限求得定积分.

由于闭区间上定义的连续函数可积(稍后给出此结论),从而可以计算以下定积分.

例 1 求由曲线 $y=x^2$,直线 $x=0$,$x=1$ 及 x 轴围成的曲边梯形的面积 S.

解 由于 $y=x^2$,在 $[0,1]$ 上连续,从而可积,则可选取特殊分割和特殊介点集构造积分和来求定积分 $\int_0^1 x^2\mathrm{d}x$,即求得曲边梯形的面积 S(见图 5-4).

为此,等分区间 $[0,1]$ 为 n 份,分点为

$$0, \frac{1}{n}, \frac{2}{n}, \cdots, \frac{n-1}{n}, 1.$$

分割细度 $\lambda = \frac{1}{n}$. 取介点集为每个小区间 $\left[\frac{i-1}{n}, \frac{i}{n}\right]$ 的左端点,即 $\xi_i = \frac{i-1}{n}(i=1,2,\cdots,n)$. 则对应的积分和为

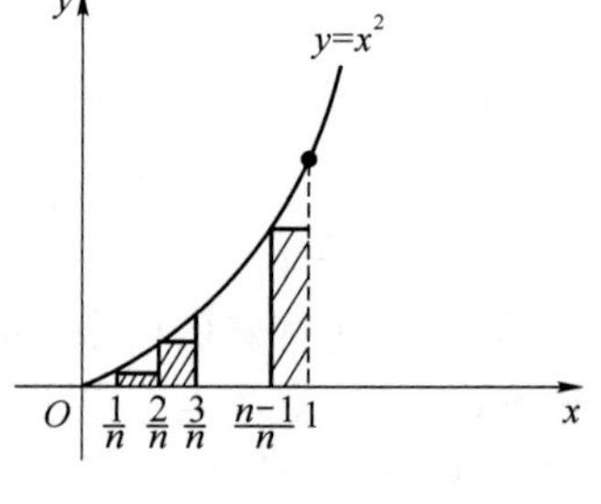

图 5-4

$$\sum_{i=1}^{n}\left(\frac{i-1}{n}\right)^2 \frac{1}{n} = \frac{1}{n^3}\sum_{i=1}^{n}(i-1)^2 = \frac{(n-1)n(2n-1)}{6n^3},$$

又分割细度 $\lambda \to 0$ 时,有 $n \to \infty$. 那么所求的曲边梯形的面积为

$$S = \int_0^1 x^2\mathrm{d}x = \lim_{n \to \infty}\frac{(n-1)n(2n-1)}{6n^3} = \frac{1}{3}.$$

注意 定积分为积分和的极限,它的值只由被积函数和积分区间决定,与积分变量选用的符号无关,即

$$\int_a^b f(x)\mathrm{d}x = \int_a^b f(u)\mathrm{d}u = \int_a^b f(t)\mathrm{d}t = \cdots.$$

对于闭区间$[a,b]$上的连续函数 $f(x)$，结合对应的曲边梯形，定积分 $\int_a^b f(x)\mathrm{d}x$ 有这样的几何意义：

(1) 若 $f(x)\geqslant 0$，它表示位于 x 轴上方的曲边梯形的面积；

(2) 若 $f(x)\leqslant 0$，由定积分的定义可知它表示位于 x 轴下方的曲边梯形的面积的相反数，称之为“负面积”；

(3) 若 $f(x)$既取正值又取负值时，它表示位于 x 轴上方的所有曲边梯形的正面积与位于 x 轴下方所有曲边梯形的负面积的代数和，如图 5-5 所示.

此外，若 $f(x)\geqslant 0$，在物理上，定积分 $\int_a^b f(x)\mathrm{d}x$ 还可表示质点受变力 $f(x)$作用沿直线由 a 运动到 b 所做的功，或可表示物体以变速度 $f(x)$沿直线由 a 行驶到 b 所走的路程等.

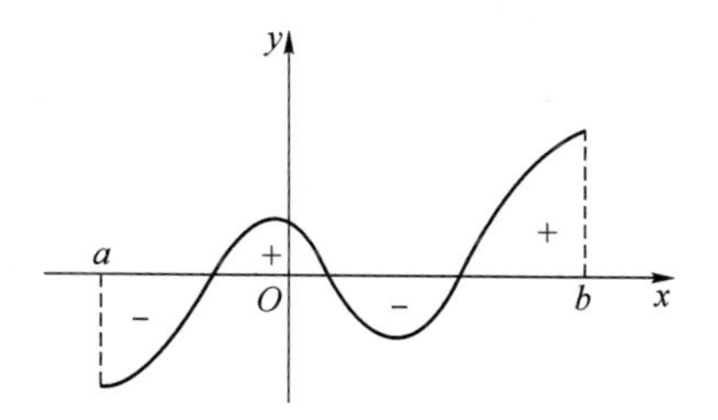

图 5-5

定积分定义中的区间为有限闭区间$[a,b]$($a<b$)，因此积分下限小于积分上限. 为了方便应用作两点补充规定：

(1) $\int_a^a f(x)\mathrm{d}x = 0$；

(2) $\int_b^a f(x)\mathrm{d}x = -\int_a^b f(x)\mathrm{d}x$.

由定积分与几何意义和物理意义不难理解它们的合理性.

二、定积分的性质

此处略去讨论函数的可积性，假定以下性质中所有定积分都存在.

性质 1 $\int_a^b kf(x)\mathrm{d}x = k\int_a^b f(x)\mathrm{d}x$，($k$ 为常数).

证 由于 $\int_a^b f(x)\mathrm{d}x$ 存在，从而由定积分的定义，有

$$\int_a^b f(x)\mathrm{d}x = \lim_{\lambda\to 0}\sum_{i=1}^n f(\xi_i)\Delta x_i,$$

于是

$$\int_a^b kf(x)\mathrm{d}x = \lim_{\lambda\to 0}\sum_{i=1}^n kf(\xi_i)\Delta x_i = k\lim_{\lambda\to 0}\sum_{i=1}^n f(\xi_i)\Delta x_i = k\int_a^b f(x)\mathrm{d}x.$$

由此不难证明性质 2.

性质 2 $\int_a^b [f(x)\pm g(x)]\mathrm{d}x = \int_a^b f(x)\mathrm{d}x \pm \int_a^b g(x)\mathrm{d}x$.

实际上,用定积分的定义可证明如下线性性质:

$$\int_a^b [k_1 f_1(x) + k_2 f_2(x) + \cdots + k_n f_n(x)]\mathrm{d}x = k_1\int_a^b f_1(x)\mathrm{d}x + k_2\int_a^b f_2(x)\mathrm{d}x + \cdots + k_n\int_a^b f_n(x)\mathrm{d}x.$$

性质 3 设 $a<c<b$,则

$$\int_a^b f(x)\mathrm{d}x = \int_a^c f(x)\mathrm{d}x + \int_c^b f(x)\mathrm{d}x.$$

证 由于 $f(x)$ 在 $[a,b]$ 上可积,可选取特殊分割,使 c 永远是个分点.这样,区间 $[a,b]$ 上的积分和就等于区间 $[a,c]$ 与 $[c,b]$ 上的积分和之和,即

$$\sum_{[a,b]} f(\xi_i)\Delta x_i = \sum_{[a,c]} f(\xi_i)\Delta x_i + \sum_{[c,b]} f(\xi_i)\Delta x_i,$$

从而,当全分割细度 $\lambda\to 0$ 利用定积分的性质,便有

$$\int_a^b f(x)\mathrm{d}x = \int_a^c f(x)\mathrm{d}x + \int_c^b f(x)\mathrm{d}x.$$

性质 3 称为定积分关于积分区间的可加性.其几何意义就是曲边梯形面积的可加性.

实际上,若 $c<a<b$ 或 $a<b<c$,同样有

$$\int_a^b f(x)\mathrm{d}x = \int_a^c f(x)\mathrm{d}x + \int_c^b f(x)\mathrm{d}x,$$

这是由于(不妨设 $a<b<c$)对上式右端第一项利用积分区间可加性,有

$$\int_a^c f(x)\mathrm{d}x + \int_c^b f(x)\mathrm{d}x = \int_a^b f(x)\mathrm{d}x + \int_b^c f(x)\mathrm{d}x + \int_c^b f(x)\mathrm{d}x = \int_a^b f(x)\mathrm{d}x.$$

性质 4 若在区间 $[a,b]$ 上,$f(x)=1$,则

$$\int_a^b f(x)\mathrm{d}x = b-a.$$

证

$$\int_a^b f(x)\mathrm{d}x = \lim_{\lambda\to 0}\sum_{i=1}^n f(\xi_i)\Delta x_i = \lim_{\lambda\to 0}\sum_{i=1}^n \Delta x_i = b-a.$$

性质 5 若在区间 $[a,b]$ 上,$f(x)\geqslant 0$,则

$$\int_a^b f(x)\mathrm{d}x \geqslant 0.$$

证 由于 $f(x)\geqslant 0$,从而任何分割的介点集的函数值

$$f(\xi_i)\geqslant 0 \quad (i=1,2,\cdots,n),$$

则有

$$\int_a^b f(x)\mathrm{d}x = \lim_{\lambda\to 0}\sum_{i=1}^n f(\xi_i)\Delta x_i \geqslant 0.$$

推论 1 若在区间 $[a,b]$ 上,$f(x)\leqslant g(x)$,则

$$\int_a^b f(x)\mathrm{d}x \leqslant \int_a^b g(x)\mathrm{d}x.$$

证 由于 $g(x)-f(x)\geqslant 0$,由性质 5 得

$$\int_a^b [g(x)-f(x)]\mathrm{d}x \geqslant 0,$$

即

$$\int_a^b g(x)\mathrm{d}x-\int_a^b f(x)\mathrm{d}x\geqslant 0,$$

移项便得待证的不等式.

推论 2　$$\left|\int_a^b f(x)\mathrm{d}x\right|\leqslant\int_a^b |f(x)|\mathrm{d}x,(a<b).$$

证　由于

$$-|f(x)|\leqslant f(x)\leqslant |f(x)|,$$

则由以上性质,有

$$-\int_a^b |f(x)|\mathrm{d}x\leqslant\int_a^b f(x)\mathrm{d}x\leqslant\int_a^b |f(x)|\mathrm{d}x,$$

即

$$\left|\int_a^b f(x)\mathrm{d}x\right|\leqslant\int_a^b |f(x)|\mathrm{d}x.$$

应用此性质时,一定要注意,不等式是在积分下限小于积分上限时才成立,否则不等号方向正好相反.

性质 6　若 M 与 m 分别为 $f(x)$在$[a,b]$上的最大值与最小值,则

$$m(b-a)\leqslant\int_a^b f(x)\mathrm{d}x\leqslant M(b-a).$$

证　由于 $m\leqslant f(x)\leqslant M$,有

$$\int_a^b m\,\mathrm{d}x\leqslant\int_a^b f(x)\mathrm{d}x\leqslant\int_a^b M\mathrm{d}x.$$

又 $\int_a^b m\mathrm{d}x=m\int_a^b 1\mathrm{d}x=m(b-a)$,类似有$\int_a^b M\mathrm{d}x=M(b-a)$,

从而有

$$m(b-a)\leqslant\int_a^b f(x)\mathrm{d}x\leqslant M(b-a).$$

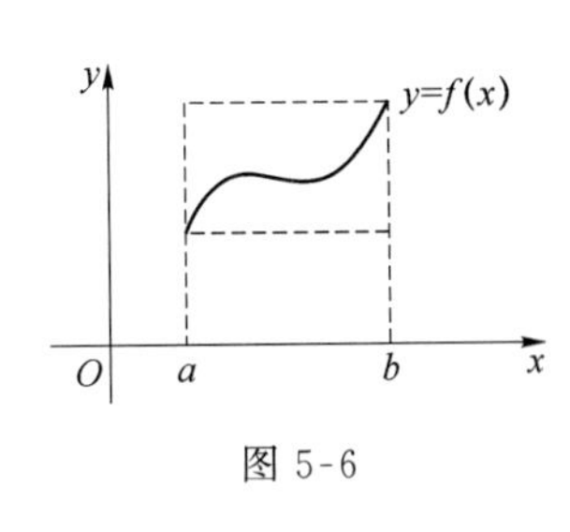

图 5-6

这个性质又称为估值定理,当 $f(x)\geqslant 0$ 时,其几何意义是指曲边梯形的面积介于两个矩形面积之间(见图 5-6).利用此性质可大致估计积分值的范围.

性质 7(积分中值定理)　若 $f(x)$在闭区间$[a,b]$上连续,则在$[a,b]$上至少存在一点 ξ,使得

$$\int_a^b f(x)\mathrm{d}x=f(\xi)(b-a).$$

证　由闭区间上连续函数的性质知,$f(x)$在$[a,b]$内必有最大值 M 与最小值 m,即

$$m\leqslant f(x)\leqslant M,\ x\in[a,b].$$

由性质 6 知

$$m(b-a)\leqslant\int_a^b f(x)\mathrm{d}x\leqslant M(b-a),$$

从而有

$$m \leqslant \frac{\int_a^b f(x)\mathrm{d}x}{b-a} \leqslant M,$$

再由闭区间上连续函数的介值定理知,至少存在一点 $\xi \in [a,b]$,使得

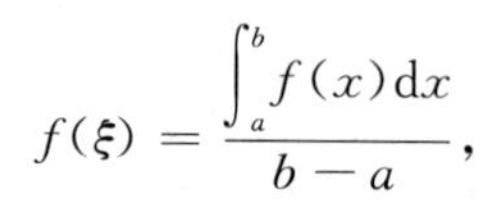

$$f(\xi) = \frac{\int_a^b f(x)\mathrm{d}x}{b-a},$$

图 5-7

即

$$\int_a^b f(x)\mathrm{d}x = f(\xi)(b-a).$$

如图 5-7 所示,当 $f(x)$ 非负时,积分中值定理的几何意义是指曲边梯形的面积等于以 $f(\xi)$ 为高,$[a,b]$ 为底的矩形面积. $f(\xi) = \frac{1}{b-a}\int_a^b f(x)\mathrm{d}x$ 称为函数 $f(x)$ 在区间$[a,b]$ 上的平均值,是有限个数算术平均值的推广.

性质 8 若 $f(x)$ 在$[a,b]$上连续,$g(x)$ 在$[a,b]$上可积且不变号,则至少存在一点 $\xi \in [a,b]$,使得

$$\int_a^b f(x)g(x)\mathrm{d}x = f(\xi)\int_a^b f(x)\mathrm{d}x. \tag{3}$$

证 因 $g(x)$不变号,不妨设 $g(x)$非负,且设 M,m 分别为连续函数 $f(x)$在$[a,b]$上的最大值与最小值. 这时,有

$$mg(x) \leqslant f(x)g(x) \leqslant Mg(x), x \in [a,b],$$

从而有

$$m\int_a^b g(x)\mathrm{d}x \leqslant \int_a^b f(x)g(x)\mathrm{d}x \leqslant M\int_a^b g(x)\mathrm{d}x. \tag{4}$$

若 $\int_a^b g(x)\mathrm{d}x = 0$,则由式(4) 知,$\int_a^b f(x)g(x)\mathrm{d}x = 0$. 这样,$\xi$ 取$[a,b]$内任何值均使式(3)成立.

若 $\int_a^b g(x)\mathrm{d}x > 0$,由式(4)得

$$m \leqslant \frac{\int_a^b f(x)g(x)\mathrm{d}x}{\int_a^b g(x)\mathrm{d}x} \leqslant M,$$

再由连续函数介值定理,至少存在一点 $\xi \in [a,b]$,使得

$$f(\xi) = \frac{\int_a^b f(x)g(x)\mathrm{d}x}{\int_a^b g(x)\mathrm{d}x},$$

因此式(3)成立.

通常将此性质称为积分第一中值定理.

当 $g(x)=1(x\in[a,b])$ 时,此性质便是积分中值定理.

例 2　利用积分估值定理证明不等式

$$3\sqrt{e}\leqslant\int_{e}^{4e}\frac{\ln x}{\sqrt{x}}dx\leqslant 6.$$

证　设 $f(x)=\frac{\ln x}{\sqrt{x}}$,由于 $f(x)$ 在 $[e,4e]$ 上连续,下面求 $f(x)$ 在 $[e,4e]$ 上的最大值与最小值.

由 $f'(x)=\frac{2-\ln x}{2x\sqrt{x}}=0$ 得 $f(x)$ 在 $[e,4e]$ 上的唯一驻点为 $x=e^2$.

在区间 $[e,e^2]$ 上,有 $f'(x)>0$,则函数 $f(x)$ 单调递增;在区间 $[e^2,4e]$ 上,有 $f'(x)<0$,则函数 $f(x)$ 单调递减.

因此,$x=e^2$ 为极大值点,也为最大值点,最大值 $f(e^2)=\frac{2}{e}$. 又 $f(4e)=\frac{\ln(4e)}{2\sqrt{e}}>\frac{1}{\sqrt{e}}=f(e)$,故 $f(e)=\frac{1}{\sqrt{e}}$ 为最小值. 因此,在区间 $[e,4e]$ 上,$\frac{1}{\sqrt{e}}\leqslant\frac{\ln x}{\sqrt{x}}\leqslant\frac{2}{e}$,由此得

$$3\sqrt{e}=\int_{e}^{4e}\frac{1}{\sqrt{e}}dx\leqslant\int_{e}^{4e}\frac{\ln x}{\sqrt{x}}dx\leqslant\int_{e}^{4e}\frac{2}{e}dx=6.$$

例 3　设 $f(x)$ 在 $[0,1]$ 上连续且单调递减. 证明,当 $0<\lambda<1$ 时,$\int_0^{\lambda}f(x)dx\geqslant\lambda\int_0^1 f(x)dx$.

证　将右端积分区间拆为 $[0,\lambda]$ 与 $[\lambda,1]$,由于 $f(x)$ 连续,因此利用积分中值定理,并注意到 $f(x)$ 的单调性,有

$$\begin{aligned}\int_0^{\lambda}f(x)dx-\lambda\int_0^1 f(x)dx&=\int_0^{\lambda}f(x)dx-\lambda\int_0^{\lambda}f(x)dx-\lambda\int_{\lambda}^1 f(x)dx\\&=(1-\lambda)\int_0^{\lambda}f(x)dx-\lambda\int_{\lambda}^1 f(x)dx\\&=(1-\lambda)f(\xi_1)\lambda-\lambda f(\xi_2)(1-\lambda)\\&\quad(\text{其中 }\xi_1\in[0,\lambda],\xi_2\in[\lambda,1])\\&=(1-\lambda)\lambda[f(\xi_1)-f(\xi_2)]\geqslant 0,\end{aligned}$$

从而有

$$\int_0^{\lambda}f(x)dx\geqslant\lambda\int_{\lambda}^1 f(x)dx.$$

例 4 设 $f(x)$ 在闭区间 $[a,b]$ 上连续,且单调递增. 证明

$$\int_a^b xf(x)\mathrm{d}x \geqslant \frac{a+b}{2}\int_a^b f(x)\mathrm{d}x.$$

证 由于 $f(x)$ 在 $[a,b]$ 上连续,故将积分区间拆成 $\left[a,\frac{a+b}{2}\right]$ 与 $\left[\frac{a+b}{2},b\right]$,再分别利用积分第一中值定理,并注意函数 $f(x)$ 的单调性与定积分的几何意义,有

$$\begin{aligned}
&\int_a^b xf(x)\mathrm{d}x - \frac{a+b}{2}\int_a^b f(x)\mathrm{d}x \\
&= \int_a^b \left(x-\frac{a+b}{2}\right)f(x)\mathrm{d}x \\
&= \int_a^{\frac{a+b}{2}} \left(x-\frac{a+b}{2}\right)f(x)\mathrm{d}x + \int_{\frac{a+b}{2}}^b \left(x-\frac{a+b}{2}\right)f(x)\mathrm{d}x \\
&= f(\xi_1)\int_a^{\frac{a+b}{2}} \left(x-\frac{a+b}{2}\right)\mathrm{d}x + f(\xi_2)\int_{\frac{a+b}{2}}^b \left(x-\frac{a+b}{2}\right)\mathrm{d}x \\
&\quad \left(\text{其中 } \xi_1 \in \left[a,\frac{a+b}{2}\right], \xi_2 \in \left[\frac{a+b}{2},b\right]\right) \\
&= f(\xi_1)\left[-\frac{1}{2}\left(\frac{b-a}{2}\right)^2\right] + f(\xi_2)\times\frac{1}{2}\left(\frac{b-a}{2}\right)^2 \\
&= \frac{(b-a)^2}{8}[f(\xi_2)-f(\xi_1)] \geqslant 0,
\end{aligned}$$

从而有

$$\int_a^b f(x)\mathrm{d}x \geqslant \frac{a+b}{2}\int_a^b f(x)\mathrm{d}x.$$

*三、可积的必要条件与可积函数类

目前还不知何种函数可积何种函数不可积. 函数的可积性是函数的又一分析性质,一些专业的“数学分析”教材中对可积理论都有较详细的讲解. 至于可积函数类的问题,则需要深刻的分析学知识,在更广义的积分学理论下才能讨论清楚. 为了便于后续学习,在尽可能让读者理解的情况下对这一理论的某些结论作一简单介绍.

在定积分的定义中提到,若积分和的极限存在,且不依赖于所用的分割和介点集的取法,函数便可积. 换言之,无论怎么分割,无论介点集 $\{\xi_i\}$ 如何选取,只要分割细度 $\lambda\to 0$,积分和的极限

$$\lim_{\lambda\to 0}\sum_{i=1}^n f(\xi_i)\Delta x_i$$

总存在,函数才可积,从而容易证明以下函数在定义区间上不可积.

例 5　证明狄利克雷函数

$$f(x)=\begin{cases}1, & x\text{ 为有理数}\\ 0, & x\text{ 为无理数}\end{cases}$$

在区间[0,1]上不可积.

证　任给[0,1]一个分割

$$0=x_0<x_1<x_2<\cdots<x_{n-1}<x_n=1.$$

由有理数集和无理数集在实数集中的稠密性,在每个小区间$[x_{i-1},x_i]$上既有有理数,又有无理数.

若介点集$\{\xi_i\}$全取有理数时,积分和

$$\sum_{i=1}^{n} f(\xi_i)\Delta x_i = \sum_{i=1}^{n} 1\times\Delta x_i = 1.$$

若介点集$\{\xi_i\}$全取无理数时,积分和

$$\sum_{i=1}^{n} f(\xi_i)\Delta x_i = \sum_{i=1}^{n} 0\times\Delta x_i = 0.$$

所以,当分割细度趋于 0 时,以上两个积分和极限为 1 和 0,这说明只要介点集的取法不同,积分和就有不同的极限.这便证明了 $f(x)$在[0,1]上不可积.

例 6　证明闭区间$[a,b]$上定义的无界函数 $f(x)$不可积.

证　任给区间$[a,b]$一个分割

$$a=x_0<x_1<x_2<\cdots<x_{n-1}<x_n=b,$$

则 $f(x)$必在某个小区间(不妨设为第 k 个小区间$[x_{k-1},x_k]$)上无界.

如果对任意大的函数 M,总可选择一个介点集$\{\xi_i\}$,使积分和 $\left|\sum_{i=1}^{n} f(\xi_i)\Delta x_i\right|>M$,则说明积分和的极限不存在,因此 $f(x)$在$[a,b]$上不可积.

事实上,先在 $i\neq k$ 的各个小区间上取定介点集$\{\xi_i\}$并记 $G=\left|\sum_{i\neq k} f(\xi_i)\Delta x_i\right|$. 由于$f(x)$在$[x_{k-1},x_k]$上无界,故再取 $\xi_k\in[x_{k-1},x_k]$,使得

$$|f(\xi_k)|>\frac{M+G}{\Delta x_k},$$

从而有

$$\left|\sum_{i=1}^{n} f(\xi_i)\Delta x_i\right|\geqslant|f(\xi_k)\Delta x_k|-\left|\sum_{i\neq k} f(\xi_i)\Delta x_i\right|>\frac{M+G}{\Delta x_k}\Delta x_k-G=M,$$

这便证明了 $f(x)$在$[a,b]$上不可积.

实际上,例 2 证明了可积的必要条件,即可积函数必为有界函数.

定理 1　若函数 $f(x)$在$[a,b]$上可积,则 $f(x)$必在$[a,b]$上有界.

下面列出常见的可积函数类(证明从略),但并非穷举了所有的可积函数.

(1) 若 $f(x)$为闭区间$[a,b]$上的连续函数,则 $f(x)$在$[a,b]$上可积;

(2) 若 $f(x)$为闭区间$[a,b]$上只有有限个间断点的有界函数,则 $f(x)$在$[a,b]$上可积;

(3) 若 $f(x)$为闭区间$[a,b]$上的单调函数,则 $f(x)$在$[a,b]$上可积.

例 7 证明函数

$$f(x)=\begin{cases}0, & x=0,\\ \dfrac{1}{n}, & \dfrac{1}{n+1}<x<\dfrac{1}{n},n=1,2,\cdots\end{cases}$$

在区间$[0,1]$上可积(见图 5-8).

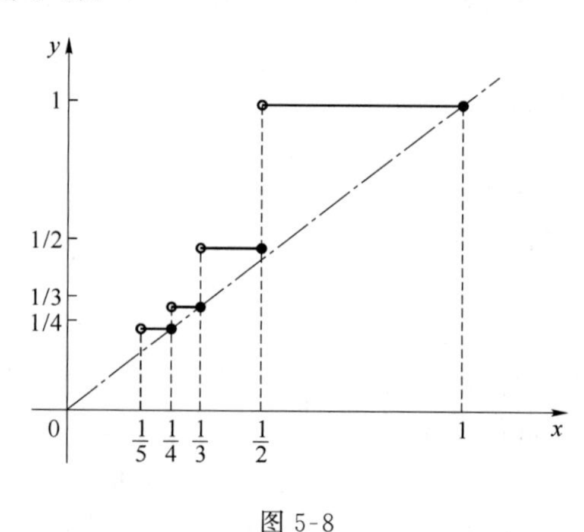

图 5-8

证 此函数属以上所列的第三类函数,虽然有无穷个间断点,但由于是单调函数,因此可积.

习题 5-1

1. 比较积分值的大小.

(1) $\int_0^1 x\mathrm{d}x,\int_0^1 x^2\mathrm{d}x,\int_0^1 \ln x\mathrm{d}x$;

(2) $\int_1^2 \ln x\mathrm{d}x,\int_1^2 (\ln x)^2\mathrm{d}x,\int_1^2 x\mathrm{d}x$.

2. 设 $f(x),g(x)$在$[a,b]$上连续,证明:

(1) 若在$[a,b]$上 $f(x)\geqslant 0$,且$\int_a^b f(x)\mathrm{d}x=0$,则在$[a,b]$上 $f(x)\equiv 0$;

(2) 若在$[a,b]$上 $f(x)\geqslant 0$,且 $f(x)\not\equiv 0$,则$\int_a^b f(x)\mathrm{d}x>0$;

(3) 若在$[a,b]$上 $f(x)\leqslant g(x)$,且$\int_a^b f(x)\mathrm{d}x=\int_a^b g(x)\mathrm{d}x$,则在$[a,b]$上 $f(x)\equiv g(x)$.

第二节　微积分基本定理、基本公式及定积分的计算

不定积分与定积分是两个完全不同的概念,前者是探讨关于原函数是否存在的问题;而后者是探讨关于一个和式的极限是否存在,称之为可积性的问题. 实际上,可积的函数未必有原函数,有原函数的函数也未必可积,二者似乎毫不相干. 牛顿和莱布尼兹发现了微积分基本定理之后,沟通了它们的内在联系. 对于连续函数,可用定积分给出其不定积分,也可用不定积分计算其定积分.

一、微积分基本定理与基本公式

定义 1　设 $f(x)$在闭区间$[a,b]$上连续,从而对任何 $x\in[a,b]$,$f(x)$在$[a,x]$上可积. 以积分上限 x 为自变量的函数

$$\Phi(x)=\int_a^x f(t)\,\mathrm{d}t,\quad x\in[a,b]$$

称为变上限积分. 同样,可定义变下限积分

$$\psi(x)=\int_x^b f(t)\,\mathrm{d}t,\quad x\in[a,b].$$

变上限积分与变下限积分统称为变限积分.

由于 $\int_x^b f(t)\,\mathrm{d}t=-\int_b^x f(t)\,\mathrm{d}t$,因此以变上限积分为例讨论变限积分的性质.

定理 1　设 $f(x)$在$[a,b]$上连续,则变上限积分

$$\Phi(x)=\int_a^x f(t)\,\mathrm{d}t$$

在区间$[a,b]$上处处可导,且

$$\Phi'(x)=\frac{\mathrm{d}}{\mathrm{d}x}\int_a^x f(t)\,\mathrm{d}t=f(x),x\in[a,b].$$

证　任取 $x\in[a,b]$,当增量 $\Delta x\neq 0$(可正可负),且 $x+\Delta x\in[a,b]$时,可利用积分中值定理,有

$$\begin{aligned}\frac{\Delta\Phi}{\Delta x}&=\frac{1}{\Delta x}\left(\int_a^{x+\Delta x}f(t)\,\mathrm{d}t-\int_a^x f(t)\,\mathrm{d}t\right)\\&=\frac{1}{\Delta x}\int_x^{x+\Delta x}f(t)\,\mathrm{d}t\\&=\frac{1}{\Delta x}f(\xi)\Delta x\quad(\xi\text{介于}x\text{与}x+\Delta x\text{之间})\\&=f(\xi),\end{aligned}$$

注意到当 $\Delta x\to 0$ 时,$\xi\to x$,以及 $f(x)$在$[a,b]$上的连续性,有

$$\Phi'(x)=\lim_{\Delta x\to 0}\frac{\Delta\Phi}{\Delta x}=\lim_{\xi\to x}f(\xi)=f(x),$$

由 x 的任意性,定理得证.

本定理证明了闭区间上的连续函数必有原函数,而且给出了一个定积分形式的原函数,从而称为原函数存在定理.由于它将不定积分与定积分联系起来,在微积分中有着非常重要的理论意义,又被誉为微积分学基本定理.

对于闭区间$[a,b]$上的连续函数 $f(x)$,由于变上限积分

$$\Phi(x)=\int_a^x f(t)\mathrm{d}t$$

为 $f(x)$的一个原函数,因此 $f(x)$的任一原函数 $F(x)$必为

$$F(x)=\Phi(x)+C=\int_a^x f(t)\mathrm{d}t+C,$$

在此式中,令 $x=a$,则 $C=F(a)$,从而有

$$\int_a^x f(t)\mathrm{d}t=F(x)-F(a),$$

再令 $x=b$,则有

$$\int_a^b f(t)\mathrm{d}t=F(b)-F(a),$$

这便证明了下面的定理.

定理 2 如果函数 $F(x)$为连续函数 $f(x)$在区间$[a,b]$上的一个原函数,则

$$\int_a^b f(x)\mathrm{d}x=F(b)-F(a). \tag{1}$$

式(1)称为牛顿-莱布尼茨公式.它表明一个连续函数在闭区间上的定积分等于它的任一原函数在此区间上的增量,从而把定积分的计算由求一个复杂和式的极限问题转化为求原函数的问题,这就给定积分的计算提供了一个简便而有效的方法,并在理论上又将定积分与不定积分联系起来.因此,式(1)又称为微积分学基本公式.为方便起见,式(1)常写成

$$\int_a^b f(x)\mathrm{d}x=F(x)\Big|_a^b.$$

例 1 利用牛顿-莱尼茨公式计算下列积分:

(1) $\int_a^b x^\alpha\mathrm{d}x,(\alpha\neq-1)$;　　(2) $\int_0^{\frac{\pi}{3}}\sec^2 x\mathrm{d}x$;

(3) $\int_{\mathrm{e}}^{\mathrm{e}^2}\frac{\mathrm{d}x}{x\ln x}$;　　(4) $\int_4^9\left(\sqrt{x}+\frac{1}{\sqrt{x}}\right)\mathrm{d}x$.

解 (1) $\int_a^b x^\alpha\mathrm{d}x=\frac{1}{\alpha+1}x^{\alpha+1}\Big|_a^b=\frac{1}{\alpha+1}(b^{\alpha+1}-a^{\alpha+1})$.

(2) $\int_0^{\frac{\pi}{3}}\sec^2 x\mathrm{d}x=\tan x\Big|_0^{\frac{\pi}{3}}=\sqrt{3}$.

(3) 先求 $f(x)=\dfrac{1}{x\ln x}$ 的原函数,即不定积分

$$\int \frac{1}{x\ln x}\mathrm{d}x=\int \frac{1}{\ln x}\mathrm{d}\ln x=\ln|\ln x|+C,$$

取一个原函数 $F(x)=\ln|\ln x|$,从而有

$$\int_{\mathrm{e}}^{\mathrm{e}^2}\frac{\mathrm{d}x}{x\ln x}=\ln|\ln x|\Big|_{\mathrm{e}}^{\mathrm{e}^2}=\ln 2.$$

(4) 先求被积函数的原函数. 设 $\sqrt{x}=t$,则 $x=t^2$ 且 $\mathrm{d}x=2t\mathrm{d}t$,从而有

$$\begin{aligned}\int\left(\sqrt{x}+\frac{1}{\sqrt{x}}\right)\mathrm{d}x&=\int\left(t+\frac{1}{t}\right)\times 2t\mathrm{d}t\\&=2\int(t^2+1)\mathrm{d}t=2t+\frac{2}{3}t^3+C\\&=2\sqrt{x}+\frac{2}{3}\sqrt{x^3}+C,\end{aligned}$$

因此

$$\int_4^9\left(\sqrt{x}+\frac{1}{\sqrt{x}}\right)\mathrm{d}x=\left(2\sqrt{x}+\frac{2}{3}\sqrt{x^3}\right)\Big|_4^9=\frac{44}{3}.$$

例 2　求 $\int_{-1}^{1}f(x)\mathrm{d}x$,其中

$$f(x)=\begin{cases}3x^2-1, & -1\leqslant x<0,\\ \mathrm{e}^{2x}, & 0\leqslant x<1.\end{cases}$$

解　$f(x)$ 为分段函数,利用积分区间的可加性,有

$$\begin{aligned}\int_{-1}^{1}f(x)\mathrm{d}x&=\int_{-1}^{0}f(x)\mathrm{d}x+\int_0^1 f(x)\mathrm{d}x\\&=\int_{-1}^{0}(3x^2-1)\mathrm{d}x+\int_0^1\mathrm{e}^{2x}\mathrm{d}x\\&=(x^3-x)\Big|_{-1}^{0}+\frac{1}{2}\mathrm{e}^{2x}\Big|_0^1\\&=\frac{1}{2}(\mathrm{e}^2-1).\end{aligned}$$

在上述解法中,$\int_{-1}^{0}f(x)\mathrm{d}x=\int_{-1}^{0}(3x^2-1)\mathrm{d}x$ 意味着被积函数 $f(x)$ 在 $x=0$ 时函数值为 -1,而实际上为 1. 在分段函数求定积分时经常遇到类似的情况. 事实上,闭区间上的可积函数在改变其任何有限个点的函数值时,可积性和积分值不变.

例 3　求极限:

(1) $\displaystyle\lim_{x\to 0}\frac{\int_0^{x^2}\sin t\mathrm{d}t}{x^4}$;　　(2) $\displaystyle\lim_{x\to 0}\frac{\int_x^{3x}(\mathrm{e}^t-1)\mathrm{d}t}{\int_0^{\sin x}t\mathrm{d}t}$.

解 (1) 设$\psi(u)=\int_0^u \sin t\mathrm{d}t, u=x^2$. 因此,$\int_0^{x^2}\sin t\mathrm{d}t$ 为复合函数,又因为分式为$\frac{0}{0}$型,利用洛必达法则和复合函数求导法,有

$$\lim_{x\to 0}\frac{\int_0^{x^2}\sin t\mathrm{d}t}{x^4}=\lim_{x\to 0}\frac{2x\sin x^2}{4x^3}=\frac{1}{2}.$$

(2) 将分子$\int_x^{3x}(\mathrm{e}^t-1)\mathrm{d}t$利用积分区间的可加性写为

$$\begin{aligned}\int_x^{3x}(\mathrm{e}^t-1)\mathrm{d}t&=\int_x^0(\mathrm{e}^t-1)\mathrm{d}t+\int_0^{3x}(\mathrm{e}^t-1)\mathrm{d}t\\&=-\int_0^x(\mathrm{e}^t-1)\mathrm{d}t+\int_0^{3x}(\mathrm{e}^t-1)\mathrm{d}t.\end{aligned}$$

利用洛必达法则,并注意到等价无穷小替换,有

$$\begin{aligned}\lim_{x\to 0}\frac{\int_x^{3x}(\mathrm{e}^t-1)\mathrm{d}t}{\int_0^{\sin x}t\mathrm{d}t}&=\lim_{x\to 0}\frac{3(\mathrm{e}^{3x}-1)-(\mathrm{e}^x-1)}{\sin x}\\&=\lim_{x\to 0}3\,\frac{\mathrm{e}^{3x}-1}{\sin x}-\lim_{x\to 0}\frac{\mathrm{e}^x-1}{\sin x}\\&=\lim_{x\to 0}3\times\frac{3x}{x}-\lim_{x\to 0}\frac{x}{x}\\&=9-1=8.\end{aligned}$$

例4 设$f(x)$在$[0,+\infty)$上连续,且在$[0,+\infty)$上定义如下函数:

$$g(y)=\int_0^y\left[\int_0^x f(t)\mathrm{d}t\right]\mathrm{d}x, h(y)=\int_0^y f(x)(y-x)\mathrm{d}x,$$

证明$g(y)=h(y), y\in[0,+\infty)$.

证 函数$h(y)$的被积函数与积分上限均含有自变量y,因而需化为变限积分,即

$$\begin{aligned}h(y)=\int_0^y f(x)(y-x)\mathrm{d}x&=\int_0^y yf(x)\mathrm{d}x-\int_0^y xf(x)\mathrm{d}x\\&=y\int_0^y f(x)\mathrm{d}x-\int_0^y xf(x)\mathrm{d}x.\end{aligned}$$

由于$f(x)$在$[0,+\infty)$上为连续函数,由微积分基本定理知变限积分$\int_0^x f(t)\mathrm{d}t$处处可导,则也为连续函数,从而$g(y), h(y)$均处处可导,且有

$$g'(y)=\int_0^y f(t)\mathrm{d}t,$$

$$\begin{aligned}h'(y)&=\left(y\int_0^y f(x)\mathrm{d}x-\int_0^y xf(x)\mathrm{d}x\right)'\\&=\int_0^y f(x)\mathrm{d}x+yf(y)-yf(y)\\&=\int_0^y f(x)\mathrm{d}x,\end{aligned}$$

则对于任何 $y\in[0,+\infty)$，有

$$g'(y)=h'(y),$$

因而，$g(y)$与 $h(y)$相差一个常数. 设

$$g(y)=h(y)+C,$$

由于 $g(0)=h(0)$，知 $C=0$. 这便证明了

$$g(y)=h(y),\quad y\in[0,+\infty).$$

例 5　求极限：

(1) $\lim\limits_{n\to\infty}\frac{1}{n}\left[\sin\frac{1}{n}+\sin\frac{2}{n}+\cdots+\sin 1\right]$；　(2) $\lim\limits_{n\to\infty}\frac{1}{n}\sqrt[n]{(n+1)(n+2)\cdots(2n)}$.

解　(1)由于 $f(x)=\sin x$ 在$[0,1]$上连续，从而可积.

将$[0,1]$等分为 n 份，分割细度 $\lambda=\frac{1}{n}$，取介点集$\{\xi_i\}$为每个小区间的右端点，则积分和为

$$\sum_{i=1}^n f(\xi_i)\Delta x_i=\frac{1}{n}\left[\sin\frac{1}{n}+\sin\frac{2}{n}+\cdots+\sin 1\right],$$

从而有

$$\begin{aligned}&\lim_{n\to\infty}\frac{1}{n}\left[\sin\frac{1}{n}+\sin\frac{2}{n}+\cdots+\sin 1\right]\\&=\lim_{\lambda\to 0}\sum_{i=1}^n f(\xi_i)\Delta x_i=\int_0^1\sin x\mathrm{d}x=-\cos x\Big|_0^1=1-\cos 1.\end{aligned}$$

(2) 设 $a_n=\frac{1}{n}\sqrt[n]{(n+1)(n+2)\cdots(2n)}$，则

$$\begin{aligned}\ln a_n&=\ln\frac{1}{n}+\frac{1}{n}[\ln(n+1)+\ln(n+2)+\cdots+\ln(n+n)]\\&=\frac{1}{n}[\ln(n+1)+\ln(n+2)+\cdots+\ln(n+n)-n\ln n]\\&=\frac{1}{n}\{[\ln(n+1)-\ln n]+[\ln(n+2)-\ln n]+\cdots+[\ln(n+n)-\ln n]\}\\&=\frac{1}{n}\left[\ln\left(1+\frac{1}{n}\right)+\ln\left(1+\frac{2}{n}\right)+\cdots+\ln\left(1+\frac{n}{n}\right)\right].\end{aligned}$$

由于 $f(x)=\ln(1+x)$ 在区间 $[0,1]$ 上连续,从而可积.将 $[0,1]$ 区间 n 等分,且取介点集 $\{\xi_i\}$ 为每个小区间右端点,则积分和 $\sum_{i=1}^{n} f(\xi_i)\Delta x_i = \frac{1}{n}\left[\ln\left(1+\frac{1}{n}\right)+\ln\left(1+\frac{2}{n}\right)+\cdots+\ln\left(1+\frac{n}{n}\right)\right]$,从而有

$$\lim_{n\to\infty}\ln a_n = \int_0^1 \ln(1+x)\,dx.$$

由分部积分法可求 $\ln(1+x)$ 的原函数,为

$$\begin{aligned}\int \ln(1+x)\,dx &= x\ln(x+1) - \int \frac{x}{1+x}\,dx \\ &= x\ln(1+x) - \int\left(1-\frac{1}{1+x}\right)dx \\ &= x\ln(1+x) - x + \ln(1+x) + C \\ &= (x+1)\ln(1+x) - x + C,\end{aligned}$$

则

$$\int_0^1 \ln(1+x)\,dx = \left[(x+1)\ln(1+x)-x\right]\Big|_0^1 = 2\ln 2 - 1,$$

所以

$$\lim_{n\to\infty} a_n = e^{\lim\limits_{n\to\infty}\ln a_n} = e^{2\ln 2-1} = \frac{4}{e}.$$

二、定积分的换元法与分部积分法

由牛顿-莱布尼茨公式可知,可用求不定积分的方法求定积分,从而可将不定积分的换元法和分部积分法移植到定积分的计算中.

定理3(定积分的换元法) 若函数 $f(x)$ 在 $[a,b]$ 上连续,$x=\varphi(t)$ 在 $[\alpha,\beta]$ 上有连续的导函数,且 $\varphi(\alpha)=a$,$\varphi(\beta)=b$,$a\leqslant\varphi(t)\leqslant b$,$t\in[\alpha,\beta]$,则有定积分的换元公式:

$$\int_a^b f(x)\,dx = \int_\alpha^\beta f[\varphi(t)]\varphi'(t)\,dt. \tag{2}$$

证 易知式(2)两边的被积函数均连续,从而均有原函数.设 $F(x)$ 为 $f(x)$ 在 $[a,b]$ 上的一个原函数,由复合函数求导法可知

$$\frac{d}{dt}F[\varphi(t)] = F'[\varphi(t)]\varphi'(t) = f[\varphi(t)]\varphi'(t),$$

即 $F[\varphi(t)]$ 为 $f[\varphi(t)]\varphi'(t)$ 的一个原函数.

从而由牛顿-莱布尼茨公式

$$\int_\alpha^\beta f[\varphi(t)]\varphi'(t)\,dt = F[\varphi(\beta)] - F[\varphi(\alpha)] = F(b) - F(a) = \int_a^b f(x)\,dx.$$

应用式(2)时要注意,将积分变量由 x 换为 t 后,积分限也要换为新变量 t 的对应取值.但在求出 $f[\varphi(t)]\varphi'(t)$ 的原函数之后,直接将变量 t 的积分上下限代入这个原函数并求其差

即可,不必再还原回变量 x. 这是定积分换元法与不定积分换元法的区别,这一区别的原因是在于定积分为一个数,如果式(2)右边可以计算出此数,则左边也就被计算出. 而不定积分求原函数,应当保留原变量.

例 6　求 $\int_0^1 \sqrt{4-x^2}\mathrm{d}x$.

解　设 $x=2\sin t$, $\left(|t|<\frac{\pi}{2}\right)$,则 $x=0$ 时,$t=0$;$x=1$ 时,$t=\frac{\pi}{6}$. 因此

$$\begin{aligned}\int_0^1 \sqrt{4-x^2}\mathrm{d}x &= \int_0^{\frac{\pi}{6}} 4\cos^2 t\mathrm{d}t \\ &= 4\int_0^{\frac{\pi}{6}} \frac{1+\cos 2t}{2}\mathrm{d}t \\ &= 2\left(t+\frac{1}{2}\sin 2t\right)\Big|_0^{\frac{\pi}{6}} \\ &= \frac{\pi}{3}+\frac{\sqrt{3}}{2}.\end{aligned}$$

例 7　求 $\int_0^{\frac{\pi}{2}} \frac{\cos x}{1+\sin^2 x}\mathrm{d}x$.

解　设 $\sin x=u$,当 $x=0$ 时,$u=0$;当 $x=\frac{\pi}{2}$时,$u=1$.

则

$$\int_0^{\frac{\pi}{2}} \frac{\cos x}{1+\sin^2 x}\mathrm{d}x = \int_0^1 \frac{1}{1+u^2}\mathrm{d}u = \arctan u\Big|_0^1 = \frac{\pi}{4}.$$

为了方便起见,以上过程可写为

$$\int_0^{\frac{\pi}{2}} \frac{\cos x}{1+\sin^2 x}\mathrm{d}x = \int_0^{\frac{\pi}{2}} \frac{1}{1+\sin^2 x}\mathrm{d}\sin x = \arctan(\sin x)\Big|_0^{\frac{\pi}{2}} = \frac{\pi}{4}.$$

此时,没有引入新变量 u,自变量仍为 x,虽然在凑微分的过程中的已将 $\sin x$ 视为整体,但只要不引入新变量,积分上下限就不必改变.

例 8　证明:

(1) 若 $f(x)$为$[-a,a]$上连续的偶函数,则

$$\int_{-a}^{a} f(x)\mathrm{d}x = 2\int_0^a f(x)\mathrm{d}x;$$

(2) 若 $f(x)$为$[-a,a]$上连续的奇函数,则

$$\int_{-a}^{a} f(x)\mathrm{d}x = 0;$$

(3) 若 $f(x)$为$(-\infty,+\infty)$上连续的周期函数,周期为 T,则

$$\int_a^{a+T} f(x)\mathrm{d}x = \int_0^T f(x)\mathrm{d}x\,(a\text{ 为任意实数}).$$

证 (1) 由于 $f(x)$ 为偶函数,则 $f(-x)-f(x)$. 那么

$$\int_{-a}^{a} f(x)\mathrm{d}x = \int_{-a}^{0} f(x)\mathrm{d}x + \int_{0}^{a} f(x)\mathrm{d}x.$$

对于右边第一式,利用代换 $x=-t$,则

$$\int_{-a}^{0} f(x)\mathrm{d}x = \int_{a}^{0} f(-t)(-1)\mathrm{d}t = \int_{0}^{a} f(t)\mathrm{d}t = \int_{0}^{a} f(x)\mathrm{d}x,$$

从而有

$$\int_{-a}^{a} f(x)\mathrm{d}x = 2\int_{0}^{a} f(x)\mathrm{d}x.$$

(2) 参照例 8(1)即可证明.

(3) (方法一)由积分区间的可加性得

$$\int_{a}^{a+T} f(x)\mathrm{d}x = \int_{a}^{0} f(x)\mathrm{d}x + \int_{0}^{T} f(x)\mathrm{d}x + \int_{T}^{a+T} f(x)\mathrm{d}x.$$

对右边第三式利用变换 $x=T+t$,则

$$\int_{T}^{a+T} f(x)\mathrm{d}x = \int_{0}^{a} f(T+t)\mathrm{d}t = \int_{0}^{a} f(t)\mathrm{d}t = -\int_{a}^{0} f(x)\mathrm{d}x,$$

从而有

$$\int_{a}^{a+T} f(x)\mathrm{d}x = \int_{0}^{T} f(x)\mathrm{d}x.$$

(方法二)可视 $\int_{a}^{a+T} f(x)\mathrm{d}x$ 为变限积分. 设 $F(a) = \int_{a}^{a+T} f(x)\mathrm{d}x, a \in (-\infty, +\infty)$,则

$$F'(a)=f(a+T)-f(a)=0,$$

从而得 $F(a)$ 为常数,则

$$\int_{a}^{a+T} f(x)\mathrm{d}x = F(a) = F(0) = \int_{0}^{T} f(x)\mathrm{d}x.$$

定理 4(定积分的分部积分法) 设 $u(x)$ 和 $v(x)$ 均在$[a,b]$上有连续导函数,则

$$\int_{a}^{b} u(x)v'(x)\mathrm{d}x = u(x)v(x)\Big|_{a}^{b} - \int_{a}^{b} u'(x)v(x)\mathrm{d}x.$$

证 由于 $u(x)v(x)$ 为 $u'(x)v(x)+u(x)v'(x)$ 的一个原函数,则

$$\int_{a}^{b} [u(x)v'(x) + u'(x)v(x)]\mathrm{d}x = u(x)v(x)\Big|_{a}^{b},$$

从而得

$$\int_{a}^{b} u(x)v'(x)\mathrm{d}x = u(x)v(x)\Big|_{a}^{b} - \int_{a}^{b} u'(x)v(x)\mathrm{d}x.$$

例 9 求 $I = \int_{0}^{\frac{\pi}{4}} \sec^{3} x\mathrm{d}x.$

解　$I=\int_0^{\frac{\pi}{4}}\sec^3 x\mathrm{d}x=\int_0^{\frac{\pi}{4}}\sec x\sec^2 x\mathrm{d}x$

$$=\int_0^{\frac{\pi}{4}}\sec x\mathrm{d}\tan x=\sec x\tan x\Big|_0^{\frac{\pi}{4}}-\int_0^{\frac{\pi}{4}}\tan x\mathrm{d}\sec x$$

$$=\sqrt{2}-\int_0^{\frac{\pi}{4}}\tan^2 x\sec x\mathrm{d}x$$

$$=\sqrt{2}-\int_0^{\frac{\pi}{4}}(\sec^2 x-1)\sec x\mathrm{d}x$$

$$=\sqrt{2}-\int_0^{\frac{\pi}{4}}\sec^3 x\mathrm{d}x+\int_0^{\frac{\pi}{4}}\sec x\mathrm{d}x$$

$$=\sqrt{2}-I+[\ln|\sec x+\tan x|]\Big|_0^{\frac{\pi}{4}}$$

$$=\sqrt{2}-I+\ln(\sqrt{2}+1),$$

从而有

$$2I=\sqrt{2}+\ln(\sqrt{2}+1),$$

所以

$$I=\frac{1}{2}\left[\sqrt{2}+\ln(\sqrt{2}+1)\right].$$

例 10　计算定积分 $I_n=\int_0^{\frac{\pi}{2}}\sin^n x\mathrm{d}x$ 和 $J_n=\int_0^{\frac{\pi}{2}}\cos^n x\mathrm{d}x(n=1,2,\cdots)$.

解　$I_n=\int_0^{\frac{\pi}{2}}\sin^n x\mathrm{d}x=-\int_0^{\frac{\pi}{2}}\sin^{n-1}x\mathrm{d}\cos x$

$$=-\sin^{n-1}x\cos x\Big|_0^{\frac{\pi}{2}}+(n-1)\int_0^{\frac{\pi}{2}}\sin^{n-2}x\cos^2 x\mathrm{d}x$$

$$=(n-1)\int_0^{\frac{\pi}{2}}\sin^{n-2}x\mathrm{d}x-(n-1)\int_0^{\frac{\pi}{2}}\sin^n x\mathrm{d}x$$

$$=(n-1)I_{n-2}-(n-1)I_n,$$

从而有递推公式

$$I_n=\frac{n-1}{n}I_{n-2},n\geqslant 2.$$

由于易计算出

$$I_0=\int_0^{\frac{\pi}{2}}1\mathrm{d}x=\frac{\pi}{2},I_1=\int_0^{\frac{\pi}{2}}\sin x\mathrm{d}x=1,$$

所以,反复利用递推公式,有

$$I_{2m}=\frac{(2m-1)!!}{(2m)!!}\times\frac{\pi}{2},$$

$$I_{2m+1}=\frac{(2m)!!}{(2m+1)!!}.$$

令 $x=\frac{\pi}{2}-t$,可得

$$J_n=\int_0^{\frac{\pi}{2}}\cos^n x\,\mathrm{d}x=-\int_{\frac{\pi}{2}}^0\cos^n\left(\frac{\pi}{2}-t\right)\mathrm{d}t=\int_0^{\frac{\pi}{2}}\sin^n t\,\mathrm{d}t=I_n,$$

因而这两个积分相等.

习题 5-2

1. 计算下列定积分.

(1) $\int_0^4 x(x+\sqrt{x})\mathrm{d}x$;

(2) $\int_0^{2\pi} x\cos^2 x\mathrm{d}x$;

(3) $\int_{-\frac{1}{5}}^{\frac{1}{5}} x\sqrt{2-5x}\mathrm{d}x$;

(4) $\int_0^{\sqrt{\ln 2}} x^3\mathrm{e}^{-x^2}\mathrm{d}x$;

(5) $\int_0^1 \frac{1}{\sqrt{4-x^2}}\mathrm{d}x$;

(6) $\int_0^{\sqrt{3}a} \frac{1}{a^2+x^2}\mathrm{d}x$;

(7) $\int_0^1 t\mathrm{e}^{-\frac{t^2}{2}}\mathrm{d}t$;

(8) $\int_{-\pi}^{\pi} x^4\sin x\mathrm{d}x$;

(9) $\int_0^{100\pi} \sqrt{1-\cos 2x}\mathrm{d}x$;

(10) $\int_0^2 x^2\sqrt{4-x^2}\mathrm{d}x$;

(11) $\int_{-2}^5 f(x)\mathrm{d}x$,其中 $f(x)=\begin{cases}13-x^2, & x<2,\\ 1+x^2, & x\geqslant 2;\end{cases}$

(12) $\int_0^2 f(x-1)\mathrm{d}x$,其中 $f(x)=\begin{cases}\frac{1}{1+\mathrm{e}^x}, & x<0,\\ \frac{1}{1+x}, & x\geqslant 0;\end{cases}$

(13) $\int_{\frac{1}{\mathrm{e}}}^{\mathrm{e}} |\ln x|\mathrm{d}x$;

(14) $\int_0^2 \max\{x,x^3\}\mathrm{d}x$.

2. 求极限.

(1) $\lim\limits_{n\to\infty}\frac{1}{n}\left(\sqrt{1+\frac{1}{n}}+\sqrt{1+\frac{2}{n}}+\cdots+\sqrt{1+\frac{n}{n}}\right)$;

(2) $\lim\limits_{n\to\infty}\frac{1^p+2^p+\cdots+n^p}{n^{p+1}}(p>0)$;

(3) $\lim\limits_{n\to\infty}\frac{1+\sqrt{2}+\sqrt{3}+\cdots+\sqrt{n}}{n\sqrt{n}}$;

(4) $\lim\limits_{n\to\infty}\frac{1}{n^2}\left[\sqrt{n^2-1}+\sqrt{n^2-2}+\cdots+\sqrt{n^2-(n-1)^2}\right]$.

3. 求极限.

(1) $\lim\limits_{x\to 0}\dfrac{\int_0^{x^2} t^{\frac{3}{2}}\mathrm{d}t}{\int_0^x t(t-\sin t)\mathrm{d}t}$；　　(2) $\lim\limits_{x\to 0}\dfrac{\int_0^{\sin^2 x}\ln(1+t)\mathrm{d}t}{\sqrt{1+x^4}-1}$.

4. 设 $n\in\mathbf{N}^+$,证明.

(1) $\int_{-\pi}^{\pi}\cos nx\,\mathrm{d}x=\int_{-\pi}^{\pi}\sin nx\,\mathrm{d}x=0$；　　(2) $\int_{-\pi}^{\pi}\cos^2 nx\,\mathrm{d}x=\int_{-\pi}^{\pi}\sin^2 nx\,\mathrm{d}x=\pi$.

5. 设 $k,l\in\mathbf{N}^+$,证明.

(1) $\int_{-\pi}^{\pi}\cos kx\sin lx\,\mathrm{d}x=0$；　　(2) $\int_{-\pi}^{\pi}\cos kx\cos lx\,\mathrm{d}x=0\quad(k\neq l)$；

(3) $\int_{-\pi}^{\pi}\sin kx\sin lx\,\mathrm{d}x=0\quad(k\neq l)$.

6. 计算函数 $y=\int_{x^2}^{x^3}\dfrac{1}{\sqrt{1+t^2}}\mathrm{d}t$ 的导数.

7. 求积分$\int_0^1 xf(x)\mathrm{d}x$,其中 $f(x)=\int_0^{x^2}\mathrm{e}^{-t^2}\mathrm{d}t$.

8. 设 $f(x)$ 可导,且 $F(x)=\int_0^x t^{n-1}f(x^n-t^n)\mathrm{d}t$, $f(0)=0$,求$\lim\limits_{x\to 0}\dfrac{F(x)}{x^{2n}}$.

9. 设 $f(x)$在$(-\infty,+\infty)$上连续,证明.

(1) 若 $f(x)$ 为奇函数,则$\int_0^x f(t)\mathrm{d}t$ 为偶函数；

(2) 若 $f(x)$ 为偶函数,则$\int_0^x f(t)\mathrm{d}t$ 为奇函数.

10. 若 $f(x)$ 为在$(-\infty,+\infty)$ 上连续的奇函数,且为以 $2T$ 为周期的周期函数,证明 $F(x)=\int_0^x f(t)\mathrm{d}t$ 也为以 $2T$ 为周期的周期函数.

第三节　反常积分

第一节中讲了,闭区间$[a,b]$上定义的函数 $f(x)$可积则分为有界函数,从而本章所讲的定积分实际上是有界函数在有限闭区间上的积分. 在许多实际问题中,会遇到积分区间为无穷区间或被积函数为无界函数的积分,这就不属于定积分了,称之为反常积分或广义积分.

一、无穷限反常积分

1. 无穷限反常积分的概念

定义　设函数 $f(x)$ 定义在区间$[a,+\infty)$ 内,且在任何有限区间$[a,u]$ 上可积,即定积

分$\int_a^u f(x)\mathrm{d}x$存在,若存在极限

$$\lim_{u\to\infty}\int_a^u f(x)\mathrm{d}x = J,$$

则称此极限J为函数$f(x)$在$[a,+\infty)$上的无穷限反常积分(或简称无穷积分),记为

$$J=\int_a^{+\infty} f(x)\mathrm{d}x, \tag{1}$$

此时称反常积分$\int_a^{+\infty} f(x)\mathrm{d}x$收敛.若极限(1)不存在,则称反常积分$\int_0^{+\infty} f(x)\mathrm{d}x$发散.反常积分发散时,记号$\int_a^{+\infty} f(x)\mathrm{d}x$就不表示数值了.

类似地,可定义$f(x)$在$(-\infty,b]$上的无穷积分

$$\int_{-\infty}^b f(x)\mathrm{d}x = \lim_{u\to-\infty}\int_u^b f(x)\mathrm{d}x. \tag{2}$$

设$f(x)$定义在区间$(-\infty,+\infty)$内,如果反常积分

$$\int_a^{+\infty} f(x)\mathrm{d}x \quad 与 \quad \int_{-\infty}^a f(x)\mathrm{d}x$$

均收敛,则称二者之和为函数$f(x)$在$(-\infty,+\infty)$上的反常积分,记为

$$\int_{-\infty}^{+\infty} f(x)\mathrm{d}x, \tag{3}$$

即

$$\int_{-\infty}^{+\infty} f(x)\mathrm{d}x = \int_{-\infty}^a f(x)\mathrm{d}x + \int_a^{+\infty} f(x)\mathrm{d}x, \tag{4}$$

此时,也称反常积分$\int_{-\infty}^{+\infty} f(x)\mathrm{d}(x)$收敛;否则,若(2)中二者至少有一个积分发散,称反常积分$\int_{-\infty}^{+\infty} f(x)\mathrm{d}x$发散.

注意 反常积分(3)的敛散性以及收敛时的值与常数a的选取无关.一般选$a=0$比较方便.(4)式右边为两个极限之和,$\lim\limits_{u\to-\infty}\int_u^a f(x)\mathrm{d}x$和$\lim\limits_{v\to+\infty}\int_a^v f(x)\mathrm{d}x$是两个独立的极限过程,$u$与$v$是独立变化的变量,并无函数关系,更不为相反数.

例 1 讨论下列反常积分是否收敛,若收敛并求其值.

(1) $\int_{-\infty}^0 x\mathrm{e}^{-x^2}\mathrm{d}x$;　　(2) $\int_2^{+\infty}\frac{1}{x\ln x}\mathrm{d}x$;

(3) $\int_{-\infty}^{+\infty}\frac{\mathrm{d}x}{1+x^2}$.

解 (1)

$$\int_u^0 x\mathrm{e}^{-x^2}\mathrm{d}x = -\frac{1}{2}\int_u^0 \mathrm{e}^{-x^2}\mathrm{d}(-x^2) = -\frac{1}{2}\mathrm{e}^{-x^2}\Big|_u^0$$

$$=-\frac{1}{2}(1-\mathrm{e}^{-u^2}).$$

由无穷积的定义，有

$$\int_{-\infty}^{0} x\mathrm{e}^{-x^2}\mathrm{d}x = \lim_{u\to-\infty} -\frac{1}{2}(1-\mathrm{e}^{-u^2}) = -\frac{1}{2}.$$ 此积分是收敛的.

(2)
$$\int_{2}^{+\infty} \frac{1}{x\ln x}\mathrm{d}x = \lim_{u\to+\infty}\int_{2}^{u}\frac{1}{x\ln x}\mathrm{d}x = \lim_{u\to+\infty}[\ln(\ln u)-\ln(\ln 2)].$$

此极限不存在，从而此反常积分发散.

(3)
$$\begin{aligned}\int_{-\infty}^{+\infty}\frac{1}{1+x^2}\mathrm{d}x &= \lim_{u\to-\infty}\int_{u}^{0}\frac{1}{1+x^2}\mathrm{d}x + \lim_{v\to+\infty}\int_{0}^{v}\frac{1}{1+x^2}\mathrm{d}x \\ &= \lim_{u\to-\infty}(-\arctan u) + \lim_{v\to+\infty}(\arctan v) \\ &= \frac{\pi}{2}+\frac{\pi}{2} = \pi.\end{aligned}$$

此积分收敛.

从图 5-9 可看出此积分收敛的几何意义：位于 x 轴上方，曲线 $y=\frac{1}{1+x^2}$ 下方的图形有面积 π.

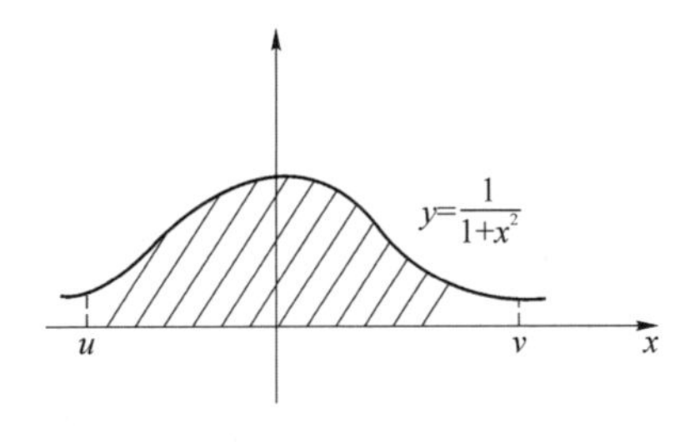

图 5-9

例 2　证明反常积分 $\int_{a}^{+\infty}\frac{\mathrm{d}x}{x^p}(a>0)$ 当 $p>1$ 时收敛，当 $p\leqslant 1$ 时发散.

证　先计算定积分

$$\int_{a}^{u}\frac{1}{x^p}\mathrm{d}x = \begin{cases}\frac{1}{1-p}(u^{1-p}-a^{1-p}), & p\neq 1, \\ \ln u-\ln a, & p=1.\end{cases}$$

从而
$$\lim_{u\to+\infty}\int_{a}^{u}\frac{1}{x^p}\mathrm{d}x = \begin{cases}\frac{a^{1-p}}{p-1}, & p>1, \\ +\infty, & p\leqslant 1.\end{cases}$$

因此，$p>1$ 时，此反常积分收敛；$p\leqslant 1$ 时，此反常积分发散.

例 3　求函数 $f(x)=\int_{0}^{x^2}(2-t)\mathrm{e}^{-t}\mathrm{d}t$ 在 $[0,+\infty)$ 上的最大值与最小值.

解　由于被积函数连续，由微积分基本定理知 $f(x)$ 可导，且

$$f'(x)=(2-x^2)\mathrm{e}^{-x^2}\cdot 2x,$$

从而求得 $f(x)$在$(0,+\infty)$内唯一驻点 $x=\sqrt{2}$,又因为,$x\in(0,\sqrt{2})$时 $f'(x)>0$;$x\in(\sqrt{2},+\infty)$时,$f'(x)<0$,则 $x=\sqrt{2}$为极大值点.且

$$\begin{aligned}f(\sqrt{2})&=\int_0^2(2-t)\mathrm{e}^{-t^2}\mathrm{d}t=-(2-t)\mathrm{e}^{-t}\Big|_0^2-\int_0^2\mathrm{e}^{-t}\mathrm{d}t\\&=2+\mathrm{e}^{-t}\Big|_0^2=2+\mathrm{e}^{-2}-1\\&=1+\mathrm{e}^{-2}.\end{aligned}$$

又

$$f(0)=0.$$

$$\begin{aligned}\lim_{x\to+\infty}f(x)&=\int_0^{+\infty}(2-t)\mathrm{e}^{-t}\mathrm{d}t\\&=\lim_{u\to+\infty}\int_0^u(2-t)\mathrm{e}^{-t}\mathrm{d}t\\&=\lim_{u\to+\infty}[(u-2)\mathrm{e}^{-u}+\mathrm{e}^{-u}+1]\\&=1,\end{aligned}$$

从而 $f(x)$在$[0,+\infty]$上的最小值为 $f(0)=0$,最大值为 $f(\sqrt{2})=1+\mathrm{e}^{-2}$.

2*. 无穷限广义积分敛散性的判别

由于$\int_a^{+\infty}f(x)\mathrm{d}x$ 收敛当且仅当极限 $\lim\limits_{u\to+\infty}\int_a^u f(x)\mathrm{d}x$ 存在,由函数极限存在的柯西准则,便可导出无穷限积分收敛的柯西准则.

定理(柯西准则) 无穷积分$\int_a^{+\infty}f(x)\mathrm{d}x$ 收敛的充要条件为:任给 $\varepsilon>0$,存在 $G\geqslant a$,只要 $u_1,u_2>G$,就有

$$\left|\int_a^{u_1}f(x)\mathrm{d}x-\int_a^{u_2}f(x)\mathrm{d}x\right|=\left|\int_{u_1}^{u_2}f(x)\mathrm{d}x\right|<\varepsilon.$$

由柯西准则便可推导出如下定理.

定理 若 $f(x)$ 在任何有限区间$[a,u]$上可积,且有$\int_a^{+\infty}|f(x)|\mathrm{d}x$ 收敛,则$\int_a^{+\infty}f(x)\mathrm{d}x$ 也收敛,并且

$$\left|\int_a^{+\infty}f(x)\mathrm{d}x\right|\leqslant\int_a^{+\infty}|f(x)|\mathrm{d}x.$$

证 由柯西准则,任给 $\varepsilon>0$,存在 $G\geqslant a$,当 $u_2>u_1>G$ 时,有

$$\int_{u_1}^{u_2}|f(x)|\mathrm{d}x<\varepsilon,$$

而

$$\int_{u_1}^{u_2}f(x)\mathrm{d}x\leqslant\left|\int_{u_1}^{u_2}f(x)\mathrm{d}x\right|=\int_{u_1}^{u_2}|f(x)|\mathrm{d}x<\varepsilon.$$

再由柯西准则知$\int_a^{+\infty} f(x)\mathrm{d}x$收敛.

令$u\to+\infty$,对

$$\left|\int_a^u f(x)\mathrm{d}x\right| \leqslant \int_a^u |f(x)|\,\mathrm{d}x$$

两端取极限,便有

$$\left|\int_a^{+\infty} f(x)\mathrm{d}x\right| \leqslant \int_a^{+\infty} |f(x)|\,\mathrm{d}x.$$

此定理逆命题不一定成立,即由$\int_a^{+\infty} f(x)\mathrm{d}x$收敛并不保证$\int_a^{+\infty} |f(x)|\mathrm{d}x$收敛.从而,当$\int_a^{+\infty} |f(x)|\mathrm{d}x$收敛时,称无穷积分$\int_a^{+\infty} f(x)\mathrm{d}x$绝对收敛.当$\int_a^{+\infty} |f(x)|\mathrm{d}x$发散,但$\int_a^{+\infty} f(x)\mathrm{d}x$收敛时,称$\int_a^{+\infty} f(x)\mathrm{d}x$条件收敛.

对非负可积函数$f(x)$,$F(u)=\int_a^u f(x)\mathrm{d}x$是单调递增函数,从而$\int_a^{+\infty} f(x)\mathrm{d}x$收敛当且仅当函数$F(u)$有上界,这样就有以下判别法.

定理(比较法则)　设$f(x)$,$g(x)$为定义在$[a,+\infty)$上的非负函数,且在任何有限区间$[a,u]$上均可积,并满足

$$f(x)\leqslant g(x),\quad x\in[a,+\infty),$$

则当$\int_a^{+\infty} g(x)\mathrm{d}x$收敛时,$\int_a^{+\infty} f(x)\mathrm{d}x$也收敛(或当$\int_a^{+\infty} f(x)\mathrm{d}x$发散时,$\int_a^{+\infty} g(x)\mathrm{d}x$也发散).

证　对任何$u>a$.由$\int_a^{+\infty} g(x)\mathrm{d}x$收敛,知函数$G(u)=\int_a^u g(x)\mathrm{d}x$有上界.

而

$$F(u)=\int_a^u f(x)\mathrm{d}x \leqslant \int_a^u g(x)\mathrm{d}x = G(u).$$

则函数$F(u)$也有上界,即证得$\int_a^{+\infty} f(x)\mathrm{d}x$收敛.

推论1(比较法的极限形式)　设非负函数$f(x)$,$g(x)$均在任何有限区间$[a,u]$上可积,且$\lim\limits_{x\to+\infty}\dfrac{f(x)}{g(x)}=c$,则

(1) 当$0<c<+\infty$时,$\int_a^{+\infty} f(x)\mathrm{d}x$与$\int_a^{+\infty} g(x)\mathrm{d}x$敛散性相同;

(2) 当$c=0$时,由$\int_a^{+\infty} g(x)\mathrm{d}x$收敛可推得$\int_a^{+\infty} f(x)\mathrm{d}x$收敛;

(3) 当$c=+\infty$时,由$\int_a^{+\infty} f(x)\mathrm{d}x$收敛可推得$\int_a^{+\infty} g(x)\mathrm{d}x$收敛.(证明略)

选用$\int_a^{+\infty} \dfrac{1}{x^p}\mathrm{d}x$为比较对象,利用比较法则,可得如下推论.

推论2 设非负函数 $f(x)$ 在任何有限区间 $[a,u]$ 上可积,则

(1) 若 $f(x)\leqslant\frac{1}{x^p}, x\in[a,+\infty)$,且 $p>1$,则无穷积分 $\int_a^{+\infty}f(x)\mathrm{d}x$ 收敛;

(2) 若 $f(x)\geqslant\frac{1}{x^p}, x\in[a,+\infty)$,且 $p\leqslant1$,则无穷积分 $\int_a^{+\infty}f(x)\mathrm{d}x$ 发散.

利用比较法的极限形式,又可推得以下结论.

推论3 设非负函数 $f(x)$ 在任何有限区间 $[a,u]$ 上可积,且

$$\lim_{x\to+\infty}x^pf(x)=\lambda,$$

则

(1) 当 $p>1, 0\leqslant\lambda<+\infty$ 时,$\int_a^{+\infty}f(x)\mathrm{d}x$ 收敛;

(2) 当 $p\leqslant1, 0<\lambda\leqslant+\infty$ 时,$\int_a^{+\infty}f(x)\mathrm{d}x$ 发散.

例4 讨论下列无穷积分的敛散性.

(1) $\int_1^{+\infty}\frac{\cos x}{1+x^2}\mathrm{d}x$;　　(2) $\int_1^{+\infty}x^5\mathrm{e}^{-x}\mathrm{d}x$;

(3) $\int_1^{+\infty}\frac{x}{x^2+1}\mathrm{d}x$.

解 (1) 由于 $\left|\frac{\cos x}{1+x^2}\right|\leqslant\frac{1}{1+x^2}<\frac{1}{x^2}$,而 $\int_1^{+\infty}\frac{1}{x^2}\mathrm{d}x$ 收敛,由比较法知 $\int_1^{+\infty}\frac{\cos x}{1+x^2}\mathrm{d}x$,绝对收敛.

(2) $\lim\limits_{x\to+\infty}x^2\cdot x^5\cdot\mathrm{e}^{-x}=\lim\limits_{x\to+\infty}\frac{x^7}{\mathrm{e}^x}=0$,此时 $p=2$,由推论3知 $\int_1^{+\infty}x^5\mathrm{e}^{-x}\mathrm{d}x$ 收敛.

(3) $\lim\limits_{x\to+\infty}x\cdot\frac{x}{x^2+1}=1$,此时 $p=1$.由推论3知 $\int_1^{+\infty}\frac{x}{x^2+1}\mathrm{d}x$ 发散.

二、无界函数的反常积分

1. 无界函数反常积分的概念

定义1 设函数 $f(x)$ 定义在区间 $(a,b]$ 上,且在点 a 的任何右邻域内无界,但在任何闭区间 $[u,b]\subset(a,b]$ 内有界可积,若存在极限

$$\lim_{u\to a^+}\int_u^bf(x)\mathrm{d}x=J,$$

则称此极限为无界函数 $f(x)$ 在 $(a,b]$ 上的反常积分(或称瑕积分,点 a 为 $f(x)$ 的瑕点),记为

$$J=\int_a^bf(x)\mathrm{d}x, \tag{5}$$

此时,称反常积分 $\int_a^bf(x)\mathrm{d}x$ 收敛;若极限(5)不存在,称反常积分 $\int_a^bf(x)\mathrm{d}x$ 发散.

类似地,可定义 b 为 $f(x)$ 的瑕点时的瑕积分

$$\int_a^b f(x)\mathrm{d}x = \lim_{u\to b^-}\int_a^u f(x)\mathrm{d}x.$$

若 $f(x)$的瑕点为 $c\in(a,b)$，且 $f(x)$在$[a,c)$与$(c,b]$内任何闭区间上可积时，如果瑕积分

$$\int_a^c f(x)\mathrm{d}x \quad 与 \quad \int_c^b f(x)\mathrm{d}x$$

均收敛，称二者之和为函数 $f(x)$在$[a,b]$上的反常积分，记为

$$\int_a^b f(x)\mathrm{d}x = \int_a^c f(x)\mathrm{d}x + \int_c^b f(x)\mathrm{d}x, \tag{6}$$

此时，也称反常积分$\int_a^b f(x)\mathrm{d}x$ 收敛；否则若(6) 中二者至少有一个发散时，称反常积分$\int_a^b f(x)\mathrm{d}x$ 发散.

类似地，若 $f(x)$的瑕点为 a 和 b 时，可定义反常积分

$$\int_a^b f(x)\mathrm{d}x = \int_a^c f(x)\mathrm{d}x + \int_c^b f(x)\mathrm{d}x \quad c\in(a,b).$$

例 5　计算瑕积分$\int_0^1 \frac{x}{\sqrt{1-x^2}}\mathrm{d}x$.

解　$x=1$ 为 $f(x)=\frac{x}{\sqrt{1-x^2}}$的瑕点. 则有

$$\int_0^1 \frac{x}{\sqrt{1-x^2}}\mathrm{d}x = \lim_{u\to 1^-}\int_0^u \frac{x}{\sqrt{1-x^2}}\mathrm{d}x = \lim_{u\to 1^-}\sqrt{1-u^2}=1.$$

例 6　讨论瑕积分

$$\int_a^b \frac{1}{(x-a)^p}\mathrm{d}x \quad (p>0)$$

的敛散性.

解　$x=a$ 为被积函数 $f(x)=\frac{1}{(x-a)^p}$的瑕点，由于

$$\int_u^b \frac{1}{(x-a)^p}\mathrm{d}x = \frac{1}{1-p}\left[(b-a)^{1-p}-(u-a)^{1-p}\right],$$

从而

$$\lim_{u\to a^+}\int_u^b \frac{1}{(x-a)^p}\mathrm{d}x = \begin{cases} +\infty, & p\geqslant 1, \\ \dfrac{(b-a)^{1-p}}{1-p}, & 0<p<1. \end{cases}$$

即当 $0<p<1$ 时，积分收敛；当 $p\geqslant 1$ 时，积分发散.

类似可证明反常积分$\int_a^b \frac{1}{(b-x)^p}\mathrm{d}x$ 在 $0<p<1$ 时收敛，在 $p\geqslant 1$ 时发散.

2*. 无界函数反常积分敛散性的判别

类似无穷积分敛散性判别,有相应的定理.

定理(柯西准则) 瑕积分$\int_a^b f(x)\mathrm{d}x$(a为瑕点)收敛的充要条件为:任给$\varepsilon>0$,存在$\delta>0$,只要$u_1,u_2\in(a,a+\delta)$,就有

$$\left|\int_{u_1}^b f(x)\mathrm{d}x-\int_{u_2}^b f(x)\mathrm{d}x\right|=\left|\int_{u_1}^{u_2} f(x)\mathrm{d}x\right|<\varepsilon.$$

定理 若函数 $f(x)$(瑕点为 a) 在$(a,b]$ 的任一闭区间$[u,b]\subset(a,b]$ 上可积,则当$\int_a^b |f(x)|\mathrm{d}x$ 收敛时,$\int_a^b f(x)\mathrm{d}x$ 也收敛,并且

$$\left|\int_a^b f(x)\mathrm{d}x\right|\leqslant\int_a^b |f(x)|\mathrm{d}x.$$

类似无穷积分,当$\int_a^b |f(x)|\mathrm{d}x$ 收敛时,称$\int_a^b f(x)\mathrm{d}x$ 绝对收敛;当$\int_a^b |f(x)|\mathrm{d}x$ 发散,而$\int_a^b f(x)\mathrm{d}x$ 收敛时,称$\int_a^b f(x)\mathrm{d}x$ 条件收敛.

定理(比较法则) 设非负函数 $f(x),g(x)$为定义在$(a,b]$上的两个函数,瑕点均为 a,且均在任何$[u,b]\subset(a,b]$上可积,并满足

$$f(x)\leqslant g(x),\quad x\in(a,b],$$

则当$\int_a^b g(x)\mathrm{d}x$ 收敛时,$\int_a^b f(x)\mathrm{d}x$ 也收敛(或当$\int_a^b f(x)\mathrm{d}x$ 发散时,$\int_a^b g(x)\mathrm{d}x$ 也发散).

推论 1(比较法的极限形式) 设非负函数 $f(x),g(x)$均以 a 为瑕点,且$\lim\limits_{x\to a}\dfrac{f(x)}{g(x)}=c$,则有:

(1) 当 $0<c<+\infty$ 时,$\int_a^b f(x)\mathrm{d}x$ 与$\int_a^b g(x)\mathrm{d}x$ 敛散性相同;

(2) 当 $c=0$ 时,由$\int_a^b g(x)\mathrm{d}x$ 收敛可推得$\int_a^b f(x)\mathrm{d}x$ 也收敛;

(3) 当 $c=+\infty$ 时,由$\int_a^b f(x)\mathrm{d}x$ 收敛可推得$\int_a^b g(x)\mathrm{d}x$ 也收敛.

推论 2 设 $f(x)$为$(a,b]$上的非负函数,以 a 为其瑕点,且在任何$[u,b]\subset(a,b]$上可积,则有:

(1) 当 $f(x)\leqslant\dfrac{1}{(x-a)^p}$,且 $0<p<1$ 时,$\int_a^b f(x)\mathrm{d}x$ 收敛;

(2) 当 $f(x)\geqslant\dfrac{1}{(x-a)^p}$,且 $p\geqslant 1$ 时,$\int_a^b f(x)\mathrm{d}x$ 发散.

推论 3 设 $f(x)$为$(a,b]$上的非负函数,a 为其瑕点,且在任何$[u,b]\subset(a,b]$上可积,如果

$$\lim_{x\to a^+}(x-a)^p f(x)=\lambda,$$

则有：

(1) 当 $0 < p < 1, 0 \leqslant \lambda < +\infty$ 时，$\int_a^b f(x)\mathrm{d}x$ 收敛；

(2) 当 $p \geqslant 1, 0 < \lambda \leqslant +\infty$ 时，$\int_a^b f(x)\mathrm{d}x$ 发散.

例 7 讨论下列瑕积分的敛散性：

(1) $\int_0^{\pi} \frac{\sin x}{x^{\frac{3}{2}}}\mathrm{d}x$；　　　　(2) $\int_0^1 \frac{\ln x}{1-x}\mathrm{d}x$.

解 (1) $x=0$ 为被积函数的瑕点.

又 $\lim\limits_{x\to 0^+} x^{\frac{1}{2}} \cdot \frac{\sin x}{x^{\frac{3}{2}}} \cdot \lim\limits_{x\to 0} \frac{\sin x}{x}=1$，此时 $p=\frac{1}{2}$，由推论 3 知此瑕积分收敛.

(2) 被积函数只以 $x=0$ 为瑕点. $x=1$ 不为瑕点，因为利用洛必达法则有

$$\lim_{x\to 1}\frac{\ln x}{x-1}=\lim_{x\to 1}\frac{\frac{1}{x}}{1}=1,$$

则被积函数在 $x=1$ 的任何邻域内不为无界函数.

又
$$\lim_{x\to 0^+} x^{\frac{1}{2}} \cdot \frac{\ln x}{1-x}=\lim_{x\to 0^+}\frac{\ln x}{x^{\frac{1}{2}}}=\lim_{x\to 0^+}\frac{\frac{1}{x}}{-\frac{1}{2}x^{-\frac{3}{2}}}=0,$$

此时 $p=\frac{1}{2}$，利用推论 3 知此积分收敛.

例 8 讨论反常积分

$$B(\alpha,\beta)=\int_0^1 x^{\alpha-1}(1-x)^{\beta-1}\mathrm{d}x \quad (\alpha,\beta\text{ 为实数})$$

的敛散性.

解 当 $\alpha<1$ 时，$x=0$ 为被积函数的瑕点；当 $\beta<1$ 时，$x=1$ 为被积函数的瑕点.

$$\int_0^1 x^{\alpha-1}(1-x)^{\beta-1}\mathrm{d}x=\int_0^{\frac{1}{2}} x^{\alpha-1}(1-x)^{\beta-1}\mathrm{d}x+\int_{\frac{1}{2}}^1 x^{\alpha-1}(1-x)^{\beta-1}\mathrm{d}x=I+J.$$

① $\alpha\geqslant 1$ 且 $\beta\geqslant 1$，I 与 J 均为定积分.

② $\alpha<1$ 时

$$\lim_{x\to 0^+} x^{1-\alpha}\left[x^{\alpha-1}(1-x)^{\beta-1}\right]=1.$$

当 $p<1-\alpha<1$，即 $0<\alpha<1$ 时，I 收敛；

当 $1-\alpha\geqslant 1$，即 $\alpha\leqslant 0$ 时，I 发散.

③ $\beta<1$ 时

$$\lim_{x\to 1^-}(1-x)^{(1-\beta)}\left[x^{\alpha-1}(1-x)^{\beta-1}\right]=1.$$

当 $0<1-\beta<1$，即 $0<\beta<1$ 时，J 收敛；

当 $1-\beta\geqslant 1$，即 $\beta\leqslant 0$ 时，J 发散.

综上,只有 $\alpha>0$ 且 $\beta>0$ 时,I 与 J 均收敛,$B(\alpha,\beta)$收敛.

这个函数称为 β-函数,今后会发现它有很重要的应用.

例 9 讨论反常积分

$$\Gamma(s)=\int_0^{+\infty} e^{-x}x^{s-1}dx \quad (s>0) \tag{7}$$

的敛散性.

解 $$\int_0^{+\infty} e^{-x}x^{s-1}dx=\int_0^1 e^{-x}x^{s-1}dx+\int_1^{+\infty} e^{-x}x^{s-1}dx=I+J.$$

当 $s\geqslant1$ 时,I 为定积分,$s<1$ 时,I 的被积函数以 0 为瑕点.又

$$\lim_{x\to0^+} x^{1-s}[e^{-x}x^{s-1}]=1,$$

所以,当 $0<1-s<1$,即 $0<s<1$ 时,I 收敛.

当 $1-s\geqslant1$,即 $s\leqslant0$ 时,I 发散.

$$\lim_{x\to+\infty} x^2\cdot[e^{-x}x^{s-1}]=\lim_{x\to+\infty}\frac{x^{s+1}}{e^x}=0,$$

此时 $p=2$,J 收敛(无论 s 为任何值).

综上,只有 $s>0$ 时,I 与 J 均收敛,从而广义积分收敛.

此函数 $\Gamma(s)$称为 Γ 函数,与 β 函数一样,有着广泛的应用.

利用分部积分法可证明 Γ-函数有递推公式

$$\Gamma(s+1)=s\Gamma(s) \quad (s>0),$$

反复利用递推公式,并注意到 $\Gamma(1)=\int_0^{+\infty}e^{-x}dx=1$,则对任何自然数 n,有

$$\Gamma(n+1)=n!.$$

利用余元公式 $\Gamma(s)\Gamma(1-s)=\dfrac{\pi}{\sin\pi s}(0<s<1)$(证略),

可得 $\Gamma\left(\dfrac{1}{2}\right)=\sqrt{\pi}$,并将(7)式中 x 代换为 u^2,有

$$\Gamma(s)=2\int_0^{+\infty}e^{-u^2}u^{2s-1}du,$$

再令 $s=\dfrac{1}{2}$,得概率中常用的泊松积分

$$\int_{-\infty}^{+\infty}e^{-x^2}dx=\sqrt{\pi}.$$

习题 5-3

1. 讨论下列反常积分的敛散性,如果收敛,求其值.

(1) $\displaystyle\int_2^{+\infty}\frac{1}{x^2-1}dx$; (2) $\displaystyle\int_0^{+\infty}e^{-x^2}xdx$;

(3) $\int_0^{+\infty} \frac{1}{\sqrt{x+1}}\mathrm{d}x$；　　(4) $\int_0^{+\infty} \mathrm{e}^x \sin x\mathrm{d}x$；

(5) $\int_0^{\frac{1}{2}} \cot x\mathrm{d}x$；　　(6) $\int_0^1 \ln x\mathrm{d}x$；

(7) $\int_1^2 \frac{x}{\sqrt{x-1}}\mathrm{d}x$；　　(8) $\int_1^{\mathrm{e}} \frac{1}{x(1-\ln^2 x)}\mathrm{d}x$.

2. 判断下列反常积分的敛散性.

(1) $\int_0^{+\infty} \frac{\mathrm{d}x}{\sqrt[3]{x^4+1}}$；　　(2) $\int_1^{+\infty} \frac{x\arctan x}{1+x^3}\mathrm{d}x$；

(3) $\int_0^{+\infty} \frac{x}{1+x^2\sin^2 x}\mathrm{d}x$；　　(4) $\int_0^{+\infty} \frac{x^m}{1+x^n}\mathrm{d}x$；

(5) $\int_0^{\frac{\pi}{2}} \frac{\mathrm{d}x}{\sin^2 x\cos^2 x}$；　　(6) $\int_0^1 \frac{\ln x}{1-x^2}\mathrm{d}x$.

3. 计算反常积分.

(1) $\int_1^{+\infty} \frac{1}{x\sqrt{x-1}}\mathrm{d}x$；　　(2) $\int_{\frac{1}{2}}^{\frac{3}{2}} \frac{\mathrm{d}x}{\sqrt{|x-x^2|}}$.

*4. 用 Γ 函数表示下列积分，并指出这些积分的收敛范围.

(1) $\int_0^{+\infty} \mathrm{e}^{-x^n}\mathrm{d}x\,(n>0)$；　　(2) $\int_0^1 \left(\ln\frac{1}{x}\right)^P \mathrm{d}x$.

*5. 证明公式：

$$B(p,q)=B(p+1,q)+B(p,q+1).$$

*6. 已知 $\Gamma\left(\frac{1}{2}\right)=\sqrt{\pi}$，证明：

$$\int_{-\infty}^{+\infty} x^2\mathrm{e}^{-x^2}\mathrm{d}x=\frac{\sqrt{\pi}}{2}.$$

第四节　定积分的应用

一、定积分的元素法

定积分的应用中，经常采用元素法（也称微元法）．先回忆第一节中求曲边梯形面积的问题．

设 $f(x)\geqslant 0$，且 $y=f(x)$ 在 $[a,b]$ 上连续，则以 $f(x)$ 为曲边的曲边梯形的面积为

$$A=\int_a^b f(x)\mathrm{d}x,$$

若令 $A(x)=\int_a^x f(t)\mathrm{d}t, x\in[a,b]$，则 $A(x)$是分布在区间$[a,x]$上的，或者说它是区间端点 x 的函数，且 $A(b)$为所求面积 A.

利用分割，近似求和，取极限的思想，第 i 个小区间上对应的曲边梯形的面积近似为 $f(\zeta_i)\Delta x_i$. 实际上，是在任何小区间$[x,x+\Delta x]$上，将 $A(x)$的微小增量 ΔA 近似表示为 Δx 的线性形式

$$\Delta A\approx f(x)\Delta x,$$

若当 $\Delta x\to 0$ 时，$\Delta A-f(x)\Delta x=o(\Delta x)$，由微分定义知

$$\mathrm{d}A=f(x)\mathrm{d}x,$$

从而以 $f(x)\mathrm{d}x$ 为被积表达式，从 a 到 b 积分，即得所求面积

$$A=\int_a^b f(x)\mathrm{d}x,$$

这种方法称为元素法. 使用时必须注意以下几点：

① 所求量 A 关于其分布区间是可加的；

② 用以直代曲的思想，近似给出 ΔA 的表达式，$\Delta A\approx f(x)\Delta x$.

但要论证 $\Delta A-f(x)\Delta x$ 是否为 Δx 的高阶无穷小并不是容易的事，因为此时 $\Delta A=\int_a^{x+\Delta x}f(t)\mathrm{d}t-\int_a^x f(t)\mathrm{d}t=\int_x^{x+\Delta x}f(t)\mathrm{d}t$. 很难精确写出其具体表达式，往往用近似表达式代替. 虽然此方法并不完全严格，但被广泛用于计算分布在区间$[a,b]$上的几何量和物理量.

二、定积分在几何上的应用

1. 平面图形的面积

在直角坐标系下，利用定积分的几何意义容易推出由连续曲线 $f(x)$，直线 $x=a,x=b$ $(a<b)$和 x 轴所围成的平面图形的面积有以下公式. 若 $f(x)$非负，则所围图形的面积为

$$\int_a^b f(x)\mathrm{d}x;$$

如果 $f(x)$在$[a,b]$上不为非负函数，则所围图形的面积为

$$\int_a^b |f(x)|\mathrm{d}x.$$

一般地，由两条连续曲线 $y=f(x),y=g(x)$以及直线 $x=a,x=b(a<b)$围成的平面图形的面积为

$$\int_a^b |f(x)-g(x)|\mathrm{d}x.$$

例 1　求由曲线 $y=2,y=x$ 及 $xy=1$ 所围平面图形的面积(见图 5-10).

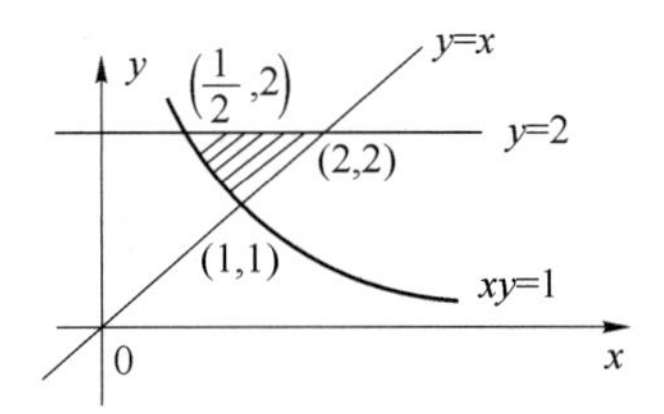

图 5-10

解　(方法一)　对 x 积分

$$S=\int_{\frac{1}{2}}^{1}\left(2-\frac{1}{x}\right)\mathrm{d}x+\int_{1}^{2}(2-x)\mathrm{d}x=\frac{3}{2}-\ln 2.$$

(方法二)　在对 y 积分

$$S=\int_{1}^{2}\left(y-\frac{1}{y}\right)\mathrm{d}y=\frac{3}{2}-\ln 2.$$

在极坐标系下,(见图 5-11)由连续曲线 $r=\varphi(\theta)$ 及射线 $\theta=\alpha,\theta=\beta$ 围成的平面图形的面积为

$$A=\frac{1}{2}\int_{\alpha}^{\beta}[\varphi(\theta)]^{2}\mathrm{d}\theta.$$

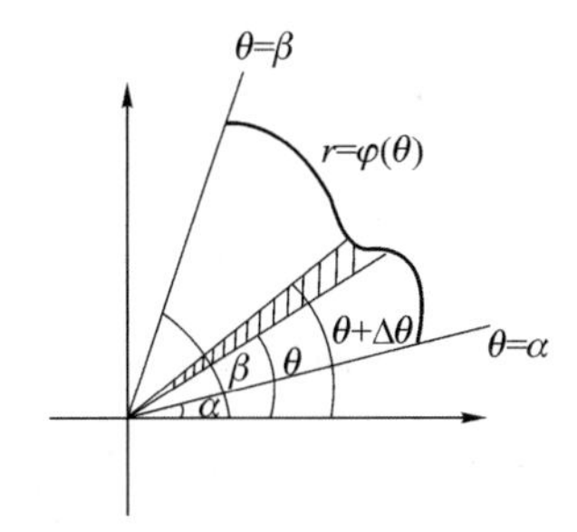

图 5-11

事实上,利用元素法,取极角 θ 为积分变量,其变化范围为$[\alpha,\beta]$. 在任一小区间$[\theta,\theta+\Delta\theta]$上的小曲边扇形的面积可近似用半径为 $\varphi(\theta)$ 的扇形面积来代替,即当 $\Delta\theta\to 0$ 时

$$\mathrm{d}A=\frac{1}{2}[\varphi(\theta)]^{2}\mathrm{d}\theta.$$

对上式积分,有

$$A=\frac{1}{2}\int_{\alpha}^{\beta}[\varphi(\theta)]^{2}\mathrm{d}\theta.$$

例 2　求双纽线 $r^{2}=a^{2}\cos 2\theta$ 所围平面图形的面积(见图 5-12).

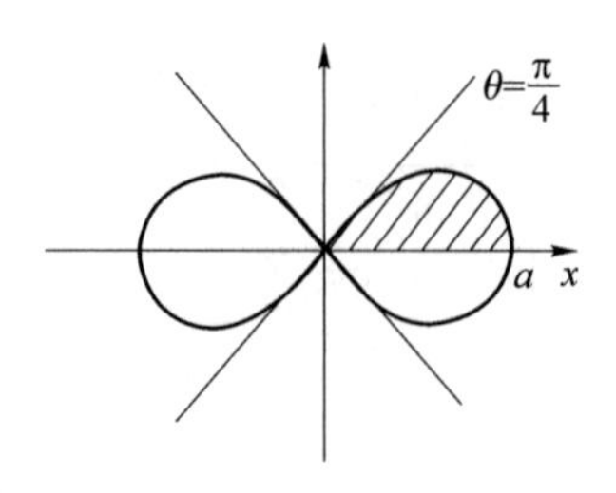

图 5-12

解 由图形的对称性可知

$$A = 4 \cdot \frac{1}{2}\int_0^{\frac{\pi}{4}} a^2 \cos 2\theta \mathrm{d}\theta = a^2.$$

若平面图形由参数方程表示的曲线围成，曲线 Γ 的参数方程为 $x=x(t)$，$y=y(t)$，$\alpha \leqslant t \leqslant \beta$，其中 $x(t)$，$y(t)$ 在 $[\alpha,\beta]$ 上连续，$x(t)$ 有连续的导函数且 $x(t)\neq 0$. 记 $a=x(\alpha)$，$b=x(\beta)$ 则由曲线 Γ，直线 $x=a$，$x=b$ 以及 x 轴围成的平面图形的面积为

$$A = \int_\alpha^\beta \mid y(t)x'(t) \mid \mathrm{d}t.$$

事实上，由 $x'(t)\neq 0$ 知 $x'(t)$ 在 $[\alpha,\beta]$ 上恒正或恒负，从而 $x(t)$ 严格单调，若 $x(t)$ 严格单增，则此时 $a<b$，设 $t=t(x)$ 为 $x=x(t)$ 的反函数.

则曲线方程可表为

$$y=y[t(x)],$$

从而所用图形的面积为

$$A = \int_a^b \mid y(t(x)) \mid \mathrm{d}x = \int_\alpha^\beta \mid y(t)x'(t) \mid \mathrm{d}t.$$

若 $x(t)$ 严格单减，此时 $b<a$，所用图形面积为

$$\begin{aligned} A = \int_b^a \mid y(t(x)) \mid \mathrm{d}x &= \int_\beta^\alpha \mid y(t) \mid \cdot x'(t)\mathrm{d}t \\ &= \int_\alpha^\beta \mid y(t) \mid \cdot (-x'(t))\mathrm{d}t \\ &= \int_\alpha^\beta \mid y(t) \cdot x'(t) \mid \mathrm{d}t. \end{aligned}$$

例 3 求由星形线 $x=a\cos^3 t$，$y=a\sin^3 t$，$0\leqslant t\leqslant 2\pi$ 所围成的图形的面积(见图 5-13).

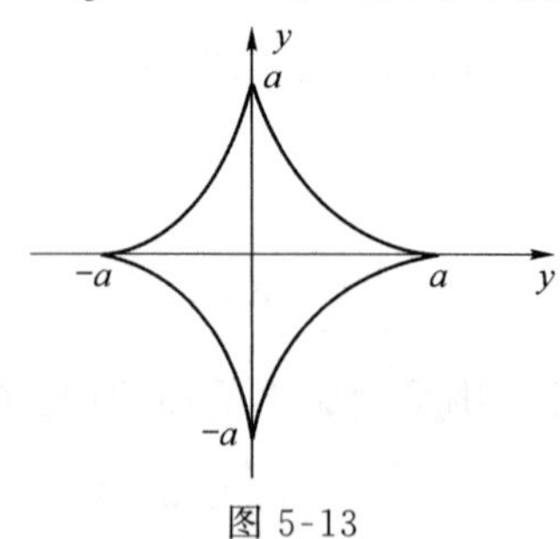

图 5-13

解 由对称性

$$\begin{aligned}A &= 4\int_0^a |y(t)\cdot x'(t)|\,\mathrm{d}t \\ &= 4\int_{\frac{\pi}{2}}^0 a\sin^3 t\cdot 3a\cos^2 t(-\sin t)\mathrm{d}t \\ &= 12a^2\int_0^{\frac{\pi}{2}}(\sin^4 t-\sin^6 t)\mathrm{d}t \\ &= \frac{3}{8}\pi a^2.\end{aligned}$$

2. 体积

(1) 旋转体的体积

由一个平面图形绕此平面内一直线旋转一周而成的立体叫旋转体.这条直线叫旋转轴.圆柱、圆锥、圆台、球体都是旋转体.

用元素法求图 5-14 中旋转体的体积.

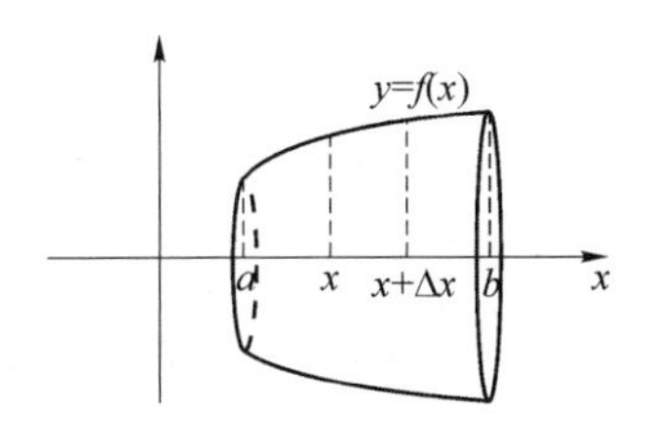

图 5-14

取横坐标 x 为积分变量,其变化范围为$[a,b]$.对任一小区间$[x,x+\Delta x]\subset[a,b]$上旋转体薄片的体积近似等于以 $f(x)$为底面半径、$\mathrm{d}x$ 为高的圆柱体的体积:

$$\mathrm{d}V=\pi[f(x)]^2\mathrm{d}x,$$

再在闭区间上积分,便得旋转体的体积:

$$A=\pi\int_a^b[f(x)]^2\mathrm{d}x.$$

例 4 计算由椭圆

$$\frac{x^2}{a^2}+\frac{y^2}{b^2}=1$$

所围图形绕 x 轴旋转一周而成的立体(椭球体)的体积.

解 第一象限内椭圆线方程为

$$y=\frac{b}{a}\sqrt{a^2-x^2}.$$

利用对标性,有

$$V = 2\pi\int_0^a \frac{b^2}{a^2}(a^2 - x^2)\mathrm{d}x = \frac{4}{3}\pi ab^2.$$

例 5 求底面半径为 r,高为 h 的圆锥的体积.

解 如图 5-15 所示,建立坐标系.圆锥可看作由直线 $y=-\frac{h}{r}x$ 与坐标轴所围图形绕 y 轴一周而成的旋转体.

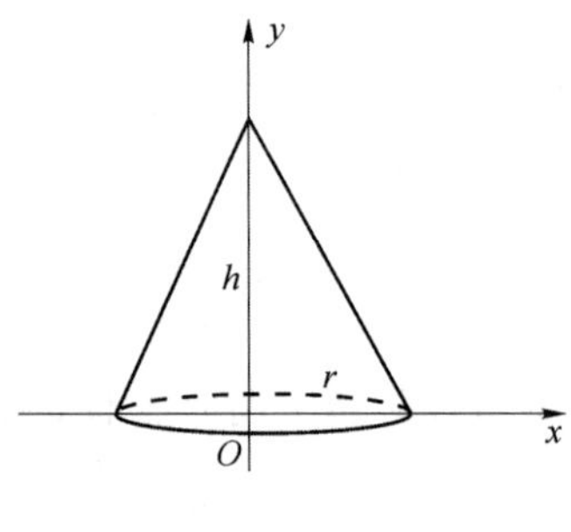

图 5-15

从而

$$V = \pi\int_0^h \left(-\frac{r}{h}y\right)^2 \mathrm{d}y = \frac{1}{3}\pi r^2 h.$$

(2) 由平行截面所截立体的体积

如图 5-16 所示,设立体位于过 $x=a$ 与 $x=b$ 垂直于 x 轴的两平面之间,用过 x 点垂直于 x 轴的平面截得的截面面积为 $A(x)$。假设 $A(x)$ 为 $[a,b]$ 上的连续函数,取 x 为积分变量,对应于区间 $[x,x+\Delta x]$ 的薄片的体积近似等于以 $A(x)$ 为底面面积,高为 Δx 的圆柱体的体积,即体积元素

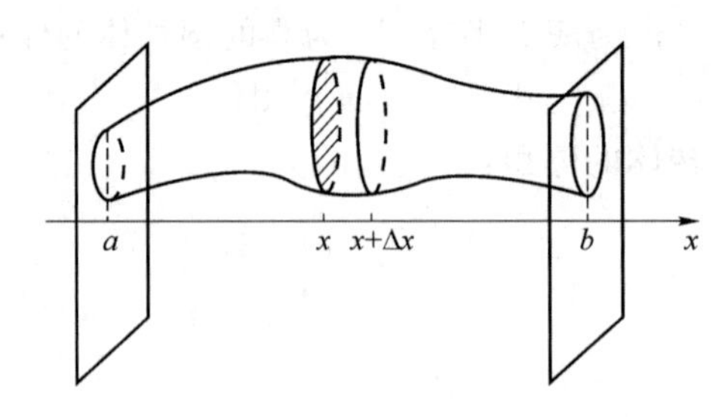

图 5-16

$$\mathrm{d}v = A(x)\mathrm{d}x.$$

以 $A(x)\mathrm{d}x$ 为被积表达式,在 $[a,b]$ 上积分,便得此体体积为

$$V = \int_a^b A(x)\mathrm{d}x.$$

例 6 求由两个圆柱面 $x^2+y^2=a^2$ 与 $z^2+x^2=a^2$ 所围立体的体积(见图 5-17).

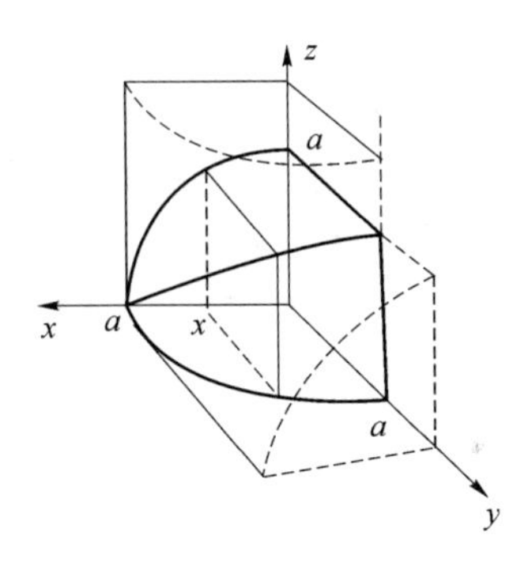

图 5-17

解　任取 $x\in[0,a]$，平面 $x=a$ 截此主体第一卦限部分的截面积为

$$\sqrt{a^2-x^2}\cdot\sqrt{a^2-x^2}=a^2-x^2.$$

从而立体体积为

$$V=8\int_0^a(a^2-x^2)\mathrm{d}x=\frac{16}{3}a^3.$$

3. 平面曲线的弧长与曲率

(1) 平面曲线的弧长

设平面曲线 $C=\widehat{AB}$（如图 5-18 所示），在 C 上依次取分点

$$A=P_0,P_1,\cdots,P_n=B,$$

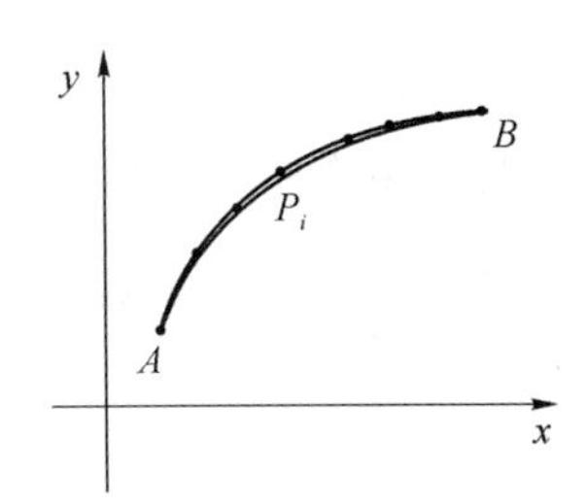

图 5-18

并依次连接相邻分点得一折线，当分点增多且每个小段 $\widehat{P_{i-1}P_i}$ 都缩向一点时，如果此折线长

$$\sum_{i=1}^{n}|P_{i-1}P_i|$$

的极限存在，称此极限为曲线 AB 的弧长，并称此曲线是可求长的.

若曲线上每点都有切线，且切线随切点移动而连续转动，称这样的曲线为光滑曲线.

定理　光滑曲线是可求长的.

（证明略）

若光滑曲线 C 由参数方程$\begin{cases} x=x(t) \\ y=y(t) \end{cases}$$(\alpha\leqslant t\leqslant\beta)$给出,其中 $x(t),y(t)$均在$[\alpha,\beta]$上有连续导数,且 $x'(t),y'(t)$不同时为 0. 我们用元素法来求曲线 C 的长度.

取参数 t 为积分变量,变化范围为$[\alpha,\beta]$,在$[\alpha,\beta]$内任一小区间$[t,t+\Delta t]$上对应的小弧段的长度 Δs 近似等于对应的弦的长度 $\sqrt{\Delta x^2+\Delta y^2}$. 由于

$$\Delta x\approx \mathrm{d}x=x'(t)\mathrm{d}t,\Delta y\approx \mathrm{d}y=y'(t)\mathrm{d}t.$$

从而弧长表示为

$$\mathrm{d}s=\sqrt{(\mathrm{d}x)^2+(\mathrm{d}y)^2}=\sqrt{[x'^2(t)+y'^2(t)](\mathrm{d}t)^2}=\sqrt{x'^2(t)+y'^2(t)}\,\mathrm{d}t.$$

积分便得弧长公式

$$S=\int_\alpha^\beta\sqrt{x'^2(t)+y'^2(t)}\,\mathrm{d}t.$$

若曲线 C 由直角坐标方程

$$y=f(x)\quad(a\leqslant x\leqslant b)$$

给出,其中 $f(x)$在$[a,b]$上有连续导数,这时曲线的弧长为

$$S=\int_a^b\sqrt{1+f'^2(x)}\,\mathrm{d}x.$$

若曲线 C 由极坐标方程

$$\rho=\rho(\theta)\quad(\alpha\leqslant\theta\leqslant\beta)$$

给出,其中 $\rho(\theta)$在$[\alpha,\beta]$上有连续导数,则曲线的弧长公式为

$$S=\int_\alpha^\beta\sqrt{\rho^2(\theta)+\rho'^2(\theta)}\,\mathrm{d}\theta.$$

事实上,将曲线的极坐标方程化为直角坐标系下以 θ 为参数的参数方程

$$\begin{cases} x=\rho(\theta)\cos\theta \\ y=\rho(\theta)\sin\theta \end{cases}\quad(\alpha\leqslant\theta\leqslant\beta).$$

从而可得弧长公式为

$$S=\int_\alpha^\beta\sqrt{x'^2(\theta)+y'^2(\theta)}\,\mathrm{d}\theta=\int_\alpha^\beta\sqrt{\rho^2(\theta)+\rho'^2(\theta)}\,\mathrm{d}\theta.$$

例 7 求摆线 $x=a(t-\sin t),y=a(1-\cos t)(a>0)$一拱的弧长(见图 5-19).

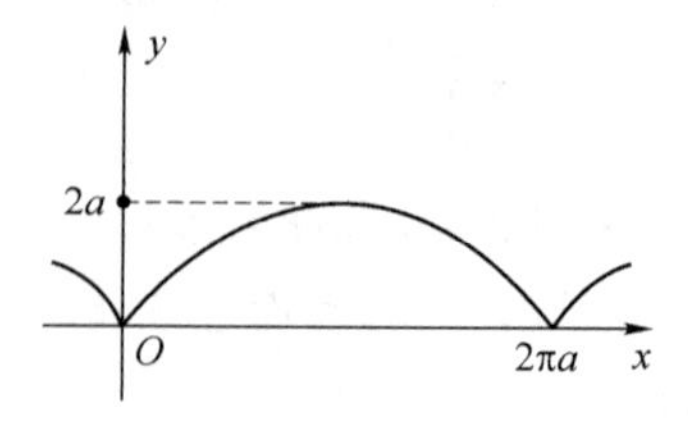

图 5-19

解　由 $x'(t)=a(1-\cos t)$，$y'(t)=a\sin t$，则有

$$S=\int_0^{2\pi}\sqrt{x'^2(t)+y'^2(t)}\,\mathrm{d}t=\int_0^{2\pi}2a\cdot\sin\frac{t}{2}\mathrm{d}t=8a.$$

例 8　求心形线 $r=a(1+\cos\theta)(a>0)$ 的周长(见图 5-20)

解　由 $r'(\theta)=-a\sin\theta$，并注意到对称性，有

$$S=\int_0^{2\pi}\sqrt{r^2(\theta)+r'^2(\theta)}\,\mathrm{d}\theta=4a\int_0^{\pi}\cos\frac{\theta}{2}\mathrm{d}\theta=8a.$$

(2) 曲率

这里将引入曲率的概念，它表示平面曲线上各点处的弯曲程度. 考察图 5-21 会发现，弧段$\overparen{PQ}$与$\overparen{QR}$等长，但$\overparen{PQ}$弯曲程度较$\overparen{QR}$要大，这是由于动点从 P 移至 Q 时，切线旋转过的角度要此动点从 Q 移至 R 时切线旋转的角度要大的原因.

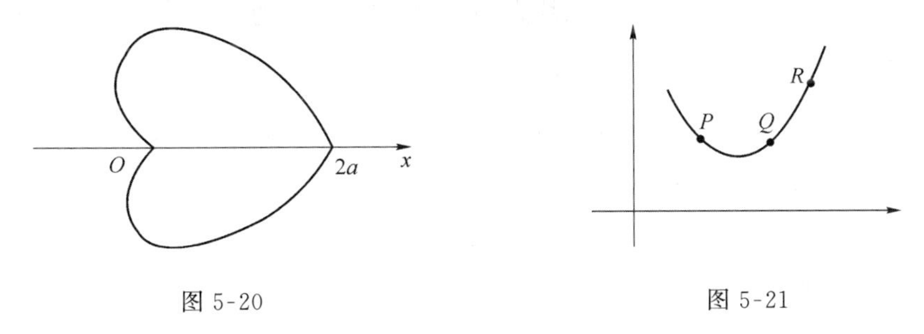

图 5-20　　　　图 5-21

设当滑曲线由参数方程 $x=x(t)$，$y=y(t)$，$\alpha\leqslant t\leqslant\beta$ 给出，$\alpha(t)$ 表示曲线在点 $p(x(t),y(t))$ 处的切线的倾角，$\Delta\alpha=\alpha(t+\Delta t)-\alpha(t)$ 表示动点由 P 沿曲线移至 $Q(x(t+\Delta t),y(t+\Delta t))$ 时切线倾角的增量. 若弧$\overparen{PQ}$之长为 Δs，则称

$$\overline{K}=\frac{\Delta\alpha}{\Delta s}$$

为弧段$\overparen{PQ}$的平均曲率. 如果存在极限

$$K=\left|\lim_{\Delta t\to 0}\frac{\Delta\alpha}{\Delta s}\right|=\left|\frac{\frac{\mathrm{d}\alpha}{\mathrm{d}t}}{\frac{\mathrm{d}s}{\mathrm{d}t}}\right|=\left|\frac{\mathrm{d}\alpha}{\mathrm{d}s}\right|,$$

称此极限 K 为曲线在点 P 处的曲率.

由于

$$\alpha(t)=\arctan\frac{y'(t)}{x'(t)},\quad \frac{\mathrm{d}s}{\mathrm{d}t}=\sqrt{x'^2(t)+y'^2(t)},$$

则

$$\frac{\mathrm{d}\alpha}{\mathrm{d}s}=\frac{\alpha'(t)}{s'(t)}=\frac{x'(t)y''(t)-x''(t)y'(t)}{[x'^2(t)+y'^2(t)]^{\frac{3}{2}}},$$

从而

$$k=\frac{|x'y''-x''y'|}{[x'^2+y'^2]^{\frac{3}{2}}}.$$

若曲线由方程 $y=f(x)$ 给出,则有

$$k=\frac{|y''|}{(1+y'^2)^{\frac{3}{2}}}.$$

若曲线由极坐标方程 $r=r(\theta)$ 给出,则有

$$k=\frac{r^2+2r'^2-rr''}{(r^2+r'^2)^{\frac{3}{2}}}.$$

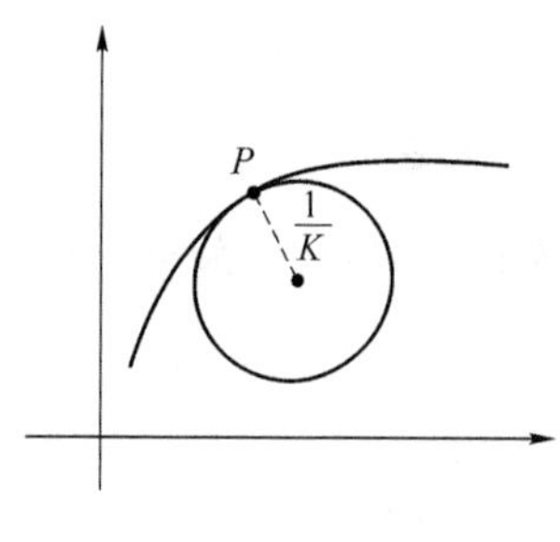

图 5-22

设曲线上点 P 处的曲率为 $K\neq 0$. 若过点 P 从一个半径为 $\rho=\frac{1}{K}$ 的圆,使它与曲线在 P 处有相同的切线,并在 P 的近旁,此圆与曲线在切线的同侧,我们称此圆为曲线在点 P 处的曲率圆(见图 5-22). 曲率圆的半径 $P=\frac{1}{K}$ 称为曲线在 P 处的曲率半径. 由曲率圆的定义可知,曲率圆与曲线在点 P 处有相同的曲率和切线,并有相同的凹凸性.

例 9 抛物线 $y=ax^2+bx+c(a>0)$ 上哪点处的曲率最大?

解 由 $y'=2ax+b$, $y''=2a$,从而

$$K=\frac{2a}{[1+(2ax+b)^2]^{\frac{3}{2}}}.$$

当 $x=-\frac{b}{2a}$ 时,分母最小,K 有最大值 $2a$. 即抛物线与其顶点处曲率最大.

三、定积分在物理上的应用

(1) 引力

例 10 一根长为 l 的均匀细杆,质量为 M,在其中垂线上距离细杆 a 处有质量为 m 的一质点. 试求质点对细杆的万有引力.

解 如图 5-23 所示:

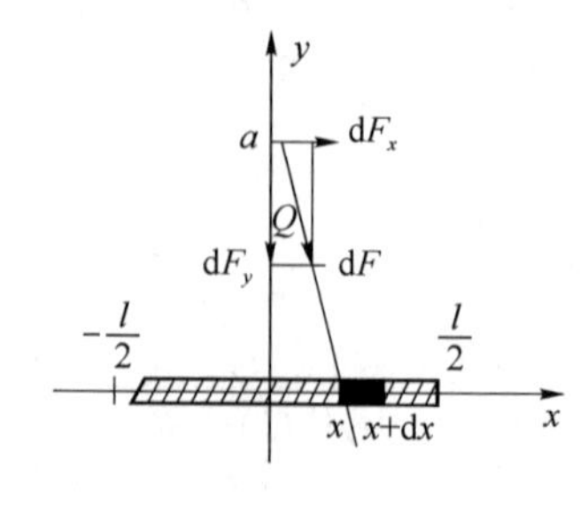

图 5-23

任取$[x,x+\Delta x]\subset\left[-\frac{l}{2},\frac{l}{2}\right]$，当$\Delta x$很小时，将$[x,x+\Delta x]$对应的细杆看作质点，其质量$\mathrm{d}M=\frac{M}{l}\mathrm{d}x$，则它对质点$m$的引力为

$$\mathrm{d}F=\frac{km\mathrm{d}M}{r^2}=\frac{km}{a^2+x^2}\cdot\frac{M}{l}\mathrm{d}x,$$

将$\mathrm{d}F$分解到x轴，y轴两个方向上，

$$\mathrm{d}F_x=\mathrm{d}F\cdot\sin\theta,\quad \mathrm{d}F_y=-\mathrm{d}F\cdot\cos\theta.$$

质点在细杆的中垂线上，则水平合力为0. 即

$$F_x=\int_{-\frac{l}{2}}^{\frac{l}{2}}\mathrm{d}F_x=0.$$

再由$\cos\theta=\frac{a}{\sqrt{a^2+x^2}}$，则垂直方向上的合力为

$$F_y=\int_{-\frac{l}{2}}^{\frac{l}{2}}\mathrm{d}F_y=-2\int_0^{\frac{l}{2}}\frac{kmMa}{l}(a^2+x^2)^{-\frac{3}{2}}\mathrm{d}x=\frac{2kmM}{a\sqrt{4a^2+l^2}}.$$

(2) 功

例 11　一圆柱形贮水桶高为5 m，底面半径为3 m. 桶内盛满水，试问将桶内的水全部吸出需作多少功？

解　如图5-24所示，在区间[0,5]内任取$[x,x+\Delta x]$，对应一薄层水，其重力为$9.8\pi\cdot 3^2\cdot\mathrm{d}x$ (kN). 将这薄层水吸出需作功为

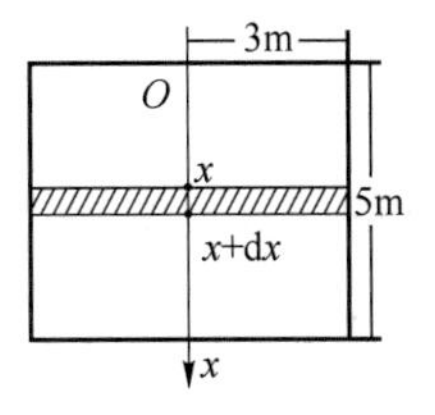

图 5-24

$$\mathrm{d}W=88.2\pi x\mathrm{d}x,$$

于是所求的功为

$$W=\int_0^5 88.2\pi x\mathrm{d}x=88.2\pi\cdot\frac{25}{2}\approx 3\,462\text{ kJ}.$$

习题 5-4

1. 求由下列各组曲线围成的平面图形的面积.

(1) $y=|\ln x|,y=0\ \left(\frac{1}{10}\leqslant x\leqslant 10\right)$；　　(2) $y^2=1-x,2y=x+2$；

(3) $r=3\cos\theta, r=1+\cos\theta$;　　(4) $r=2\cos\theta+3$.

2. 求旋转体的体积.

(1) $y=\sin x, y=0 \quad (0\leqslant x\leqslant \pi)$

① 绕 x 轴一周;　　② 使 y 轴一周;

(2) $x=a(t-\sin t), y=a(1-\cos t) \quad (0\leqslant t\leqslant 2\pi)$

① 绕 x 轴一周;　　② 绕 y 轴一周.

3. 求椭球体$\frac{x^2}{a^2}+\frac{y^2}{b^2}+\frac{z^2}{c^2}\leqslant 1$ 的体积.

4. 求下列曲线的弧长.

(1) $r=a\theta, (0\leqslant\theta\leqslant 2\pi)$;　　(2) $\sqrt{x}+\sqrt{y}=1$;

(3) $x=\frac{1}{4}y^2-\frac{1}{2}\ln y \quad (1\leqslant y\leqslant \mathrm{e})$;

(4) $x=a(\cos t+t\sin t), y=a(\sin t-t\cos t)(0\leqslant t\leqslant 2\pi)$.

*5. 求下列曲线在指定点的曲率.

(1) $xy=4, (2,2)$;　　(2) $x=a\cos^3 t, y=a\sin^3 t(a>0), t=\frac{\pi}{4}$;

(3) $y=\ln x, (1,0)$.

*6. 一底为 8 cm,高为 6 cm 的等腰三角形片,铅直地没在水中,顶在上,底在下且与水面平行,顶离水面 3 cm. 试求它的每面所受的压力.

*7. 设有一半径为 R,中心角为 φ 的圆弧形细棒,其线密度为常数 μ,在圆心处有一质量为 m 的质点 M,试求这细棒对质点 M 的引力.

*8. 设有一圆锥形贮水池,深 15 m,口径 20 m,盛满清水,今以泵将水吸尽,问要做多少功.

*9. 一物体按规律 $x=ct^3$ 作直线运动,介质的阻力与速度的平方成正比. 计算物体由 $x=0$ 移至 $x=a$ 时,克服介质阻力所做的功.

总习题五

1. 设 $f(x)$在$[0,1]$上连续,且 $f(x)>0$,求

$$\lim_{n\to\infty}\sqrt[n]{f\left(\frac{1}{n}\right)f\left(\frac{2}{n}\right)\cdots f\left(\frac{n-1}{n}\right)f\left(\frac{n}{n}\right)}.$$

2. 计算$\int_{100}^{100+\pi}\sin^2 2x(\tan x+1)\mathrm{d}x$.

3. $f(x)$ 有二阶连续导数，且$\int_0^{\pi}[f(x)+f''(x)]\sin x\mathrm{d}x=5$，$f(\pi)=2$，求 $f(0)$.

4. 设 $f(x)=\int_1^x \frac{\ln t}{1+t}\mathrm{d}t(x>0)$，求 $f(x)+f\left(\frac{1}{x}\right)$.

5. 设 $x\geqslant -1$，求$\int_{-1}^x(1-|t|)\mathrm{d}t$.

6. 设 $f(x)$在$[a,b]$上具有二阶连续导数，求证存在 $\xi\in(a,b)$，使

$$\int_a^b f(x)\mathrm{d}x=(b-a)f\left(\frac{a+b}{2}\right)+\frac{(b-a)^3}{24}f''(\xi).$$

7. 设 $f(x)=\int_{x^2}^{x^3}\frac{1}{\sqrt{1+t^2}}\mathrm{d}t$，求 $f'(x)$.

8. 设 $f(x)$ 连续，且$\int_0^{x^3-1}f(t)\mathrm{d}t=x$. 求 $f(7)$.

9. 设 $f(x)=\int_0^x\left(\int_1^{\sin t}\sqrt{1+u^4}\mathrm{d}u\right)\mathrm{d}t$，求 $f''(x)$.

10. 确定 a,b,c 的值，使

$$\lim_{x\to 0}\frac{ax-\sin x}{\int_b^x \frac{\ln(1+t^3)}{t}\mathrm{d}t}=c\quad (c\neq 0).$$

11. 设$\alpha(x)=\int_0^{5\sin x}\frac{\sin t}{t}\mathrm{d}t$，$\beta(x)=\int_0^{\sin x}(1+t)^{\frac{1}{t}}\mathrm{d}t$，则当 $x\to 0$ 时，$\alpha(x)$ 是 $\beta(x)$ 的（　　）.

(A) 高阶天穷小　　(B) 低阶无穷小

(C) 同阶不等价无穷小　　(D) 等价无穷小

12. 设 $f(x)$ 有连续导数，$f(0)=0$，$f'(0)\neq 0$. $F(x)=\int_0^x(x^2-t)f(t)\mathrm{d}t$. 当 $x\to 0$ 时，$F(x)$ 与 x^k 同阶无穷小，则 k 等于（　　）.

(A) 1　　(B) 2　　(C) 3　　(D) 4

13. 求$\lim\limits_{n\to\infty}\int_n^{n+1}x^2\mathrm{e}^{-x^2}\mathrm{d}x$.

14. 设 $f(x)$在$[a,b]$上连续，且 $f(x)>0$，$x\in[a,b]$，

$$F(x)=\int_a^x f(t)\mathrm{d}t+\int_b^x\frac{1}{f(t)}\mathrm{d}t,x\in[a,b]$$

证明：(1) $f'(x)\geqslant 2$；

(2) 方程 $F(x)=0$ 在区间(a,b)内有且只有一根.

15. 设 $f(x)$在$[a,b]$上二次可导，且 $f''(x)>0$，证明：

$$\int_a^b f(x)\mathrm{d}x \geqslant (b-a)f\left(\frac{a+b}{2}\right).$$

16. 试确定常数 c 的值,使下列反常积分收敛并求值.

$$\int_0^{+\infty}\left(\frac{1}{\sqrt{x^2+4}}-\frac{c}{x+2}\right)\mathrm{d}x$$

17. 已知$\int_0^{+\infty}\left(\frac{2x^2+bx+a}{2x^2+ax}-1\right)\mathrm{d}x=1$,求 a,b 的值.

18. 计算广义积分$\int_0^1(\ln x)^n\mathrm{d}x$,$n\in\mathbf{N}^+$.

19. 求曲线 $y=\sqrt{x}$的一条切线 L,使该曲线与切线 L 及直线 $x=0$,$x=2$ 所围成的平面图形面积最小.

20. 设有抛物线 T:$y=a-bx^2(a>0,b>0)$,试确定常数 a,b 的值,使得:

(1) T 与直线 $y=x+1$ 相切;

(2) T 与 x 轴所围图形绕 y 轴旋转而成的旋转体的体积最大.

21. 求曲线 $y=\int_{\frac{\pi}{2}}^{x}\sqrt{\cos t}\mathrm{d}t$ 的弧长.

22. 填空题.

(1) $f(x)$是连续函数,$\frac{\mathrm{d}}{\mathrm{d}x}\int_0^x tf(x^2-t^2)\mathrm{d}t=$______.

(2) $f(x)$二阶连续可微,$f(2)=\frac{1}{2}$,$f'(2)=0$,$\int_0^2 f(x)\mathrm{d}x=1$,则$\int_0^1 x^2f''(2x)\mathrm{d}x=$______.

(3) $f(x)$连续,且 $f(x)=x+2\int_0^1 f(t)\mathrm{d}t$,则 $f(x)=$______.

(4) $f(x)=\int_0^{a-x}\mathrm{e}^{y(2a-y)}\mathrm{d}y$,则$\int_0^a f(x)\mathrm{d}x$ ______.

(5) $f(x)=\int_0^x\mathrm{e}^{-y^2+2y}\mathrm{d}y$,则$\int_0^1(x-1)^2f(x)\mathrm{d}x=$______.

(6) $\int_{-2}^{2}[f(x)+f(-x)]\tan x\mathrm{d}x=$______.

23. 判断广义积分$\int_0^{+\infty}\frac{\sin x}{(x+2)\sqrt{x^3}}\mathrm{d}x$ 的敛散性.

24. 设 $f(x)=\lim\limits_{t\to\infty}t^2\cdot\left(\sin\frac{x}{t}\right)\cdot\left[g\left(2x+\frac{1}{t}\right)-g(2x)\right]$,其中 $g(x)$可导,且 $g(x)$的一个原函数为 $\ln(x+1)$,计算积分$\int_0^1 f(x)\mathrm{d}x$.

25. 设 $f(x)$ 是一个连续函数，$\varphi(x)=\int_0^1 f(xt)\,\mathrm{d}t$，且 $\lim\limits_{x\to 0}\dfrac{f(x)}{x}=A$（$A$ 为常数），求 $\varphi'(x)$，并讨论 $\varphi'(x)$ 在 $x=0$ 处的连续性.

26. 设函数 $f(x)$ 在 $(-L,L)$ 内连续，在 $x=0$ 可导，$f'(0)\neq 0$.

(1) 证明：对任意给定的 $x\in(0,L)$，存在 $\theta\in(0,1)$，使得 $\int_0^x f(t)\,\mathrm{d}t+\int_0^{-x} f(t)\,\mathrm{d}t=x[f(\theta x)-f(-\theta x)]$.

(2) 求极限 $\lim\limits_{x\to 0^+}\theta$.

第六章 微分方程

函数是客观事物的内部联系在数量方面的反映，在研究电路理论、物理和工程技术的许多问题时，常常转化为寻求变量间的函数关系．在许多问题中，往往不能直接找出所需要的函数关系，而能较方便地得到含未知函数及其导数的关系式，这样的关系式就是所谓的微分方程．微分方程建立以后，对它进行研究，找出未知函数，这就是解微分方程．本章的主要任务就是介绍微分方程的一些基本概念和几种常用的微分方程的解法，它是学习其他数学知识或物理和电路理论的基础知识．

微分方程有着深刻而生动的实际背景，它从生产实践与科学技术中产生，而又成为现代科学技术中分析问题与解决问题的一个强有力的工具．

第一节 微分方程的基本概念

一、引例

下面通过几何、力学及物理学中的几个具体例子说明微分方程的基本概念．

例 1 一曲线通过点 $\left(1,\frac{4}{3}\right)$，且在该曲线上任一点 $M(x,y)$ 处的切线斜率为 x^2，求曲线的方程．

解 设所求曲线的方程为 $y=y(x)$．根据所给条件，应满足

$$\begin{cases}\dfrac{\mathrm{d}y}{\mathrm{d}x}=x^2, & (1)\\[2ex] y|_{x=1}=\dfrac{4}{3}, & (2)\end{cases}$$

将(1)式两端积分，得

$$y=\int x^2\,\mathrm{d}x,$$

即
$$y=\frac{1}{3}x^3+C, \tag{3}$$
其中 C 为任意常数.

把条件(2)式代入(3)式,得 $\frac{4}{3}=\frac{1}{3}+C$,$C=1$.

即得所求曲线方程为
$$y=\frac{1}{3}x^3+1. \tag{3'}$$

例 2　质量为 m 的物体以初速度 v_0 自高为 H 处自由下落,求物体下落的距离 h 与时间 t 的函数关系(设物体下落时不计空气阻力).

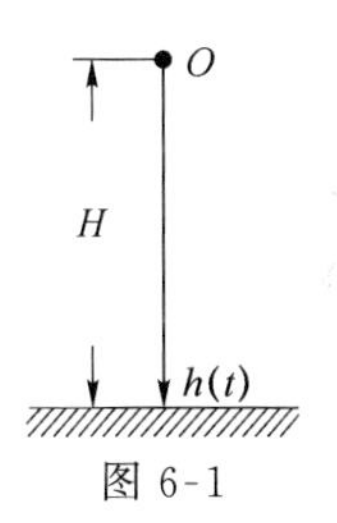

图 6-1

解　设变量 h 的正方向与速度及物体下落加速度的正方向一致,取作垂直向下,原点 O 距地面为 H,设经过 t 秒后下落距离 h 与 t 的函数关系为 $h=h(t)$,如图 6-1 所示.

由牛顿第二定律知
$$m\frac{\mathrm{d}^2h(t)}{\mathrm{d}t^2}=mg\quad(g\text{ 为重力加速度}), \tag{4}$$
且 $h(t)$ 还满足
$$h(t)\Big|_{t=0}=0, \tag{5}$$
$$\frac{\mathrm{d}h(t)}{\mathrm{d}t}\Big|_{t=0}=v_0, \tag{6}$$
将(4)式两端对 t 积分,整理得
$$\frac{\mathrm{d}h(t)}{\mathrm{d}t}=gt+C_1, \tag{7}$$
再对 t 积分一次得
$$h(t)=\frac{1}{2}gt^2+C_1t+C_2, \tag{8}$$
其中 C_1,C_2 为任意常数.

将条件(5)式和(6)式代入(8)式,得 $C_1=v_0$,$C_2=0$,
因此物体经过 t 秒后下落的距离为
$$h(t)=\frac{1}{2}gt^2+v_0t. \tag{8'}$$

二、基本定义

定义 1　含有自变量、未知函数及其导数或微分的方程称为微分方程,并把只含一个自变量的微分方程叫作常微分方程,含有多个自变量的微分方程叫作偏微分方程.本章所介绍

的为常微分方程.引例的(1)式和(4)式是常微分方程的简单例子,较复杂的例子如:

$$(\cos x)y'+2y+x=0, \tag{9}$$

$$e^{x^2}dy+xydx=0, \tag{10}$$

$$3y''+2y'+4y=\sin x. \tag{11}$$

定义 2 微分方程中出现导数的最高阶数称为微分方程的阶.

例如,(1)式和(9)式都是一阶微分方程,(10)式可化为 $e^{x^2}\dfrac{dy}{dx}+xy=0$,因而也是一阶微分方程.(4)式和(11)式都是二阶微分方程。

n 阶常微分方程的一般形式可写为

$$F(x,y,y',\cdots,y^{(n)})=0, \tag{12}$$

其中 $y^{(n)}$ 必须出现,而 $x,y,y',\cdots,y^{(n-1)}$ 等变量可以不出现.方程(12)为隐式的 n 阶方程,若能从此方程中解出最高阶导数即

$$y^{(n)}=f(x,y,y',\cdots,y^{(n-1)}) \tag{12'}$$

则方程(12′)为显示表示的 n 阶常微分方程.

定义 3 如果方程中出现的未知函数及其各阶导数,对每一个加项而言累计只是一次,称它为线性微分方程.

例如,方程(1)和方程(4)以及方程(9)、(10)、(11)均为线性微分方程,而像 $(y'')^2+y'=0$,$y'+\sin y=0$ 为非线性微分方程.

定义 4 如果方程中未知函数或其导数的系数不依赖于自变量,称它为常系数微分方程,否则称为变系数微分方程.

例如,方程(1)、(4)、(11)是常系数微分方程,而方程(9)、(10)是变系数微分方程.

定义 5 如果将某一函数代入微分方程能使其成为恒等式,则称这个函数为微分方程的解.

例如,(3)式和(3′)式都是方程(1)的解,(8)式和(8′)式都是方程(4)的解.

如果微分方程的解中含有独立的任意常数等于该微分方程的阶数,称这种解为微分方程的通解.

所谓独立任意常数的个数,指的是对所得的解表达式重新整理(如代数、三角恒等式变形、同类项合并)所得的最少的任意常数的个数.例如,$C_1x+C_2y+C_3=0$ 可变形为 $y=C_1x+C_2$,$y=a\sin^2x+b\sin^2x+c\cos 2x$ 可化为 $y=C_1\cos^2x+C_2\sin^2x$,均为只有两个任意常数.

引例中,(3)式是方程(1)的通解,(8)式是方程(4)的通解.

微分方程不含任意常数的解称为方程的特解.例如(3′)式是方程(1)的特解,(8′)式是方程(4)的特解.

求微分方程满足初始条件的解的问题称为初值问题.一般地,n 阶常微分方程的初值问题可记作:

$$\begin{cases} F(x,y,y',y'',\cdots,y^{(n)})=0, \\ y\Big|_{x=x_0}=y_0, \\ y'\Big|_{x=x_0}=y_1, \\ \vdots \\ y^{(n-1)}\Big|_{x=x_0}=y_{n-1}, \end{cases}$$

其中 $x_0,y_0,y_1,\cdots,y_{n-1}$ 都是已知常数.

例如,一阶微分方程的初值问题,可记作

$$\begin{cases} y'=f(x,y), \\ y\Big|_{x=x_0}=y_0. \end{cases} \tag{13}$$

方程(13)的解的图形是一条曲线,叫作微分方程的积分曲线. 初值问题(13)的几何意义,就是求微分方程通过点(x_0,y_0)的那条积分曲线.

例 3　验证 $y=C_1\cos x+C_2\sin x$ 是方程 $y''+y=0$ 的通解,并求此方程满足初始条件 $y\left(\frac{\pi}{4}\right)=1, y'\left(\frac{\pi}{4}\right)=-1$ 的特解,其中 C_1,C_2 是常数.

解　因为 $y=C_1\cos x+C_2\sin x$,所以

$$y'=-C_1\sin x+C_2\cos x,\quad y''=-C_1\cos x-C_2\sin x,$$

从而有 $y''+y=0$,且 C_1,C_2 是互相独立的任意常数,即 $y=C_1\cos x+C_2\sin x$ 是方程 $y''+y=0$ 的通解.

将初始条件代入通解,得

$$\begin{cases} \frac{\sqrt{2}}{2}C_1+\frac{\sqrt{2}}{2}C_2=1, \\ \frac{\sqrt{2}}{2}C_1-\frac{\sqrt{2}}{2}C_2=1, \end{cases}$$

解出 $C_1=\sqrt{2}, C_2=0$,故所求满足初始条件的解为 $y=\sqrt{2}\cos x$.

习题 6-1

1. 试说出下列各微分方程阶数,是否为线性方程,是否为常系数微分方程.

(1) $x(y')^2-2yy'+x=0$;　　(2) $x^2y''-xy'+y=0$;

(3) $xy'''+2y''+x^2y=0$;　　(4) $(7x-6y)\mathrm{d}x+(x+y)\mathrm{d}y=0$;

(5) $L\frac{\mathrm{d}^2\theta}{\mathrm{d}t^2}+R\frac{\mathrm{d}\theta}{\mathrm{d}t}+\frac{\theta}{C}=0$($L,R,C$为常数);(6) $\frac{\mathrm{d}\rho}{\mathrm{d}\theta}+\rho=\sin^2\theta$;

(7) $y'+\frac{1}{x}y=(\ln x)y^2$;　　(8) $(1-x^2)y''-xy'+y=0$.

2. 指出下列各函数是否为相应微分方程的解;若是解,试判定其是否为通解.

(1) $y'=2y$,　$y=\sin x$,　$y=2\mathrm{e}^x$,　$y=C\mathrm{e}^{2x}$(C为任意常数);

(2) $2xy\mathrm{d}x+(1+x^2)\mathrm{d}y=0$,　$y(1+x^2)=C$(C为任意常数);

(3) $y''+9y=x+\frac{1}{2}$,　$y=5\cos 3x+\frac{x}{9}+\frac{1}{18}$;

(4) $x^2y'''=2y'$,　$y=\ln x+x^3$.

3. 试求 $y''+3y'+2y=0$ 形如 $y=\mathrm{e}^{rx}$ 的解.

4. 验证 $y=C_1\mathrm{e}^x+C_2\mathrm{e}^{2x}+\frac{1}{12}\mathrm{e}^{5x}$ 是微分方程 $y''-3y'+2y=\mathrm{e}^{5x}$ 的通解.

5. 求 $y=A\cos\alpha x+B\sin\alpha x$,其中 A 与 B 是任意常数,而 α 为一固定常数,所满足的微分方程.

6. 将积分方程 $2\int_0^x tf(t)\mathrm{d}t=x^2f(x)+x$ (其中 $x>0$)转化为微分方程,给出初始条件,并求函数 $f(x)$(其中 $f(x)$是连续函数).

7. 设 $f(x)=\sin x-\int_0^x(x-t)f(t)\mathrm{d}t$,其中 f 为连续函数,求 $f(x)$ 满足的微分方程初值问题.

8. 写出由下列条件确定的曲线所满足的微分方程:

(1) 曲线上任一点处切线在 y 轴上的截距等于在同点处法线在 x 轴上的截距;

(2) 曲线上点 $P(x,y)$处的法线与 x 轴的交点为 Q,且线段 PQ 被 y 轴平分.

第二节　可分离变量的微分方程

下面讨论微分方程的解法,首先介绍一阶微分方程常用的分离变量法、齐次方程解法、一阶线性微分方程解法及全微分方程解法(全微分后介绍),然后再介绍几种常见可降价的高阶方程解法,最后给出二阶线性常系数微分方程解法.

显式形式表示的一阶方程为

$$y'=f(x,y).\tag{1}$$

微分形式表示的一阶方程为

$$P(x,y)\mathrm{d}x+Q(x,y)\mathrm{d}y=0.\tag{2}$$

注意到(2)式中变量 x 与变量 y 对称,既可看作以 x 为自变量,y 为未知函数方程,即

$$\frac{\mathrm{d}y}{\mathrm{d}x}=-\frac{P(x,y)}{Q(x,y)} \quad (Q(x,y)\neq 0),$$

又可看作以 y 为自变量,x 为未知函数的方程,即

$$\frac{\mathrm{d}x}{\mathrm{d}y}=-\frac{Q(x,y)}{P(x,y)} \quad (P(x,y)\neq 0).$$

如果方程(1)右端 $f(x,y)$ 可以化为 x 的函数与 y 的函数相乘的形式,即

$$\frac{\mathrm{d}y}{\mathrm{d}x}=N(x)M(y), \tag{3}$$

或方程(2)中 $P(x,y)$ 和 $Q(x,y)$ 可各自分解为 x 的函数与 y 的函数相乘的形式,即

$$M_1(x)N_1(y)\mathrm{d}x+M_2(x)N_2(y)\mathrm{d}y=0, \tag{3'}$$

整理得

$$\psi(y)\mathrm{d}y=\varphi(x)\mathrm{d}x, \tag{4}$$

则称方程(1)或方程(2)为可分离变量方程.

这种方程的解可以通过两端积分的方法得到.

假定方程(4)中的 $\varphi(x)$ 和 $\psi(y)$ 连续. 设 $y=f(x)$ 是方程(4)的解,将它代入得恒等式

$$\psi[f(x)]f'(x)\mathrm{d}x=\varphi(x)\mathrm{d}x$$

两端积分并由 $y=f(x)$ 引入变量 y 得

$$\int\psi(y)\mathrm{d}y=\int\varphi(x)\mathrm{d}x,$$

设 $\Psi(y)$ 及 $\Phi(x)$ 分别为 $\psi(y)$ 及 $\varphi(x)$ 的原函数,于是有

$$\Psi(y)=\Phi(x)+C, \tag{5}$$

故(4)式的解满足关系式(5).

反之,若 $y=f(x)$ 是由(5)式所确定的隐函数,那么在 $\psi(y)\neq 0$ 条件下,$y=f(x)$ 也是方程(4)的解. 事实上,由隐函数求导公式知,当 $\psi(y)\neq 0$ 时

$$f'(x)=\frac{\Phi'(x)}{\Psi'(y)}=\frac{\varphi(x)}{\psi(y)},$$

表明 $y=f(x)$ 满足关系式(4).

所以,若已分离变量的方程(4)中 $\varphi(x)$ 和 $\psi(y)$ 连续,且 $\psi(y)\neq 0$,那么方程(4)两端积分后所得关系式(5)就用隐式给出了方程(4)的解,称为隐式解,且为隐式通解(当 $\varphi(x)\neq 0$ 时(5)式确定隐函数 $x=g(y)$ 也可认为是方程(4)的解).

例 1　求解方程 $\frac{\mathrm{d}y}{\mathrm{d}x}=\frac{y}{x}$.

解　分离变量后得

$$\frac{\mathrm{d}y}{y}=\frac{\mathrm{d}x}{x},$$

两边积分,得

$$\int \frac{dy}{y} = \int \frac{dx}{x},$$

即

$$\ln y = \ln x + C_1,$$

若记 C_1 为 $\ln C_2$,则有 $\ln y = \ln C_2 x$,于是

$$y = C_2 x(C_2 \text{ 为任意常数})$$

注意 事实上,在取不定积分时,知 $\int \frac{dy}{y} = \ln|y| + C$,则上述过程严格的解法应为

$$\ln|y| = \ln|x| + C_1$$

$$\ln\left|\frac{y}{x}\right| = C_1$$

$$\frac{y}{x} = \pm e^{C_1}$$

$$y = \pm e^{C_1} x$$

令 $\pm e^{C_1} = C_2$ 为任意常数,又 $y=0$ 也是解,则得到相同形式的解

$$y = C_2 x.$$

因为作为微分方程通解的常数 C,并不需要详细讨论其范围,而只作为一种形式上常数出现.

例 2 解方程 $(1+y^2)x\,dx + (1+x^2)y\,dy = 0$.

解 分离变量后得

$$\frac{x}{1+x^2}dx = -\frac{y}{1+y^2}dy,$$

两边积分得

$$\frac{1}{2}\ln(1+x^2) = -\frac{1}{2}\ln(1+y^2) + \frac{1}{2}\ln C,$$

化简,得

$$(1+x^2)(1+y^2) = C,$$

其中 C 为任意常数.

例 3 解方程 $\frac{dy}{dx} = \frac{1}{x^2} f(xy)$.

解 原方程看似无法分离变量,但若令 $u = xy$,则 $\frac{dy}{dx} = \frac{1}{x}\frac{du}{dx} - \frac{u}{x^2}$. 代入原方程,整理可得

$$x\frac{du}{dx} - u = f(u),$$

分离变量,可得

$$\frac{\mathrm{d}u}{u+f(u)}=\frac{\mathrm{d}x}{x},$$

两端积分,有

$$\int\frac{\mathrm{d}u}{u+f(u)}=\ln x+\ln C,$$

其中 C 为任意常数.

例 4　生物种群生长的数学模型

1798 年,英国人口学家马尔萨斯(Malthus)根据大量人口统计资料指出:假设没有人口的移入和迁出,那么人口增长率是与当时的人口数量成正比的.如果在 t 时刻的人口数量为 $P(t)$,t 以年为单位,则其增长率为

$$\frac{\mathrm{d}P}{\mathrm{d}t}=kP, \tag{6}$$

式中 $k>0$ 为比例常数.

方程(6)是可分离变量的微分方程,其解为 $P=P_0\mathrm{e}^{kt}$,P_0 是 P 的初始值.当 $k>0$ 时.P 按指数规律增长;当 $k<0$ 时,P 按指数规律衰减.因此,方程(6)也称为人口 P 的指数增长或指数衰减模型——马尔萨斯模型.

自然界中许多量的变化都与本身的大小成一定的比率,如细菌的繁殖、放射性物质的质量、按复利计算的投资收益等,这些问题都适用于指数增长模型.

马尔萨斯模型在描述人口增长问题上曾经是相当成功的.例如,1700—1961 年,世界人口的相对增长率 $\frac{1}{P}\frac{\mathrm{d}P}{\mathrm{d}t}$ 大致为一个常数,故马尔萨斯模型很好地描述和预测了该时期的人口状况,但根据马尔萨斯模型,人口将按指数规率无限增长,显然也不切实际.

荷兰数学家弗胡斯特(Verhulst)考虑到“密度制约”因素,即种群生活在一定的环境中,在资源一定的情况下,人口数目越多,每个个体获得的资源就越少.提出了更能准确描述人口增长的模型——逻辑斯谛(Logistic)模型.

$$\frac{1}{P}\frac{\mathrm{d}P}{\mathrm{d}t}=k-aP \tag{7}$$

常数 k,a 可以根据相对增长率的历史数据测得.方程(7)可变形为

$$\frac{\mathrm{d}P}{\mathrm{d}t}=kP\left(1-\frac{1}{L}P\right), \tag{8}$$

其中 $L=\frac{k}{a}$.当 $P=L$ 时,$\frac{\mathrm{d}P}{\mathrm{d}t}=0$,可知 L 是人口的极值,表示环境所能承受的最大人口数量.

逻辑斯谛方程(8)的解为

$$P=\frac{L}{1+C\mathrm{e}^{-kt}},$$

其中常数 $C=\frac{L-P_0}{P_0}$ 可由初始条件 $P(0)=P_0$ 确定,即

$$P(t)=\frac{LP_0}{(L-P_0)\mathrm{e}^{-kt}+P_0}.$$

由上式,当 $t\to+\infty$ 时,$P(t)\to L$,表明随时间增加,种群总数将逐渐稳定为常数.

研究人员用逻辑斯谛模型对美国人口作了预测,结果是 1790—1940 年的预测值与实际值都相当吻合.以我国 1949—1957 年的数据,预测我国 1978—2000 年的人口数量,结果也相当吻合.但是,逻辑斯谛模型无法准确地描述美国 1950 年后的人口情况,这说明没有一个模型是完备的.人们还可以继续寻找比逻辑斯谛模型更好的人口模型.

习题 6-2

1. 求下列微分方程的通解.

(1) $x(1+y^2)\mathrm{d}x=y(1+x^2)\mathrm{d}y$;　(2) $\sec^2 x\tan y\mathrm{d}x+\sec^2 y\tan x\mathrm{d}y=0$;

(3) $\frac{\mathrm{d}y}{\mathrm{d}x}=x\mathrm{e}^{y-2x}$;　(4) $\mathrm{e}^y\left(1+\frac{\mathrm{d}y}{\mathrm{d}x}\right)=1$;

(5) $(\mathrm{e}^{x+y}-\mathrm{e}^x)\mathrm{d}x+(\mathrm{e}^{x+y}+\mathrm{e}^y)\mathrm{d}y=0$;　(6) $\mathrm{e}^x\sin^3 y+(1+\mathrm{e}^{2x})\cos y\cdot y'=0$.

2. 求下列微分方程满足所给初始条件的特解.

(1) $\frac{x}{1+y}\mathrm{d}x-\frac{y}{1+x}\mathrm{d}y=0,y|_{x=0}=1$;　(2) $(1+\mathrm{e}^x)y\cdot y'=\mathrm{e}^x,y(0)=1$;

(3) $\mathrm{e}^x\cos y\mathrm{d}x+(\mathrm{e}^x+1)\sin y\mathrm{d}y=0,y|_{x=0}=\frac{\pi}{4}$;　(4) $y\ln y\mathrm{d}x+x\mathrm{d}y=0,y|_{x=1}=\mathrm{e}$.

3. 若曲线 $y=f(x)(f(x)\geqslant 0)$ 与以区间 $[0,x]$ 为底构成的曲边梯形面积与 y^{n+1} 成正比,且 $f(0)=0,f(1)=1$.求此曲线方程.

4. 有一盛满了水的圆锥形漏斗,高为 10 cm,顶角为 60°,漏斗下面有面积为 0.5 cm^2 的孔,求水面高度变化的规律及水流完所需的时间.

5. 小船从河边点 O 处出发驶向对岸(两岸为平行直线).设船速为 α,船行方向始终与河岸垂直,又设河宽为 h,河中任一点处的水流速度与该点到两岸距离的乘积成正比(比例系数为 k),求小船的航行路线.

第三节　齐次方程

有些方程不是可分离变量型(如第二节的例 3),但经过适当变量替换后可以化为可分离

变量型,本节介绍的齐次方程就是将不可分离变量转化为可分离变量型的方程.

一、齐次方程

型如

$$\frac{\mathrm{d}y}{\mathrm{d}x}=\varphi\left(\frac{y}{x}\right) \tag{1}$$

的方程称为齐次方程.

引入新的未知函数

$$u=\frac{y}{x}, \tag{2}$$

则
$$y=ux,\frac{\mathrm{d}y}{\mathrm{d}x}=u+x\frac{\mathrm{d}u}{\mathrm{d}x},$$

代入(1)式,得

$$u+x\frac{\mathrm{d}u}{\mathrm{d}x}=\varphi(u),$$

即

$$x\frac{\mathrm{d}u}{\mathrm{d}x}=\varphi(u)-u,$$

分离变量,得

$$\frac{\mathrm{d}u}{\varphi(u)-u}=\frac{\mathrm{d}x}{x},$$

两端积分

$$\int\frac{\mathrm{d}u}{\varphi(u)-u}=\int\frac{\mathrm{d}x}{x},$$

求出积分后,再以$\frac{y}{x}$代替u,便得所给齐次方程的通解.

例 1　解方程$(x^2+y^2)\mathrm{d}x-xy\mathrm{d}y=0$.

解　由原方程可得

$$\frac{\mathrm{d}y}{\mathrm{d}x}=\frac{x^2+y^2}{xy}=\frac{1+\left(\frac{y}{x}\right)^2}{\frac{y}{x}}\text{是齐次方程.}$$

令$\frac{y}{x}=u$,则$y=ux,\frac{\mathrm{d}y}{\mathrm{d}x}=u+x\frac{\mathrm{d}u}{\mathrm{d}x}$,代入原方程,经整理得

$$u+x\frac{\mathrm{d}u}{\mathrm{d}x}=\frac{1+u^2}{u},$$

分离变量得

$$u\mathrm{d}u=\frac{\mathrm{d}x}{x},$$

两边积分得

$$\frac{1}{2}u^2=\ln|x|+C_1,$$

即

$$y^2=x^2(2\ln|x|+C),$$

其中 C 为任意常数.

二、可化为齐次方程的方程

方程

$$\frac{\mathrm{d}y}{\mathrm{d}x}=\frac{ax+by+C}{a_1x+b_1y+C_1} \tag{3}$$

当 $C=C_1=0$ 时是齐次方程,否则不是齐次方程.

在非齐次方程情况下想借助于齐次方程解决,解题基本思路是首先替换变量,即

$$x=X+h,y=Y+k, \tag{4}$$

其中 h 及 k 是待定常数.

此时,原方程化为

$$\frac{\mathrm{d}y}{\mathrm{d}x}=\frac{\mathrm{d}Y}{\mathrm{d}X}=\frac{aX+bY+ah+bk+C}{a_1X+b_1Y+a_1h+b_1k+C_1}, \tag{5}$$

要使方程(5)为 Y 关于 X 的齐次方程,只须选取适当 h 和 k,使

$$\begin{cases}ah+bk+C=0,\\ a_1h+b_1k+C_1=0.\end{cases}$$

(1) 当 $ab_1\neq a_1b$ 时,由克拉默法则可解出唯一的 h 及 k 满足上述条件.

此时方程(5)化为齐次方程

$$\frac{\mathrm{d}Y}{\mathrm{d}X}=\frac{aX+bY}{a_1X+b_1Y},$$

求出它的通解,再以 $x-h$ 代替 X,以 $y-k$ 代替 Y,便得原方程的通解.

(2) 当 $ab_1=a_1b$ 时,可令 $\frac{a_1}{a}=\frac{b_1}{b}=\lambda$,那么原方程(3)可写为

$$\frac{\mathrm{d}y}{\mathrm{d}x}=\frac{ax+by+C}{\lambda(ax+by)+C_1},$$

引入新的未知函数 $v=ax+by$,可得

$$\frac{\mathrm{d}v}{\mathrm{d}x}=a+b\frac{\mathrm{d}y}{\mathrm{d}x},$$

于是,原方程变为

$$\frac{1}{b}\left(\frac{\mathrm{d}v}{\mathrm{d}x}-a\right)=\frac{v+C}{\lambda v+C_1},$$

为可分离变量型方程.

以上所介绍的方法可用于更一般的方程,即

$$\frac{\mathrm{d}y}{\mathrm{d}x}=f\left(\frac{ax+by+C}{a_1x+b_1y+C_1}\right).$$

例 2　解方程$(x-y+1)\mathrm{d}x-(x+y-3)\mathrm{d}y=0$.

解　方程化为

$$\frac{\mathrm{d}y}{\mathrm{d}x}=\frac{x-y+1}{x+y-3}.$$

令 $x=X+h, y=Y+k$,代入上式得

$$\frac{\mathrm{d}Y}{\mathrm{d}X}=\frac{X-Y+h-k+1}{X+Y+h+k-3}.$$

令 h,k 满足方程

$$\begin{cases}h-k+1=0,\\h+k-3=0,\end{cases}$$

解得 $h=1,k=2$,所以

$$x=X+1, y=Y+2,$$

因此,原方程化为

$$\frac{\mathrm{d}Y}{\mathrm{d}X}=\frac{X-Y}{X+Y}=\frac{1-\dfrac{Y}{X}}{1+\dfrac{Y}{X}},$$

是齐次方程.可令 $u=\dfrac{Y}{X}$,则

$$Y=uX, \frac{\mathrm{d}Y}{\mathrm{d}X}=u+X\frac{\mathrm{d}u}{\mathrm{d}X},$$

代入,整理得

$$X\frac{\mathrm{d}u}{\mathrm{d}X}=\frac{1-u}{1+u}-u,$$

分离变量,得

$$\frac{u+1}{u^2+2u-1}\mathrm{d}u=-\frac{\mathrm{d}X}{X},$$

两边积分,得

$$\frac{1}{2}\ln(u^2+2u-1)=-\ln X+\frac{1}{2}\ln C,$$

即

$$Y^2+2XY-X^2=C.$$

以 $X=x-1$ 和 $Y=y-2$ 代回,得原方程通解为

$$(y-2)^2+2(x-1)(y-2)-(x-1)^2=C \quad (C\text{ 为任意常数}).$$

习题 6-3

1. 求下列齐次方程的通解.

(1) $xy'-y-\sqrt{y^2-x^2}=0$;　　(2) $(x^3+y^3)\mathrm{d}x-3xy^2\mathrm{d}y=0$;

(3) $x\dfrac{\mathrm{d}y}{\mathrm{d}x}=y\ln\dfrac{y}{x}$;　　(4) $(1+2\mathrm{e}^{\frac{x}{y}})\mathrm{d}x+2\mathrm{e}^{\frac{x}{y}}\left(1-\dfrac{x}{y}\right)\mathrm{d}y=0$;

(5) $(y+\sqrt{x^2+y^2})\mathrm{d}x-x\mathrm{d}y=0 \quad (x>0)$.

2. 求下列满足初始条件的微分方程的解.

(1) $xy'=x\mathrm{e}^{\frac{y}{x}}+y, y|_{x=1}=0$;　　(2) $\left(x+y\cos\dfrac{y}{x}\right)\mathrm{d}x-x\cos\dfrac{y}{x}\mathrm{d}y=0, y|_{x=1}=0$;

(3) $(x^2+2xy-y^2)\mathrm{d}x+(y^2+2xy-x^2)\mathrm{d}y=0, y|_{x=1}=1$.

3. 设有连结点 $O(0,0)$ 和 $A(1,1)$ 的一段向上凸的曲线弧 $\overset{\frown}{OA}$,对于 $\overset{\frown}{OA}$ 上任一点 $P(x,y)$,曲线弧 $\overset{\frown}{OP}$ 与直线段 $\overline{OP}$ 所围图形的面积为 x^2,求曲线弧 $\overset{\frown}{OA}$ 的方程.

4. 设曲线 L 位于 xoy 平面的第一象限内,L 上任一点 M 处的切线与 y 轴总相交,交点记为 A. 已知 $|\overline{MA}|=|\overline{OA}|$,且 L 过点 $\left(\dfrac{3}{2},\dfrac{3}{2}\right)$,求 L 的方程.

*5. 化下列方程为齐次方程,并求通解.

(1) $y'=\dfrac{2x+2y+3}{x+y-4}$;　　(2) $y'=\dfrac{x+y-4}{x-y-6}$.

第四节　一阶线性微分方程

一、一阶线性微分方程

型如

$$\frac{\mathrm{d}y}{\mathrm{d}x}+P(x)y=Q(x) \tag{1}$$

的方程称为一阶线性微分方程. 如果 $Q(x)\equiv 0$,则方程(1)称为齐次方程;如果 $Q(x)$ 不恒等于零,则方程(1)称为非齐次方程.

对应于非齐次方程(1)的齐次线性方程为

$$\frac{\mathrm{d}y}{\mathrm{d}x}+P(x)y=0, \tag{2}$$

由分离变量法得其通解为

$$y=C\mathrm{e}^{-\int P(x)\mathrm{d}x}, \tag{3}$$

其中 C 任意常数.

下面用常数变易法求非齐次线性方程(1)的通解.

把方程(2)的通解(3)中任意常数 C 看作是 x 的未知函数 $C(x)$,假设

$$y=C(x)\mathrm{e}^{-\int P(x)\mathrm{d}x} \tag{4}$$

是非齐次线性方程(1)的解.将(4)式两边对 x 求导,得

$$y'=C'(x)\mathrm{e}^{-\int P(x)\mathrm{d}x}-C(x)P(x)\mathrm{e}^{-\int P(x)\mathrm{d}x}. \tag{5}$$

把(4)式和(5)式代入方程(1)中,得

$$C'(x)\mathrm{e}^{-\int P(x)\mathrm{d}x}-C(x)P(x)\mathrm{e}^{-\int P(x)\mathrm{d}x}+P(x)C(x)\mathrm{e}^{-\int P(x)\mathrm{d}x}=Q(x),$$

即

$$C'(x)\mathrm{e}^{-\int P(x)\mathrm{d}x}=Q(x),$$

或

$$C'(x)=Q(x)\mathrm{e}^{\int P(x)\mathrm{d}x},$$

积分得

$$C(x)=\int Q(x)\mathrm{e}^{\int P(x)\mathrm{d}x}\mathrm{d}x+C,$$

将 $C(x)$ 代入(4)式,得

$$y=\mathrm{e}^{-\int P(x)\mathrm{d}x}\left[\int Q(x)\mathrm{e}^{\int P(x)\mathrm{d}x}\mathrm{d}x+C\right] \tag{6}$$

为方程(1)的通解.

注意　通解式(6)在解决物理或电路问题时起重要的作用,应熟记.另外,不定积分 $\int P(x)\mathrm{d}x$ 与 $\int Q(x)\mathrm{e}^{\int P(x)\mathrm{d}x}\mathrm{d}x$ 分别理解为某个确定的原函数.

若把(6)改写为

$$y=C\mathrm{e}^{-\int P(x)\mathrm{d}x}+\mathrm{e}^{-\int P(x)\mathrm{d}x}\int Q(x)\mathrm{e}^{\int P(x)\mathrm{d}x}\mathrm{d}x, \tag{7}$$

则(7)式的第一项为齐次线性方程通解,第二项为非齐次线性方程特解(通解中取 $C=0$ 时可得).由此可得一阶非齐次线性微分方程的通解等于对应齐次线性方程的通解与非齐次线性方程的一个特解之和.

例1 解方程 $xy'+y=x^2+3x+2$.

解 化原方程为一阶线性方程标准形为

$$\frac{\mathrm{d}y}{\mathrm{d}x}+\frac{y}{x}=x+\frac{2}{x}+3$$

其中 $P(x)=\frac{1}{x}$,$Q(x)=x+\frac{2}{x}+3$,由(6)式,得通解为

$$\begin{aligned} y &= \mathrm{e}^{-\int\frac{1}{x}\mathrm{d}x}\left[\left(x+\frac{2}{x}+3\right)\mathrm{e}^{\int\frac{1}{x}\mathrm{d}x}\mathrm{d}x+C\right] \\ &=\frac{1}{3}x^2+\frac{3}{2}x+2+\frac{C}{x}, \end{aligned}$$

其中 C 为任意常数.

例2 设降落伞从跳伞塔下降后,所受空气阻力与速度成正比,并设降落伞离开跳伞塔时($t=0$ 时)速度为零.求降落伞下落速度与时间的函数关系,并求它的极限速度.

解 设降落伞下降速度为 $v=v(t)$,由牛顿第二定律 $F=ma$ 知

$$m\frac{\mathrm{d}v}{\mathrm{d}t}=mg-kv \quad (k>0),$$

依题意即有

$$\begin{cases} \dfrac{\mathrm{d}v}{\mathrm{d}t}+\dfrac{k}{m}v=g, & (8) \\ v(0)=0, & (9) \end{cases}$$

由(6)式,可得方程(8)的通解为

$$\begin{aligned} v(t) &= \mathrm{e}^{-\int\frac{k}{m}\mathrm{d}t}\left(\int g\mathrm{e}^{\int\frac{k}{m}\mathrm{d}t}\mathrm{d}t+C\right) \\ &=\frac{mg}{k}+C\mathrm{e}^{-\frac{k}{m}t}, \end{aligned}$$

其中 C 为任意常数.

把(9)式代入上式,求得 $C=-\frac{mg}{k}$.

因此,降落伞下落速度与时间的关系为

$$v(t)=\frac{mg}{k}(1-\mathrm{e}^{-\frac{kt}{m}}),$$

令 $t\to+\infty$,有

$$\lim_{t\to+\infty}v(t)=\frac{mg}{k}.$$

由此可见,随着 t 增大,速度 $v(t)$ 接近常数 $\frac{mg}{k}$,且不超过 $\frac{mg}{k}$.即降落伞开始下降时是加速运动,以后逐渐接近匀速运动.

二、可化为一阶线性微分方程的类型

(1) 伯努利(Bernoulli)方程

型如

$$\frac{dy}{dx}+P(x)y=Q(x)y^n \quad (n\neq 0,1) \tag{10}$$

的方程称为伯努利方程.特别地,当 $n=0$ 或 $n=1$ 时,上述方程是一阶线性微分方程.下面讨论其解法.

将方程(10)两边同时除以 y^n,得

$$y^{-n}\frac{dy}{dx}+P(x)y^{1-n}=Q(x), \tag{11}$$

即
$$\frac{1}{1-n}\frac{dy^{1-n}}{dx}+P(x)y^{1-n}=Q(x).$$

若令 $z=y^{1-n}$,则

$$\frac{dz}{dx}+(1-n)P(x)z=(1-n)Q(x)$$

是 z 关于 x 的一阶线性方程,求出通解后,以 y^{1-n}代替 z 即可得伯努利方程的通解.

例 3　解方程$\frac{dy}{dx}=\frac{y}{2x}+\frac{x^2}{2y}$.

解　原方程可化为$\frac{dy}{dx}-\frac{y}{2x}=\frac{x^2}{2y}$,是伯努利方程.两端同时除以 y^{-1},得

$$y\frac{dy}{dx}-\frac{y^2}{2x}=\frac{x^2}{2},$$

凑微分,得

$$\frac{1}{2}\frac{dy^2}{dx}-\frac{1}{2x}y^2=\frac{x^2}{2},$$

令 $z=y^2$ 则化为

$$\frac{dz}{dx}-\frac{z}{x}=x^2,$$

这是一阶线性方程.可求其通解为

$$\begin{aligned} z(x) &= e^{-\int -\frac{1}{x}dx}\left(\int x^2 e^{\int -\frac{1}{x}dx}dx+C\right) \\ &=Cx+\frac{1}{2}x^3. \end{aligned}$$

把 $z=y^2$ 代入,得原方程通解为

$$y^2=Cx+\frac{1}{2}x^3,$$

其中 C 为任意常数.

(2) 其他可化为一阶线性微分方程的例子

例 4 解方程 $(1+y^2)\mathrm{d}x+(x-\arctan y)\mathrm{d}y=0$.

解 原方程可化为 $\dfrac{\mathrm{d}x}{\mathrm{d}y}+\dfrac{1}{1+y^2}x=\dfrac{\arctan y}{1+y^2}$. 此为以 x 为因变量, y 为自变量的一阶线性微分方程.

由(6)式可得通解为

$$x=\mathrm{e}^{-\int\frac{1}{1+y^2}\mathrm{d}y}\left(\int\frac{\arctan y}{1+y^2}\mathrm{e}^{\int\frac{1}{1+y^2}\mathrm{d}y}\mathrm{d}y+C\right)=C\mathrm{e}^{-\arctan y}+\arctan y-1,$$

其中 C 为任意常数.

例 5 解方程 $xy'(\ln x)\sin y+\cos y(1-x\cos y)=0$.

解 原方程既不是线性方程,也不是伯努利方程,但可将原方程变形为

$$\sin y\frac{\mathrm{d}y}{\mathrm{d}x}+\frac{1}{x\ln x}\cos y=\frac{\cos^2 y}{\ln x}. \tag{12}$$

令 $\cos y=z$,则方程(12)化为

$$\frac{\mathrm{d}z}{\mathrm{d}x}-\frac{1}{x\ln x}z=-\frac{1}{\ln x}z^2, \tag{13}$$

是伯努利方程. 令 $u=z^{-1}$,则方程(13)化为

$$\frac{\mathrm{d}u}{\mathrm{d}x}+\frac{1}{x\ln x}u=\frac{1}{\ln x}, \tag{14}$$

由(6)式得方程(14)的通解为

$$u=\mathrm{e}^{-\int\frac{1}{x\ln x}\mathrm{d}x}\left(\int\frac{1}{\ln x}\mathrm{e}^{\int\frac{1}{x\ln x}\mathrm{d}x}\mathrm{d}x+C\right)=\frac{C+x}{\ln x},$$

其中 C 为任意常数.

将 $u=z^{-1}$ 及 $z=\cos y$ 代入上式,得原方程通解为

$$(x+C)\cos y=\ln x.$$

还有一种常见可解的一阶微分方程为全微分方程,有关此类方程解法放到多元微分学后介绍.

习题 6-4

1. 求下列微分方程的解.

(1) $y'+y\cos x=\mathrm{e}^{-\sin x}$; (2) $xy'+2y=\sin x$;

(3) $y'-\dfrac{1}{x}y=2x\mathrm{e}^x$; (4) $y'+y\tan x=\sec x$;

(5) $\dfrac{dy}{dx}=\dfrac{y}{x+y^4}$；　(6) $(x-\sin y)dy+\tan y dx=0$；

(7) $y\ln y dx+(x-\ln y)dy=0$；　(8) $x^2+xy'=y, y|_{x=1}=0$；

(9) $\dfrac{dy}{dx}+\dfrac{2-3x^2}{x^3}y=1, y|_{x=1}=0$.

2. 设曲线 L 位于 xOy 平面的第一象限内，L 上任一点 M 处的切线与 y 轴总相交，交点记为 A. 已知 $|\overline{MA}|=|\overline{OA}|$，且 L 过点 $\left(\dfrac{3}{2},\dfrac{3}{2}\right)$，求 L 的方程.

3. 用适当的变量代换将下列方程化为可分离变量的方程，然后求其通解.

(1) $\dfrac{dy}{dx}=(x+y)^2$；　(2) $xy'+y=y(\ln x+\ln y)$；

(3) $y'=y^2+2(\sin x-1)y+\sin^2 x-2\sin x-\cos x+1$.

*4. 求下列方程的解.

(1) $\dfrac{dy}{dx}+y=y^2(\cos x-\sin x)$；　(2) $2xy^3y'+x^4-y^4=0$；

(3) $\dfrac{dy}{dx}=6\dfrac{y}{x}-xy^2$；　(4) $xdy-[y+xy^3(1+\ln x)]dx=0$；

(5) $x^2y'+xy=y^2, y|_{x=1}=1$；　(6) $\dfrac{dy}{dx}=\dfrac{2x^3y}{x^4+y^2}, y|_{x=1}=1$；

(7) $(y^4-3x^2)dy+xydx=0$.

5. 设函数 $f(x)$ 可导，且对任何 x,y 有 $f(x+y)=e^y f(x)+e^x f(y)$，$f'(0)=e$，求函数 $f(x)$.

6. 设 $\dfrac{dy}{dx}+\varphi'(x)y=\varphi(x)\varphi'(x)$，其中 $\varphi(x)$ 为已知函数，求 $y(x)$.

7. 一质量为 m 的物体作直线运动，从速度等于零的时刻起，有一个与运动方向一致、大小与时间成正比(比例系数为 k_1)的力作用于它，同时还受到一个与速度成正比(比例系数为 k_2)的阻力作用，求物体运动的速度与时间的关系.

8. 设 $y=e^x$ 是微分方程 $xy'+p(x)y=x$ 的一个解，求此微分方程满足条件 $y|_{x=\ln 2}=0$ 的特解.

第五节　可降阶的高阶微分方程

前面介绍一阶微分方程的几种常见解法. 从这一节起，讨论二阶及二阶以上的微分方程，即所谓高阶微分方程的几种特殊类型的解法.

本节介绍几种可降价的方程解法，即通过变量代换，把高阶微分方程化为较低阶微分方程,直到一阶微分方程,从而利用一阶微分方程的解法求出通解.

一、$y^{(n)}=f(x)$型的微分方程

方程

$$y^{(n)}=f(x) \tag{1}$$

的右端仅含有自变量 x. 易知,(1)式可看作 $y^{(n-1)}$ 为未知函数的一阶微分方程,两边积分得

$$y^{(n-1)}=\int f(x)\mathrm{d}x+C_1,$$

类似地,上式可视为 $y^{(n-2)}$ 为未知函数的一阶微分方程,再积分得

$$y^{(n-2)}=\int\left[\int f(x)\mathrm{d}x+C_1\right]\mathrm{d}x+C_2=\int\mathrm{d}x\int f(x)\mathrm{d}x+C_1x+C_2,$$

依此法,经 n 次积分后得

$$y=\underbrace{\int\mathrm{d}x\cdots\int}_{n次}f(x)\mathrm{d}x+\frac{C_1}{(n-1)!}x^{n-1}+\frac{C_2}{(n-2)!}x^{n-2}+\cdots+C_{n-1}x+C_n, \tag{2}$$

其中 $C_1,C_2,\cdots,C_n$ 为任意常数,(2)式为方程(1)的通解.

例1 解方程 $y'''=x\mathrm{e}^x$.

解 对所给方程接连积分三次得

$$y''=x\mathrm{e}^x-\mathrm{e}^x+C_1,$$

$$y'=x\mathrm{e}^x-2\mathrm{e}^x+C_1x+C_2,$$

$$y=x\mathrm{e}^x-3\mathrm{e}^x+\frac{C_1}{2}x^2+C_2x+C_3,$$

为所求方程通解,其中 C_1,C_2,C_3 为任意常数.

例2 质量为 m 的质点受力 F 的作用,沿 x 轴作直线运动,设力 F 只与时间 t 有关,并设当 $t=0$ 时,$F(0)=1$,力 F 随时间的增大均匀地减小,直到 $t=T$ 时,$F(T)=0$. 如果开始时质点位于原点,且初速度为零,求这质点的运动规律.

解 设 t 时刻质点的位置函数为 $x=x(t)$. 由牛顿第二定律知

$$m\frac{\mathrm{d}^2x}{\mathrm{d}t^2}=F(t). \tag{3}$$

由已知条件,可令 $F(t)=kt+b$ 且 $F(0)=1,F(T)=0$,

得 $k=-\frac{1}{T},b=1$ 即 $F(t)=1-\frac{t}{T}$. 于是,方程(3)可化为

$$\frac{\mathrm{d}^2x}{\mathrm{d}t^2}=\frac{1}{m}\left(1-\frac{t}{T}\right), \tag{4}$$

且满足

$$x(0)=0, \tag{5}$$

$$\left.\frac{\mathrm{d}x}{\mathrm{d}t}\right|_{t=0}=0, \tag{6}$$

将方程(4)连续积分两次,得

$$x=-\frac{t^3}{6mT}+\frac{1}{2m}t^2+C_1t+C_2.$$

把(5)式和(6)式代入上式,得 $C_1=0, C_2=0$.

故质点的运动规律为

$$x=-\frac{t^3}{6mT}+\frac{t^2}{2m}.$$

二、$y''=f(x,y')$型的微分方程

方程

$$y''=f(x,y') \tag{7}$$

的右端不显含未知函数 y.

做变量替换,令 $y'=p(x)$,则 $y''=p'(x)$,代入原方程中,则

$$p'=f(x,p)$$

是关于 x,p 的一阶微分方程,若其通解为 $p=\varphi(x,C_1)$,则原方程化为

$$\frac{\mathrm{d}y}{\mathrm{d}x}=\varphi(x,C_1),$$

对其两端积分,便得方程(7) 的通解为 $y=\int\varphi(x,C_1)\mathrm{d}x+C_2$,其中 C_1,C_2 为任意常数.

例 3　悬链线方程的结果是历史上一个著名的力学问题,该问题最初由詹姆斯·伯努利在1690 年提出. 在此之前,伽利略曾关注过该问题,并猜想这条曲线是抛物线,惠更斯曾利用几何方法证明它不是抛物线,最后,约翰·伯努利解决了这个问题. 莱布尼兹将其命名为悬链线,在工程中有广泛应用. 设有一质量均匀、柔软且不能伸缩的绳索,两端分别被固定在两个不同的位置,它在重力作用下处于平衡状态. 试求绳索在平衡状态时所对应的曲线方程.

解　取坐标系,如图 6-2 所示.

设绳索最低点为 D,取 y 轴通过点 D 铅直向上,x 轴水平向右,且点 D 到原点 O 的距离为一定值 $a_0\,(a_0\neq0)$,待定.

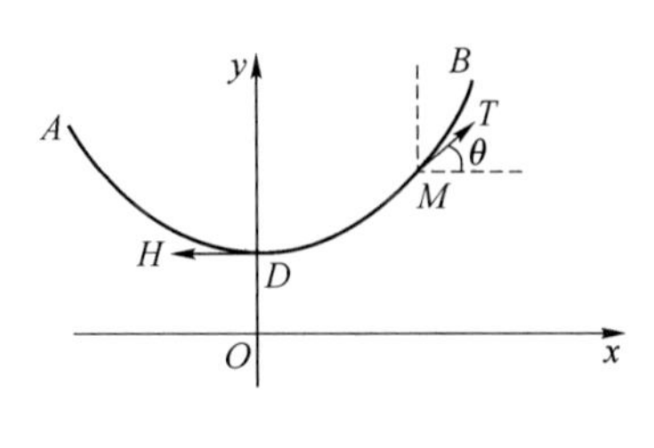

图 6-2

由题意,曲线在 D 点处切线斜率为零. 设 $M(x,y)$ 为绳索上任一点,$\overset{\frown}{DM}$的弧长为 s,绳索的线密度为 ρ,分析$\overset{\frown}{DM}$的受力情况. 因为绳索是柔软的,所以没有弯

曲的反抗力,在两端固定的情况下,只受张力的作用. 设点 D 处的水平张力为常数 H,在点 $M(x,y)$ 处切向张力的大小为 T,它与 x 轴夹角为 θ.

把作用于 $\overset{\frown}{DM}$ 上的力沿水平和垂直两个方向分解,由静力平衡条件得

$$T\cos\theta=H,\quad T\sin\theta=\rho g s,$$

于是有

$$\tan\theta=\frac{\rho g s}{H},$$

又 $y'=\tan\theta$ 且 $s=\int_0^x\sqrt{1+y'^2}\,\mathrm{d}x$,代入上式,求导整理得

$$y''=\frac{1}{a}\sqrt{1+y'^2},\tag{8}$$

其中 $a=\dfrac{H}{\rho g}$. 且满足初始条件

$$y(0)=a_0,\ y'(0)=0.\tag{9}$$

方程(8)不显含 y,因而可令 $y'=p(x)$,则 $y''=p'(x)$,代入方程(8)得

$$p'=\frac{1}{a}\sqrt{1+p^2},$$

变量分离后得

$$\frac{\mathrm{d}p}{\sqrt{1+p^2}}=\frac{1}{a}\mathrm{d}x,$$

两边积分,有

$$\ln\left(p+\sqrt{1+p^2}\right)=\frac{x}{a}+C_1,$$

即

$$\operatorname{arcsh}p=\frac{x}{a}+C_1,$$

把初始条件 $y'(0)=0$ 代入,有 $p(0)=0$,得 $C_1=0$.

于是,$\operatorname{arcsh}p=\dfrac{x}{a}$,即 $p=\operatorname{sh}\dfrac{x}{a}$.

再由 $p=y'$,得 $y'=\operatorname{sh}\dfrac{x}{a}$,两边积分后得

$$y=a\operatorname{ch}\frac{x}{a}+C_2,$$

再由 $y(0)=a_0$,得 $C_2=a_0-a$.

于是,悬链线方程为

$$y=a\operatorname{ch}\frac{x}{a}+a_0-a.$$

若令待定常数 $a_0=a$，也即事先选坐标系时，使绳索最低点 D 与 x 轴距离为 $a=\frac{H}{\rho g}$，则所求悬链线表达式为 $y=a\operatorname{ch}\frac{x}{a}$.

众所周知，当 $|x|$ 很小时，由于 $\operatorname{ch}\frac{x}{a}=1+\frac{1}{2a^2}x^2+o(x^2)$，故悬链线 $y=a\operatorname{ch}\frac{x}{a}$ 近似于抛物线 $y=a+\frac{1}{2a}x^2$. 因此，伽利略猜想悬链线为抛物线还是比较接近的.

例 4　解方程 $y''-y'=2\mathrm{e}^x$.

解　方程两边不显含未知函数 y，故可令 $y'=p(x)$，则 $y''=p'(x)$. 因此，原方程化为

$$p'-p=2\mathrm{e}^x,$$

这是一个关于 x 和 p 的一阶线性微分方程，解得

$$p=\mathrm{e}^{\int \mathrm{d}x}\left(\int 2\mathrm{e}^x\mathrm{e}^{-\int \mathrm{d}x}\mathrm{d}x+C_1\right)=2x\mathrm{e}^x+C_1\mathrm{e}^x,$$

上式两端积分，得

$$y=\int(2x\mathrm{e}^x+C_1\mathrm{e}^x)\mathrm{d}x+C_2=2x\mathrm{e}^x+(C_1-2)\mathrm{e}^x+C_2,$$

其中 C_1、C_2 为任意常数.

三、$y''=f(y,y')$ 型的微分方程

方程

$$y''=f(y,y') \tag{10}$$

的右端不显含自变量 x.

为将二阶方程化为一阶方程，令 $y'=q(y)$，则 $y''=\frac{\mathrm{d}q}{\mathrm{d}y}\frac{\mathrm{d}y}{\mathrm{d}x}=q\frac{\mathrm{d}q}{\mathrm{d}y}$，代入原方程中则有

$$q\frac{\mathrm{d}q}{\mathrm{d}y}=f(y,q),$$

这是一个 q 关于自变量 y 的一阶微分方程，若其通解为 $q=\psi(y,C_1)$，即 $y'=\psi(y,C_1)$，原方程的通解为

$$x=\int\frac{\mathrm{d}y}{\psi(y,C_1)}+C_2.$$

例 5　解方程 $y''+\frac{2}{1-y}(y')^2=0$.

解　方程不显含自变量 x，故可令 $y'=q(y)$，于是 $y''=q\frac{\mathrm{d}q}{\mathrm{d}y}$.

原方程可化为

$$q\frac{\mathrm{d}q}{\mathrm{d}y}+\frac{2}{1-y}q^2=0.$$

当 $q\neq 0$ 时有

$$\frac{\mathrm{d}q}{\mathrm{d}y}+\frac{2q}{1-y}=0,$$

由分离变量法,可解得

$$q=C_1(y-1)^2,$$

即

$$y'=C_1(y-1)^2,$$

再用分离变量法,可得

$$\frac{C_1}{1-y}=x+C_2,$$

其中 C_1,C_2 为任意常数.

某些特殊的高于二阶的微分方程也可用降阶法求解.

例 6 求微分方程 $y'''=2y''^2$ 满足初始条件 $y(0)=y'(0)=0,y''(0)=1$ 的特解.

解 令 $y''=p(x)$,则 $y'''=p'(x)$,原方程化为

$$p'=2p^2,$$

由分离变量法解得

$$-\frac{1}{p}=2x+C_1.$$

把初始条件 $y''(0)=p(0)=1$ 代入得 $C_1=-1$,因此,$y''=p=\frac{1}{1-2x}$,两边积分,得

$$y'=-\frac{1}{2}\ln(1-2x)+C_2.$$

把初始条件 $y'(0)=0$ 代入得 $C_2=0$,因此

$$y'=-\frac{1}{2}\ln(1-2x),$$

再两端积分,得

$$y=-\frac{1}{2}\int\ln(1-2x)\mathrm{d}x=-\frac{x}{2}\ln(1-2x)-\int\frac{x}{1-2x}\mathrm{d}x$$

$$-\frac{x}{2}\ln(1-2x)+\frac{x}{2}-\frac{1}{4}\ln(1-2x)+C_3.$$

把初始条件 $y(0)=0$ 代入上式得 $C_3=0$.

于是,所求特解为 $y=-\frac{x}{2}\ln(1-2x)+\frac{x}{2}-\frac{1}{4}\ln(1-2x)$.

习题 6-5

1. 求下列各微分方程的解.

(1) $y''=2x\ln x$；

(2) $(x+1)y''+y'=\ln(x+1)$；

(3) $xy''-y'-x^2=0$；

(4) $y''=(y')^3+y'$；

(5) $xy''=(1+2x^2)y'$；

(6) $yy''-y'(1+y')=0$；

(7) $(1-x^2)y''-xy'=0, y|_{x=0}=0, y'|_{x=0}=1$；

(8) $y'''=e^{ax}, y|_{x=1}=y'|_{x=1}=y''|_{x=1}=0$；

(9) $y''y^3=1, y|_{x=\frac{1}{2}}=y'|_{x=\frac{1}{2}}=1$.

2. 试求 $y''=6x$ 经过点(0,1)且在此点与直线 $y=2x+1$ 相切的积分曲线.

3. 设函数 $y(x)(x\geqslant 0)$ 二阶可导且 $y'(x)>0, y(0)=1$，过曲线 $y=y(x)$ 上任意一点 $P(x,y)$ 作该曲线的切线及 x 轴的垂线，上述两直线与 x 轴所围成的三角形的面积记为 S_1，区间 $[0,x]$ 上以 $y=y(x)$ 为曲边的曲边梯形面积记为 S_2，并记 $2S_1-S_2$ 恒为 1，求此曲线 $y=y(x)$ 的方程.

第六节　高阶线性微分方程及其解的结构

一、n 阶线性微分方程及微分算子

方程

$$y^{(n)}+a_1(x)y^{(n-1)}+\cdots+a_{n-1}(x)y'+a_n(x)y=f(x) \tag{1}$$

称为 n 阶非齐次线性微分方程，当自由项 $f(x)\equiv 0$ 时，有

$$y^{(n)}+a_1(x)y^{(n-1)}+\cdots+a_{n-1}(x)y'+a_n(x)y=0, \tag{2}$$

称方程(2)为方程(1)对应的 n 阶齐次线性微分方程.

记 n 阶微分算子

$$\frac{d^n}{dx^n}+a_1(x)\frac{d^{n-1}}{dx^{n-1}}+\cdots+a_{n-1}(x)\frac{d}{dx}+a_n(x)=L,$$

于是，$L[y]$ 表示(1)式左边，方程(1)与方程(2)可写为 $L[y]=f(x)$ 与 $L[y]=0$.

由于求导运算具有线性性质，微分算子 L 也有下列线性性质：

(1) $L[ky]=kL[y]$，(k 为常数)；

(2) $L[y_1+y_2]=L[y_1]+L[y_2]$.

为了给出 n 阶线性微分方程通解的结构,有必要先讨论函数组在区间 D 上的线性相关性.

二、函数组的线性相关性

定义1 设有一组不全为零的常数 $k_1,\cdots,k_n$,使对任意 $x\in D$(D 为某区间)恒有

$$k_1y_1(x)+k_2y_2(x)+\cdots+k_ny_n(x)\equiv 0, \tag{3}$$

称函数组 $y_1(x),y_2(x),\cdots,y_n(x)$ 在区间 D 上线性相关;否则,当且仅当 $k_1=k_2=\cdots=k_n=0$ 时式(3)才成立,称函数组 $y_1(x),y_2(x),\cdots,y_n(x)$ 在 D 上线性无关.

例1 求证函数组 $\cos 2x,\sin 2x$ 在 $(-\infty,+\infty)$ 内线性无关.

证 (方法一)设有实数 k_1 和 k_2,对任意 $x\in(-\infty,+\infty)$ 有

$$k_1\cos 2x+k_2\sin 2x\equiv 0.$$

取特殊值 $x=0$ 及 $x=\frac{\pi}{4}$,代入方程,得

$$\begin{cases}k_1\times 1+k_2\times 0=0,\\ k_1\times 0+k_2\times 1=0,\end{cases}$$

因而 $k_1=k_2=0$,于是函数组 $\cos 2x,\sin 2x$ 在 $(-\infty,+\infty)$ 内线性无关.

(方法二)设有

$$k_1\cos 2x+k_2\sin 2x\equiv 0,$$

两边对 x 求导,得

$$-2k_1\sin 2x+2k_2\cos 2x\equiv 0.$$

系数行列式

$$W=\begin{vmatrix}\cos 2x & \sin 2x\\ -2\sin 2x & 2\cos 2x\end{vmatrix}=2\neq 0,\quad \forall x\in(-\infty,+\infty),$$

故 $k_1=k_2=0$,说明所给函数组在 $(-\infty,+\infty)$ 内线性无关.

由方法二可得,一般而言,对 n 个函数 $y_1,y_2,\cdots,y_n$,若行列式

$$W=\begin{vmatrix}y_1 & y_2 & \cdots & y_n\\ y_1' & y_2' & \cdots & y_n'\\ \vdots & \vdots & & \vdots\\ y_1^{(n-1)} & y_2^{(n-1)} & \cdots & y_n^{(n-1)}\end{vmatrix}\neq 0,\quad \forall x\in D,$$

则函数组 $y_1,y_1,\cdots,y_n$ 在 D 上线性无关.

例2 求证函数组 $e^{C_1x},e^{C_2x},\cdots,e^{C_nx}$(其中,$C_1,\cdots,C_n$ 为互不相等的常数)线性无关.

证 $W=\begin{vmatrix}e^{C_1x} & e^{C_2x} & \cdots & e^{C_nx}\\ C_1e^{C_1x} & C_2e^{C_2x} & \cdots & C_ne^{C_nx}\\ C_n^{n-1}e^{C_1x} & C_2^{n-1}e^{C_2x} & \cdots & C_n^{n-1}e^{C_nx}\end{vmatrix}$

$$= e^{C_1x+C_2x+\cdots+C_nx}\begin{vmatrix} 1 & 1 & \cdots & 1 \\ C_1 & C_2 & \cdots & C_n \\ \vdots & \vdots & & \vdots \\ C_1^{n-1} & C_2^{n-1} & \cdots & C_n^{n-1} \end{vmatrix}$$

$$= e^{(C_1+C_2+\cdots+C_n)x}\prod_{1\leqslant i<j\leqslant n}(C_j-C_i)\neq 0,\quad \forall x\in(-\infty,+\infty),$$

故该函数组 $y_1,y_2,\cdots,y_n$ 在$(-\infty,+\infty)$上线性无关.

值得关注的是,对于任意两个函数,它们线性相关与否,由定义,只要看它们的比是否为常数:如果比为常数,那么它们就线性相关;否则就线性无关.

三、n 阶齐次线性微分方程通解的结构

由 n 阶齐次线性微分方程的形式不难给出下列命题.

命题 1　设 $y_1(x)$与 $y_2(x)$满足齐次方程(2),则 $C_1y_1(x)+C_2y_2(x)$也满足齐次方程(2),C_1,C_2 是任意常数.

证　因 $L[C_1y_1(x)+C_2y_2(x)]=C_1L[y_1]+C_2L[y_2]=C_1\times 0+C_2\times 0=0$,故 $C_1y_1+C_2y_2$也满足齐次线性方程.

定理 1　设 $y_1(x),y_2(x),\cdots,y_n(x)$是 n 阶齐次线性方程(2)的 n 个线性无关解,那么,此方程的通解为

$$y=C_1y_1(x)+C_2y_2(x)+\cdots+C_ny_n(x),$$

其中 $C_1,C_2,\cdots,C_n$ 为任意常数.

此定理的严格证明可参阅微分方程专著,说明如下:由命题 1 知 $y=C_1y_1+C_ny_n$ 是方程(2)的解;另外,由 $y_1,\cdots,y_n$ 线性无关知这 n 个任意常数不可能通过函数之间合并同类项而减少常数个数,即 y 为方程(2)含 n 个独立常数的解,显然为方程通解.

由前面一阶非齐次线性微分方程求解可知,其通解应由两部分构成:一部分是对应齐次方程的通解;另一部分是非齐次方程本身的一个特解.实际上,不仅一阶线性方程通解的结构如此,高阶非齐次线性微分方程的通解也具有同样的结构.

四、n 阶非齐次线性微分方程通解的结构

命题 2(线性微分方程解的叠加原理)　设 $y_1(x)$是 $L[y]=f_1(x)$的解,$y_2(x)$是 $L[y]=f_2(x)$的解,则 $k_1y_1(x)+k_2y_2(x)$是线性方程 $L[y]=k_1f_1(x)+k_2f_2(x)$的解.

证略.

推论 1　设 $y_1(x),y_2(x)$是 $L[y]=f(x)$的两个特解,则 $y_1(x)-y_2(x)$是齐次方程 $L[y]=0$的解.

定理 2 设 $y_1(x),y_2(x),\cdots,y_n(x)$ 是 n 阶齐次线性方程 $L[y]=0$ 的 n 个线性无关的解,$y^*(x)$是非齐次方程 $L[y]=f(x)$的特解,则

$$y=C_1y_1+C_2y_2+\cdots+C_ny_n+y^*$$

是 $L[y]=f(x)$的通解.

证 由命题 2 知

$$L[y]=L[C_1y_1+\cdots+C_ny_n]+L[y^*]=0+f(x)=f(x),$$

即 y 满足非齐次线性方程(2).

又由定理 1 知,$C_1,C_2,\cdots,C_n$ 是 n 个独立的任意常数,故 y 是 $L[y]=f(x)$的通解.

五、刘维尔公式

定理 3(刘维尔公式) 设 $y_1(x)$是方程 $y''+p(x)y'+q(x)y=0$ 的一个特解,则方程的另一个与 $y_1(x)$线性无关的特解为

$$y_2(x)=y_1(x)\int\frac{1}{y_1^2(x)}e^{-\int p(x)dx}dx, \tag{4}$$

该公式称为刘维尔公式.

证 设 $y_2(x)=y_1(x)v(x)$,其中 $v(x)$是待定函数,则有

$$y_2'(x)=y_1'(x)v(x)+y_1(x)v'(x),$$

$$y_2''(x)=y_1''(x)v(x)+2y_1'(x)v'(x)+y_1(x)v''(x),$$

代入方程,得

$$y_1''v+2y_1'v'+y_1v''+p(x)(y_1'v+y_1v')+q(x)y_1v=0,$$

整理得

$$y_1v''+[2y_1'+p(x)y_1]v'+[y_1''+p(x)y_1'+q(x)y_1]v=0.$$

因为 y_1 是原方程的解,故待定函数 $v(x)$满足方程为

$$y_1v''+[2y_1'+p(x)y_1]v'=0,$$

这是一个可降阶的二阶微分方程.

令 $v'=z$,则 $v''=\frac{dz}{dx}$. 于是

$$y_1\frac{dz}{dx}+[2y_1'+p(x)y_1]z=0,$$

求解后得

$$v'=z=e^{-\left\{\int\left(\frac{2y_1'}{y_1}+p(x)\right)dx\right\}}=\frac{1}{y_1^2}e^{-\int p(x)dx},$$

再积分后得

$$v(x)=\int\frac{1}{y_1^2}e^{-\int p(x)dx}dx,$$

于是有

$$y_2(x) = y_1\int \frac{1}{y_1^2}\mathrm{e}^{-\int p(x)\mathrm{d}x}\mathrm{d}x,$$

又因为$\frac{y_2}{y_1}=v(x)$不是常数,因而 y_2 是与 y_1 线性无关的另一个特解.

由此定理可知,若能知道二阶齐次线性方程的一个特解,则可利用刘维尔公式求出另一个与它线性无关的特解,从而可写出该方程的通解.

例 3　设有二阶线性方程 $x^2y''+xy'-y=0$,试用观察法先求一个特解,再用刘维尔公式求另一个线性无关的特解.

解　由于方程的系数是 x 的多项式,猜想可能有多项式形式的特解.由观察知 $y_1=x$ 是它的一个特解.

再由刘维尔公式将 $y_1=x$ 和 $p(x)=\frac{1}{x}$代入,得

$$y_2 = x\int \frac{1}{x^2}\mathrm{e}^{-\int \frac{1}{x}\mathrm{d}x}\mathrm{d}x = x\int \frac{1}{x^3}\mathrm{d}x =-\frac{1}{x},$$

另外,由于$\frac{1}{x}$与$-\frac{1}{x}$线性相关,且都满足方程,故可选一个与 $y_1=x$ 线性无关的简单的特解,自然以$\frac{1}{x}=y_2$ 最适合.

六、常数变易法

对于一般的二阶非齐次线性方程而言,在求出对应齐次方程的两个线性无关的特解后,也可用常数变易法求得非齐次方程的特解 y^*.

下面以二阶线性微分方程为例讨论高阶线性方程的常数变易法.

设 $y_1(x)$和 $y_2(x)$是二阶齐次线性微分方程

$$y''+p(x)y'+q(x)y=0 \tag{5}$$

的两个线性无关的解,现来求非齐次线性微分方程

$$y''+p(x)y'+q(x)y=f(x) \tag{6}$$

的通解.

由前面分析知方程(5)的通解可写为

$$Y(x)=C_1y_1(x)+C_2y_2(x).$$

设方程(6)的通解形式为

$$y=y_1(x)C_1(x)+y_2(x)C_2(x). \tag{7}$$

下面确定未知函数 $C_1(x)$及 $C_2(x)$.为方便起见,用 C_1,C_2 分别代替 $C_1(x)$,$C_2(x)$.

对(7)式两端求导,得

$$y'(x)=y_1'(x)C_1+y_1(x)C_1'+y_2'(x)C_2+y_2(x)C_2'.$$

由于两个未知函数 $C_1(x)$ 和 $C_2(x)$ 只需满足方程(6),可以规定它们再满足一个关系式.为简便起见,由 y' 表达式可知,为了使 y'' 表达式中不含 C_1'' 和 C_2'',可设

$$y_1C_1'+y_2C_2'=0, \tag{8}$$

则

$$y'=y_1'C_1+y_2'C_2,$$

两边再求导,得

$$y''=y_1'C_1'+y_1''C_1+y_2'C_2'+y_2''C_2.$$

把 y,y' 和 y'' 表达式代入方程(6),得

$$y_1'C_1'+y_2'C_2'+(y_1''+py_1'+qy_1)C_1+(y_2''+py_2'+qy_2)C_2=f,$$

整理并注意到 y_1 和 y_2 是齐次方程(5)的解,故上式即为

$$y_1'C_1'+y_2'C_2'=f. \tag{9}$$

联立式(8)和(9),在系数行列式

$$W=\begin{vmatrix} y_1 & y_2 \\ y_1' & y_2' \end{vmatrix}=y_1y_2'-y_1'y_2\neq 0$$

时可解得

$$C_1'=\frac{y_2f}{-W},C_2'=\frac{y_1f}{W},$$

对上式两端积分(假定 $f(x)$ 连续),得

$$C_1=\int\left(-\frac{y_2f}{W}\right)\mathrm{d}x+D_1,C_2=\int\frac{y_1f}{W}\mathrm{d}x+D_2,$$

于是得非齐次方程(6)的通解为

$$y=D_1y_1+D_2y_2-y_1\int\frac{y_2f}{W}\mathrm{d}x+y_2\int\frac{y_1f}{W}\mathrm{d}x,$$

其中 D_1 和 D_2 为任意常数.

例 4 已知方程 $(1-x)y''+xy'-y=1$ 所对应的齐次方程的两个解为 x 和 e^x,求方程的通解.

解 由于 $\frac{x}{\mathrm{e}^x}\neq$ 常数,故 x 和 e^x 为方程的两个线性无关的解.

令 $y=C_1(x)x+C_2(x)\mathrm{e}^x$ 为其通解,则

$$y'=xC_1'(x)+\mathrm{e}^xC_2'(x)+C_1(x)+C_2(x)\mathrm{e}^x.$$

补充条件

$$xC_1'(x)+\mathrm{e}^xC_2'(x)=0, \tag{10}$$

于是

$$y'=C_1(x)+C_2(x)\mathrm{e}^x,\quad y''=C_1'(x)+C_2'(x)\mathrm{e}^x+C_2(x)\mathrm{e}^x,$$

代入原方程，整理得

$$(1-x)C_1'(x)+(1-x)e^xC_2'(x)=1, \tag{11}$$

把(10)式和(11)式联立，解得

$$C_1'(x)=\frac{1}{(1-x)^2}, C_2'(x)=-\frac{xe^{-x}}{(1-x)^2},$$

积分得

$$C_1(x)=\frac{1}{1-x}+C_1, C_2(x)=-\frac{e^{-x}}{1-x}+C_2,$$

故原方程的通解为

$$y=C_1(x)x+C_2(x)e^x=C_1x+C_2e^x-1.$$

习题 6-6

1. 验证下列函数组在其定义区间内线性相关性.

(1) $e^{2x}, 4e^{2x}$;　　(2) e^x, xe^x;

(3) $\sin 4x, \cos 4x$;　　(4) $e^x\cos x, e^x\sin x$;

(5) $\ln x, x\ln x$;　　(6) $e^{ax}, e^{bx} (a\neq b)$.

2. 已知 $y_1=x^2, y_2=x+x^2, y_3=e^x+x^2$ 都是方程 $(x-1)y''-xy'+y=-x^2+2x-2$ 的解，求此方程的通解.

3. 已知 $y_1^*=\frac{1}{4}-\frac{x}{2}, y_2^*=-\frac{e^x}{2}$ 分别是方程 $y''-y'-2y=x$ 与 $y''-y'-2y=e^x$ 的解，求方程 $y''-y'-2y=x+e^x$ 的通解.

4. 验证 $y=C_1x^5+\frac{C_2}{x}-\frac{x^2}{9}\ln x$ (C_1, C_2 为任意常数)是方程 $x^2y''-3xy'-5y=x^2\ln x$ 的通解.

5. 验证 $y=C_1e^x+C_2e^{-x}+C_3\cos x+C_4\sin x-x^2$ (C_1, C_2, C_3, C_4 为任意常数)是方程 $y^{(4)}-y=x^2$ 的通解.

*6. 已知 $y_1(x)=e^x$ 是齐次线性方程 $(2x-1)y''-(2x+1)y'+2y=0$ 的一个解，求此方程的通解.

*7. 已知 $y_1(x)=e^x$ 是齐次线性方程 $y''-3y'+2y=0$ 的一个解，求 $y''-3y'+2y=e^x$ 的通解.

8. 设 $y_1(x), y_2(x)$ 是微分方程，$y''+p(x)y'+q(x)y=0$ 的两个解，其中 $p(x), q(x)$ 是连续函数，试证：$y_1y'_2-y'_1y_2=Ce^{-\int P(x)dx}$(其中 C 为任意常数).

9. 对于齐次线性微分方程(A)：$y''+p(x)y'+q(x)y=0$，其中 $p(x), q(x)$ 是连续函数.

(1) 证明:若 $1+p(x)+q(x)=0$,则 $y=e^x$ 是方程(A)一个特解;

(2) 证明:若 $p(x)+xq(x)=0$,则 $y=x$ 是方程(A)一个特解;

(3) 求方程 $(x-1)y''-xy'+y=0$ 满足初值条件 $y(0)=2,y'(0)=1$ 的特解.

第七节　常系数齐次线性微分方程

由线性微分方程解的结构可知,非齐次方程的解可由齐次方程的通解和非齐次方程的一个特解进行描述.在通常情况下,求特解很困难,求一般齐次线性方程的通解也并不容易.

许多电路和物理问题往往出现常系数线性方程,对这类方程有特殊的方法可以求解.

一、二阶常系数线性微分方程实例

例 1(振动问题)　设有一个弹簧,它的上端固定,下端挂一个质量为 m 的物体,当物体处于静止状态时,作用在物体上的重力与弹力大小相等、方向相反,这个位置就是物体的平衡位置,如图 6-3 所示.取 y 轴竖直向下,并取物体的平衡位置为坐标原点.推导物体以初速度 v_0 在平衡位置上下振动时,分别不受和受竖直干扰力作用下的微分方程式.

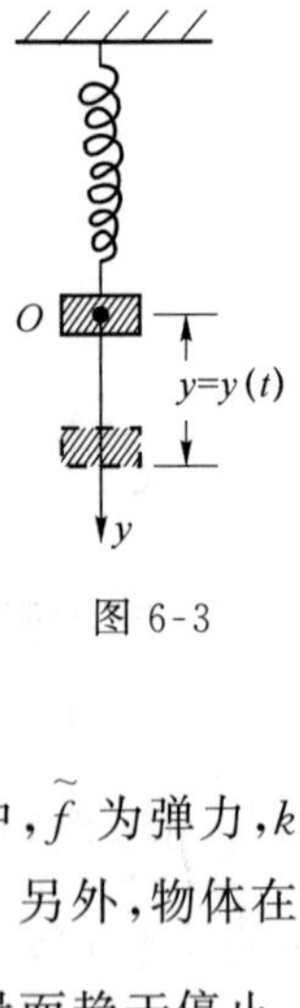

图 6-3

解　设在振动过程中,物体位置 y 随时间 t 变化的函数形式为 $y=y(t)$.

由力学的胡克定律知,弹簧使物体回到平衡位置的弹力和物体离开平衡位置的位移 y 成正比,即

$$\tilde{f}=-ky,$$

其中,$\tilde{f}$ 为弹力,k 为弹簧的弹性系数,负号表示弹力方向和物体位移的方向相反.

另外,物体在运动过程中还受到阻尼介质(如空气,油等)的阻力作用,使振动逐渐消耗能量而趋于停止.这种阻力总与运动方向相反,当振动不大时,其大小与物体的速度 $\frac{dy}{dt}$ 成正比,设比例系数为 μ,则阻力 f_μ 满足

$$f_\mu=-\mu\frac{dy}{dt}.$$

由上述受力分析,按牛顿第二定律得

$$m\frac{d^2y}{dt^2}=-ky-\mu\frac{dy}{dt},$$

移项整理,并记 $\frac{\mu}{m}=p,\frac{k}{m}=q$.上式化简为

$$\frac{d^2y}{dt^2}+p\frac{dy}{dt}+qy=0, \tag{1}$$

这就是物体不受外力干扰，但在有阻尼的情况下，物体自由振动的微分方程.

若物体在振动过程中还受到竖直干扰力 $F=F(t)$ 的作用，则按牛顿第二定律有

$$m\frac{d^2y}{dt^2}=-ky-\mu\frac{dy}{dt}+F(t).$$

若记

$$\frac{\mu}{m}=p,\frac{k}{m}=q,\frac{F(t)}{m}=f(t),$$

则方程化为

$$\frac{d^2y}{dt^2}+p\frac{dy}{dt}+qy=f(t), \tag{2}$$

这就是物体强迫振动时的微分方程.

注意　方程(1)和方程(2)的系数 p 和 q 与时间 t 无关，称它们是常系数线性微分方程.

下面再解决一个电路的问题.

例 2　如图 6-4 所示是含有自感 L、电阻 R 与电容 C（其中 R,L 和 C 是常数）的闭合电路，接入电动势 $E=E(t)$ 的电源，推导电路中任何时刻电流 $i(t)$ 的方程式.

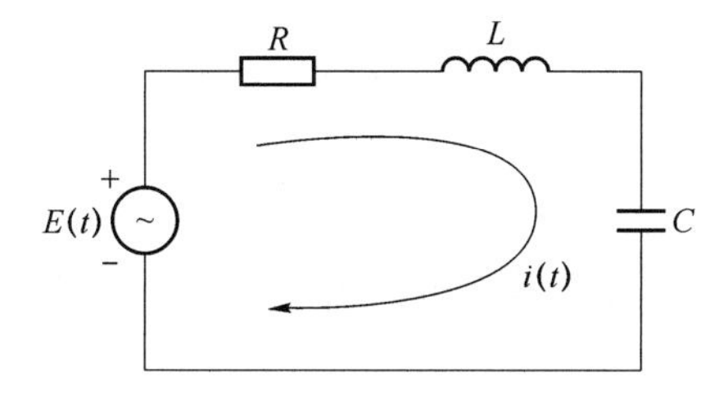

图 6-4

解　由基尔霍夫第二定律知，回路电压降的代数和等于接入回路的电动势.

电流在电阻上的电压降为 Ri，电流在电容上的电压降为 $\frac{1}{C}Q$（Q 为电容器两极板间的电容量），电流在电感上的电压降为 $L\frac{di}{dt}$.

于是，有

$$L\frac{di}{dt}+Ri+\frac{1}{C}Q=E(t).$$

为消去方程中的电容量变量 Q，利用 $\frac{dQ}{dt}=i$，可将上式两端对 t 求导，得

$$L\frac{d^2i}{dt^2}+R\frac{di}{dt}+\frac{1}{C}i=\frac{dE(t)}{dt},$$

令 $p=\frac{R}{L}, q=\frac{1}{LC}, \frac{E'(t)}{L}=f(t)$,得到 $i=i(t)$ 的微分方程

$$\frac{\mathrm{d}^2 i}{\mathrm{d}t^2}+p\frac{\mathrm{d}i}{\mathrm{d}t}+qi=f(t). \tag{3}$$

上述三个方程(1)、(2)和(3)的共同特点是二阶常系数线性方程. 求解此类方程对进一步研究物理和电路问题不可或缺. 更复杂的实际情况留在数学物理方程课中继续讨论.

下面首先讨论二阶常数齐次线性方程的解法.

二、二阶常系数齐次线性方程通解的求法

考虑二阶常系数齐次线性方程

$$y''+py'+qy=0, \tag{4}$$

其中 p,q 是常数.

由第六节讨论知,要求(4)式的通解,只需求其两个线性无关的特解即可.

由于一阶齐次线性方程有指数形式解,且当 r 为常数时,指数函数 $y=\mathrm{e}^{rx}$ 的各阶导数同它只相差一个常数因子. 因此不妨用 $y=\mathrm{e}^{rx}$ 尝试,看能否选择出适当的 r 使之成为方程(4)的特解.

将 $y=\mathrm{e}^{rx}$ 代入方程(4),得

$$(r^2+pr+q)\mathrm{e}^{rx}=0,$$

因为 $\mathrm{e}^{rx}\neq 0$,故有

$$r^2+pr+q=0. \tag{5}$$

由此可知,如果选择 r 为代数方程(5)的一个根,则 e^{rx} 就是方程(4)的一个特解.

一般地,称

$$\varphi(r)=r^2+pr+q$$

为方程(4)的特征多项式.

方程(5)称为方程(4)的特征方程,特征方程的根称为特征根. 于是,把求解微分方程(4)的问题归结为求代数方程(5)的根.

下面根据特征方程根的不同情况讨论方程(4)的通解.

① 特征方程(5)有两相异实根 r_1 和 r_2 时,方程(4)有特解

$$y=\mathrm{e}^{r_1 x}, y=\mathrm{e}^{r_2 x},$$

又此两特解在 $(-\infty,+\infty)$ 内线性无关,故方程(4)的通解为

$$y=C_1\mathrm{e}^{r_1 x}+C_2\mathrm{e}^{r_2 x}.$$

② 特征方程(5)有两相等实根 $r_1=r_2=r$ 时,只能得到方程(4)的一个特解 $y_1=\mathrm{e}^{rx}$,下面寻找另一个与之线性无关的方程(4)的特解 y_2,即 y_2 为满足 $\frac{y_2}{y_1}\neq$ 常数的方程(4)的解.

设$\frac{y_2}{y_1}=u(x)$，即 $y_2=u(x)y_1$，把 y_2 代入(4)式，得

$$e^{r_1x}[(u''+2r_1u'+r_1^2u)+p(u'+r_1u)+qu]=0,$$

约去 e^{r_1x}，并以 u''、u' 和 u 为准合并同类项得

$$u''+(2r_1+p)u'+(r_1^2+pr_1+q)u=0.$$

注意 r_1 是特征方程(5)的二重根，故有 $r_1^2+pr_1+q=0$ 且 $2r_1+p=0$，于是得 $u''=0$.

为简便起见，不妨取 $u=x$，于是得 $y_2=xy_1=xe^{rx}$ 与 y_1 线性无关且为方程(4)的解.

因此，微分方程(4)的通解为

$$y=C_1e^{rx}+C_2xe^{rx}.$$

上述求 y_2 的过程也可由前面介绍过的刘维尔公式直接写出(读者自行尝试).

③ 特征方程(5)有一对共轭复根 $r_1=\alpha+\beta i, r_2=\alpha-\beta i(\beta\neq0)$时，

方程(4)的两个特解也写为 $y_1=e^{(\alpha+\beta i)x}$，$y_2=e^{(\alpha-\beta i)x}$，但它们是复值函数形式，为了得到实值函数形式，按如下步骤处理.

首先利用欧拉公式 $e^{i\theta}=\cos\theta+i\sin\theta$ 可将 y_1 和 y_2 改写为

$$y_1=e^{(\alpha+i\beta)x}=e^{\alpha x}(\cos\beta x+i\sin\beta x),\quad y_2=e^{(\alpha-i\beta)x}=e^{\alpha x}(\cos\beta x-i\sin\beta x).$$

由于复值函数 y_1 和 y_2 之间有共轭关系，可将它们相加除以 2 得实部，再相减除以 2i 得虚部，再利用方程(4)的解复合叠加原理，故实值函数

$$\overline{y_1}=\frac{1}{2}(y_1+y_2)=e^{\alpha x}\cos\beta x,\quad \overline{y_2}=\frac{1}{2i}(y_1-y_2)=e^{\alpha x}\sin\beta x,$$

还是微分方程(4)的解，且$\frac{\overline{y_1}}{\overline{y_2}}=\cot\beta x$ 非常数，所以此时微分方程(4)的通解为

$$y=e^{\alpha x}(C_1\cos\beta x+C_2\sin\beta x).$$

综上所述，求二阶常系数齐次线性方程 $y''+py'+qy=0$ 的步骤如下.

(1) 写出方程(4)对应的特征方程 $r^2+pr+q=0$.

(2) 求特征方程对应的两个特征根 r_1 和 r_2.

(3) 由特征根的不同情形写出通解：

① 当 r_1 和 r_2 为相异实根时，方程(4)的通解为 $y=C_1e^{r_1x}+C_2e^{r_2x}$；

② 当 $r_1=r_2$ 时，方程(4)通解为 $y=C_1e^{r_1x}+C_2xe^{r_2x}$；

③ 当 $r=\alpha\pm i\beta$ 时，方程(4)通解为 $y=e^{\alpha x}(C_1\cos\beta x+C_2\sin\beta x)$(其中 C_1 和 C_2 为任意常数).

例 3 求下列二阶线性微分方程的通解.

(1) $y''-3y'+2y=0$；　　(2) $y''+4y'+4y=0$；

(3) $y''+a^2y=0(a>0$，常数).

解 (1)对应齐次方程的特征方程为 $r^2-3r+2=0$，解得 $r_1=1, r_2=2$.

故通解为 $y=C_1e^x+C_2e^{2x}$,其中 C_1 和 C_2 为任意常数.

(2) 对应齐次方程的特征方程为 $r^2+4r+4=0$,解得 $r_1=r_2=-2$.

故通解为 $y=C_1e^{-2x}+C_2xe^{-2x}$,其中 C_1 和 C_2 为任意常数.

(3) 对应齐次方程的特征方程为 $r^2+a^2=0$,解得 $r=\pm ai$.

故通解为 $y=C_1\cos ax+C_2\sin ax$,其中 C_1 和 C_2 为任意常数.

三、n 阶常系数齐次线性方程通解的求法

上面求解二阶常系数齐次线性方程的方法可以推广到 n 阶方程的情形.

设有方程

$$y^{(n)}+p_1y^{(n-1)}+\cdots+p_{n-1}y'+p_ny=0, \tag{6}$$

其中系数 $p_1,\cdots,p_n$ 皆为常数.设有 $y=e^{rx}$ 类型特解,代入方程(6)后,可得其相应的特征方程为

$$r^n+p_1r^{(n-1)}+\cdots+p_{n-1}r+p_n=0, \tag{7}$$

由代数基本定理知,在复数域中方程(7)有几个根(包括重根数).

特征方程(7)的每一个根都对应于方程(6)的一个解.

下面给出不同特征根与微分方程解之间的对应关系.

特征方程(7)的根	微分方程(6)的解
单实根 r	一个解 e^{rx}
k 重实根 r	k 个解的线性组合 $e^{rx}(C_1+C_2x+\cdots+C_kx^{k-1})$
一对共轭单复根 $r_{1,2}=\alpha\pm i\beta$	两个解的线性组合 $e^{\alpha x}(C_1\cos\beta x+C_2\sin\beta x)$
一对共轭 k 重复根 $r_{1,2}=\alpha\pm i\beta$	$2k$ 个解的线性组合 $e^{\alpha x}[(C_1+C_2x+\cdots+C_kx^{k-1})\cos\beta x+(D_1+D_2x+\cdots+D_kx^{k-1})\sin\beta x]$

根据上表可写出高阶常系数齐次线性微分方程的通解.

例 4 解方程 $y^{(4)}+2y''+y=0$.

解 对应的特征方程为 $r^4+2r^2+1=0$,即 $(r^2+1)^2=0$,所以,$r_{1,2}=\pm i$ 为二重复根.故所对应微分方程的通解为

$$y=C_1\cos x+C_2x\cos x+C_3\sin x+C_4x\sin x,$$

其中 C_1,C_2,C_3 和 C_4 为任意常数.

例 5 已知 -1 和 i 分别是常系数齐次线性微分方程特征根的单根和二重根,求满足条件最低阶的线性微分方程.

解 由于要求方程是常系数齐次线性微分方程,故与 i 共轭的 $-i$ 也是二重复根,因此微分方程的特征方程为

$$(r+1)(r-\mathrm{i})^2(r+\mathrm{i})^2=r^5+r^4+2r^3+2r^2+r+1=0,$$

于是所求方程为

$$y^{(5)}+y^{(4)}+2y^{(3)}+2y''+y'+y=0.$$

习题 6-7

1. 求下列微分方程的通解.

(1) $y''-4y'=0$；　　(2) $y''+y=0$；

(3) $y''-4y'+5y=0$；　　(4) $y''+y'-2y=0$；

(5) $y'''+2y''+y'=0$；　　(6) $y^{(5)}+2y'''+y'=0$.

2. 求解下列初值问题.

(1) $y''-3y'-4y=0, y|_{x=0}=0, y'|_{x=0}=-5$；

(2) $y''+2y'+y=0, y|_{x=0}=0, y'|_{x=0}=-1$；

(3) $y''+4y=0, y|_{x=0}=2, y'|_{x=0}=6$；

(4) $y''-4y'+13y=0, y|_{x=0}=0, y'|_{x=0}=3$.

3. 若二阶常系数齐性线性微分方程的两个特解 $y_1=\mathrm{e}^x, y_2=\mathrm{e}^{\frac{x}{2}}$，写出该微分方程及其通解.

4. 若二阶常系数齐次线性微分方程有一个特解 $y_1=x\mathrm{e}^{-2x}$，写出该微分方程及其通解.

5. 已知二阶齐次线程微分方程 $y''-\frac{1}{x}y'+\frac{1}{x^2}y=0$ 有一个特解 $y_1(x)=x$，求另一个与其线性无关的特解 $y_2(x)$，并写出解方程的通解.

6. 求一个以 $y_1=t\mathrm{e}^t, y_2=\sin t$ 为其两个特解的四阶常系数齐次线性微分方程，并求其通解.

7. 设圆柱形浮筒的直径为 0.5 m，铅直放在水中，当稍向下压后突然放开，浮筒在水中上下振动的周期为 2 s，求浮筒的质量.

第八节　常系数非齐次线性微分方程

本节主要讨论二阶常系数非齐次线性微分方程的解法. 考察

$$y''+py'+qy=f(x), \tag{1}$$

其中 p,q 为常数，自由项 $f(x)$ 是 x 的连续函数.

根据线性微分方程解的结构理论，求非齐次线性方程(1)的通解，等价于求对应的齐次线性方程的通解和非齐次线性方程本身的一个特解,但并非对任意的函数 $f(x)$ 都容易求出非齐次线性方程(1)的特解,这里仅就 $f(x)$ 的几种特殊形式介绍求非齐次线性方程(1)特解的方法.

一、$f(x)=e^{\lambda x}P_m(x)$(λ 可以是复数,$P_m(x)$ 是 m 次多项式)

根据函数 $f(x)$ 的特点,推测方程具有形如 $y^*=Q(x)e^{\lambda x}$ 的特解(其中 $Q(x)$ 是某个待定的多项式).由 $y^*=Q(x)e^{\lambda x}$,有

$$y^{*\prime}=[Q'(x)+\lambda Q(x)]e^{\lambda x},\quad y^{*\prime\prime}=[Q''(x)+2\lambda Q'(x)+\lambda^2 Q(x)]e^{\lambda x},$$

代入原方程,整理得

$$[Q''(x)+(2\lambda+p)Q'(x)+(\lambda^2+p\lambda+q)Q(x)]e^{\lambda x}=P_m(x)e^{\lambda x},$$

消去 $e^{\lambda x}$,得

$$Q''(x)+(2\lambda+p)Q'(x)+(\lambda^2+p\lambda+q)Q(x)=P_m(x).\tag{2}$$

由特征多项式 $\varphi(r)=r^2+pr+q$,知 $\varphi'(r)=2r+p$.上式可简记为

$$Q''(x)+\varphi'(\lambda)Q'(x)+\varphi(\lambda)Q(x)=P_m(x).\tag{3}$$

注意到,方程(3)是关于多项式 $Q(x)$ 的微分方程,只要设出 $Q(x)$ 的一般形式,可利用比较系数的方法求出其各项系数.

例 1 解微分方程 $y''-7y'+12y=x$.

解 齐次方程为 $\varphi(r)=r^2-7r+12=0$,解得 $r_1=3,r_2=4$.

对应齐次方程的通解为

$$\bar{y}=C_1e^{3x}+C_2e^{4x},\text{其中 } C_1,C_2 \text{ 为任意常数}.$$

设原方程特解为 $y^*=Q(x)$,将 $\varphi(0)=12,\varphi'(0)=-7,P_m(x)=x$ 代入方程(2)得

$$Q''(x)-7Q'(x)+12Q(x)=x,$$

比较等式两边次数,$Q(x)$ 应为一次多项式.设 $Q(x)=ax+b$,则

$$-7a+12(ax+b)=x,$$

比较系数得

$$\begin{cases}12a=1,\\-7a+12b=0,\end{cases}$$

解得 $a=\dfrac{1}{12},b=\dfrac{7}{144}$.

因此原方程的一个特解为

$$y^*=\frac{1}{12}x+\frac{7}{144},$$

故原方程的通解为

$$y=C_1e^{3x}+C_2e^{4x}+\frac{1}{12}x+\frac{7}{144}.$$

依照上面分析，也可以直接写出 $Q(x)$的具体待定形式. 事实上，由(2)式知：

若 λ 不是特征根，则 $\lambda^2+p\lambda+q\neq0$，故 $Q(x)$应为 m 次多项式，可设特解 $y^*=Q_m(x)e^{\lambda x}=(a_0x^m+a_1x^{m-1}+\cdots+a_m)$，$e^{\lambda x}$($a_0,a_1,\cdots,a_m$ 为特定系数)；

若 λ 是特征根并且为单根，则 $\lambda^2+p\lambda+q=0$，但 $2\lambda+p\neq0$，若 $Q'(x)$应为 m 次多项式，可设特解 $y^*=xQ_m(x)e^{\lambda x}=x(a_0x^m+a_1x^{m-1}+\cdots+a_m)e^{\lambda x}$($a_0,a_1\cdots,a_m$ 为待定系数)；

若 λ 是特征根，且为二重根，则 $\lambda^2+p\lambda+q=0$，且 $2\lambda+p=0$，故 $Q''(x)$应为 m 次多项式，可设特解 $y^*=x^2Q_m(x)e^{\lambda x}=x^2(a_0x^m+a_1x^{m-1}+\cdots+a_m)e^{\lambda x}$($a_0,a_1,\cdots,a_m$ 为待定系数).

综上，非齐次线性方程特解设法为

考虑方程

$$y''+py'+qy=e^{\lambda x}p_m(x) \tag{4}$$

其对应的齐次方程为

$$y''+py'+qy=0, \tag{5}$$

特征方程为

$$r^2+pr+q=0, \tag{6}$$

于是可设方程(4)的特解为

$$y^*=e^{\lambda x}x^kQ_m(x),$$

其中 $Q_m(x)=a_0x^m+a_1x^m+\cdots+a_m$，($a_0,a_1,\cdots,a_m$ 为待定系数).

k 取值由 λ 是特征方程(6)的 k 重根决定，$k=0,1,2$.

接下来，用比较系数方法可以求出 $a_0,a_1,\cdots,a_m$ 从而写出方程(4)的特解.

例 2　解微分方程 $y''+4y'+4y=e^{-2x}$.

解　特征方程 $\varphi(r)=r^2+4r+4=0$，解得 $r=-2$(重根). 对应的齐次微分方程的通解为

$$\overline{y}=C_1e^{-2x}+C_2xe^{-2x},$$

其中 C_1,C_2 为任意常数.

由于-2 是二重根，可设原方程特解为

$$y^*=e^{-2x}\cdot x^2\cdot A,$$

于是

$$(y^*)'=(2xA-2x^2A)e^{-2x},\quad (y^*)''=(2A-8xA+4x^2A)e^{-2x},$$

代入原方程得

$$2A=1,\quad 故\ A=\frac{1}{2},$$

因此原方程的一个特解为

$$y^{*}=\frac{x^{2}}{2}\mathrm{e}^{-2x},$$

故原方程的通解为

$$y=C_1\mathrm{e}^{-2x}+C_2x\mathrm{e}^{-2x}+\frac{x^{2}}{2}\mathrm{e}^{-2x}.$$

二、$f(x)=P_m(x)\mathrm{e}^{\alpha x}\cos\beta x$ 或 $f(x)=P_m(x)\mathrm{e}^{\alpha x}\sin\beta x$(其中 α,β 为实数)

令 $\lambda=\alpha+\mathrm{i}\beta$,设 $y^{*}=Q(x)\mathrm{e}^{\lambda x}$ 是方程

$$y''+py'+qy=P_m(x)\mathrm{e}^{\lambda x}$$

的特解,则 y^{*} 的实部和虚部分别是方程

$$y''+py'+qy=P_m(x)\mathrm{e}^{\alpha x}\cos\beta x$$

和方程

$$y''+py'+qy=P_m(x)\mathrm{e}^{\alpha x}\sin\beta x$$

的特解. 具体地说,如果 $Q(x)=Q_1(x)+\mathrm{i}Q_2(x)$,其中 $Q_1(x)$,$Q_2(x)$ 为实函数,则

$$\begin{aligned}y^{*}=Q(x)\mathrm{e}^{\lambda x}&=[Q_1(x)+\mathrm{i}Q_2(x)]\mathrm{e}^{\alpha x}(\cos\beta x+\mathrm{i}\sin\beta x)\\&=\mathrm{e}^{\alpha x}[Q_1(x)\cos\beta x-Q_2(x)\sin\beta x]+\mathrm{i}\mathrm{e}^{\alpha x}[Q_1(x)\sin\beta x+Q_2(x)\cos\beta x].\end{aligned}$$

因此

$$y''+py'+qy=P_m(x)\mathrm{e}^{\alpha x}\cos\beta x$$

的特解为

$$\mathrm{e}^{\alpha x}[Q_1(x)\cos\beta x-Q_2(x)\sin\beta x],\tag{7}$$

而方程

$$y''+py'+qy=P_m(x)\mathrm{e}^{\alpha x}\sin\beta x$$

的特解为

$$\mathrm{e}^{\alpha x}[Q_1(x)\sin\beta x+Q_2(x)\cos\beta x].\tag{8}$$

也可以直接把(7)式、(8)式形式解代入方程求特解.

类似前面讨论,也可以直接设出此时非齐次方程的特解形式.

考虑方程

$$y''+py'+qy=\mathrm{e}^{\alpha x}[A_m(x)\cos\beta x+B_n(x)\sin\beta x],\tag{9}$$

其中 $A_m(x)$,$B_n(x)$分别是 m 次,n 次多项式函数. 则可设方程(9)的特解为

$$y^{*}=\mathrm{e}^{\alpha x}x^{k}[Q_l(x)\cos\beta x+R_L(x)\sin\beta x],$$

其中 k 取决于 $\alpha+i\beta$ 为特征方程(6)的 k 重根,$l=\max\{m,n\}$,$Q_l(x)$和 $P_l(x)$是两组带有待定系数的 l 次多项式函数.

例 3 求方程 $y''+y=4\sin x$ 的通解.

解　特征方程 $\varphi(r)=r^2+1$，特征根 $r=\pm i$，故对应齐次方程的通解为

$$\overline{y}=C_1\cos x+C_2\sin x\text{，其中 }C_1,C_2\text{ 为任意常数.}$$

由于 $\pm i$ 是特征根，设特解为 $y^*=x(A\sin x+B\cos x)$，于是

$$(y^*)'=(A\cos x-B\sin x)x+(A\sin x+B\cos x),(y^*)''=(-A\sin x-B\cos x)x,$$

代入原方程可得

$$2A\cos x-2B\sin x=4\sin x+2(A\cos x-B\sin x),$$

解得 $A=0,B=-2$，

故

$$y^*=-2x\cos x$$

为所求非齐次方程特解.

所以原方程的通解为

$$y=C_1\cos x+C_2\sin x-2x\cos x.$$

例 4　求方程 $y''-2y'+2y=x^2+2e^x\cos^2\dfrac{x}{2}$ 的通解.

解　$f(x)=x^2+2e^x\cos^2\dfrac{x}{2}=x^2+e^x+e^x\cos x$，由线性微分方程解的叠加原理，可设原方程特解为 $y^*=y_1^*+y_2^*+y_3^*$，其中 y_1^*,y_2^*,y_3^* 分别是对应非齐次项为 $x^2,e^x,e^x\cos x$ 方程的特解.

特征方程 $\varphi(r)=r^2-2r+2$，特征根 $r_{1,2}=1\pm i$，对应齐次方程通解为

$$\overline{y}=e^x(C_1\cos x+C_2\sin x)\text{，其中 }C_1,C_2\text{ 为任意常数.}$$

(1) 对于

$$y''-2y'+2y=x^2,$$

0 不是特征根，设特解 $y_1^*=ax^2+bx+c$，则

$$(y_1^*)'=2ax+b,\quad (y_1^*)''=2a,$$

代入方程，比较系数得

$$a=\frac{1}{2},b=1,c=\frac{1}{2},$$

于是

$$y_1^*=\frac{1}{2}(x+1)^2.$$

(2) 对于

$$y''-2y'+2y=e^x,$$

1 不是特征根，设特解 $y_2^*=Ae^x$，则

$$(y_2^*)'=Ae^x,(y_2^*)''=Ae^x,$$

代入方程,比较系数得

$$A=1,$$

可得

$$y_2^*=e^x.$$

(3) 对于

$$y''-2y'+2y=e^x\cos x,$$

$1\pm i$ 是特征根,设特解 $y_3^*=xe^x(B\cos x+D\sin x)$,则

$$(y_3^*)'=(1+x)e^x(B\cos x+D\sin x)+xe^x(D\cos x-B\sin x),$$

$$(y_3^*)''=(2+x)e^x(B\cos x+D\sin x)+2(1+x)e^x(D\cos x-B\sin x)+xe^x(-D\sin x-B\cos x),$$

代入方程,比较系数得

$$B=0,D=\frac{1}{2},$$

可得

$$y_3^*=\frac{x}{2}e^x\sin x$$

为方程

$$y''-2y'+2y=e^x\cos x$$

的一个特解.所以原方程的通解为

$$y=e^x(C_1\cos x+C_2\sin x)+\frac{1}{2}(x+1)^2+e^x+\frac{x}{2}e^x\sin x.$$

习题 6-8

1. 求下列各微分方程的通解.

(1) $2y''+5y'=5x^2-2x-1$;

(2) $y''-6y'+9y=(x+1)e^{3x}$;

(3) $y''+4y=x\cos x$;

(4) $y''-2y'+5y=e^x\sin 2x$;

(5) $y''+y=e^x+\cos x$;

(6) $y^{(4)}-3y'''+3y''-y'=2x$;

(7) $y''-8y'+16y=x+e^{4x}$.

2. 求解下列初始问题.

(1) $y''-10y'+9y=e^{2x},y|_{x=0}=\frac{6}{7},y'|_{x=0}=\frac{33}{7}$;

(2) $y''-y=4xe^x,y|_{x=0}=0,y'|_{x=0}=1$;

(3) $y''+y=\frac{1}{2}\cos 2x,y|_{x=0}=1,y'|_{x=0}=1$.

3. 已知 $y_1=xe^x+e^{2x}$，$y_2=xe^x+e^{-x}$，$y_3=xe^x+e^{2x}-e^{-x}$是二阶线性非齐次方程的三个解，求此微分方程.

4. 求微分解方程 $y''-2y'=f(x)$的一个特解，其中系数 $f(x)$分别等于：

(1) $1-6x^2$；　　(2) xe^x；　　(3) $4xe^{2x}$.

5. 设对于 $x>0$，曲线 $y=f(x)$ 上点$(x,f(x))$处的切线在 y 轴上的截距等于 $\frac{1}{x}\int_0^x f(t)\mathrm{d}t$，求 $f(x)$ 的一般表达式.

6. 若连续函数 $\varphi(x)$满足 $\varphi(x)=e^x+\int_0^x(t-x)\varphi(t)\mathrm{d}t$，求 $\varphi(x)$.

7. 利用代换 $y=\frac{u}{\cos x}$，将方程

$$y''\cos x-2y'\sin x+3y\cos x=e^x$$

化简，并求出原方程的通解.

第九节　欧拉方程

欧拉方程是一类特殊的线性微分方程，在工程实践中会经常用到.下面通过适当的变换可将其化为常系数线性微分方程来求解.形如

$$x^n y^{(n)}+p_1x^{n-1}y^{(n-1)}+p_2x^{n-2}y^{(n-2)}+\cdots+p_{n-1}xy'+p_ny=f(x) \tag{1}$$

的微分方程称为欧拉方程，其中 $p_1,p_2,\cdots,p_n$ 是常数.

这种方程的特点是各项变系数 x 的幂次与未知函数的求导阶数相同.

下面以二阶欧拉方程为例讨论这类方程解法.

$$x^2y''+pxy'+qy=f(x) \tag{2}$$

作变换 $x=e^t$ 即 $t=\ln x$(这里仅考虑 $x>0$ 情形，当 $x<0$ 时，作 $x=-e^t$ 变换即可).借助于复合函数求导法则及$\frac{\mathrm{d}x}{\mathrm{d}t}=e^t=x$ 可得

$$\frac{\mathrm{d}y}{\mathrm{d}t}=\frac{\mathrm{d}y}{\mathrm{d}x}\frac{\mathrm{d}x}{\mathrm{d}t}=y'e^t=xy',\quad \frac{\mathrm{d}^2y}{\mathrm{d}t^2}=\frac{\mathrm{d}x}{\mathrm{d}t}y'+x\frac{\mathrm{d}y'}{\mathrm{d}x}\frac{\mathrm{d}x}{\mathrm{d}t}=xy'+x^2y'',$$

即

$$xy'=\frac{\mathrm{d}y}{\mathrm{d}t},\quad x^2y''=\frac{\mathrm{d}^2y}{\mathrm{d}t^2}-\frac{\mathrm{d}y}{\mathrm{d}t},$$

代入方程(2)，则

$$\frac{\mathrm{d}^2y}{\mathrm{d}t^2}-\frac{\mathrm{d}y}{\mathrm{d}t}+p\frac{\mathrm{d}y}{\mathrm{d}t}+qy=f(e^t) \tag{3}$$

是一个以 t 为自变量的常系数线性微分方程.求出该方程的解，设为 $y=y(t)$，于是 $y=y(\ln x)$

为方程(2)的解.

如果采用记号 D 表示对 t 求导的运算 $\frac{\mathrm{d}}{\mathrm{d}t}$,那么可得

$$xy'=Dy,\quad x^2y''=(D^2-D)y=D(D-1)y.$$

继续运算可得出 $x^ky^{(k)}=D(D-1)\cdots(D-k+1)y$,可代回原方程把更高阶欧拉方程化为常系数线性微分方程,从而可解.

例 1 求出方程 $x^2y''+xy'-y=3x^2$ 的通解.

解 令 $x=\mathrm{e}^t$,有 $t=\ln x$,由式(3)可得原方程化为

$$\frac{\mathrm{d}^2y}{\mathrm{d}t^2}-y=3\mathrm{e}^{2t}.$$

对应齐次方程通解为 $\overline{y}=C_1\mathrm{e}^t+C_2\mathrm{e}^{-t}$.

设非齐次方程特解为 $y^*=a\mathrm{e}^{2t}$,代入方程可得 $a=1$,因而 $y^*=\mathrm{e}^{2t}$.

于是,原方程的通解为 $y=C_1\mathrm{e}^t+C_2\mathrm{e}^{-t}+\mathrm{e}^{2t}$,即

$$y=C_1x+C_2\frac{1}{x}+x^2,$$

其中 C_1 和 C_2 为任意常数.

例 2 求微分方程 $x^2y'''+3xy''+y'-\frac{y}{x}=x$ 满足初始条件 $y(1)=\frac{8}{7}$,$y'(1)=y''(1)=\frac{2}{7}$ 的特解.

解 原方程可变形为 $x^3y'''+3x^2y''+xy'-y=x^2$,是欧拉方程.

设 $x=\mathrm{e}^t$,得

$$D(D-1)(D-2)y+3D(D-1)y+Dy-y=\mathrm{e}^{2t},$$

整理得

$$D^3y-y=\mathrm{e}^{2t},$$

即

$$\frac{\mathrm{d}^3y}{\mathrm{d}t^3}-y=\mathrm{e}^{2t}.$$

特征方程 $r^3-1=0$ 解得 $r_1=1$,$r_{2,3}=-\frac{1}{2}\pm\frac{\sqrt{3}}{2}\mathrm{i}$,故齐次方程通解为

$$y=C_1\mathrm{e}^t+\mathrm{e}^{-\frac{t}{2}}\left(C_2\cos\frac{\sqrt{3}}{2}t+C_3\sin\frac{\sqrt{3}}{2}t\right),$$

又 2 不是特征根,于是特解可设为 $y^*=A\mathrm{e}^{2t}$,代入原方程,得 $A=\frac{1}{7}$,故 $y^*=\frac{1}{7}\mathrm{e}^{2t}$.

故原方程通解为

$$y=C_1\mathrm{e}^t+\mathrm{e}^{-\frac{t}{2}}\left(C_2\cos\frac{\sqrt{3}}{2}t+C_3\sin\frac{\sqrt{3}}{2}t\right)+\frac{1}{7}\mathrm{e}^{2t},$$

即

$$y=C_1x+\frac{1}{\sqrt{x}}\left[C_2\cos\left(\frac{\sqrt{3}}{2}\ln x\right)+C_3\sin\left(\frac{\sqrt{3}}{2}\ln x\right)\right]+\frac{1}{7}x^2,$$

代入初始条件得，$C_1=\frac{1}{3}$，$C_2=\frac{2}{3}$，$C_3=0$，从而所求特解为

$$y=\frac{x}{3}+\frac{2}{3\sqrt{x}}\cos\left(\frac{\sqrt{3}}{2}\ln x\right)+\frac{1}{7}x^2.$$

习题 6-9

1. 求下列欧拉方程的通解.

(1) $x^2y''-2y=0$；

(2) $y''-\frac{y'}{x}+\frac{y}{x^2}=\frac{2}{x}$；

(3) $x^3y'''+2xy'-2y=x^2\ln x+3x$；

(4) $x^2y''-xy'+4y=x\sin(\ln x)$；

(5) $x^2y''+xy'-4y=x^3$.

第十节　微分方程补充知识

一、常系数线性微分方程组解法

在研究某些实际问题时会遇到由几个微分方程联立起来共同确定几个具有同一自变量的函数的情形. 这些联立的微分方程称为微分方程组.

若微分方程组中的每一个微分方程都是常系数线性微分方程，那么这种微分方程就是常系数线性微分方程组.

对于常系数线性微分方程组，可以用下述方法求它的解.

(1) 从方程组中消去一些未知函数及其各阶导数，得到只含有一个未知函数的高阶常系数线性微分方程.

(2) 解此高阶微分方程，求出满足该方程的未知函数.

(3) 把已求得的函数代入原方程组. 一般而言，不必经过积分就可求出其余的未知函数.

例 1　解微分方程组

$$\begin{cases}\dfrac{dy}{dx}=3y-2z, & (1)\\[2mm] \dfrac{dz}{dx}=2y-z. & (2)\end{cases}$$

解 这是含有两个未知函数 $y(x)$,$z(x)$的由两个一阶常系数线性方程组成的方程组.

消去未知函数 y,由(2)式得

$$y=\frac{1}{2}\left(\frac{dz}{dx}+z\right), \tag{3}$$

对(3)式两端关于 x 求导得

$$\frac{dy}{dx}=\frac{1}{2}\left(\frac{d^2z}{dx^2}+\frac{dz}{dx}\right), \tag{4}$$

把(3)式和(4)式代入(1)式并化简,得

$$\frac{d^2z}{dx^2}-2\frac{dz}{dx}+z=0,$$

为一个二阶常系数线性微分方程.

求得其通解为

$$z=(C_1+C_2x)e^x, \tag{5}$$

再把(5)式代入(3)式可得

$$y=\frac{1}{2}(2C_1+C_2+2C_2x)e^x, \tag{6}$$

故(5)式和(6)式即为原方程组的通解.

二、微分方程的其他解法及研究方法

当微分方程的解不能用初等函数或其积分式表达时,就要寻求其他解法.常用的有幂级数解法和数值解法.

幂级数解法是当方程的系数满种某些条件时,可以假设方程解的级数形式后利用待定系数法确定解的一种方法.

可求解的常微分方程是有限的,大多数常微分方程不可能给出解析解.初值问题的数值解法就是要算出精确解在区间一系列离散节点处函数的近似值,得到微分方程的数值解.

还有一类研究常微分方程解的方法,称为定性分析,即不去求解而是通过方程本身的特点研究解的存在性、唯一性、稳定性等.

总习题六

1. 填空题

(1) 一阶线性微分方程 $y'+P(x)y=Q(x)$的通解为______.

(2) 如果函数 $y_1,y_2,\cdots,y_n$ 是 n 阶线性齐次方程 $y^{(n)}+P_n(x)y^{(n-1)}+\cdots+P_1(x)y=0$ 的 n 个线性无关的解,则该方程的通解为 $y=$______.

(3) 若 y_i^* 是 n 阶线性非齐次方程

$$y^{(n)}+P_n(x)y^{(n-1)}+\cdots+P_1(x)y=f_i(x),(i=1,2,\cdots,N)$$

的特解,则方程 $y^{(n)}+P_n(x)y^{(n-1)}+\cdots+P_1(x)y=\sum_{i=1}^{N}f_i(x)$ 的特解为______.

(4) 以 $y_1=\sin x,y_2=\cos x$ 为特解的最低阶常系数齐次线性方程是______.

(5) 微分方程 $y''-5y'+6y=e^x\sin x+6$ 的一个特解形式为 $y^*=$______.

(6) 已知 y^* 是 $y''-2y'-3y=f(x)$的一个特解,则此方程的通解为 $y=$______.

(7) 曲线 $y=f(x)$过点$\left(0,-\frac{1}{2}\right)$,且其上任一点$(x,y)$处的切线斜率为 $x\ln(1+x^2)$,则 $f(x)=$______.

2. 选择题

(1) 方程$(x+1)(y^2+1)dx+y^2x^2dy=0$ 是(　　).

(A) 齐次方程　　(B) 可分离变量方程

(C) 伯努利方程　　(D) 线性非齐次方程

(2) 已知 $f(x)=e^{x^2+\frac{1}{x^2}},g(x)=e^{x^2-\frac{1}{x^2}},h(x)=e^{\left(\frac{1}{x}-x\right)^2}$,则(　　).

(A) $f(x)$与 $g(x)$线性相关　　(B) $g(x)$与 $h(x)$线性相关

(C) $f(x)$与 $h(x)$线性相关　　(D) 任意两个都线性相关

(3) 求方程$(x+1)y''+y'=\ln(x+1)$的通解时,可(　　).

(A) 令 $y'=P$,则 $y''=P'$　　(B) 令 $y'=P$,则 $y''=P\frac{dP}{dy}$

(C) 令 $y'=P$,则 $y''=P\frac{dP}{dx}$　　(D) 令 $y'=P$,则 $y''=P'\frac{dP}{dx}$

(4) 在下列微分方程中,以 $y=C_1e^x,C_2\cos 2x,C_3\sin 2x$($C_1,C_2,C_3$ 为任意常数)为通解的是(　　).

(A) $y'''+y''-4y'-4y=0$　　(B) $y'''+y''+4y'+4y=0$

(C) $y'''-y''-4y'+4y=0$　　(D) $y'''-y''+4y'-4y=0$

3. 设 $F(x)=f(x)g(x)$,其中函数 $f(x)$,$g(x)$在$(-\infty,+\infty)$内满足以下条件:

$$f'(x)=g(x),\ g'(x)=f(x),且\ f(0)=0,f(x)+g(x)=2\mathrm{e}^x.$$

(1) 求 $F(x)$所满足的一阶微分方程;

(2) 求出 $F(x)$的表达式.

4. 设函数 $y=y(x)$在$(-\infty,+\infty)$内具有二阶导数,且 $y'\neq 0$,$x=x(y)$是 $y=y(x)$的反函数. 则

(1) 试将 $x=x(y)$所满足的微分方程$\frac{\mathrm{d}^2x}{\mathrm{d}y^2}+(y+\sin x)\left(\frac{\mathrm{d}x}{\mathrm{d}y}\right)^3=0$ 变换为 $y=y(x)$满足的微分方程.

(2) 求变换后的微分方程满足初始条件 $y(0)=0,y'(0)=\frac{3}{2}$的解.

5. 设单位质点在水平面内作直线运动,初速度 $v|_{t=0}=v_0$,已知阻力与速度成正比(比例常数为 1),问 t 为多少时此质点的速度为$\frac{v_0}{3}$. 并求到此时刻该质点所经过的路程.

6. 设函数 $f(x)$在区间$[1,+\infty)$内连续,由 $y=f(x)$,$x=1$,$x=t(t>1)$及 x 轴围成的平面图形绕 x 轴旋转一周所成的旋转体体积 $V(t)=\frac{\pi}{3}[t^2f(t)-f(1)]$,求函数 $f(x)$所满足的微分方程,并求该微分方程满足初始条件 $y|_{x=2}=\frac{2}{9}$的特解.

7. 函数 $f(x)$在$[0,+\infty)$上可导,$f(0)=1$,且满足等式

$$f'(x)+f(x)-\frac{1}{x+1}\int_0^x f(t)\mathrm{d}t=0,$$

(1) 求导数 $f'(x)$;

(2) 证明:当 $x\geqslant 0$ 时,不等式 $\mathrm{e}^{-x}\leqslant f(x)\leqslant 1$ 成立.

8. 设函数 $f(x)$在闭区间$[0,1]$上连续,在开区间$(0,1)$内大于零,并满足 $xf'(x)=f(x)+\frac{3ax^2}{2}$($a$ 为常数),又由线 $y=f(x)$与 $x=1$,$y=0$ 所围的图形 S 的面积值为 2,求函数 $y=f(x)$. 并问 a 为何值时,图形 S 绕 x 轴旋转一周所得的旋转体的体积最小.

9. 某湖泊的水量为 V,每年排入湖泊内含污染物 A 的污水量为$\frac{V}{6}$,流入湖泊内不含 A 的水量为$\frac{V}{6}$,流出湖泊的水量为$\frac{V}{3}$. 已知 1999 年年底湖中 A 的含量为 5 m,超过国家规定指标. 为了治理污染,从 2000 年年初起,限定排入湖泊中含 A 污水的浓度不超过$\frac{m_0}{V}$. 问至多需经过多少年,湖泊中污染物 A 的含量降至 m_0 以内?(注:湖泊中 A 的浓度是均匀的).

10. 设函数 $f(x)$在$[0,+\infty)$上可导,$f(0)=0$,且其反函数为 $g(x)$. 若 $\int_0^{f(x)} g(t)\mathrm{d}t=x^2\mathrm{e}^x$,求 $f(x)$.

附录Ⅰ　几种常用的曲线

（1）三次抛物线

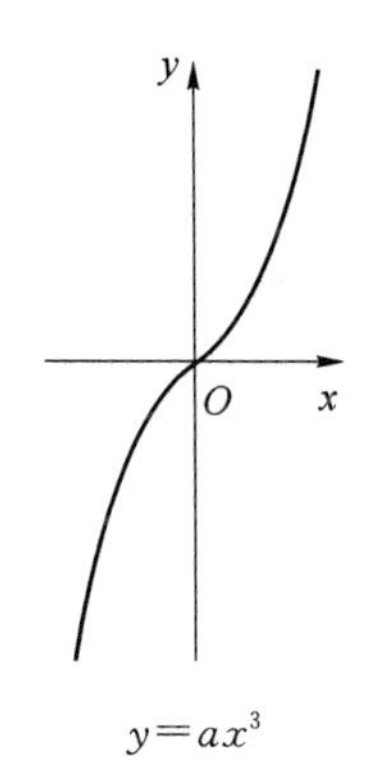

$y=ax^3$

（2）半立方抛物线

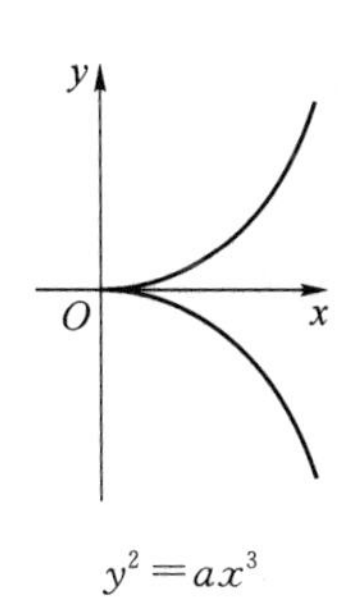

$y^2=ax^3$

（3）概率曲线

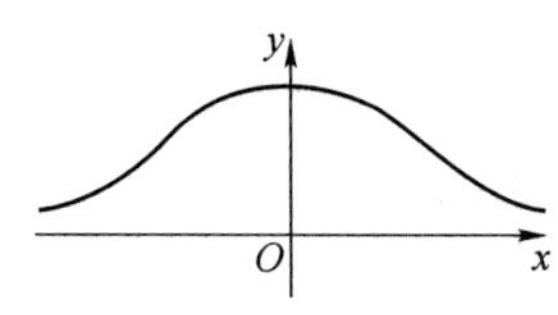

$y=\mathrm{e}^{-x^2}$

（4）箕舌线

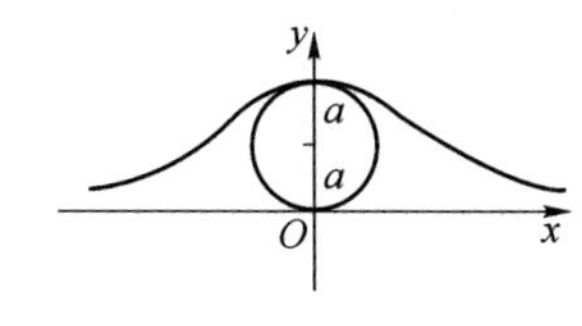

$y=\dfrac{8a^3}{x^2+4a^2}$

（5）蔓叶线

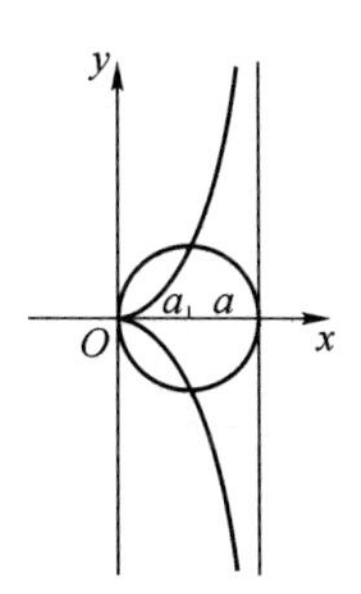

$y^2(2a-x)=x^3$

（6）笛卡儿叶形线

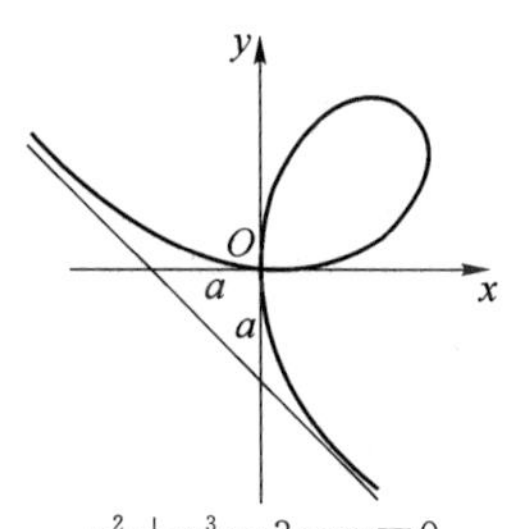

$x^2+y^3-3axy=0$

$x=\dfrac{3at}{1+t^3}, y=\dfrac{3at^2}{1+t}$

(7) 星形线(内摆线的一种)

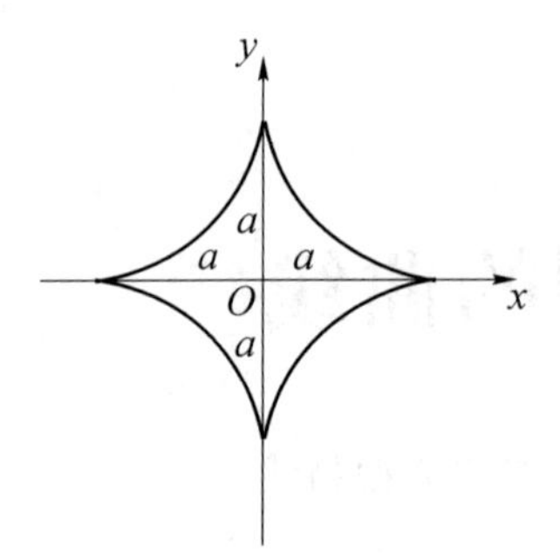

$$x^{\frac{2}{3}}+y^{\frac{2}{3}}=a^{\frac{2}{3}}$$

$$\begin{cases}x=a\cos^3\theta\\ y=a\sin^3\theta\end{cases}$$

(8) 摆线

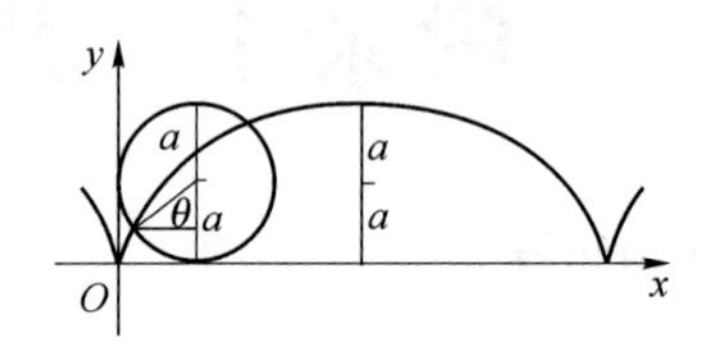

$$\begin{cases}x=a(\theta-\sin\theta)\\ y=a(1-\cos\theta)\end{cases}$$

(9) 心形线(外摆线的一种)

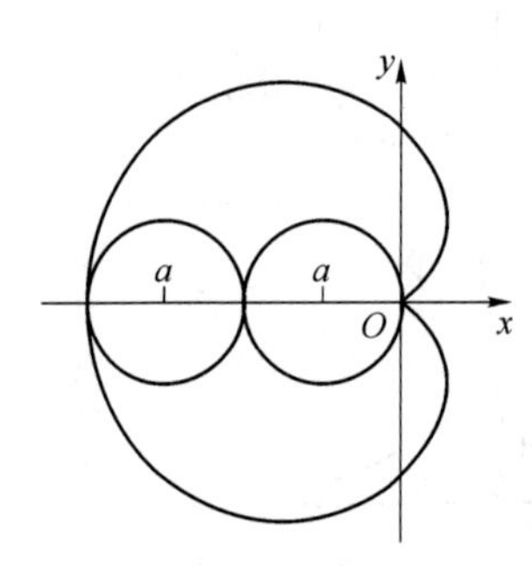

$$x^2+y^2+ax=a\sqrt{x^2+y^2}$$

$$\rho=a(1-\cos\theta)$$

(10) 阿基米德螺线

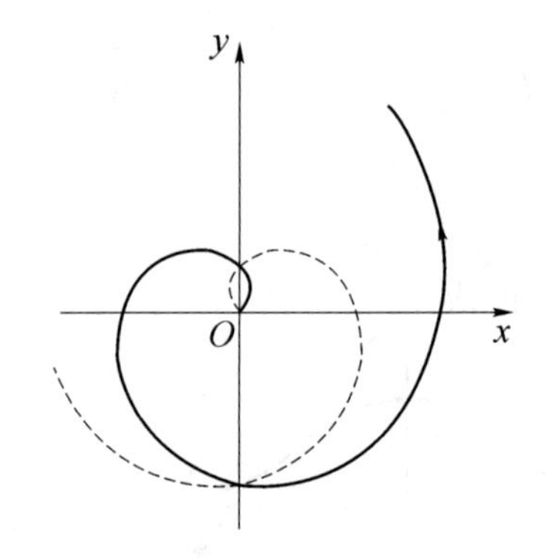

$$\rho=a\theta$$

(11) 对数螺线

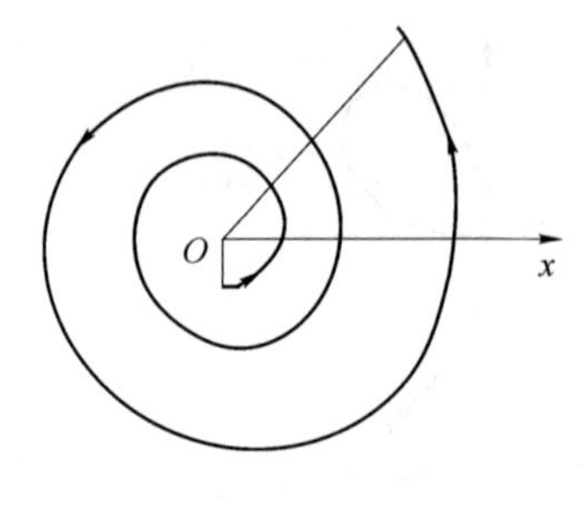

$$\rho=e^{a\theta}$$

(12) 双曲螺线

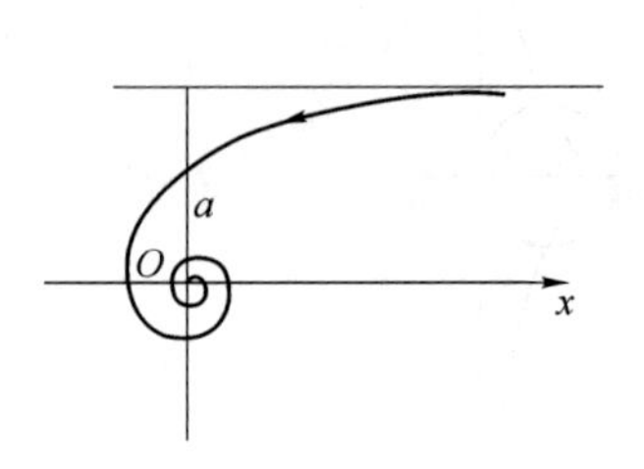

$$\rho\theta=a$$

(13) 伯努利双纽线

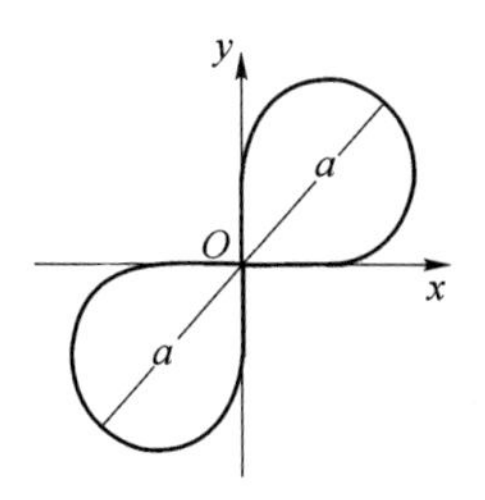

$(x^2+y^2)^2=2a^2xy$

$\rho^2=a^2\sin 2\theta$

(14) 伯努利双纽线

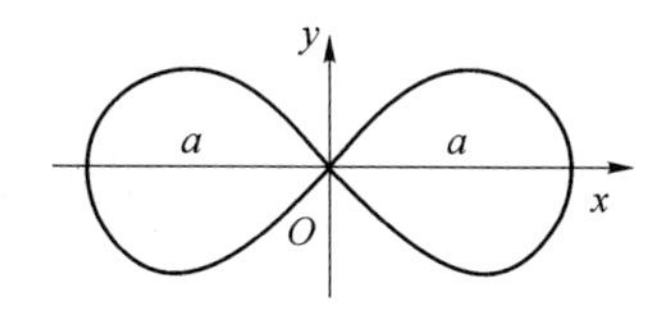

$(x^2+y^2)^2=a^2(x^2-y^2)$

$\rho^2=a^2\cos 2\theta$

(15) 三叶玫瑰线

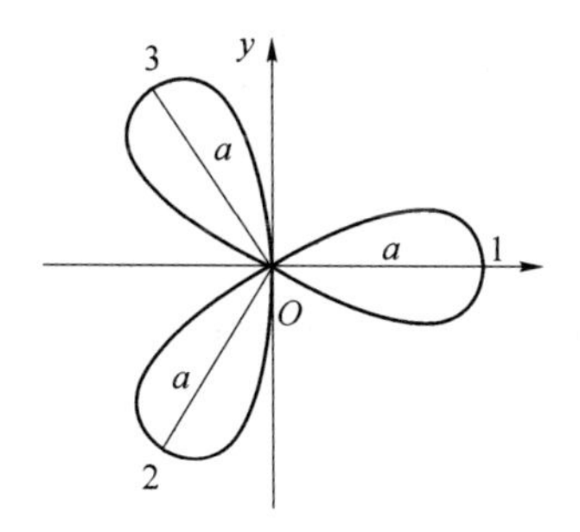

$\rho=a\cos 3\theta$

(16) 三叶玫瑰线

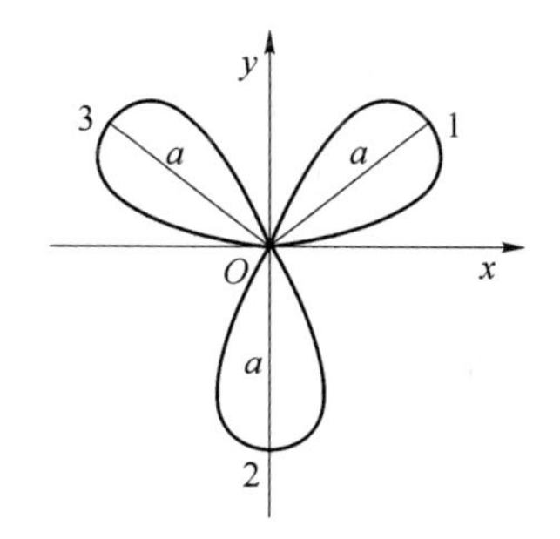

$\rho=a\sin 3\theta$

(17) 四叶玫瑰线

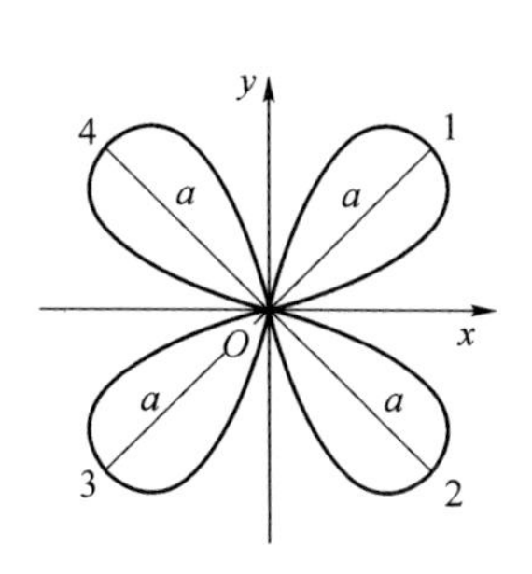

$\rho=a\sin 2\theta$

(18) 四叶玫瑰线

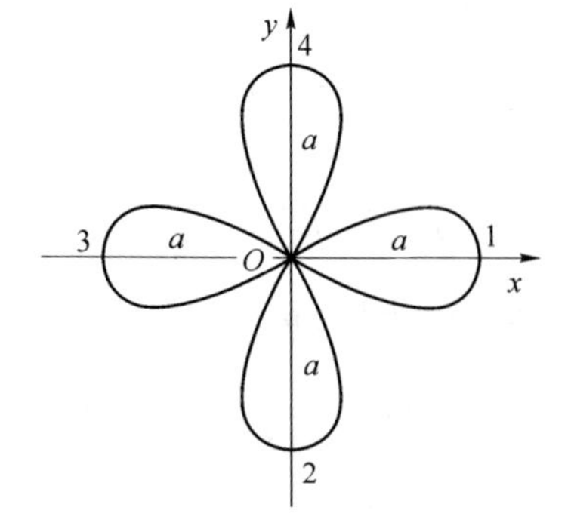

$\rho=a\cos 2\theta$

附录Ⅱ　积分表

(一) 含有 $ax+b$ 的积分

1. $\int \frac{dx}{ax+b} = \frac{1}{a}\ln|ax+b|+C$

2. $\int (ax+b)^{\mu}dx = \frac{1}{a(\mu+1)}(ax+b)^{\mu+1}+C(\mu \neq -1)$

3. $\int \frac{x}{ax+b}dx = \frac{1}{a^2}(ax+b-b\ln|ax+b|)+C$

4. $\int \frac{x^2}{ax+b}dx = \frac{1}{a^3}\left[\frac{1}{2}(ax+b)^2-2b(ax+b)+b^2\ln|ax+b|\right]+C$

5. $\int \frac{dx}{x(ax+b)} = -\frac{1}{b}\ln\left|\frac{ax+b}{x}\right|+C$

6. $\int \frac{dx}{x^2(ax+b)} = -\frac{1}{bx}+\frac{a}{b^2}\ln\left|\frac{ax+b}{x}\right|+C$

7. $\int \frac{x}{(ax+b)^2}dx = \frac{1}{a^2}\left(\ln|ax+b|+\frac{b}{ax+b}\right)+C$

8. $\int \frac{x^2}{(ax+b)^2}dx = \frac{1}{a^3}\left(ax+b-2b\ln|ax+b|-\frac{b^2}{ax+b}\right)+C$

9. $\int \frac{dx}{x(ax+b)^2} = \frac{1}{b(ax+b)}-\frac{1}{b^2}\ln\left|\frac{ax+b}{x}\right|+C$

(二) 含有 $\sqrt{ax+b}$ 的积分

10. $\int \sqrt{ax+b}dx = \frac{2}{3a}\sqrt{(ax+b)^3}+C$

11. $\int x\sqrt{ax+b}dx = \frac{2}{15a^2}(3ax-2b)\sqrt{(ax+b)^3}+C$

12. $\int x^2\sqrt{ax+b}dx = \frac{2}{105a^3}(15a^2x^2-12abx+8b^2)\sqrt{(ax+b)^3}+C$

13. $\int \frac{x}{\sqrt{ax+b}}dx = \frac{2}{3a^2}(ax-2b)\sqrt{ax+b}+C$

14. $\int \frac{x^2}{\sqrt{ax+b}}\mathrm{d}x = \frac{2}{15a^3}(3a^2x^2-4abx+8b^2)\sqrt{ax+b}+C$

15. $\int \frac{\mathrm{d}x}{x\sqrt{ax+b}} = \begin{cases} \frac{1}{\sqrt{b}}\ln\left|\frac{\sqrt{ax+b}-\sqrt{b}}{\sqrt{ax+b}+\sqrt{b}}\right|+C & (b>0) \\ \frac{2}{\sqrt{-b}}\arctan\sqrt{\frac{ax+b}{-b}}+C & (b<0) \end{cases}$

16. $\int \frac{\mathrm{d}x}{x^2\sqrt{ax+b}} = -\frac{\sqrt{ax+b}}{bx}-\frac{a}{2b}\int\frac{\mathrm{d}x}{x\sqrt{ax+b}}$

17. $\int \frac{\sqrt{ax+b}}{x}\mathrm{d}x = 2\sqrt{ax+b}+b\int\frac{\mathrm{d}x}{x\sqrt{ax+b}}$

18. $\int \frac{\sqrt{ax+b}}{x^2}\mathrm{d}x = -\frac{\sqrt{ax+b}}{x}+\frac{a}{2}\int\frac{\mathrm{d}x}{x\sqrt{ax+b}}$

(三) 含有 $x^2 \pm a^2$ 的积分

19. $\int \frac{\mathrm{d}x}{x^2+a^2} = \frac{1}{a}\arctan\frac{x}{a}+C$

20. $\int \frac{\mathrm{d}x}{(x^2+a^2)^n} = \frac{x}{2(n-2)a^2(x^2+a^2)^{n-1}}+\frac{2n-3}{2(n-1)a^2}\int\frac{\mathrm{d}x}{(x^2+a^2)^{n-1}}$

21. $\int \frac{\mathrm{d}x}{x^2-a^2} = \frac{1}{2a}\ln\left|\frac{x-a}{x+a}\right|+C$

(四) 含有 $ax^2+b(a>0)$ 的积分

22. $\int \frac{\mathrm{d}x}{ax^2+b} = \begin{cases} \frac{1}{\sqrt{ab}}\arctan\sqrt{\frac{a}{b}}x+C & (b>0) \\ \frac{1}{2\sqrt{-ab}}\ln\left|\frac{\sqrt{a}x-\sqrt{-b}}{\sqrt{a}x+\sqrt{-b}}\right|+C & (b<0) \end{cases}$

23. $\int \frac{x}{ax^2+b}\mathrm{d}x = \frac{1}{2a}\ln|ax^2+b|+C$

24. $\int \frac{x^2}{ax^2+b}\mathrm{d}x = \frac{x}{a}-\frac{b}{a}\int\frac{\mathrm{d}x}{ax^2+b}$

25. $\int \frac{\mathrm{d}x}{x(ax^2+b)} = \frac{1}{2b}\ln\frac{x^2}{|ax^2+b|}+C$

26. $\int \frac{\mathrm{d}x}{x^2(ax^2+b)} = -\frac{1}{bx}-\frac{a}{b}\int\frac{\mathrm{d}x}{ax^2+b}$

27. $\int \frac{\mathrm{d}x}{x^3(ax^2+b)} = \frac{a}{2b^2}\ln\frac{|ax^2+b|}{x^2}-\frac{1}{2bx^2}+C$

28. $\int \frac{\mathrm{d}x}{(ax^2+b)^2} = \frac{x}{2b(ax^2+b)}+\frac{1}{2b}\int\frac{\mathrm{d}x}{ax^2+b}$

(五) 含有 $ax^2+bx+c(a>0)$ 的积分

29. $$\int\frac{\mathrm{d}x}{ax^2+bx+c}=\begin{cases}\dfrac{2}{\sqrt{4ac-b^2}}\arctan\dfrac{2ax+b}{\sqrt{4ac-b^2}}+C & (b^2<4ac)\\[2ex] \dfrac{1}{\sqrt{b^2-4ac}}\ln\left|\dfrac{2ax+b-\sqrt{b^2-4ac}}{2ax+b+\sqrt{b^2-4ac}}\right|+C & (b^2>4ac)\end{cases}$$

30. $$\int\frac{x}{ax^2+bx+c}\mathrm{d}x=\frac{1}{2a}\ln|ax^2+bx+c|-\frac{b}{2a}\int\frac{\mathrm{d}x}{ax^2+bx+c}$$

(六) 含有 $\sqrt{x^2+a^2}(a>0)$ 的积分

31. $$\int\frac{\mathrm{d}x}{\sqrt{x^2+a^2}}=\operatorname{arsh}\frac{x}{a}+C_1=\ln(x+\sqrt{x^2+a^2})+C$$

32. $$\int\frac{\mathrm{d}x}{\sqrt{(x^2+a^2)^3}}=\frac{x}{a^2\sqrt{x^2+a^2}}+C$$

33. $$\int\frac{x}{\sqrt{x^2+a^2}}\mathrm{d}x=\sqrt{x^2+a^2}+C$$

34. $$\int\frac{x}{\sqrt{(x^2+a^2)^3}}\mathrm{d}x=-\frac{1}{\sqrt{x^2+a^2}}+C$$

35. $$\int\frac{x^2}{\sqrt{x^2+a^2}}\mathrm{d}x=\frac{x}{2}\sqrt{x^2+a^2}-\frac{a^2}{2}\ln(x+\sqrt{x^2+a^2})+C$$

36. $$\int\frac{x^2}{\sqrt{(x^2+a^2)^3}}\mathrm{d}x=-\frac{x}{\sqrt{x^2+a^2}}+\ln(x+\sqrt{x^2+a^2})+C$$

37. $$\int\frac{\mathrm{d}x}{x\sqrt{x^2+a^2}}=\frac{1}{a}\ln\frac{\sqrt{x^2+a^2}-a}{|x|}+C$$

38. $$\int\frac{\mathrm{d}x}{x^2\sqrt{x^2+a^2}}=-\frac{\sqrt{x^2+a^2}}{a^2x}+C$$

39. $$\int\sqrt{x^2+a^2}\,\mathrm{d}x=\frac{x}{2}\sqrt{x^2+a^2}+\frac{a^2}{2}\ln(x+\sqrt{x^2+a^2})+C$$

40. $$\int\sqrt{(x^2+a^2)^3}\,\mathrm{d}x=\frac{x}{8}(2x^2+5a^2)\sqrt{x^2+a^2}+\frac{3}{8}a^4\ln(x+\sqrt{x^2+a^2})+C$$

41. $$\int x\sqrt{x^2+a^2}\,\mathrm{d}x=\frac{1}{3}\sqrt{(x^2+a^2)^3}+C$$

42. $$\int x^2\sqrt{x^2+a^2}\,\mathrm{d}x=\frac{x}{8}(2x^2+a^2)\sqrt{x^2+a^2}-\frac{a^4}{8}\ln(x+\sqrt{x^2+a^2})+C$$

43. $$\int\frac{\sqrt{x^2+a^2}}{x}\mathrm{d}x=\sqrt{x^2+a^2}+a\ln\frac{\sqrt{x^2+a^2}-a}{|x|}+C$$

44. $$\int\frac{\sqrt{x^2+a^2}}{x^2}\mathrm{d}x=-\frac{\sqrt{x^2+a^2}}{x}+\ln(x+\sqrt{x^2+a^2})+C$$

（七）含有 $\sqrt{x^2-a^2}\ (a>0)$ 的积分

45. $\int \frac{\mathrm{d}x}{\sqrt{x^2-a^2}} = \frac{x}{|x|}\operatorname{arch}\frac{|x|}{a}+C_1 = \ln\left|x+\sqrt{x^2-a^2}\right|+C$

46. $\int \frac{\mathrm{d}x}{\sqrt{(x^2-a^2)^3}} = -\frac{x}{a^2\sqrt{x^2-a^2}}+C$

47. $\int \frac{x}{\sqrt{x^2-a^2}}\mathrm{d}x = \sqrt{x^2-a^2}+C$

48. $\int \frac{x}{\sqrt{(x^2-a^2)^3}}\mathrm{d}x = -\frac{1}{\sqrt{x^2-a^2}}+C$

49. $\int \frac{x^2}{\sqrt{x^2-a^2}}\mathrm{d}x = \frac{x}{2}\sqrt{x^2-a^2}+\frac{a^2}{2}\ln\left|x+\sqrt{x^2-a^2}\right|+C$

50. $\int \frac{x^2}{\sqrt{(x^2-a^2)^3}}\mathrm{d}x = -\frac{x}{\sqrt{x^2-a^2}}+\ln\left|x+\sqrt{x^2-a^2}\right|+C$

51. $\int \frac{\mathrm{d}x}{x\sqrt{x^2-a^2}} = \frac{1}{a}\arccos\frac{a}{|x|}+C$

52. $\int \frac{\mathrm{d}x}{x^2\sqrt{x^2-a^2}} = \frac{\sqrt{x^2-a^2}}{a^2x}+C$

53. $\int \sqrt{x^2-a^2}\,\mathrm{d}x = \frac{x}{2}\sqrt{x^2-a^2}-\frac{a^2}{2}\ln\left|x+\sqrt{x^2-a^2}\right|+C$

54. $\int \sqrt{(x^2-a^2)^3}\,\mathrm{d}x = \frac{x}{8}(2x^2-5a^2)\sqrt{x^2-a^2}+\frac{3}{8}a^4\ln\left|x+\sqrt{x^2-a^2}\right|+C$

55. $\int x\sqrt{x^2-a^2}\,\mathrm{d}x = \frac{1}{3}\sqrt{(x^2-a^2)^3}+C$

56. $\int x^2\sqrt{x^2-a^2}\,\mathrm{d}x = \frac{x}{8}(2x^2-a^2)\sqrt{x^2-a^2}-\frac{a^4}{8}\ln\left|x+\sqrt{x^2-a^2}\right|+C$

57. $\int \frac{\sqrt{x^2-a^2}}{x}\mathrm{d}x = \sqrt{x^2-a^2}-a\arccos\frac{a}{|x|}+C$

58. $\int \frac{\sqrt{x^2-a^2}}{x^2}\mathrm{d}x = -\frac{\sqrt{x^2-a^2}}{x}+\ln\left|x+\sqrt{x^2-a^2}\right|+C$

（八）含有 $\sqrt{a^2-x^2}\ (a>0)$ 的积分

59. $\int \frac{\mathrm{d}x}{\sqrt{a^2-x^2}} = \arcsin\frac{x}{a}+C$

60. $\int \frac{\mathrm{d}x}{\sqrt{(a^2-x^2)^3}} = \frac{x}{a^2\sqrt{a^2-x^2}}+C$

61. $\int \frac{x}{\sqrt{a^2-x^2}}\mathrm{d}x = -\sqrt{a^2-x^2}+C$

62. $\int \frac{x}{\sqrt{(a^2-x^2)^3}}dx = \frac{1}{\sqrt{a^2-x^2}} + C$

63. $\int \frac{x^2}{\sqrt{a^2-x^2}}dx = -\frac{x}{2}\sqrt{a^2-x^2} + \frac{a^2}{2}\arcsin\frac{x}{a} + C$

64. $\int \frac{x^2}{\sqrt{(a^2-x^2)^3}}dx = \frac{x}{\sqrt{a^2-x^2}} - \arcsin\frac{x}{a} + C$

65. $\int \frac{dx}{x\sqrt{a^2-x^2}} = \frac{1}{a}\ln\frac{a-\sqrt{a^2-x^2}}{|x|} + C$

66. $\int \frac{dx}{x^2\sqrt{a^2-x^2}} = -\frac{\sqrt{a^2-x^2}}{a^2 x} + C$

67. $\int \sqrt{a^2-x^2}dx = \frac{x}{2}\sqrt{a^2-x^2} + \frac{a^2}{2}\arcsin\frac{x}{a} + C$

68. $\int \sqrt{(a^2-x^2)^3}dx = \frac{x}{8}(5a^2-2x^2)\sqrt{a^2-x^2} + \frac{3}{8}a^4\arcsin\frac{x}{a} + C$

69. $\int x\sqrt{a^2-x^2}dx = -\frac{1}{3}\sqrt{(a^2-x^2)^3} + C$

70. $\int x^2\sqrt{a^2-x^2}dx = \frac{x}{8}(2x^2-a^2)\sqrt{a^2-x^2} + \frac{a^4}{8}\arcsin\frac{x}{a} + C$

71. $\int \frac{\sqrt{a^2-x^2}}{x}dx = \sqrt{a^2-x^2} + a\ln\frac{a-\sqrt{a^2-x^2}}{|x|} + C$

72. $\int \frac{\sqrt{a^2-x^2}}{x^2}dx = -\frac{\sqrt{a^2-x^2}}{x} - \arcsin\frac{x}{a} + C$

(九) 含有 $\sqrt{\pm ax^2+bx+c}$ $(a>0)$ 的积分

73. $\int \frac{dx}{\sqrt{ax^2+bx+c}} = \frac{1}{\sqrt{a}}\ln\left|2ax+b+2\sqrt{a}\sqrt{ax^2+bx+c}\right| + C$

74. $\int \sqrt{ax^2+bx+c}\,dx = \frac{2ax+b}{4a}\sqrt{ax^2+bx+c} + \frac{4ac-b^2}{8\sqrt{a^3}}\ln\left|2ax+b+2\sqrt{a}\sqrt{ax^2+bx+c}\right| + C$

75. $\int \frac{x}{\sqrt{ax^2+bx+c}}dx = \frac{1}{a}\sqrt{ax^2+bx+c} - \frac{b}{2\sqrt{a^3}}\ln\left|2ax+b+2\sqrt{a}\sqrt{ax^2+bx+c}\right| + C$

76. $\int \frac{dx}{\sqrt{c+bx-ax^2}} = -\frac{1}{\sqrt{a}}\arcsin\frac{2ax-b}{\sqrt{b^2+4ac}} + C$

77. $\int \sqrt{c+bx-ax^3}\,dx = \frac{2ax-b}{4a}\sqrt{c+bx-ax^2} +$

$$\frac{b^2+4ac}{8\sqrt{a^3}}\arcsin\frac{2ax-b}{\sqrt{b^2+4ac}}+C$$

78. $\displaystyle\int\frac{x}{\sqrt{c+bx-ax^2}}dx=-\frac{1}{a}\sqrt{c+bx-ax^2}+\frac{b}{2\sqrt{a^3}}\arcsin\frac{2ax-b}{\sqrt{b^2+4ac}}+C$

(十) 含有$\sqrt{\pm\frac{x-a}{x-b}}$或$\sqrt{(x-a)(b-x)}$的积分

79. $\displaystyle\int\sqrt{\frac{x-a}{x-b}}dx=(x-b)\sqrt{\frac{x-a}{x-b}}+(b-a)\ln(\sqrt{|x-a|}+\sqrt{|x-b|})+C$

80. $\displaystyle\int\sqrt{\frac{x-a}{x-b}}dx=(x-b)\sqrt{\frac{x-a}{b-x}}+(b-a)\arcsin\sqrt{\frac{x-a}{b-a}}+C$

81. $\displaystyle\int\frac{dx}{\sqrt{(x-a)(b-x)}}=2\arcsin\sqrt{\frac{x-a}{b-a}}+C(a<b)$

82. $\displaystyle\int\sqrt{(x-a)(b-x)}dx=\frac{2x-a-b}{4}\sqrt{(x-a)(b-x)}+$

$$\frac{(b-a)^2}{4}\arcsin\sqrt{\frac{x-a}{b-a}}+C(a<b)$$

(十一) 含有三角函数的积分

83. $\displaystyle\int\sin x dx=-\cos x+C$

84. $\displaystyle\int\cos x dx=\sin x+C$

85. $\displaystyle\int\tan x dx=-\ln|\cos x|+C$

86. $\displaystyle\int\cot x dx=\ln|\sin x|+C$

87. $\displaystyle\int\sec x dx=\ln\left|\tan\left(\frac{\pi}{4}+\frac{x}{2}\right)\right|+C=\ln|\sec x+\tan x|+C$

88. $\displaystyle\int\csc x dx=\ln\left|\tan\frac{x}{2}\right|+C=\ln|\csc x-\cot x|+C$

89. $\displaystyle\int\sec^2 x dx=\tan x+C$

90. $\displaystyle\int\csc^2 x dx=-\cot x+C$

91. $\displaystyle\int\sec x\tan x dx=\sec x+C$

92. $\displaystyle\int\csc x\cot x dx=-\csc x+C$

93. $\displaystyle\int\sin^2 x dx=\frac{x}{2}-\frac{1}{4}\sin 2x+C$

94. $\int\cos^2 x\,\mathrm{d}x = \frac{x}{2} + \frac{1}{4}\sin 2x + C$

95. $\int\sin^n x\,\mathrm{d}x = -\frac{1}{n}\sin^{n-1}x\cos x + \frac{n-1}{n}\int\sin^{n-2}x\,\mathrm{d}x$

96. $\int\cos^n x\,\mathrm{d}x = \frac{1}{n}\cos^{n-1}x\sin x + \frac{n-1}{n}\int\cos^{n-2}x\,\mathrm{d}x$

97. $\int\frac{\mathrm{d}x}{\sin^n x} = -\frac{1}{n-1}\cdot\frac{\cos x}{\sin^{n-1}x} + \frac{n-2}{n-1}\int\frac{\mathrm{d}x}{\sin^{n-2}x}$

98. $\int\frac{\mathrm{d}x}{\cos^n x} = \frac{1}{n-1}\cdot\frac{\sin x}{\cos^{n-1}x} + \frac{n-2}{n-1}\int\frac{\mathrm{d}x}{\cos^{n-2}x}$

99. $\int\cos^m x\sin^n x\,\mathrm{d}x = \frac{1}{m+n}\cos^{m-1}x\sin^{n+1}x + \frac{m-1}{m+n}\int\cos^{m-2}x\sin^n x\,\mathrm{d}x$

$$= -\frac{1}{m+n}\cos^{m+1}x\sin^{n-1}x + \frac{n-1}{m+n}\int\cos^m x\sin^{n-2}x\,\mathrm{d}x$$

100. $\int\sin ax\cos bx\,\mathrm{d}x = -\frac{1}{2(a+b)}\cos(a+b)x - \frac{1}{2(a-b)}\cos(a-b)x + C$

101. $\int\sin ax\sin bx\,\mathrm{d}x = -\frac{1}{2(a+b)}\sin(a+b)x + \frac{1}{2(a-b)}\sin(a-b)x + C$

102. $\int\cos ax\cos bx\,\mathrm{d}x = \frac{1}{2(a+b)}\sin(a+b)x + \frac{1}{2(a-b)}\sin(a-b)x + C$

103. $\int\frac{\mathrm{d}x}{a+b\sin x} = \frac{2}{\sqrt{a^2-b^2}}\arctan\frac{a\tan\frac{x}{2}+b}{\sqrt{a^2-b^2}} + C \quad (a^2 > b^2)$

104. $\int\frac{\mathrm{d}x}{a+b\sin x} = \frac{1}{\sqrt{b^2-a^2}}\ln\left|\frac{a\tan\frac{x}{2}+b-\sqrt{b^2-a^2}}{a\tan\frac{x}{2}+b+\sqrt{b^2-a^2}}\right| + C \quad (a^2 < b^2)$

105. $\int\frac{\mathrm{d}x}{a+b\cos x} = \frac{2}{a+b}\sqrt{\frac{a+b}{a-b}}\arctan\left(\sqrt{\frac{a-b}{a+b}}\tan\frac{x}{2}\right) + C \quad (a^2 > b^2)$

106. $\int\frac{\mathrm{d}x}{a+b\cos x} = \frac{1}{a+b}\sqrt{\frac{a+b}{b-a}}\ln\left|\frac{\tan\frac{x}{2}+\sqrt{\frac{a+b}{b-a}}}{\tan\frac{x}{2}-\sqrt{\frac{a+b}{b-a}}}\right| + C \quad (a^2 < b^2)$

107. $\int\frac{\mathrm{d}x}{a^2\cos^2 x + b^2\sin^2 x} = \frac{1}{ab}\arctan\left(\frac{b}{a}\tan x\right) + C$

108. $\int\frac{\mathrm{d}x}{a^2\cos^2 x - b^2\sin^2 x} = \frac{1}{2ab}\ln\left|\frac{b\tan x + a}{b\tan x - a}\right| + C$

109. $\int x\sin ax\,\mathrm{d}x = \frac{1}{a^2}\sin ax - \frac{1}{a}x\cos ax + C$

110. $\int x^2\sin ax\,\mathrm{d}x=-\frac{1}{a}x^2\cos ax+\frac{2}{a^2}x\sin ax+\frac{2}{a^3}\cos ax+C$

111. $\int x\cos ax\,\mathrm{d}x=\frac{1}{a^2}\cos ax+\frac{1}{a}x\sin ax+C$

112. $\int x^2\cos ax\,\mathrm{d}x=\frac{1}{a}x^2\sin ax+\frac{2}{a^2}x\cos ax-\frac{2}{a^3}\sin ax+C$

(十二) 含有反三角函数的积分(其中 $a>0$)

113. $\int \arcsin\frac{x}{a}\mathrm{d}x=x\arcsin\frac{x}{a}+\sqrt{a^2-x^2}+C$

114. $\int x\arcsin\frac{x}{a}\mathrm{d}x=\left(\frac{x^2}{2}-\frac{a^2}{4}\right)\arcsin\frac{x}{a}+\frac{x}{4}\sqrt{a^2-x^2}+C$

115. $\int x^2\arcsin\frac{x}{a}\mathrm{d}x=\frac{x^3}{3}\arcsin\frac{x}{a}+\frac{1}{9}(x^2+2a^2)\sqrt{a^2-x^2}+C$

116. $\int \arccos\frac{x}{a}\mathrm{d}x=x\arccos\frac{x}{a}-\sqrt{a^2-x^2}+C$

117. $\int x\arccos\frac{x}{a}\mathrm{d}x=\left(\frac{x^2}{2}-\frac{a^2}{4}\right)\arccos\frac{x}{a}-\frac{x}{4}\sqrt{a^2-x^2}+C$

118. $\int x^2\arccos\frac{x}{a}\mathrm{d}x=\frac{x^3}{3}\arccos\frac{x}{a}-\frac{1}{9}(x^2+2a^2)\sqrt{a^2-x^2}+C$

119. $\int \arctan\frac{x}{a}\mathrm{d}x=x\arctan\frac{x}{a}-\frac{a}{2}\ln(a^2+x^2)+C$

120. $\int x\arctan\frac{x}{a}\mathrm{d}x=\frac{1}{2}(a^2+x^2)\arctan\frac{x}{a}-\frac{a}{2}x+C$

121. $\int x^2\arctan\frac{x}{a}\mathrm{d}x=\frac{x^3}{3}\arctan\frac{x}{a}-\frac{a}{6}x^2+\frac{a^3}{6}\ln(a^2+x^2)+C$

(十三) 含有指数函数的积分

122. $\int a^x\,\mathrm{d}x=\frac{1}{\ln a}a^x+C$

123. $\int \mathrm{e}^{ax}\,\mathrm{d}x=\frac{1}{a}\mathrm{e}^{ax}+C$

124. $\int x\mathrm{e}^{ax}\,\mathrm{d}x=\frac{1}{a^2}(ax-1)\mathrm{e}^{ax}=C$

125. $\int x^n\mathrm{e}^{ax}\,\mathrm{d}x=\frac{1}{a}x^n\mathrm{e}^{ax}-\frac{n}{a}\int x^{n-1}\mathrm{e}^{ax}\,\mathrm{d}x$

126. $\int xa^x\,\mathrm{d}x=\frac{x}{\ln a}a^x-\frac{1}{(\ln a)^2}a^x+C$

127. $\int x^na^x\,\mathrm{d}x=\frac{1}{\ln a}x^na^x-\frac{n}{\ln a}\int x^{n-1}a^x\,\mathrm{d}x$

128. $\int e^{ax}\sin bx\,dx = \frac{1}{a^2+b^2}e^{ax}(a\sin bx - b\cos bx) + C$

129. $\int e^{ax}\cos bx\,dx = \frac{1}{a^2+b^2}e^{ax}(b\sin bx + a\cos bx) + C$

130. $\int e^{ax}\sin^n bx\,dx = \frac{1}{a^2+b^2n^2}e^{ax}\sin^{n-1}bx(a\sin bx - nb\cos bx) + \frac{n(n-1)b^2}{a^2+b^2n^2}\int e^{ax}\sin^{n-2}bx\,dx$

131. $\int e^{ax}\cos^n bx\,dx = \frac{1}{a^2+b^2n^2}e^{ax}\cos^{n-1}bx(a\cos bx + nb\sin bx) + \frac{n(n-1)b^2}{a^2+b^2n^2}\int e^{ax}\cos^{n-2}bx\,dx$

(十四) 含有对数函数的积分

132. $\int \ln x\,dx = x\ln x - x + C$

133. $\int \frac{dx}{x\ln x} = \ln|\ln x| + C$

134. $\int x^n\ln x\,dx = \frac{1}{n+1}x^{n+1}\left(\ln x - \frac{1}{n+1}\right) + C$

135. $\int (\ln x)^n\,dx = x(\ln x)^n - n\int(\ln x)^{n-1}\,dx$

136. $\int x^m(\ln x)^n\,dx = \frac{1}{m+1}x^{m+1}(\ln x)^n = \frac{n}{m+1}\int x^m(\ln x)^{n-1}\,dx$

(十五) 含有双曲函数的积分

137. $\int \operatorname{sh} x\,dx = \operatorname{ch} x + C$

138. $\int \operatorname{ch} x\,dx = \operatorname{sh} x + C$

139. $\int \operatorname{th} x\,dx = \ln \operatorname{ch} x + C$

140. $\int \operatorname{sh}^2 x\,dx = -\frac{x}{2} + \frac{1}{4}\operatorname{sh} 2x + C$

141. $\int \operatorname{ch}^2 x\,dx = \frac{x}{2} + \frac{1}{4}\operatorname{sh} 2x + C$

(十六) 定积分

142. $\int_{-\pi}^{\pi}\cos nx\,dx = \int_{-\pi}^{\pi}\sin nx\,dx = 0$

143. $\int_{-\pi}^{\pi}\cos mx\sin nx\,dx = 0$

144. $\int_{-\pi}^{\pi} \cos mx \cos nx \, dx = \begin{cases} 0, & m \neq n \\ \pi, & m = n \end{cases}$

145. $\int_{-\pi}^{\pi} \sin mx \sin nx \, dx = \begin{cases} 0, & m \neq n \\ \pi, & m = n \end{cases}$

146. $\int_{0}^{\pi} \sin mx \sin nx \, dx = \int_{0}^{\pi} \cos mx \cos nx \, dx = \begin{cases} 0, & m \neq n \\ \pi/2, & m = n \end{cases}$

147. $I_n = \int_{0}^{\frac{\pi}{2}} \sin^n x \, dx = \int_{0}^{\frac{\pi}{2}} \cos^n x \, dx$

$$I_n = \frac{n-1}{n} I_{n-2}$$

$$= \begin{cases} \dfrac{n-1}{n} \cdot \dfrac{n-3}{n-2} \cdot \cdots \cdot \dfrac{4}{5} \cdot \dfrac{2}{3} (n \text{ 为大于 1 的正奇数}), I_1 = 1 \\ \dfrac{n-1}{n} \cdot \dfrac{n-3}{n-2} \cdot \cdots \cdot \dfrac{3}{4} \cdot \dfrac{1}{2} \cdot \dfrac{\pi}{2} (n \text{ 为正偶数}), I_0 = \dfrac{\pi}{2} \end{cases}$$

部分习题答案与提示

习题 1-1

1. (1) $[1,4]$； (2) $(2,+\infty)$； (3) 空集； (4) $[-1,3]$.

2. $f(x)=\begin{cases}(x+1)^2, & -3\leqslant x\leqslant 1,\\ 0, & x>1 \text{ 或 } x<-3.\end{cases}$

3. $f(x)=\dfrac{c}{a^2-b^2}\left(\dfrac{a}{x}-bx\right)$.

5. $V=12-0.6t \quad (t\geqslant 0)$.

6. $u=\begin{cases}u_0, & |t|\leqslant l/2,\\ 0, & |t|>l/2.\end{cases}$

8. $\varphi(x)=\begin{cases}e^x-1, & x>0,\\ \dfrac{1}{2}x, & x\leqslant 0.\end{cases}$

9. $f[\varphi(x)]=\begin{cases}1, & x>1;\\ 0, & x=1;\\ -1, & x<-1;\end{cases}$ $\varphi[f(x)]=0 \quad (x>0)$.

10. $f(f(x))=\dfrac{1+x}{2+x}, f\left(\dfrac{1}{f(x)}\right)=\dfrac{1}{2+x}$.

13. 见附录Ⅰ.

习题 1-2

3. $n\geqslant 19\ 999$.

4. (1) 单调递减，有界，极限为 0； (2) 单调递增，无界，无极限；

(3) 非单调,无界,无极限; (4) 非单调,有界,极限为 1;

(5) 非单调,有界,无极限.

6. $x_1=1, x_2=\frac{1}{2}, \cdots, x_n=\frac{1}{2^{n-1}}$,极限为 0.

习题 1-3

1. 都正确.

4. $f(0^-)=-1, f(0^+)=1$.

5. $f(1^+)=\frac{5}{3}, f(1^-)=2, \lim\limits_{x\to 1} f(x)$不存在.

6. $|X|\geqslant\sqrt{99}$.

7. $23.52<R<24.48$.

习题 1-4

2. (1)(4)为无穷大量;(5)(6)为无穷小量;(2)(3)既非无穷大量也非无穷小量.

4. (1) $y=1+\frac{2}{x-1}$; (2) $y=2+(x-1)$;

(3) $y=5+(x^2-4)$; (4) $y=\frac{1}{2}+\frac{1}{2(2x-1)}$.

习题 1-5

1. (1) 2; (2) 4; (3) $\frac{1}{3}$; (4) -1; (5) $\frac{1}{2}$; (6) ∞; (7) $\frac{1}{2}$; (8) $\frac{1}{2}$;

(9) 0; (10) 2; (11) $\frac{1}{3}$; (12) $-\frac{1}{2\sqrt{2}}$; (13) 0; (14) 0; (15) 0; (16) ∞; (17) 2.

2. $a=1, b=-2$.

3. (1) 0; (2) $\frac{\sqrt{6}}{2}$; (3) 当 $0<a<1$ 时,0;当 $a=1$ 时,$\frac{1}{2}$;$a>1$ 时,0;

(4) 当 $0<a<1$ 时,-1;当 $a=1$ 时,0;$a>1$ 时,1.

4. $f(0^-)=0, f(0^+)=1$,极限不存在.

习题 1-6

1. (1) 1； (2) $\frac{3}{5}$； (3) $\sqrt{2}$； (4) $-\frac{1}{4}$； (5) $\frac{1}{4}$； (6) $\cos a$； (7) x； (8) 0； (9) 3； (10) $\frac{1}{4}$.

2. (1) e^{-2}； (2) e^{-10}； (3) e^{-2}； (4) e^{6}； (5) e^{3}； (6) e^{-1}； (7) e^{3}.

3. $a=1$.

4. (2) 提示：设 $n>1$，令$\sqrt[n]{n}=1+t_n, t_n>0$，则$(1+t_n)^n=n$. 由二项式展开式，$n=(1+t_n)^n=1+nt_n+\frac{n(n-1)}{2!}t_n^2+\cdots+t_n^n$，故 $n\geqslant\frac{n(n-1)}{2}t_n^2$，$0<t_n<\sqrt{\frac{2}{n-1}}$，从而$\lim\limits_{n\to\infty}t_n=0$.

(3) 提示：$n\frac{n}{n^2+n\pi}\leqslant x_n\leqslant n\cdot\frac{n}{n^2+\pi}$.

5. (1) 2. 提示：$x_2=\sqrt{2+x_1}<\sqrt{2+2}=2$，由归纳法可证，$x_n<2$；

又 $x_{n+1}-x_n=\sqrt{2+x_n}-x_n=\frac{2}{\sqrt{2+x_n}+x_n}>0$，知数列$\{x_n\}$单调增加.

(2) $\sqrt{3}$. 提示：$x_{n+1}=3-\frac{6}{3+x_n}$，由归纳法可证 $0<x_n<\sqrt{3}$. 又 $x_{n+2}-x_{n+1}=\frac{6(x_{n+1}-x_n)}{(3+x_{n+1})(3+x_n)}$，而 $x_1-x_0=\frac{3-x_0^2}{3+x_0^2}>0$. 故知$\{x_n\}$单调递增，有上界.

(3) $\sqrt{2}$. 提示：$a_n\geqslant\sqrt{a_{n-1}\frac{2}{a_{n-1}}}=\sqrt{2}$，又 $a_{n+1}-a_n=\frac{2-a_n^2}{2a_n}<0$，故$\{a_n\}$单调递减，有下界.

6. (1) $A_0\left(1+\frac{r}{n}\right)^n$； (2) $A_0\left(1+\frac{r}{n}\right)^{nk}$； (3) A_0e^{kr}.

习题 1-7

2. (1) $\frac{1}{2}$； (2) 1； (3) $n>m$ 时，0；$n=m$ 时，1；$n<m$ 时，∞； (4) $\frac{m^2}{2}$； (5) 1； (6) $\frac{3}{2}$； (7) $\frac{1}{3}$； (8) 0； (9) 令 $t=1-x$，$\frac{2}{\pi}$； (10) $\frac{1}{9}$.

3. (1) 1 阶； (2) $\frac{1}{2}$阶； (3) 4 阶； (4) 3 阶； (5) 2 阶； (6) 1 阶.

4. $a=4,b=-5$.提示:$x^2+ax+b=(x-1)(x+a+1)+a+b+1$.

5. $a=-\frac{3}{2}$.

习题 1-8

1. (1) 连续; (2) 连续; (3) 第一类跳跃型; (4) 第二类; (5) 第二类.

2. (1) $x=2$ 为第二类;$x=1$ 为可去型,补充 $f(1)=-2$.

(2) $x=0$ 为可去型;补充 $f(0)=\mathrm{e}$.

(3) $x=0$ 为跳跃型. (4) $x=0$ 为跳跃型.

(5) $x=0$ 为跳跃型. (6) 无间断点.

3. (1) $a=1,b=1$; (2) $a=0,b=1$; (3) $a=\frac{1}{2}$.

4. $f(x)=\begin{cases}-x, & |x|>1;\\ x, & |x|<1;\\ 0, & |x|=1;\end{cases}$ $x=\pm1$ 为跳跃型间断点.

6. (1) $\frac{\ln 2+1}{\mathrm{e}+1}$; (2) e; (3) $\mathrm{e}^{\frac{1}{2}}$; (4) 1;

(5) $\frac{1}{\mathrm{e}}$; (6) $+\infty$; (7) $\mathrm{e}^{\frac{2}{\pi}}$; (8) e^2; (9) e.

7. (1) 否.取 $\varphi(x)=\begin{cases}1, & x\geqslant0,\\ -1, & x<0;\end{cases}$ $f(x)=1$,则 $\varphi[f(x)]=1$ 在$(-\infty,+\infty)$连续,无间断点.

(2) 否.取 $\varphi(x)$同上,则$[\varphi(x)]^2=1$ 在$(-\infty,+\infty)$连续,无间断点.

(3) 否.取 $f(x),\varphi(x)$同(1),则 $f[\varphi(x)]=1$ 在$(-\infty,+\infty)$连续,无间断点.

(4) 正确.反证:设 $g(x)=\frac{\varphi(x)}{f(x)}$在$(-\infty,+\infty)$上连续.则由连续函数的运算法则知:$\varphi(x)=g(x)f(x)$在$(-\infty,+\infty)$上连续,与已知矛盾.

8. (1) $(-\infty,-5),(-5,3),(3,+\infty)$; (2) $[4,6]$; (3) $[-1,1),(1,2]$.

习题 1-9

2. 提示:作 $\varphi(x)=\begin{cases}f(x), & x\in(a,b),\\ B, & x=a \text{ 或 } b,\end{cases}$ 则 $\varphi(x)$在$[a,b]$上连续.

3. 提示:作 $\varphi(x)=f(x)-x$.

5. 设 $f(x)=x-a\sin x-b$,则 $f(0)=-b<0$,$f(a+b)=a(1-\sin(a+b))$.若 $f(a+b)=0$,则结论成立.若 $f(a+b)>0$.则 $f(x)$在$(0,a+b)$上至少有一个零点,即方程至少有一个正根,且不超过 $a+b$.

事实上,对 $\forall c>0$,有

$$f(a+b+c)=a(1-\sin(a+b+c))+c\geqslant c>0,$$

故 $a+b+c$ 不是方程的根.说明方程所有的根都不超过 $a+b$.

总习题一

1. (1) $1-\cos x$;　(2) x;　(3) $(-\infty,-\sqrt{2})\cup(\sqrt{2},3)\cup(3,\infty)$;

(4) $g(x)=\begin{cases}-x^2, & x<0,\\ x^2, & x\geqslant 0,\end{cases}$反函数 $\varphi(x)=\begin{cases}\sqrt{x}, & x\geqslant 0,\\ \sqrt{-x}, & x<0;\end{cases}$

(5) $\ln x$;　(6) $a=-\dfrac{4}{3}$;　(7) 第一类跳跃型间断点.

2. (1) B;　(2) B;　(3) B;　(4) C;　(5) B.

3. $f(2)=2a$,$f(5)=5a$;$a=0$ 时,$f(x+2)=f(x)$.

5. 提示:由 $x_{n+1}=x_n(2-x_n)<1$,从而 $x_{n+1}>x_n$,$\lim\limits_{n\to\infty}x_n=1$.

6. (1) 2 阶;　(2) $\dfrac{1}{6}$阶;　(3) 2 阶;　(4) 等价无穷小.

7. (1) e^{-x};　(2) $x>0$ 时,极限为 A,$x=0$ 时,极限为$\dfrac{A+B}{2}$;$x<0$ 时,极限为 B;

(3) 0;　(4) e^2;　(5) $\dfrac{\alpha}{m}+\dfrac{\beta}{n}$;　(6) -2;

(7) 令 $x=t^{15}$,$\dfrac{5}{3}$;　(8) 令 $x=1-t$,$\dfrac{4}{\pi^2}$;　(9) $-\dfrac{3}{\ln 2\cdot\ln 3}$

8. $\dfrac{\pi}{4}$,$\dfrac{5\pi}{4}$是第二类(无穷)间断点;$\dfrac{3\pi}{4}$,$\dfrac{7\pi}{4}$是可去间断点.

9. 当 $a=0$,$b\neq 1$ 时,$x=0$ 是 $f(x)$的无穷间断点;当 $a\neq 1$,$b=e$ 时,$x=1$ 是 $f(x)$的可去间断点.

习题 2-1

1. (1) $\frac{\Delta T}{\Delta t}=\frac{f(t_0+\Delta t)-f(t_0)}{\Delta t}$； (2) $\lim\limits_{\Delta t\to 0}\frac{\Delta T}{\Delta t}$.

2. 12.

3. (1) $-f'(x_0)$； (2) $f'(x_0)$； (3) $(\alpha+\beta)f'(x_0)$； (4) $f'(x_0)$.

4. (1) $-3x^{-4}$； (2) $-\frac{1}{2}x^{-\frac{3}{2}}$； (3) $-\frac{5}{6}x^{-\frac{11}{6}}$； (4) $-\frac{2}{3}x^{-\frac{5}{3}}$.

5. (1) 切线方程 $x-y+1=0$,法线方程 $x+y-1=0$；
   (2) 切线方程 $x+y=2$,法线方程 $y-x=0$.

6. (1) 切线方程 $y=3x-4$,法线方程 $y=-\frac{1}{3}x+\frac{28}{3}$； (2) $y=6x-32$.

9. (1) 连续,不可导； (2) 连续,不可导； (3) 连续,可导； (4) 连续,不可导.

习题 2-2

1. (1) $200x^{99}-\frac{7}{2\sqrt{x}}$； (2) $(1+x)e^x-2\sin x+\frac{1}{x^2}$；
   (3) $\frac{1-\cos x-x\sin x}{(1-\cos x)^2}$； (4) $\arcsin x+\frac{x}{\sqrt{1-x^2}}-3\csc^2 x$；
   (5) $(3x^2+2x-1)\cos x+(6x+2)\sin x$；
   (6) $\frac{\ln x+x+1}{(1+x)^2}$； (7) $\frac{1+\sec^2 x-2\ln 2\cdot(x+\tan x)}{4^x}$
   (8) $-\frac{1+t}{\sqrt{t}(1+t)^2}$； (9) $\frac{1-\ln x}{x^2}$；
   (10) $e^x\left(\ln x\cdot\arctan x+\frac{\arctan x}{x}+\frac{\ln x}{1+x^2}\right)$；
   (11) $\frac{-2\csc x[(1+x^2)\cot x+2x]}{(1+x^2)^2}$； (12) $\frac{x(9x-4)\ln x+x^4-3x^2+2x}{(3\ln x+x^2)^2}$.

2. (1) $n10^{nx}\ln 10+\frac{n}{x\ln 2}(\log_2 x)^{n-1}$； (2) $8(1+\sin 2x)^3\cos 2x$；
   (3) $2(1-x)e^{-x^2+2x+1}$； (4) $\frac{1}{1+x^2}\cos(\arctan x)$；

(5) $\sec x$;　　(6) $\arcsin\sqrt{x}+\frac{1}{2}\sqrt{\frac{x}{1-x}}$;

(7) $-\frac{1}{2\sqrt{1-x^2}}\sin\frac{\arcsin x}{2}$;　　(8) $\frac{1}{x\ln x\ln\ln x}$;

(9) $-\frac{1}{1+x^2}$;　　(10) $-2\mathrm{e}^{-x^2}[x\cos(\mathrm{e}^{-2x})-\mathrm{e}^{-2x}\sin(\mathrm{e}^{-2x})]$;

(11) $\frac{1}{(1+x)\sqrt{2x(1-x)}}$;　　(12) $\frac{\mathrm{e}^x}{\sqrt{1+\mathrm{e}^{2x}}}$;

(13) $\frac{(x^2-1)\sec^2\left(x+\frac{1}{x}\right)}{2x^2\sqrt{1+\tan\left(x+\frac{1}{x}\right)}}$;　　(14) $-\frac{1}{x^2}\mathrm{e}^{\tan\frac{1}{x}}\left(\cos\frac{1}{x}+\tan\frac{1}{x}\sec^2\frac{1}{x}\right)$;

(15) $\frac{1}{2\sqrt{x+\sqrt{x+\sqrt{x}}}}\left[1+\frac{1}{2\sqrt{x+\sqrt{x}}}\left(1+\frac{1}{2\sqrt{x}}\right)\right]$;　(16) $\frac{2}{\sin 2x}$;

(17) $(3\mathrm{sh}x+2)\mathrm{sh}x\mathrm{ch}x$;　　(18) $\frac{2x}{(1-x^2)^2+4}$;

(19) $3\arcsin x\cdot\sqrt{1-x^2}\sqrt[3]{(\ln\arcsin x)^2}$;

(20) $2\sqrt{a^2-x^2}$;　　(21) $\frac{4}{5+3\cos x}$;

(22) $\frac{1}{x^3+1}$;　　(23) $\frac{4\sqrt{2}}{1+x^4}$.

3. (1) $-\frac{1}{4},-\frac{1}{2},-\frac{11}{18}$;　　(2) $-2\,013!,2\,012!$;

(3) $\frac{5}{9},1,\frac{1+\sin^2 t}{\cos^4 t}$.

4. (1) $\frac{f(x)f'(x)+g(x)g'(x)}{\sqrt{f^2(x)+g^2(x)}}$;　　(2) $\frac{f'(x)g(x)-f(x)g'(x)}{f^2(x)+g^2(x)}$;

(3) $\frac{f(x)g'(x)\ln f(x)-f'(x)g(x)\ln g(x)}{f(x)g(x)\ln^2 g(x)}$.

5. (1) $2xf'(x^2)$;　　(2) $\sin 2x[f'(\sin^2 x)-f'(\cos^2 x)]$;

(3) $\mathrm{e}^{f(x)}[f(\mathrm{e}^x)f'(x)+\mathrm{e}^x f'(\mathrm{e}^x)]$;　(4) $f'(x)f'[f(x)]f'\{f[f(x)]\}$.

6. $\alpha>0,\alpha>1,\alpha>2$.

7. $a=2,b=-1,f'(1)=2$.

习题 2-3

1. (1) $-(a^2\sin ax+b^2\cos bx)$；　(2) $2\left(\arctan x+\dfrac{x}{1+x^2}\right)$；

(3) $-\dfrac{2\sin(\ln x)}{x}$；　(4) $-2(1+x^2)(1-x^2)^{-2}$；

(5) $6xe^{x^2}\left(1+\dfrac{2}{3}x^2\right)$；　(6) $-2\dfrac{e^x-e^{-x}}{(e^x+e^{-x})^2}$；

(7) $-x(1+x^2)^{-\frac{3}{2}}$；　(8) $-3x(1+x^2)^{-5/2}$.

2. (1) $600e$；　(2) 0；　(3) π^2-2450；

(4) $y^{(2k)}(0)=0, y^{(2k+1)}(0)=[(2k-1)!!]^2, k=1,2,\cdots\quad y'(0)=1$.

4. (1) $2f'(x^2)+4x^2f''(x^2)$；　(2) $\dfrac{2}{x^3}f'\left(\dfrac{1}{x}\right)+\dfrac{1}{x^4}f''\left(\dfrac{1}{x}\right)$；

(3) $\dfrac{f''f-f'^2}{f^2}$；　(4) $e^{-f}(f'^2-f'')$.

5. (1) $(-1)^n\dfrac{2n!}{(1+x)^{n+1}}$；　(2) $e^x(n+x)$；

(3) $2^{n-1}\sin\left[2x+(n-1)\dfrac{\pi}{2}\right]$；　(4) $(-1)^n\dfrac{(n-2)!}{x^{n-1}}\quad(n\geqslant 2)$；

(5) $(-1)^n e^{-x}[x^2-2(n-1)x+(n-1)(n-2)]$.

习题 2-4

1. (1) $\dfrac{1+x^2y^2+y}{1+x^2y^2-x}$；　(2) $\dfrac{e^y}{1-xe^y}$；　(3) $\dfrac{e^{x+y}-y}{x-e^{x+y}}$；　(4) $\dfrac{2(e^x-xy)}{x^2-\cos y}$；

(5) $\dfrac{y(\sqrt{y}-2\sqrt{x})}{x(\sqrt{x}-2\sqrt{y})}$；　(6) $\dfrac{y}{x}$；　(7) $\dfrac{\ln y-\frac{y}{x}}{\ln x-\frac{x}{y}}$；　(8) $\left[\ln\left(1+\dfrac{1}{x}\right)-\dfrac{1}{x+1}\right]\left(1+\dfrac{1}{x}\right)^x$；

(9) $\left[\dfrac{8}{2x+3}+\dfrac{1}{2(x-6)}-\dfrac{1}{3(x+1)}\right]\dfrac{(2x+3)^4\sqrt{x-6}}{\sqrt[3]{x+1}}$；　(10) $\left[\dfrac{5}{3}-\dfrac{2}{3(x^2+1)}\right]\sqrt[3]{\dfrac{x^2}{x^2+1}}$.

2. (1) -2；　(2) $-\dfrac{1}{2}$；　(3) $\dfrac{e^2}{(e-1)^3}$；　(4) $\dfrac{1}{2}$.

3. $\sqrt{3}x+4y=8\sqrt{3}$.

5. (1) $-\frac{1}{y^2}$; (2) $\frac{a^2(2y^2\sin 2x-a^2)}{4y^3\cos^4 x}$;

(3) $-2\csc^2(x+y)\cot^3(x+y)$; (4) $\frac{\sin(x+y)}{[\cos(x+y)-1]^3}$.

6. (1) $\frac{t}{2},\frac{1+t^2}{4t}$; (2) $-\frac{1}{t},\frac{1}{t^3}$; (3) $t,\frac{1}{f''(t)}$.

8. $y+x=\sqrt{2}a, y-x=0$.

9. $40\pi\ \mathrm{cm}^2/\mathrm{s}$.

习题 2-5

1. (1) $\Delta x+(\Delta x)^2, \mathrm{d}x$; (2) $10\Delta x+6(\Delta x)^2+(\Delta x)^3, 10\mathrm{d}x$;

(3) $\sqrt{1+\Delta x}-1, \frac{1}{2}\mathrm{d}x$.

2. (1) $\frac{1}{a^2}\mathrm{d}x, \frac{1}{2a^2}\mathrm{d}x$; (2) $3\mathrm{d}x$.

3. $2\mathrm{d}x$.

4. (1) $\left(-\frac{1}{x^2}+\frac{1}{\sqrt{x}}\right)\mathrm{d}x$; (2) $2x(\sin 2x+x\cos 2x)\mathrm{d}x$;

(3) $(x^2+1)^{-3/2}\mathrm{d}x$; (4) $\left(\ln x+1+\frac{1}{x^2}\right)\mathrm{d}x$;

(5) $a^x\cot(a^x)\ln a\,\mathrm{d}x$; (6) $\frac{x(2\ln x-1)}{\ln^2 x}\mathrm{d}x$;

(7) $-\frac{2x}{1+x^4}\mathrm{d}x$; (8) $2^{\frac{1}{\cos x}}\ln 2\,\frac{\sin x}{\cos^2 x}\mathrm{d}x$;

(9) $\mathrm{e}^{ax}(a\cos bx-b\sin bx)\mathrm{d}x$;

(10) $x>0$ 时, $-\frac{1}{\sqrt{1-x^2}}\mathrm{d}x$; $x<0$ 时, $\frac{1}{\sqrt{1-x^2}}\mathrm{d}x$.

5. $2\pi R_0 h$.

7. (1) 0.6006; (2) 2.7455; (3) 0.4849; (4) 1.007.

总习题二

1. (1) $(-1,-2)$; (2) 0; (3) 2; (4) $x^{x^2+1}(2\ln x+1)+2^{x^x}x^x(\ln x+1)\ln 2$;

(5) $y'=\frac{f'}{1-f'}, y''=\frac{f''}{(1-f')^3}$； (6) $f(1)=2, f'(1)=2, y=2x$； (7) $\frac{274-120\ln x}{x^6}$

2. (1) D;(2) B;(3) C;(4) A.

3. $g(a)=0$ 时可导，$f'(a)=0$.

4. -1.

5. (1) $-ab+f(a)$； (2) $2\sqrt{ab}$； (3) $\frac{3}{5}b$.

6. 9.

7. $\frac{2f'(t)}{a}$.

8. -1.

9. 0.

10. $a\neq-\frac{1}{2}, b=1, c=0$.

11. (1) $(1+2\ln x)x^{x^2+1}+\ln 2\cdot(\ln x+1)\cdot x^x 2^{x^x}$；

(2) $\left(\ln\frac{a}{b}-\frac{a}{x}+\frac{b}{x}\right)\left(\frac{a}{b}\right)^x\left(\frac{b}{x}\right)^a\left(\frac{x}{a}\right)^b, x>0$；

(3) $(1+a\ln x)x^{a-1}x^{x^a}+\left(\frac{1}{x}+\ln a\cdot\ln x\right)a^x x^{a^x}+(1+\ln x)\ln a\cdot x^x\cdot a^{x^x}$；

(4) $\ln 2\frac{\sin x}{|\sin x|}\cos x 2^{|\sin x|}$；

(5) $\frac{1}{x\sqrt{x^2-1}}(|x|>1)$.

12. $\frac{(y^2-e^t)(1+t^2)}{2(1-ty)}$.

13. $\frac{3}{4}\pi$.

14. $2f'(x^2)\cos[f(x^2)]+4x^2f''(x^2)\cos[f(x^2)]-4x^2f'^2(x^2)\sin[f(x^2)]$.

15. e^{-1}.

习题 3-1

1. (1) 用反证法：

令 $f(x)=x^3-3x+C$，若方程有两个不同的实根 $x_1, x_2\in[0,1]$，$x_1<x_2$，则 $f(x_1)=f(x_2)$. 在 $[x_1,x_2]$ 上利用罗尔定理，则存在 $\xi\in(x_1,x_2)\in(0,1)$ 使 $f'(\xi)=0$. 但 $f'(x)=3(x^2-1)=0$ 只有实根 $x=-1$ 与 $x=1$. 矛盾.

(2) 令 $f(x)=x^n+px+q$.

2. 将 $f(x)$在区间$[1,2]$,$[2,3]$,$[3,4]$上分别利用罗尔定理. 至少存在三个根.

3. 将 $f(x)=a_0x^n+a_1x^n+\cdots+a_{n-1}x$ 在$[0,x_0]$上利用罗尔定理.

4. 将 $F(x)$先在$[a,b]$上第一次利用罗尔定理,则存在 $\xi_1\in(a,b)$,使 $f'(\xi_1)=0$. 再将 $f'(x)$在$[a,\xi_1]$上第二次利用罗尔定理,则存在 $\xi\in(a,\xi_1)\subset(a,b)$,使 $F''(\xi)=0$.

5. 将 $F(x)=[f(x)-f(a)]\cdot[g(b)-g(x)]$在$[a,b]$上利用罗尔定理.

6. (1) 将 $f(x)=\ln x$ 在$[a,b]$上利用拉格朗日中值定理.

(2) 对 $f(x)=\arctan x$ 在$[0,h]$上利用拉格朗日中值定理.

7. (1) 将 $f(x)-\arctan x$ 在 a,b 之间的闭区间上利用拉格朗日中值定理.

(2) 对 $f(y)=\mathrm{e}^y$ 在$[1,x]$上利用拉格朗日中值定理.

8. 将 $f(x)$在$[a,c]$与$[c,b]$上分别利用拉格朗日中值定理.

9. 将 $f(x)$分别在$[a,c_1]$,$[c_1,c_2]$,$[c_2,b]$上利用拉格朗日中值定理. 再对 $f'(x)$利用拉格朗日中值定理.

10. 设 $F(x)=xf(x)$,$G(x)=-\dfrac{1}{x}$,在$[a,b]$上利用柯西中值定理.

11. 将 $f(x)=\dfrac{\mathrm{e}^x}{x}$,$g(x)=\dfrac{1}{x}$在$[x_1,x_2]$上利用柯西中值定理.

12. 先对 $f(x)$及 $g(x)=\dfrac{-1}{x}$在$[a,b]$上利用柯西中值定理,再对 $f(x)$在$[a,b]$上使用拉格朗日中值定理.

习题 3-2

1. (1) $$f(x)=\frac{1}{\sqrt{1+x}}=1-\frac{1}{2}x+\frac{1\times3}{2!\ 2^2}x^2-\frac{1\times3\times5}{3!\ 2^3}x^3+\cdots+(-1)^n\frac{(2n-1)!!}{n!\ 2^n}x^n+o(x^n);$$

(2) $$f(x)=x+x^2+\frac{x^3}{2!}+\cdots+\frac{x^{n+1}}{n!}+o(x^{n+1});$$

(3) $$\tan x=x+\frac{1}{3}x^3+\frac{2}{15}x^5+o(x^5).$$

2. (1) $f(x)=10+11(x-1)+7(x-1)^2+(x-1)^3$;

(2) $$f(x)=-1-(x+1)-(x+1)^2-\cdots-(x+1)^n+\frac{(-1)^{n+1}(x+1)^{n+1}}{(-1+\theta(x+1))^{n+2}}(0<\theta<1)$$

(3) $f(x)=2+\frac{1}{4}(x-4)-\frac{1}{64}(x-4)^2+\frac{1}{512}(x-4)^3-$

$$\frac{15(x-4)^4}{4!\cdot 16[4+\theta(x-4)]^{\frac{7}{2}}}(0<\theta<1)$$

3. (1)
$$|R_4(x)|\leqslant\frac{|x|^5}{5!}\leqslant\frac{1}{2^5\cdot 5!}=\frac{1}{3\,840}$$

$$\sin 18^\circ\approx 0.308\,99.$$

(2)
$$|R_2(x)|=\left|\frac{1}{16}(1+\theta x)^{-\frac{5}{2}}x^3\right|\leqslant\frac{1}{16}$$

$$\sqrt{1.3}\approx 1.161$$

4. (1) $\frac{1}{3}$； (2) $\frac{1}{6}$； (3) $\frac{1}{2}$； (4) $\frac{3}{2}$； (5) $\ln 4$； (6) 1.

5. 分别在 $x_0=a$,$x_0=b$ 将 $f(x)$展为一阶泰勒公式,再令 $x=\frac{a+b}{2}$分别代入,两式相减.

习题 3-3

1. (1) 2； (2) $\frac{\sqrt{3}}{3}$； (3) 1； (4) 2； (5) 1； (6) 1； (7) ∞； (8) $-\frac{1}{3}$；
(9) $e^{\frac{1}{3}}$； (10) 1； (11) 2； (12) 4； (13) 2； (14) $e^{-\frac{1}{6}}$； (15) 1； (16) $\frac{1}{2}$；
(17) $e^{-\frac{2}{\pi}}$； (18) 1； (19) 1； (20) $\frac{1}{2}$.

2. (1) 3； (2) 0.

习题 3-4

3. (1)极小值 $f(0)=0$；

(3) 极小值 $f(1)=0$,极大值 $f(e^2)=\frac{4}{e^2}$；

(4) 极大值 $f\left(\frac{\pi}{4}+2k\pi\right)=\frac{\sqrt{2}}{2}e^{\frac{\pi}{4}+2k\pi}$,极小值 $f\left[\frac{\pi}{4}+(2k+1)\pi\right]=-\frac{\sqrt{2}}{2}e^{\frac{\pi}{4}+(2k+1)\pi}$；

(5) 极大值 $f(e)=e^{\frac{1}{e}}$；

(6) 极大值 $f(1)=\frac{\pi}{4}-\frac{1}{2}\ln 2$.

4. (2) 最大值 $f(3)=11$,最小值 $f(2)=-14$;

(3) 最大值 $f(1)=-29$;

7. $a=1$.

10. 将 $x=\frac{\pi}{3}$代入 $f'(x)=0$,得 $a=2$,极大值 $f\left(\frac{\pi}{3}\right)=\sqrt{3}$.

习题 3-5

1. (1) 拐点 $\left(-\frac{\sqrt{2}}{2},\frac{7\sqrt{2}}{8}\right)$,(0,0),$\left(\frac{\sqrt{2}}{2},-\frac{7\sqrt{2}}{8}\right)$;凸区间 $\left(-\infty,-\frac{\sqrt{2}}{2}\right)$;凹区间 $\left(-\frac{\sqrt{2}}{2},0\right)$,$\left(\frac{\sqrt{2}}{2},+\infty\right)$.

(2) 拐点 $(-1,\ln 2)$,$(1,\ln 2)$;凸区间$(-\infty,-1)$,$(1,+\infty)$;凹区间$(-1,1)$.

(3) 无拐点;凸区间$(0,+\infty)$;凹区间$(-\infty,0)$.

(4) 拐点$\left(\pm\frac{1}{\sqrt{3}},\frac{3}{4}\right)$;凸区间$\left(-\infty,-\frac{1}{\sqrt{3}}\right)$,$\left(\frac{1}{\sqrt{3}},+\infty\right)$;凹区间$\left(-\frac{1}{\sqrt{3}},\frac{1}{\sqrt{3}}\right)$.

(5) 无拐点;凹区间$(-\infty,+\infty)$.

(6) 拐点$(1,-7)$;凸区间$(0,1)$;凹区间$(1,+\infty)$.

3. $a=0,b=-1,c=3$.

4. $a=1,b=-3,c=-24,d=16$.

5. $k=\pm\frac{\sqrt{2}}{8}$.

6. $y'=\cos x+2\cos 2x$,$y''=-\sin x-4\sin 2x=-\sin x(1+8\cos x)$,由 $y''=0$,得 $x_1=0$,$x_2\approx 1.70$,$x_3=\pi$;

拐点$(-\pi,0)$,$(-1.70,-0.74)$,$(0,0)$,$(1.70,0.74)$,$(0,\pi)$;

凸区间 $(-\pi,-1.70)$,$(0,1.70)$;

凹区间$(-1.70,0)$,$(1.70,\pi)$.

总习题三

1. (1) $\frac{1}{6}(x-2)^3$; (2) $\frac{7}{12}$; (3) $f(x)=x+x^2+\frac{x^3}{2!}+\frac{x^4}{3!}+\frac{(5+\theta x)e^{\theta x}}{5!}(0<\theta<1)$;

(4) $\frac{1}{2}$; (5) $f(e^2)=\frac{4}{e^2}$,$f(1)=0$; (6) $\frac{3}{5}$,-1; (7) $\frac{1}{e}$; (8) $\frac{5}{3}$.

2. (1) D;(2) B;(3) B;(4) C;(5) B.

3. $\frac{1}{2}$.

4. 令 $f(x)=\ln(1+x^2)$,$g(x)=\arctan x$,在$[x,1]$上利用柯西中值定理.

5. (1) 令 $F(x)=f(x)-x$,则 $F\left(\frac{1}{2}\right)>0$,$F(1)<0$,利用介值定理;

(2) 令 $F(x)-(f(x)-x)\mathrm{e}^{-\lambda x}$,$F(0)=0$,又由(1)$F(\eta)=0$,利用罗尔定理.

6. 设 x_1,x_2 为 $f(x)$的两根,$x_1<x_2$.对 $F(x)=f(x)/\mathrm{e}^{ax}$ 在$[x_1,x_2]$上利用罗尔定理.

7. $f(x)=f(0)+f'(0)x+\frac{1}{2!}f''(0)x^2+\frac{1}{3!}f'''(\eta)x^3$,$\eta$ 介于 0 与 x 之间;令 $x=-1$,$x=1$,分别有:

$$0=f(-1)=f(0)+\frac{f''(0)}{2}-\frac{f'''(\eta_1)}{6},-1<\eta_1<0,$$

$$1=f(1)=f(0)+\frac{f''(0)}{2}+\frac{f'''(\eta_2)}{6},0<\eta_2<1.$$

三式相减可有:$f'''(\eta_1)+f'''(\eta_2)=6$.

由 $f'''(x)$的连续性,在$[\eta_1,\eta_2]$上有最大值 M 与最小值 m,则有 $m\leqslant f'''(\eta_1)\leqslant M$,$m\leqslant f'''(\eta_2)\leqslant M$.

由介值定理有 $\xi\in[\eta_1,\eta_2]\subset[-1,1]$,使

$$f'''(\xi)=\frac{1}{2}[f'''(\eta_1)+f'''(\eta_2)]=3.$$

8. 连续.

9. $f'(x)$单调递增,对 $f(x)$在$[0,1]$利用拉格朗日中值定理,$f(1)-f(0)=f'(\xi)(0<\xi<1)$,故 $f'(0)<f'(\xi)<f'(1)$

11. 设 $f(x)=x^{\frac{1}{x}}(x\geqslant1)$,$x=\mathrm{e}$ 为 $f(x)$的唯一驻点,可判断为最大值点从而比较 e 附近的 $x=2$ 与 $x=3$ 的值知$\sqrt[3]{3}$为最大项.

12. 拐点 $A_1(-1,-1)$,$A_2(2-\sqrt{3},-1-\sqrt{3})$,$A_3\left(2+\sqrt{3},\frac{\sqrt{3}-1}{4}\right)$.

13. (1,4),(1,-4).

14. $y=0$ 为水平渐近线;$x=0$,$x=-2$ 均为铅直渐近线;无斜渐近线.

15. $x>a$ 时,$f''(x)>0$,从而 $f'(x)$单调递减,则 $f'(x)<f'(a)<0$.

由拉格朗日中值定理,对任何 $x>a$,存在 $\xi\in(a,x)$,使

$$f(x)-f(a)=f'(\xi)(x-a)<f'(a)(x-a),$$

即

$$f(x)<f(a)+f'(a)(x-a).$$

又 $f'(a)<0$,知 x 充分大时 $f'(a)(x-a)<-f(a)$,从而 $f(x)<0$,故存在 $b>a$,使 f

$(b)<0$,则在(a,b)内仅有一实根.

16. 证:对$F(x)$在$[0,1]$上利用罗尔定理,存在$\xi_1\in(0,1)$,使得$F'(\xi_1)=0$.

又$F'(x)=3x^2f(x)+x^3f'(x)$,知$F'(0)=0$.

对$F'(x)$在$[0,\xi_1]$上应用罗尔定理,存在$\xi_2\in(0,\xi_1)$,使得$F''(\xi_2)=0$.

而$F''(x)=6xf(x)+6x^2f'(x)+x^3f''(x)$,$F''(0)=0$.

故对$F''(x)$在$[0,\xi_2]$上应用罗尔定理,存在$\xi\in(0,\xi_2)\subset(0,1)$,使$F'''(\xi)=0$.

17. 证:对$f(x)$在$[a,b]$上应用拉格朗日中值定理,存在$\xi\in(a,b)$,使$f'(\xi)=\dfrac{f(b)-f(a)}{b-a}$.

令$g(x)=x^2$,对$f(x)$,$g(x)$在$[a,b]$上应用柯西中值定理得,

存在
$$\eta\in(a,b),使\frac{f(b)-f(a)}{g(b)-g(a)}=\frac{f'(\eta)}{g'(\eta)}=\frac{f'(\eta)}{2\eta}.$$

即有
$$\frac{f(b)-f(a)}{b^2-a^2}=\frac{f'(\eta)}{2\eta},$$

从而有
$$\frac{f'(\eta)}{2\eta}=\frac{f(b)-f(a)}{b-a}\frac{1}{b+a}=f'(\xi)\cdot\frac{1}{b+a},$$

即
$$f'(\xi)=\frac{f'(\eta)}{2\eta}\cdot(a+b).$$

18. 证:设$F(x)=f(x)-x^2$.由拉格朗日中值定理,存在$\eta\in(0,1)$,使得
$$F'(\eta)=F(1)-F(0)=-1.$$

又$F'(x)=f'(x)-2x$,则$F'(1)=f'(1)-2=-1=F'(\eta)$.

对$F'(x)$在$[\eta,1]$上应用罗尔定理,存在$\xi\in(\eta,1)\subset(0,1)$,使$F''(\xi)=0$.

又$F''(x)=f''(x)-2$,故$f''(\xi)=2$.

19. 证:令$F(x)=\mathrm{e}^xf(x)$,$G(x)=\mathrm{e}^x$.

对$F(x)$,$G(x)$在$[a,b]$上分别应用拉格朗日中值定理.存在$\xi,\eta\in(a,b)$,使
$$\frac{F(b)-F(a)}{b-a}=\frac{\mathrm{e}^bf(b)-\mathrm{e}^af(a)}{b-a}=\mathrm{e}^\eta[f(\eta)+f'(\eta)],$$
$$\frac{G(b)-G(a)}{b-a}=\frac{\mathrm{e}^b-\mathrm{e}^a}{b-a}=\mathrm{e}^\xi.$$

又由条件$f(a)=f(b)=1$,可得$\mathrm{e}^\xi=\mathrm{e}^\eta[f(\eta)+f'(\eta)]$,

即
$$\mathrm{e}^{\eta-\xi}[f(\eta)+f'(\eta)]=1.$$

20. 解:设$f(x)=\mathrm{e}^x-\mathrm{e}x-b$,有$f'(x)=\mathrm{e}^x-\mathrm{e}$.

可求得驻点$x=1$,且$f(1)=-b$.

当$x>1$时,$f'(x)>0$;当$x<1$时,$f'(x)<0$.

因此$f(x)$在$[-\infty,1]$上严格单调递减;在$[1,+\infty)$上严格单调递增.

又$\lim\limits_{x\to-\infty}f(x)=\lim\limits_{x\to+\infty}f(x)=+\infty$,$f(1)=-b$.

故 $b=0$ 时，$f(1)=0$. 原方程有唯一实根 $x=1$；

故 $b<0$ 时，$f(1)>0$. 原方程无实根；

故 $b>0$ 时，$f(1)<0$. 原方程分别在 $(-\infty,1)$ 及 $(1,+\infty)$ 上各存在一个实根，共有两个实根.

习题 4-1

1. (1) $\frac{3}{2}x^{\frac{3}{2}}+\frac{4}{3}x^{\frac{4}{3}}+\frac{1}{2}x^{\frac{1}{2}}+\frac{2}{3}x^{\frac{2}{3}}+C$； (2) $e^x+\ln x-\frac{1}{x}+C$；

(3) $\sin x-\tan x+C$； (4) $\frac{2^x}{\ln 2}+\frac{\ln 3}{3^x}-\frac{1}{5}e^x+C$；

(5) $\frac{4}{7}x^{\frac{7}{4}}+4x^{-\frac{1}{4}}+C$； (6) $\frac{1}{2}\arcsin x+3\arctan x+C$；

(7) $\frac{1}{2}\tan x+C$； (8) $\sin x-\cos x+C$；

(9) $x-\frac{1}{2}\cos 2x+C$； (10) $\cot x-\tan x+C$；

(11) $x-\arctan x+C$； (12) $\frac{5}{3}x^3+x-\arctan x+C$；

(13) $-\frac{1}{x}-\frac{1}{3x^3}+C$； (14) $\frac{\left(\frac{2}{5}\right)^x}{2\ln\frac{2}{5}}+\frac{\left(\frac{3}{5}\right)^x}{3\ln\frac{3}{5}}+C$.

2. 设 $\arctan x=t$，则 $f'(t)=\tan^2 t$，从而

$$f(t)=\int\tan^2 t\mathrm{d}t=\tan t-t+C,$$

即

$$f(x)=\tan x-x+C.$$

3. $\frac{1}{2}(1+x^2)(\ln(1+x^2)-1)$.

4. (1) 18 m； (2) 15 s.

习题 4-2

1. (1) $\frac{1}{5}\ln|5x-8|+C$； (2) $\frac{1}{2}\sin(2t-3)+C$；

(3) $\arcsin(x+3)+C$;　(4) $\dfrac{e^{2x}\cdot 2^{x-1}}{\ln 2}+C$;

(5) $\dfrac{9^x}{2\ln 3}+\dfrac{25^x}{2\ln 5}+\dfrac{2\cdot 15^x}{\ln 15}+C$;　(6) $-\dfrac{1}{100}t^{100}+\dfrac{1}{101}t^{101}+C$;

(7) $-\dfrac{6}{7}x^{\frac{7}{6}}-\dfrac{6}{5}x^{\frac{5}{6}}-2x^{\frac{1}{2}}-6x^{\frac{1}{6}}+3\ln\left|\dfrac{x^{\frac{1}{6}}-1}{x^{\frac{1}{6}}+1}\right|+C$;

(8) $-\dfrac{10^{2\arccos x}}{2\ln 10}+C$;

(9) $\dfrac{a^2}{2}\left(\arcsin\dfrac{x}{a}-\dfrac{x}{a^2}\sqrt{a^2-x^2}\right)+C$;　(10) $\dfrac{1}{2}\left(\dfrac{x+1}{x^2+1}+\ln(x^2+1)+\arctan x\right)+C$;

(11) $\dfrac{x^2}{2}-\dfrac{9}{2}\ln(x^2+9)+C$;　(12) $\sqrt{x^2-9}-3\arccos\dfrac{3}{|x|}+C$;

(13) $\dfrac{1}{3}\ln\left|\dfrac{x-2}{x+1}\right|+C$;　(14) $\sqrt{2x}-\ln(1+\sqrt{2x})+C$;

(15) $-2\cos\sqrt{x}+C$;

(16) $\left(\dfrac{1}{2}-\dfrac{1}{4}\right)\sqrt{2+x-x^2}+\dfrac{5}{8}\arcsin\left(\dfrac{4}{5}x-\dfrac{2}{5}\right)+C$.

2. (1) $-e^{-x}(x+1)+C$;　(2) $\dfrac{e^{-x}}{2}(\sin x-\cos x)+C$;

(3) $x\ln^2 x-2x\ln x+2x+C$;　(4) $\dfrac{1}{3}x^3\arctan x-\dfrac{1}{6}x^2+\dfrac{1}{6}\ln(1+x^2)+C$;

(5) $\dfrac{2}{3}(\sqrt{3x+9}-1)e^{\sqrt{3x+9}}+C$;　(6) $x(\arcsin x)^2+2\sqrt{1-x^2}\arcsin x-2x+C$;

(7) $\dfrac{1}{2}e^x-\dfrac{1}{5}e^x\sin 2x-\dfrac{1}{10}e^x\cos 2x+C$;

(8) $\dfrac{x}{2}(\cos\ln x+\sin\ln x)+C$;

(9) $-\dfrac{1}{2}\left(x^2-\dfrac{3}{2}\right)\cos 2x+\dfrac{x}{2}\sin 2x+C$;

(10) $-\dfrac{1}{4x^2}(2\ln x+1)+C$;

(11) $x\ln\ln x+C$;　(12) $-\dfrac{1}{4}x\cos 2x+\dfrac{1}{8}\sin 2x+C$.

3. (1) 令 $J=\displaystyle\int\frac{\cos x}{2\sin x+3\cos x}dx$,原式设为 I,则

$$2I+3J=\int dx=x+C,$$

又由于

$$2J-3I=\int\frac{(2\sin x+3\cos x)'}{2\sin x+3\cos x}dx$$

$$=\ln|2\sin x+3\cos x|+C,$$

从而解方程组

$$\begin{cases}2I+3J=x,\\2J-3I=\ln|2\sin x+3\cos x|,\end{cases}$$

可求出

$$I=-\frac{1}{13}(3\ln|2\sin x+3\cos x|-2x)+C.$$

（2）设 $M(x)=\int\frac{1}{1+x^4}\mathrm{d}x, N(x)=\int\frac{x^2}{1+x^4}\mathrm{d}x$，则

$$M(x)-N(x)=\int\frac{1-x^2}{1+x^4}\mathrm{d}x=-\int\frac{1-\frac{1}{x^2}}{x^2+\frac{1}{x^2}}\mathrm{d}x$$

$$=-\int\frac{\mathrm{d}\left(x+\frac{1}{x}\right)}{\left(x+\frac{1}{x}\right)^2-2}=-\frac{1}{2\sqrt{2}}\ln\frac{x^2-\sqrt{2}x+1}{x^2+\sqrt{2}x+1},$$

$$M(x)+N(x)=\int\frac{1+\frac{1}{x^2}}{x^2+\frac{1}{x^2}}\mathrm{d}x=\int\frac{\mathrm{d}\left(x-\frac{1}{x}\right)}{\left(x-\frac{1}{x}\right)^2+2}$$

$$=\frac{1}{\sqrt{2}}\arctan\frac{x-\frac{1}{x}}{\sqrt{2}}+C,$$

解方程组可求得：

$$M(x)=-\frac{1}{4\sqrt{2}}\ln\frac{x^2-\sqrt{2}x+1}{x^2+\sqrt{2}x+1}+\frac{1}{2\sqrt{2}}\arctan\frac{x^2-1}{\sqrt{2}x}+C.$$

（3）设 $I=\int\csc^4 x\mathrm{d}x$，则

$$\begin{aligned}I&=\int\csc^2 x\mathrm{d}(-\cot x)\\&=-\cot x\csc^2 x+\int\cot x\mathrm{d}(\csc^2 x)\\&=-\cot \csc^2 x-2\int(\csc^4 x-\csc^2 x)\mathrm{d}x\\&=-\cot x\csc^2 x-2I-2\cot x,\end{aligned}$$

从而有 $I=-\frac{1}{3}\cot x\csc^2 x-\frac{2}{3}\cot x+C.$

4. $$\begin{aligned} I_n &= \int \frac{\sin(n-1)x\cos x + \sin x\cos(n-1)x}{\sin x}dx \\ &= \int \frac{\sin(n-1)x\cos x}{\sin x}dx + \int \cos(n-1)x dx \\ &= \frac{1}{2}\int \frac{\sin nx + \sin(n-2)x}{\sin x}dx + \int \cos(n-1)x dx \\ &= \frac{1}{2}I_n + \frac{1}{2}I_{n-2} + \frac{1}{n-1}\sin(n-1)x, \end{aligned}$$

从而有 $I_n = \frac{2}{n-1}\sin(n-1)x + I_{n-2}$.

习题 4-3

1. (1) $\frac{1}{x+1} + \frac{\ln|x^2-1|}{2} + C$；

(2) $\frac{x^3}{3} - \frac{3}{2}x^2 + 9x - 27\ln|x+3| + C$；

(3) $\frac{1}{n}(x^n - \ln|1+x^n|) + C$；

(4) $\frac{1}{2}\arctan x - \frac{x}{2(1+x^2)} + C$；

(5) $\frac{1}{8}\ln\left|\frac{x^2-1}{x^2+1}\right| - \frac{1}{4}\arctan x^2 + C$；

(6) $\frac{1}{2}\ln\frac{x^2+x+1}{x^2+1} + \frac{1}{\sqrt{3}}\arctan\frac{2x+1}{\sqrt{3}} + C$.

2. (1) $-\frac{1}{2}\frac{1}{\tan^2 x} + \ln|\tan x| + C$；

(2) $\frac{1}{2}\arctan(\sin^2 x) + C$；

(3) $\ln\left(1+\tan\frac{x}{2}\right) + C$；

(4) $\frac{1}{3}[\ln(2+\cos x) + 2\ln|\csc x - \cot x| - \ln|\sin x|] + C$；

(5) $\frac{1}{\sqrt{2}}\arctan\frac{\tan\frac{x}{2}}{\sqrt{2}} + C$；

(6) $\frac{1}{4}\ln\left|\tan\frac{x}{2}\right| + \frac{1}{8}\tan^2\frac{x}{2} + C$

3. (1) $\arccos\frac{1}{|x|} + C$；

(2) $\frac{x^2}{2} - \frac{x}{2}\sqrt{x^2-1} + \frac{1}{2}\ln\left|x + \sqrt{x^2-1}\right| + C$；

(3) $\sqrt{x} + \frac{x}{2} - \frac{1}{2}\sqrt{x^2+x} - \frac{1}{4}\ln\left(x + \sqrt{x^2+x} + \frac{1}{2}\right) + C$；

(4) $2\arcsin\frac{\sqrt{x}}{2} + C$；

(5) $-\frac{2x}{\sqrt{1+e^x}} + 2\ln\left|\sqrt{1+e^x} - 1\right| - \ln(\sqrt{1+e^x} + 1) + C$；

（6）$-\frac{3}{2}\sqrt[3]{\frac{x+1}{x-1}}+C.$

总习题四

1. 可求得 $f(x)=\ln\frac{x-1}{x+1}$，则 $f[\varphi(x)]=\ln\frac{\varphi(x)-1}{\varphi(x)+1}=\ln x$，从而$\frac{\varphi(x)-1}{\varphi(x)+1}=x$，$\varphi(x)=\frac{x+1}{x-1}$. 所以，$\int\varphi(x)\mathrm{d}x=x+2\ln|x-1|+C.$

2. $f(x)=\left(\frac{\sin x}{x}\right)'$，则

$$\begin{aligned}\int x^3 f'(x)\mathrm{d}x &= \int x^3\mathrm{d}f(x)\\ &= x^3 f(x)-\int f(x)\cdot 3x^2\mathrm{d}x\\ &=(x^2-6)\cos x-4x\sin x+C.\end{aligned}$$

3. $-\frac{1}{2}x^2+C.$

4. $f'(\sin^2 x)=1-2\sin^2 x+\frac{\sin^2 x}{1-\sin^2 x}$，即

$$f'(u)=1-2u+\frac{u}{1-u}=\frac{1}{1-u}-2u,$$

从而

$$\begin{aligned}f(x) &= \int\left(\frac{1}{1-x}-2x\right)\mathrm{d}x\\ &=-\ln(1-x)-x^2+C\quad(0<x<1).\end{aligned}$$

5. 设 $t=\ln x$，可求得：

$$f'(t)=\begin{cases}1, & -\infty<t\leqslant 0,\\ \mathrm{e}^t, & 0<t<+\infty,\end{cases}$$

于是 $f(t)=\int f'(t)\mathrm{d}t=\begin{cases}t+C_1, & -\infty<t\leqslant 0,\\ \mathrm{e}^t+C_1, & 0<t<+\infty.\end{cases}$

由 $f(0)=0=\lim\limits_{t\to 0^+}f(t)$，知 $C_1=0,C_2=-1$，所以

$$f(x)=\begin{cases}x, & -\infty<x\leqslant 0,\\ \mathrm{e}^x-1, & 0<x<+\infty.\end{cases}$$

6. $\max\{x^3,x^2,1\}=\begin{cases}x^2, & -\infty<x\leqslant -1,\\ 1, & -1<x\leqslant 1,\\ x^3, & 1<x<+\infty.\end{cases}$

仿题 5,可求得:

$$\int \max\{x^3,x^2,1\}\mathrm{d}x=\begin{cases}\dfrac{x^3}{3}-\dfrac{2}{3}+C, & -\infty<x\leqslant 1,\\ x+C, & -1<x\leqslant 1,\\ \dfrac{x^4}{4}+\dfrac{3}{4}+C, & 1<x<+\infty.\end{cases}$$

7. $f(x)$以 4 为周期,$f(9)=f(1)=\frac{1}{2}$.

8. (1) $-\ln(\cos\sqrt{1+x^2})+C$; (2) $-\cot x\cdot\ln\sin x-\cot x-x+C$;

(3) $-\frac{1}{2}(\mathrm{e}^{-2x}\arctan\mathrm{e}^x+\mathrm{e}^{-x}+\arctan\mathrm{e}^x)+C$;

(4) $-\frac{\arctan x}{x}-\frac{1}{2}(\arctan x)^2+\frac{1}{2}\ln\frac{x^2}{1+x^2}+C$;

(5) $x+\ln\frac{x}{1+x\mathrm{e}^x}+C$;

(6) $2x\sqrt{\mathrm{e}^x-1}-4\sqrt{\mathrm{e}^x-1}+4\arctan\sqrt{\mathrm{e}^x-1}+C$;

(7) $-\frac{1}{8}x\csc^2\frac{x}{2}-\frac{1}{4}\cot\frac{x}{2}+C$; (8) $-\frac{1}{2}\left(\arctan\frac{1}{x}\right)^2+C$;

(9) $\frac{x}{x-\ln x}+C$; (10) $(\arcsin\sqrt{x})^2+C$;

(11) $\frac{1}{20}\ln\frac{x^{10}}{x^{10}+2}+C$; (12) $\frac{1}{2}\arcsin\frac{2}{3}x+\frac{3}{4}\sqrt{1-\frac{4}{9}x^2}+C$.

9. 填空题

(1) $\frac{1}{2}x[\sin(\ln x-\cos(\ln x)]+C$; (2) $x-(1+\mathrm{e}^{-x})\ln(1+\mathrm{e}^{-x})+C$;

(3) $2\mathrm{e}^{\sqrt{x}}+C$; (4) $\mathrm{e}^{\mathrm{e}^x}+C$;

(5) $-\frac{1}{2}(1-x^2)^2+C$; (6) $3\mathrm{e}^{\frac{x+1}{3}}+C$.

习题 5-1

1. (1) $\int_0^1\ln x\mathrm{d}x<\int_0^1 x^2\mathrm{d}x<\int_0^1 x\mathrm{d}x$;

(2) $\int_1^2(\ln x)^2\mathrm{d}x<\int_1^2\ln x\mathrm{d}x<\int_1^2 x\mathrm{d}x$.

习题 5-2

1. (1) $\frac{512}{15}$;　(2) π^2;
   (3) $-\frac{2}{15}\left(\frac{7}{15}-\frac{1}{5}\sqrt{3}\right)$;　(4) $\frac{1}{4}-\frac{1}{4}\ln 2$;
   (5) $\frac{\pi}{6}$;　(6) $\frac{\pi}{3a}$;
   (7) $1-e^{-\frac{1}{2}}$;　(8) 0;
   (9) $200\sqrt{2}$;　(10) π;
   (11) $\frac{266}{3}$;　(12) $\ln(1+e)$;
   (13) $2-\frac{2}{e}$;　(14) $\frac{17}{4}$.
2. (1) $\frac{2}{3}(2\sqrt{2}-1)$;　(2) $\frac{1}{p+1}$;
   (3) $\frac{2}{3}$;　(4) $\frac{\pi}{4}$.
3. (1) 12;　(2) 1.
6. $\frac{3x^2}{\sqrt{1+x^6}}-\frac{2x}{\sqrt{1+x^4}}$.
7. $\frac{1}{e}-\frac{1}{2}$.
8. $\frac{1}{2n}f'(0)$.

习题 5-3

1. (1) 收敛,$\frac{1}{2}\ln 3$;　(2) 收敛,$\frac{1}{2}$;
   (3) 发散;　(4) 发散;
   (5) 发散;　(6) 发散;
   (7) 收敛,$\frac{8}{3}$;　(8) 收敛,-1.
2. (1) 收敛;　(2) 收敛;

(3) 发散;

(4) $n>m+1$ 时,收敛;$n\leqslant m+1$ 时,发散;

(5) 发散;

(6) 收敛.

3. (1)π;

(2) $\frac{\pi}{2}+\ln(2+\sqrt{3})$.

4. (1) $\frac{1}{n}\Gamma\left(\frac{1}{n}\right), n>0$;

(2) $\Gamma(p+1), p>-1$.

习题 5-4

3. $\frac{4}{3}\pi abc$.

4. (1) $a\pi\sqrt{1+4\pi^2}+\frac{a}{2}\ln(2\pi+\sqrt{1+4\pi^2})$;

(2) $1+\frac{\sqrt{2}}{2}\ln(\sqrt{2}+3)=1+\sqrt{2}\ln(\sqrt{2}+1)$;

(4) $2\pi^2 a$.

5. (1) $\frac{\sqrt{2}}{4}$; (2) $\frac{2}{3a}$; (3) $\frac{\sqrt{2}}{4}$.

6. 1.65 牛顿.

7. 引力大小为$\frac{2Gmu}{R}\sin\frac{\varphi}{2}$,方向为 M 指向圆弧的中点.

8. 57697.5 kJ.

9. $\frac{27}{7}kc^{\frac{2}{3}}a^{\frac{7}{3}}$ (k 为比例常数).

总习题五

1. 原式$=e^{\lim\limits_{n\to\infty}\frac{1}{n}\left[\ln f\left(\frac{1}{n}\right)+\ln f\left(\frac{2}{n}\right)+\cdots+\ln f\left(\frac{n}{n}\right)\right]}$

$=e^{\int_0^1\ln f(x)\mathrm{d}x}$.

2. 被积函数为以 π 为周期的周期函数,故

$$原式=\int_{-\frac{\pi}{2}}^{\frac{\pi}{2}}\sin^2 2x(\tan x+1)\mathrm{d}x=\int_{-\frac{\pi}{2}}^{\frac{\pi}{2}}\sin^2 2x\tan x\mathrm{d}x+\int_{-\frac{\pi}{2}}^{\frac{\pi}{2}}\sin^2 2x\mathrm{d}x,$$

由于 $\sin^2 2x\tan x$ 为奇函数,即$\int_{\frac{\pi}{2}}^{\frac{\pi}{2}}\sin 2x\tan x\mathrm{d}x=0$,

故原式 $=\int_{\frac{\pi}{2}}^{\frac{\pi}{2}} \sin^2 2x\mathrm{d}x=\frac{\pi}{2}$.

3. 利用分部积分法可得

$$5=\int_0^{\pi}[f(x)+f''(x)]\sin x\mathrm{d}x=f(\pi)+f(0),$$

所以 $f(0)=3$.

4. 令 $t=\frac{1}{u}$,

$$f(x)+f\left(\frac{1}{x}\right)=\int_1^x \frac{\ln t}{1+t}\mathrm{d}t+\int_1^x \frac{\ln t}{t}\mathrm{d}t-\int_1^x \frac{\ln t}{1+t}\mathrm{d}t=\frac{1}{2}\ln^2 x.$$

5. $\begin{cases} \frac{1}{2}(1+x)^2, & -1\leqslant x<0, \\ 1-\frac{1}{2}(1-x)^2, & x\geqslant 0. \end{cases}$

6. 设 $F(x)=\int_a^x f(t)\mathrm{d}t, G(x)=\int_b^x f(t)\mathrm{d}t, x\in[a,b]$,将 $F(x),G(x)$ 在 $x=\frac{a+b}{2}$ 展成泰勒公式:

$$F(x)=F\left(\frac{a+b}{2}\right)+f'\left(\frac{a+b}{2}\right)\left(x-\frac{a+b}{2}\right)+\frac{F''\left(\frac{a+b}{2}\right)}{2!}\left(x-\frac{a+b}{2}\right)^2$$
$$+\frac{F'''(\xi_x)}{3!}\left(x-\frac{a+b}{2}\right)^3 \quad (\xi_x \text{ 在 } x \text{ 与} \frac{a+b}{2}\text{之间}),$$

$$G(x)=G\left(\frac{a+b}{2}\right)+G'\left(\frac{a+b}{2}\right)\left(x-\frac{a+b}{2}\right)+\frac{G''\left(\frac{a+b}{2}\right)}{2!}\left(x-\frac{a+b}{2}\right)^2$$
$$+\frac{G'''(\eta_x)}{3!}\left(x-\frac{a+b}{2}\right)^3 \quad (\eta_x \text{ 在 } x \text{ 与} \frac{a+b}{2}\text{之间}),$$

将 $x=a$ 代入 $F(x)$,求出 $F(a)$,将 $x=b$ 代入 $G(x)$,求出 $G(a)$,又 $G(a)=G(b)=0$,从而有

$$0=G(a)-G(b)=\int_a^b f(t)\mathrm{d}t+(a-b)f\left(\frac{a+b}{2}\right)-\frac{f''(\xi_1)+f''(\eta_1)}{48}(b-a),$$

利用介值定理存在 ξ,使 $f''(\xi)=\frac{1}{2}(f''(\xi_1)+f''(\eta_1))$代入上式即可.

7. $\frac{3x^2}{\sqrt{1+x^6}}-\frac{2x}{\sqrt{1+x^4}}$.

8. $\frac{1}{12}$.

9. 用分部积分法先求 $f(x)$:

$$f(x)=\left(t\int_1^{\sin t}\sqrt{1+u^4}\mathrm{d}u\right)\Bigg|_0^x-\int_0^x t\mathrm{d}\left(\int_1^{\sin t}\sqrt{1+u^4}\mathrm{d}u\right)$$
$$=x\int_1^{\sin x}\sqrt{1+u^4}\mathrm{d}u-\int_0^x t\sqrt{1+\sin^4 t}\cos t\mathrm{d}t,$$

先求 $f'(x)$,再求 $f''(x)=\sqrt{1+\sin^4 x}\cos x$.

10. $a=1;b=0;c=\dfrac{1}{2}$.

11. C.

12. C.

13. 设 $f(x)=x^2e^{-x^2}$,则 $f'(x)<0$,$f(x)$单调递减,从而在$[n,n+1]$上有

$$(n+1)^2e^{-(n+1)^2}\leqslant\int_n^{n+1}x^2e^{-x^2}dx\leqslant n^2e^{-n^2},$$

利用迫敛性可求得原式$=0$.

14. (1) $f'(x)=f(x)+\dfrac{1}{f(x)}\geqslant 2$;

(2) $F(a)=-\displaystyle\int_a^b\frac{1}{f(t)}dt<0,\quad F(b)=\int_a^b f(t)dt>0$,

又由(1)知 $F(x)$严格递增,利用介值定理只有一个根.

15. 将 $f(x)$ 在 $x=\dfrac{a+b}{2}$展为一阶泰勒公式,由 $f''(x)>0$ 有 $f(x)>f\left(\dfrac{a+b}{2}\right)+f'\left(\dfrac{a+b}{2}\right)\left(x-\dfrac{a+b}{2}\right)$,

两端积分可得

$$\int_a^b f(x)dx\geqslant\int_a^b f\left(\frac{a+b}{2}\right)dx=(b-a)f\left(\frac{a+b}{2}\right).$$

16. $\displaystyle\lim_{A\to\infty}\int_0^A\left(\frac{1}{\sqrt{x^2+4}}-\frac{c}{x+2}\right)dx=\ln\lim_{A\to\infty}\frac{(A+\sqrt{A^2+4}\cdot 2^{c-1})}{(A+2)^c}$,

只有 $c=1$ 时极限存在且为 $\ln=2$.

17. $a=b=2(e-1)$.

18. 设 $I_n=\displaystyle\int_0^1(\ln x)^n dx$,应用分部积分法得

$$I_n=-n\int_0^1(\ln x)^{n-1}dx=-nI_{n-1}=\cdots=(-1)^n n!.$$

19. 设切点为$(t,\sqrt{t})$,则切线方程为

$$y-\sqrt{t}=\frac{1}{2\sqrt{t}}(x-t),$$

$$A(t)=\int_0^2\left(\frac{x}{2\sqrt{t}}+\frac{\sqrt{t}}{2}-\sqrt{x}\right)dx,$$

$t=1$ 即$(1,1)$点处切线为所求

$$y=\frac{1}{2}(x-1)+1=\frac{1}{2}x+\frac{1}{2}.$$

20. 旋转体的体积为

$$V_y = \pi\int_0^a x^2 \mathrm{d}y = \frac{\pi a^2}{2b}.$$

由 Γ 与 $y=x+1$ 相切，在切点(x_0, y_0)处切线的斜率相同，可求得 $b=\dfrac{1}{4(1-a)}$，代入 V_y，有 $V_y=2\pi(a^2-a^3)$，可求得极大点 $a=\dfrac{2}{3}$，此时 $b=\dfrac{3}{4}$.

21. 4.

22.(1) $xf(x^2)$； (2) 0； (3) $x-1$； (4) $\dfrac{1}{2}(\mathrm{e}^{a^2}-1)$； (5) $\dfrac{1}{6}(\mathrm{e}-2)$；

提示：原式$=\displaystyle\int_0^1 (x-1)^2\left[\int_0^x \mathrm{e}^{-y^2+2y}\mathrm{d}y\right]\mathrm{d}x=\frac{1}{3}\int_0^1 \left[\int_0^x \mathrm{e}^{-y^2+2y}\mathrm{d}y\right]\mathrm{d}(x-1)^3$

(利用分部积分法)$=\displaystyle\frac{1}{6}\int_0^1 (x-1)^2\mathrm{e}^{-(x-1)^2+1}\mathrm{d}(x-1)^2$

(设 $x-1=t$) $\qquad =\displaystyle-\frac{\mathrm{e}}{6}\int_1^0 u\mathrm{e}^{-u}\mathrm{d}u$

$\qquad =\dfrac{1}{6}(\mathrm{e}-2)$.

(6) 0.

23. 解：$\displaystyle\int_0^{+\infty} \frac{\sin x}{(x+2)\sqrt{x^3}}\mathrm{d}x=\int_0^1 \frac{\sin x}{(x+2)\sqrt{x^3}}\mathrm{d}x+\int_1^{+\infty} \frac{\sin x}{(x+2)\sqrt{x^3}}\mathrm{d}x$，

$\displaystyle\lim_{x\to\infty}\sqrt{x}\cdot\frac{\sin x}{(x+2)\sqrt{x^3}}=\frac{1}{2}$，故$\displaystyle\int_0^1 \frac{\sin x}{(x+2)\sqrt{x^3}}\mathrm{d}x$ 收敛.

又 $\displaystyle\lim_{x\to+\infty}\sqrt{x^3}\cdot\frac{\sin x}{(x+2)\sqrt{x^3}}=0$，故$\displaystyle\int_1^{+\infty} \frac{\sin x}{(x+2)\sqrt{x^3}}\mathrm{d}x$ 收敛.

从而原积分收敛.

24. 解：$\displaystyle f(x)=\lim_{t\to\infty}\frac{\sin\frac{x}{t}}{\frac{x}{t}}\cdot\frac{g\left(2x+\frac{1}{t}\right)-g(2x)}{\frac{1}{t}}\cdot x=xg'(2x)$.

故$\displaystyle\int_0^1 f(x)\mathrm{d}x=\int_0^1 xg'(2x)\mathrm{d}x\xlongequal{2x=t}\frac{1}{4}\int_0^2 tg'(t)\mathrm{d}t=\frac{1}{4}\left(\frac{2}{3}-\ln 3\right)$.

25. 解：由$\displaystyle\lim_{x\to 0}\frac{f(x)}{x}=A$，知 $f(0)=0$，$f'(0)=A$，$\varphi(0)=0$.

又 $\varphi(x)=\displaystyle\int_0^1 f(xt)\mathrm{d}t$，设 $u=xt$，可得：

$$\varphi(x)=\frac{\int_0^x f(u)\mathrm{d}u}{x}，(x\neq 0).$$

则 $$\varphi'(x)=\frac{xf(x)-\int_0^x f(u)\mathrm{d}u}{x^2},(x\neq 0).$$

由导数定义,$\varphi'(0)=\lim\limits_{x\to 0}\frac{\varphi(x)-\varphi(0)}{x}=\lim\limits_{x\to 0}\frac{\int_0^x f(u)\mathrm{d}u}{x^2}=\lim\limits_{x\to 0}\frac{f(x)}{2x}=\frac{A}{2}$.

又$\lim\limits_{x\to 0}\varphi'(x)=\lim\limits_{x\to 0}\frac{xf(x)-\int_0^x f(u)\mathrm{d}u}{x^2}=\lim\limits_{x\to 0}\frac{f(x)}{x}=\lim\limits_{x\to 0}\frac{\int_0^x f(u)\mathrm{d}u}{x^2}=\frac{A}{2}=\varphi'(0)$,

故 $g'(x)$在 $x=0$ 连续.

26. 解:(1)设 $F(x)=\int_0^x f(t)\mathrm{d}t+\int_0^{-x} f(t)\mathrm{d}t$,

对 $F(x)$在$[0,x]$上应用拉格朗日中值实理,存在 $\theta\in(0,1)$,

使得 $F(x)-F(0)=xF'(\theta x)$,

即 $$\int_0^x f(t)\mathrm{d}t+\int_0^{-x} f(t)\mathrm{d}t=x[f(\theta x)-f(-\theta x)].$$

(2) 对上式两边同除以 x^2,令 $x\to 0^+$ 取极限

$$\lim_{x\to 0^+}\frac{\int_0^x f(t)\mathrm{d}t+\int_0^{-x} f(t)\mathrm{d}t}{x^2}=\lim_{x\to 0^+}\frac{f(x)-f(-x)}{2x}=f'(0),$$

$$\lim_{x\to 0^+}\frac{x[f(\theta x)-f(-\theta x)]}{x^2}=\lim_{x\to 0}\left[\frac{f(\theta x)-f(0)}{\theta x}-\frac{f(-\theta x)-f(0)}{\theta x}\right]\cdot\lim_{x\to 0}\theta=2f'(0)\cdot\lim_{x\to 0^+}\theta.$$

故由二者相等可得 $\lim\limits_{x\to 0^+}\theta=\frac{1}{2}$.

习题 6-1

1. 一阶方程(1)(4)(6)(7),二阶方程(2)(5)(8) ,三阶方程(3),线性方程(2)(3)(5)(6)(8),常系数方程(5)(6).

2. (1) $y=Ce^{2x}$是通解; (2) $y(1+x^2)=C$ 是通解;

(3) $y=5\cos 3x+\frac{x}{9}+\frac{1}{18}$不是解; (4) $y=\ln x+x^3$ 是特解.

3. $y=e^{-2x},y=e^{-x}$.

4. 略.

5. $y''=-\alpha^2 y$.

6. $f'(x)=-\frac{1}{x^2}$,初始条件 $f(1)=-1$;$f(x)=\frac{1}{x}-2$.

7. $f(x)=\sin x-\int_0^x xf(t)\mathrm{d}t+\int_0^x tf(t)\mathrm{d}t$,

两端对 x 求导

$$f'(x)=\cos x-\int_0^x f(t)\mathrm{d}t-xf(x)+xf(x),$$

两端对 x 求导

$$f''(x)=-\sin x-f(x) \text{即} y''+y=-\sin x,$$

由 $f(x)=\sin x-\int_0^x (x-t)f(t)\mathrm{d}t$ 知 $f(0)=0$，

由 $f'(x)=\cos x-\int_0^x f(t)\mathrm{d}t$ 知 $f'(0)=1$.

初值问题为$\begin{cases} y''+y=-\sin x, \\ y(0)=0, \\ y'(0)=1. \end{cases}$

8.（1）$y-xy'=yy'+x$；（2）$yy'+2x=0$.

习题 6-2

1.（1）$1+x^2=C(1+y^2)$；（2）$\tan x\cdot\tan y=C$；

（3）$4\mathrm{e}^{-y}-2x\mathrm{e}^{-2x}-\mathrm{e}^{-2x}=C$；（4）$1-\mathrm{e}^y=C\mathrm{e}^x$；

（5）$(\mathrm{e}^x+1)(1-\mathrm{e}^y)=C$；（6）$\arctan \mathrm{e}^x-\dfrac{(\cot y)^2}{2}=C$.

2.（1）$\dfrac{x^2}{2}+\dfrac{x^3}{3}=\dfrac{y^2}{2}+\dfrac{y^3}{3}-\dfrac{5}{6}$；（2）$\mathrm{e}^{y^2}=\mathrm{e}(1+\mathrm{e}^x)^2$；

（3）$1+\mathrm{e}^x=2\sqrt{2}\cos y$；（4）$x\cdot\ln y=1$.

3. $y=\sqrt[n]{x}$，提示 $\int_0^x y(t)\mathrm{d}t=ky^{n+1}(x)$.

4. $t=-0.030\,5\,h^{\frac{5}{2}}+9.64$，水流完所需时间约为 10 s.

5. 解：以 O 为原点，与河岸平行方向为 x 轴，建立坐标系动点 $P(x,y)$ 为船的位置，由题意可知 $y=\alpha t$，$\dfrac{\mathrm{d}x}{\mathrm{d}t}=ky(h-y)$.

从而$\begin{cases} \mathrm{d}x=k\alpha t(h-\alpha t)\mathrm{d}t, \\ x|_{t=0}=0. \end{cases}$

解之得 $x=\dfrac{1}{2}k\alpha ht^2-\dfrac{1}{3}k\alpha^2t^3+C$.

由 $x|_{t=0}=0$ 得 $C=0$.

所以 $x=\dfrac{1}{2}k\alpha ht^2-\dfrac{1}{3}k\alpha^2t^2$，

再将 $t=\frac{y}{\alpha}$ 代入,得所求航行轨迹为

$$x=\frac{k}{\alpha}\left(\frac{h}{2}y^2-\frac{1}{3}y^3\right).$$

习题 6-3

1. (1) $y+\sqrt{y^2-x^2}=Cx^2$;　(2) $x^3-2y^3=Cx$;

(3) $\ln\frac{y}{x}=Cx+1$;　(4) $x+2ye^{\frac{x}{y}}=C$;

(5) $y+\sqrt{x^2+y^2}=Cx^2$.

2. (1) $e^{-\frac{y}{x}}=1-\ln x$;　(2) $\sin\frac{y}{x}=\ln x$;

(3) $\frac{x+y}{x^2+y^2}=1$.

3. $y=x(1-4\ln x)$.

4. $y'=\frac{\left(\frac{y}{x}\right)^2-1}{2^{\frac{y}{x}}}$, $x^2+y^2=3x$.

5. (1) $11\ln|3x+3y-1|+6x-3y=C$.

(2) $2\arctan\frac{y+1}{x-5}-\ln[(x-5)^2+(y+1)^2]=C$.

习题 6-4

1. (1) $y=(x+C)e^{-\sin x}$;　(2) $y=\frac{1}{x^2}(\sin x-x\cos x+C)$;

(3) $y=(2e^x+C)x$;　(4) $y=\sin x+C\cdot\cos x$;

(5) $x=y\left(\frac{y^3}{3}+C\right)$.　(6) $x=\sin y(-\ln\sin y+C)$

(7) $x=\ln y(-\ln\ln y+C)$　(8) $y=x-x^2$;

(9) $2y=x^3-x^3e^{x^{\frac{1}{2}}-1}$.

2. $f(x)=(x-1)^2$

3. (1) $y=-x+\tan(x+C)$;　(2) $y=\frac{1}{x}e^{Cx}$;

(3) $y=1-\sin x-\dfrac{1}{x+C}$.

4. (1) $\dfrac{1}{y}=-\sin x+Ce^{x}$；　(2) $y^{4}=x^{2}(-x^{2}+C)$；

(3) $\dfrac{1}{y}=\dfrac{1}{x^{6}}\left(\dfrac{x^{8}}{8}+C\right)$；　(4) $\dfrac{x^{2}}{y^{2}}=-\dfrac{2}{3}x^{3}\left(\dfrac{2}{3}+\ln x\right)+C$.

(5) $y=\dfrac{2x}{1+x^{2}}$，　(6) $x^{4}=y^{2}(2\ln y+1)$.

5. 提示：由书得 $f(0)=0$，借助导数定义得 $f'(x)=f(x)+e^{x}f'(0)$.

6. $y=\varphi(x)-1$.

7. $m\dfrac{dv}{dt}=k_{1}t-k_{2}v, v=\dfrac{k_{1}}{k_{2}}t-\dfrac{k_{1}m}{k_{2}^{2}}(1-e^{\frac{k_{2}t}{m}})$.

8. 提示：$p(x)=xe^{-x}-x, y=e^{x}-e^{-x}-\dfrac{3}{2}$

习题 6-5

1. (1) $y=\dfrac{1}{3}x^{3}\ln x-\dfrac{5}{18}x^{3}+C_{1}x+C_{2}$；　(2) $y=(x+C_{1})\ln(1+x)-2x+C_{2}$；

(3) $y=\dfrac{1}{3}x^{3}+C_{1}x^{2}+C_{2}$；　(4) $y=\arcsin(C_{2}e^{x})+C_{1}$；

(5) $y=C_{1}e^{x^{2}}+C_{2}$；　(6) $C_{1}y-1=C_{2}e^{C_{1}x}$；

(7) $y=\arcsin x$；

(8) $y=\dfrac{1}{a^{3}}e^{ax}-\dfrac{e^{a}}{2a}x^{2}+\dfrac{e^{a}}{a^{2}}(a-1)x+\dfrac{e^{a}}{2a^{3}}(2a-a^{2}-2)$；

(9) $2y^{2}=4x^{2}+1$

2. $y=x^{3}+x^{2}+1$

3. $S_{1}=\dfrac{1}{2}y\left|x-\left(x-\dfrac{y}{y'}\right)\right|=\dfrac{y^{2}}{2y'}$, $S_{2}=\int_{0}^{x}y(t)dt$. $y(x)=e^{x}$.

习题 6-6

1. (1) 相关；(2) 无关；(3) 无关；(4) 无关；(5) 无关；(6) 无关.

2. $y=C_{1}x+C_{2}e^{x}+x^{2}$.

3. $y=C_{1}e^{2x}+C_{2}e^{-x}+\dfrac{1}{4}-\dfrac{x}{2}-\dfrac{e^{x}}{2}$.

6. $y= C_1 e^x + C_2(2x+1)$.

7. $y=C_1 e^x + C_2 e^{2x}$.

8. 证:因 $y_1(x)$,$y_2(x)$是方程的解,故有

$$y_1'' + p(x)y_1' + q(x)y_1 = 0, y_2'' + p(x)y_2' + q(x)y_2 = 0.$$

两式分别乘以 y_2,y_1,再相减得

$$y_1'' \cdot y_2 - y_2'' \cdot y_1 - p(x)(y_1 y_2' - y_1' y_2) = 0.$$

若令 $A(x)=y_1 y_2' - y_1' y_2$,则易得 $A'(x)=y_1 y_2'' - y_1'' y_2$,

故上述方程可变为

$$A'(x) + p(x)A(x) = 0.$$

从而有 $A(x) = Ce^{-\int p(x)\mathrm{d}x}$,原结论成立.

9.(3)此为线性微分方程,并可变为

$$y'' - \frac{x}{x-1}y' + \frac{1}{x-1}y = 0,$$

这里 $p(x) = -\frac{x}{x-1}$,$q(x)=\frac{1}{x-1}$,满足 $1+p(x)+q(x)=0$ 且 $p(x)+xq(x)=0$.

故方程有解 $y_1 = e^x$ 和 $y_2 = x$,

从而方程通解为 $y=C_1 e^x + C_2 x$.

代入有

$$y(0)=C_1 e^0 = 2 \Rightarrow C_1 = 2,$$

$$y' = C_1 e^x + C_2, \quad y'(0)=1,$$

$$\Rightarrow 2 + C_2 = 1 \Rightarrow C_2 = -1.$$

于是特解为 $y=2e^x - x$.

习题 6-7

1.(1) $y=C_1 + C_2 e^{4x}$;　(2) $y=C_1 \cos x + C_2 \sin x$;

(3) $y=e^{2x}(C_1 \cos x + C_2 \sin x)$;　(4) $y=C_1 e^x + C_2 e^{-2x}$;

(5) $y=C_1 + C_2 e^{-x} + C_3 x e^{-x}$;　(6) $y=C_1 + C_2 \sin x + C_3 x \sin x + C_4 \cos x + C_5 x \cdot \cos x$.

2.(1) $y=e^{-x} - e^{4x}$;　(2) $y=(2+x)e^{-x}$

(3) $y=2\cos 2x + 3\sin 2x$.　(4) $y=e^{2x} \sin 3x$.

3. 微分方程为 $2y'' - 3y' + y = 0$,通解为 $y=C_1 e^x + C_2 e^{\frac{x}{2}}$.

4. 微分方程为 $y'' + 4y' + 4y = 0$,通解为 $y=(C_1 + C_2 x)e^{-2x}$.

5. $y_2(x) x \cdot \ln x$　通解为 $y=(C_1 + C_2 \ln x)x$(提示:设 $y_2(x) = x \cdot u(x)$).

6. $y^{(4)} - 2y^{(3)} + 2y^{(2)} - 2y' + y = 0$.

7. 解:设浮筒静止时其下底面中心为原点,x 轴向下,振动时下底面中心的位移为 x,再

设 D 为浮筒的直径,S 为底面面积,m 为质量,ρ 为水的密度,据题意可得微分方程

$$m\frac{\mathrm{d}^2x}{\mathrm{d}t^2}=-\rho gS\cdot x,$$

其特征方程 $mr^2+\rho gS=0$ 的根为 $r_{1,2}=\pm i\sqrt{\frac{\rho gS}{m}}$.

于是,通解 $x=C_1\cos\sqrt{\frac{\rho gS}{m}}t+C_2\sin\sqrt{\frac{\rho gS}{m}}t=A\sin(\omega t+\varphi)$,

其中 $W=\sqrt{\frac{\rho gS}{m}}$,$\varphi=\arctan\frac{C_1}{C_2}$,$A=\sqrt{C_1^2+C_2^2}$.

由周期 $T=\frac{2\pi}{\omega}=2\pi\sqrt{\frac{m}{\rho gS}}=z$ 得

$m=\frac{\rho gS}{\pi^2}$,将 $\rho=100\ \mathrm{kg/m^3}$,$g=9.8\ \mathrm{m/s^2}$,$S=\frac{\pi D^2}{4}$代入得

$$m=\frac{\rho gD^2}{4\pi}=\frac{1\,000\times9.8\times0.5^2}{4\pi}=195\ \mathrm{kg}.$$

习题 6-8

1.(1) $y=C_1+C_2\mathrm{e}^{-\frac{5}{2}x}+\frac{1}{3}x^3-\frac{3}{5}x^2+\frac{7}{25}x$;

(2) $y=(C_1+C_2x)\mathrm{e}^{3x}+\frac{x^2}{2}\left(\frac{1}{3}x+1\right)\mathrm{e}^{3x}$;

(3) $y=C_1\cos 2x+C_2\sin 2x+\frac{1}{3}x\cos x+\frac{2}{9}\sin x$;

(4) $y=\mathrm{e}^x(C_1\cos 2x+C_2\sin 2x)-\frac{1}{4}x\mathrm{e}^x\cos 2x$;

(5) $y=C_1\cos x+C_2\sin x+\frac{\mathrm{e}^x}{2}+\frac{x}{2}\sin x$;

2.(1) $y=\frac{1}{2}(\mathrm{e}^{9x}+\mathrm{e}^x)-\frac{1}{7}\mathrm{e}^{2x}$;　　(2) $y=\mathrm{e}^x-\mathrm{e}^{-x}+\mathrm{e}^x(x^2-x)$;

3. $y''-y'-2=\mathrm{e}^x+2\mathrm{e}^{2x}-2$.

4.(1) $y^*=x+\frac{3}{2}x^2+x^3$;　　(2) $y^*=-x\mathrm{e}^x$;

(3) $y^*=(x^2-x)\mathrm{e}^{2x}$.

5. $y-xy'=\frac{1}{x}\int_0^x f(t)\mathrm{d}t$.

6. $\varphi(x)=\frac{1}{2}(\cos x+\sin x+\mathrm{e}^x)$.

7. $\frac{d^2u}{dx^2}+4u=e^x$, $y\cos x=C_1\cos 2x+C_2\sin 2x+\frac{1}{5}e^x$.

习题 6-9

1. (1) $y=\frac{C_1}{x}+C_2x^2$;　　(2) $y=x(C_1+C_2\ln|x|)+x\ln^2|x|$;

(3) $y=C_1x+x[C_2\cos(\ln x)+C_3\sin(\ln x)]+\frac{1}{2}x^2(\ln x-2)+3x\ln x$;

(4) $y=x[C_1\cos(\sqrt{3}\ln x)+C_2\sin(\sqrt{3}\ln x)]+\frac{1}{2}x\sin(\ln x)$;

(5) $y=C_1x^2+C_2x^{-2}+\frac{1}{5}x^3$.

总习题六

1. 填空题

(1) $y=Ce^{-\int p(x)dx}+e^{-\int p(x)dx}\int Q(x)e^{\int p(x)dx}dx$;　　(2) $y=C_1y_1+C_2y_2+\cdots+C_ny_n$;

(3) $\sum_{i=1}^{N}y_i^*$;　　(4) $y''+y=0$;

(5) $y^*=e^x\left(\frac{1}{10}\sin x+\frac{3}{10}\cos x\right)+6$;　　(6) $y=C_1e^{-x}+C_2e^{3x}+y^*$;

(7) $y=\frac{1}{2}(x^2+1)\ln(1+x^2)-x^2-\frac{1}{2}$.

2. 选择题

(1) B;　　(2) C;　　(3) A;　　(4) D.

3. $F'(x)+2F(x)=4e^{2x}$.

4. 解:将$\frac{dx}{dy}$化为$\frac{dy}{dx}$,然后再代入原方程化简即可.

(1) 由反函数求导公式知$\frac{dx}{dy}=\frac{1}{y'}$,于是有

$$\frac{d^2x}{dy^2}=\frac{d}{dy}\left(\frac{dx}{dy}\right)=\frac{d}{dx}\left(\frac{1}{y'}\right)\cdot\frac{dx}{dy}=-\frac{y''}{y'^2}\cdot\frac{1}{y'}=-\frac{y''}{(y')^3}$$

代入原微分方程得　　$y''-y=\sin x$.　　①

(2) 方程①所对应的齐次方程 $y''-y=0$ 的通解为

$$Y=C_1\mathrm{e}^{x}+C_2\mathrm{e}^{-x}.$$

设方程①的特解为 $y^*=A\cos x+B\sin x$.

代入方程①，求得 $A=0,B=-\frac{1}{2}$. 故 $y^*=-\frac{1}{2}\sin x$.

从而 $y''-y=\sin x$ 的通解是

$$y=Y+y^*=C_1\mathrm{e}^{x}+C_2\mathrm{e}^{-x}-\frac{1}{2}\sin x,$$

由 $y(0)=0,y'(0)=\frac{3}{2}$，得 $C_1=1,C_2=-1$，故所求初值问题的解为

$$y=\mathrm{e}^{x}-\mathrm{e}^{-x}-\frac{1}{2}\sin x.$$

5. $v(t)=v_0\mathrm{e}^{-t},t=\ln 3,S=\frac{2}{3}V_0$.

6. 方程为$\frac{\mathrm{d}y}{\mathrm{d}x}=\frac{3y^2}{x^2}-\frac{2y}{x}$，$y-x+x^3y=0$.

7. (1) $f'(x)=-\frac{\mathrm{e}^{-x}}{x+1}$.

(2) 提示：$f(x)=1-\int_0^x\frac{\mathrm{e}}{t+1}\mathrm{d}t$ 估值性证，也可令 $\varphi(x)=f(x)-\mathrm{e}^{-x}$利用单调性证.

8. $f(x)=\frac{3ax^2}{2}+(4-a)x$，当 $x=-5$ 时，旋转体体积最小.

9. $\mathrm{d}n=\left(\frac{m_0}{6}+\frac{m}{3}\right)\mathrm{d}t,t=6\ln 3$.

10. $f(x)=(x+1)\mathrm{e}^{x}-1$.